AF390632

Für meinen Stern

Das Licht der Sterne

Wie real ist unsere Wirklichkeit?

Roman

Prolog

Es hatte bereits am Nachmittag aufgehört zu regnen, und der Boden war wieder trocken. Die laue Luft paßte zu einem warmen Sommerabend. Es war schon spät, bald Mitternacht, und nur noch wenige Touristen schlenderten den Weg zum hölzernen Steg entlang. Normalerweise tummelten sich hier am Abend Hunderte Menschen, Liebespaare suchten ein ruhiges Eckchen, Erlebnishungrige strömten in die Sektbar am Rande des Weges.

Sie hatte keine Eile, *morgen fängt ja die Uni erst spät an* dachte sie, und so konnte sie ruhig die halbe Nacht hier draußen verbringen. Am nächsten Tag blieb genug Zeit auszuschlafen. Der See und seine Ruhe waren ihr ganz persönliches Vergnügen. Hierher kam sie, wenn der Tag hektisch gewesen war, der Streß die Stunden zuvor bestimmt hatte. Insbesondere im Sommer. Die junge Frau ging an den großen, hellen Laternen vorbei, die den Weg beleuchteten. Rechts lagen die Tretboote, die am Tag von den Touristen gemietet wurden, um auf den See hinauszufahren. Am Ende des Weges befand sich der Steg und links davon der Leuchtturm, mittlerweile nur noch eine Attraktion für Tausende von Besuchern pro Saison. Vor vielen Jahren fuhren einmal mehr Schiffe auf dem See, doch die Fahrrinne war immer flacher geworden, und heute gab es nur noch einen Ausflugsdampfer, der die Gäste über den See und zu den Schilfinseln fuhr. Nun lag er dunkel und verlassen an seinem Steg. Von der Sektbar her war leise Musik zu hören. Es störte die junge Frau nicht in ihrer Ruhe. Sie setzte sich unter die letzte Laterne am hölzernen Teil des Steges und blickte auf das Wasser hinaus. Die Mücken waren diesen Sommer aggressiver als in den Jahren zuvor. Sie haßte die chemischen Mittel und zog es vor, die kleinen Biester mit den Armen zu vertreiben. So auch diese Nacht. Natürlich schwirrten sie vermehrt unter der Laterne herum, doch irgendwann ließ auch das nach. Vielleicht hatte es etwas mit der Nacht zu tun. Die letzten Touristen liefen langsam zum Ufer zurück, und sie blieb allein. Nur sie und der See.

Der See war schon lange ihr Freund. Alles hatte angefangen, als sie noch ein Kind war. Der Vater war spät nach Hause gekommen, und sie alle hatten mit dem Abendessen gewartet. Rückblickend betrachtet, ist es eine Lappalie gewesen. Sie hatte von der Schule erzählt und dabei überschwenglich mit den Armen gefuchtelt. Ihr Vater befahl ihr ruhig sitzen zu bleiben, nicht so wild am Tisch zu erzählen. Doch sie hatte einen besonders schönen, ereignisreichen Tag verbracht und konnte ihrer Begeisterung nur mit Händen und Füßen Ausdruck verleihen. Dann war es passiert. In einer unbedachten Bewegung stieß sie des Vaters Glas vom Tisch und es zerbrach. Das alleine wäre vermutlich nicht so schlimm gewesen, doch der Vater trank seinen Wein jeden Abend aus einem ganz besonderen Glas, einem Familienerbstück, an dem er besonders hing.

Nun war er außer sich vor Wut. So hatte sie ihn noch nie erlebt. Natürlich kam es ab und zu zum Streit mit der Mutter, doch dieses Mal war es anders.

Hochrot glühte sein Kopf, und er mußte sich schwer beherrschen, seine Tochter nicht zu schlagen. Statt dessen erging er sich in einer Kanonade von Schimpfwörtern über sie. Nermina konnte all dies nicht verkraften. Sie weinte, schrie ihn an, es sei doch nur ein Glas gewesen, ein gottverdammtes Glas.

Doch dies brachte ihren Vater nur noch mehr in Rage. Er stand auf, lief durch das Zimmer und schlug immer wieder mit der bloßen Faust gegen die Wand. Später sah sie dies als eine hilflose Geste, gewissermaßen als Ersatzhandlung. Er wollte Nermina nicht schlagen. Doch Worte sind oft die schärferen Waffen. Sie hatte schließlich den Raum verlassen, die Haustür hinter sich zugeschlagen und war weinend zum See hinunter gelaufen. Sie war gerade acht Jahre alt und versteckte sich in einer kleinen Bucht, unweit vom Strand des Seebades. Hinter einem Wall aus Büschen, der auf der anderen Seite von Holzpfählen jäh begrenzt wurde, verkroch sie sich und vergoß bittere Tränen. Ihr Vater hatte sie so verletzt, sie als "Schlampe", als "unnützes Kind", als "Miststück" bezeichnet. Noch nie zuvor waren ihm diese Worte über die Lippen gekommen. Die Mutter hatte versucht, ihn zu beruhigen, doch es war ihr nicht gelungen. Nermina saß nun am See und weinte. Sie war doch seine Tochter, sie war doch immer noch seine Tochter...

Die Zeit flog dahin, und während der Mond über das Wasser zog, erzählte sie all ihr Leid dem See. Er war ein sehr geduldiger Zuhörer, verstand ihre Gefühle und antwortete mit leise plätschernden Wellen. Es war nicht ihre Absicht gewesen, das Glas vom Tisch zu stoßen. Sie wollte den Vater nicht verärgern, und es tat ihr unendlich leid, sein geliebtes Weinglas zerschlagen zu haben. Doch es war nicht mehr zu ändern.

Die Morgendämmerung begann bereits, die Wellen des Sees zu erleuchten, als ihr Vater sie fand. Er war nicht mehr wütend, er war unendlich traurig, seine Augen tief gerötet von vielen Tränen. Er holte sie aus ihrem Versteck und setzte sich neben seine Tochter in den Kies der Bucht. Nermina saß schweigend neben ihm. Der See war *ihr* Freund, nicht seiner. Der See würde sie beschützen, was auch immer passierte. Doch ihr Vater war nicht bei ihr, um zu schimpfen. Er hatte sich unendliche Sorgen gemacht, die ganze Nacht das Dorf durchkämmt, auf der Suche nach ihr. Schließlich war er zum Seeufer gelaufen und hatte systematisch alle Buchten abgesucht.

In dieser Nacht erfuhr sie, daß der Vater seine Arbeit verloren hatte. Sein Stolz verbot es ihm, dies bei Tisch zu erzählen. Ihre Mutter wußte es, aber sie durfte nichts sagen. Sein geliebtes Kind sollte es nicht erfahren.

Vater und Tochter saßen eine ganze Weile am See, und er versuchte, der achtjährigen Nermina, so gut es ging, zu erklären, was der Verlust der Arbeit bedeutete. Dies war der wahre Grund für den abendlichen Wutausbruch gewesen. Es hatte nichts mit ihr zu tun gehabt.

Nermina konnte sich gut an den Moment erinnern, als sie den Vater in den Arm nahm und weinte. Sie weinten beide. Dann hatte der Vater sie hochgezogen, und sie waren heimgegangen.

Das Versteck in der Bucht ist bis heute ihr persönliches Geheimnis. Dorthin zog sie sich zurück, wenn es ihr schlecht ging. Ihr Vater kannte es nun, doch hat er es nie verraten. Er respektiert bis zum heutigen Tag die Tatsache, daß es ihr See war, ihre Bucht und ihr Versteck. Sie wußte genau, er würde sie nie im Leben noch einmal dort aufsuchen. Die Zeit ging ins Land, und einige Monate später fand ihr Vater eine neue Arbeit, die Welt war wieder in Ordnung. Nie wieder hatte sie einen solchen Wutausbruch bei ihm erlebt. Vielleicht hatte in jener Nacht der See auch bei ihrem Vater einen besonderen Eindruck hinterlassen.

Nun saß Nermina erneut an ihrem See. Sie war Anfang zwanzig, und ihr Verhältnis zu dem Wasser hatte sich nicht geändert. Sie liebte es nach wie vor. In unendlicher Weite funkelten Sterne über ihr, und die Welt war wunderbar friedlich. *So eine Nacht hat etwas für sich*, dachte sie und lächelte. Es waren keine Touristen mehr zu sehen. Um wieder in das Thema zu kommen, schlug sie das mitgebrachte Buch auf und suchte die Seite heraus, die sie zuletzt gelesen hatte. Es war ein schwieriges Buch, aber sie wollte es durcharbeiten. Am Ende des Semesters erwartete man eine Zusammenfassung von ihr. Zunächst überflog sie mit den Augen immer die zuletzt gelesenen Seiten noch einmal.

Es fiel ihr nicht leicht, sich mit den verschiedenen Schwerpunkten kritisch auseinanderzusetzen, waren es doch erst ein paar wenige Seiten, die hinter ihr lagen. Heute würde es eine gute Nacht zum Lesen werden.

Seit einem Jahr studierte sie nun Philosophie und hatte schon seltsame Gedankengänge erforscht, mit diesem Buch jedoch war es anders. Ihr Professor hatte es ihr ans Herz gelegt. Er war der Meinung, Philosophie hänge eng mit der Naturwissenschaft zusammen. Noch erschloß sich ihr nicht vollständig die direkte Gemeinsamkeit zwischen dieser Wissenschaft und der Welt der Gedanken, aber sie war willens, alles darüber herauszufinden. Hätte Nermina geahnt, was ihr bevorsteht, sie hätte das Buch verschlungen.

Ein Lächeln umspielte ihre Lippen. Natürlich fragt sich auch der Naturwissenschaftler, wie die Welt entstanden ist und wozu man sie überhaupt braucht. Doch er kann es rational erklären, hat Meßgeräte und Formeln. Die Philosophie versucht es auf dem Weg des menschlichen Geistes. Dieser Pfad ist auf der einen Seite einfacher, auf der anderen auch wieder nicht. Einfacher, weil er keine Grenzen hat. Alles ist möglich, man mußte es nur erdenken. Waren diese Gedanken fundiert, hatte man jede Möglichkeit der Welt, die Entstehungsgeschichte neu zu definieren. Das war in den vergangenen Jahrtausenden oft geschehen. Man brauchte nur Zeit. Davon hatten die alten Griechen und Römer genug, zumindest die reichen Vertreter unter ihnen. Natürlich lag man zuweilen falsch mit seinen Interpretationen der Welt, aber – war es heute so sehr viel anders?

Doch es war auch schwieriger; wer definierte, ob ein Gedanke fundiert war oder nicht? Wer fragte die richtigen Fragen? Waren manche Fragen banal? Oder dumm? Nein, es gab weder banale noch dumme Fragen, auch keine richtigen oder falschen. Jede Frage war neu, und sie wurde von einem Menschen gestellt, der neugierig war.

Neugierde war immer die Grundlage der Philosophie.

Nermina genoß den leichten Wind, der ihr Haar durchkämmte und betrachtete einmal mehr die Sterne über ihr. Vielleicht hatte dieser Gedankengang sie gerade auf die erste Gemeinsamkeit gebracht. Neugierde war auch die Grundlage der Naturwissenschaft. Es klang einfach. Manchmal sind es die simplen Dinge dieser Welt, die man übersieht, weil sie vor einem liegen. So offensichtlich, so klar, so deutlich, daß man sie schlichtweg ignoriert. Die Wunder der Welt lagen buchstäblich auf der Straße, man mußte nur die Fähigkeit erwerben, sie zu entdecken.

Die Frau am Steg hatte diese Tatsache oft ignoriert, bisher. Sie blätterte um. Vielleicht würde sie das Buch aufmerksamer lesen können, je weiter sie darin käme. Schon nach ein paar Seiten merkte sie, daß diese neue Form der Betrachtung sie einen Schritt weitergebracht hatte. Naturwissenschaft formte sich in ihrem bisher noch beschränkten Rahmen, zu etwas Greifbarem, Vorstellbarem. Sie streckte das eine Bein aus und atmete tief die warme Luft ein. Eine spannende Nacht begann sich anzukündigen.

In dem Buch ging es um die Entstehung der Welt, vom Urschlamm bis zur Entwicklung des Menschen. Eine feine Abhandlung der biologischen Schritte. Tatsächlich eröffnete sich ihr ein wenig der Zusammenhang zwischen Philosophie und Naturwissenschaft, je mehr sie ihre Gedanken um beide Seiten der Medaille schweben ließ. Manchmal brauchte man eben nur den Schlüssel.

Vertieft, wie sie war, bemerkte sie den Mann nicht, der den Weg zum See entlang kam. Erst als er an ihr vorbei in Richtung Leuchtturm ging, blickte sie erschrocken auf. Doch der Mann schien sich nicht für sie zu interessieren und blieb am Rande des Steges unter dem Turm stehen. Er blickte auf den See hinaus, ohne die junge Frau zu beachten, die hinter ihm auf dem Steg saß, ihr Buch auf den Beinen. Daraufhin beruhigte sie sich etwas.

Es ist für eine weibliche Person nicht gerade angenehm, nachts auf einem Steg zu sitzen und einem fremden Mann zu begegnen. Normalerweise kannte sie alle oder wenigstens die meisten Menschen aus ihrem Dorf. Es war keine Seltenheit, einem Bekannten nachts am Steg zu begegnen. Dieser Ort war sozusagen ein Insider Tip. Jedoch einem Fremden über den Weg zu laufen, war schon merkwürdig. Das gab es nur in den Zeiten, in denen Touristen aus der großen Stadt den See besuchten. Am Steg waren sie nachts allerdings selten. Diesen Fremden hatte sie noch nie gesehen. Verstohlen blickte sie immer wieder über den Bücherrand zu ihm hinüber. Er stand einfach da, rührte sich nicht und betrachtete den See. Er schien ihr entrückt, nicht wirklich zu dieser Welt gehörend.

Sie blätterte um und vertiefte sich wieder in ihr Buch, sie hatte eine Aufgabe und war entschlossen, ihr zu begegnen. Die Uni zählte, das Ergebnis, ihre persönlichen Gedanken. Sie wollte die Philosophie als ihre Lebensaufgabe sehen. Wenn die Naturwissenschaft in einem gewissen Maße dazugehörte, umso besser. Nermina war überzeugt, es würde später zu etwas gut sein.

Die Seiten flogen nur so dahin und handelten von der Entstehung der ersten Bakterien. Wie sie sich durch Zufall und Selektion immer weiter spezialisierten. Irgendwie war es schon spannend zu begreifen, daß alle menschlichen Wesen von diesen Bakterien abstammten. Noch heute sind die Menschen über die Gene direkt mit der Bäckerhefe verwandt. Organe wie das Gehirn waren nicht vorhersehbar, und doch sind sie die direkte Folge dieser bakteriellen Entwicklung. Zellen waren zunächst nur ein Klumpen, angehäuft in einem Urozean, ohne Richtung, ohne Ziel. Doch schon bald begannen sie größer zu werden, und es entstand der Zwang, die inneren Zellen etwas anderes machen zu lassen als die äußeren. Außen war Nahrung, diese mußte nach innen transportiert werden. Innen wurden lebenserhaltende Verdauungs- und Energieumwandlungsprozesse in Gang gesetzt. Auf diese Weise entwickelten sich immer höhere Lebewesen.

Ein noch heute sichtbares Beispiel ist die Qualle. Sie besitzt sowohl lichtempfindliche Zellen als auch eine primitive Verdauung, kann sich durch Kontraktion bestimmter Zellen fortbewegen und produziert Gifte zur Verteidigung sowie zum Beutefang. Ein grundsätzlich differenzierter Organismus. Seit Jahrmillionen durchschwimmt sie die Weltmeere, ohne sich nennenswert weiter zu entwickeln. Somit kann durchaus von einer erfolgreichen Lebensform gesprochen werden. Erfolg definiert sich in der Natur nicht unbedingt über Intelligenz, vielmehr über Bestand der Art.

Die junge Frau mußte lächeln, als sie verstand, daß all ihre Gedanken von diesen Bakterien oder Quallen abstammten. Was vor langer Zeit in einem Urozean schwamm, war Grundlage ihres Denkens. Sie legte den Kopf ein wenig zur Seite. War sie vielleicht auch in einem Urozean? Könnte es alles eine Frage der Betrachtung sein? Wer sagte, der Mensch sei die Krone der Schöpfung? Und wo? War sie am Ende die Amöbe ihrer eigenen Zukunft?

Sie schrak zusammen, als ein Schatten auf das Buch fiel. Völlig unbemerkt hatte der Mann sich neben sie gestellt, blickte sie an. Einen Moment lang überlegte sie, in den See zu springen, um dem Fremden zu entkommen. Doch irgend etwas hielt sie davon ab. Er hatte eine besondere Ausstrahlung, etwas Seltsames, nichts Furchteinflößendes.

»Entschuldige, ich will dich nicht erschrecken«, sagte er und warf einen Blick auf ihr Buch. »Was liest du da?«

Die Frau sah zu ihm auf, klappte das Buch zu und antwortete »Es geht um die Entstehung des Lebens, es hat etwas mit Philosophie zu tun, meinem Studienfach.«

Der Mann hob erstaunt die Augenbrauen. »Was hat Naturwissenschaft mit Philosophie zu tun?« Es klang wie eine provozierende Frage.

»Das bin ich gerade dabei herauszufinden«, entgegnete sie.

»Verstehst du es?«

»Noch nicht so sehr, aber ich brauche es für die Uni, mein Professor hat gesagt, ich solle es lesen, es würde mich weiterbringen.« Nermina verzog ein wenig das Gesicht. »Was auch immer er damit meint. Außerdem muß ich eine Zusammenfassung schreiben. Da muß man es zwangsläufig gelesen haben. Aber ich mache es mittlerweile auch gerne.«

Der unbekannte Mann sah sie an. »Darf ich mich setzen?«

Sie hatte keine Angst vor diesem Menschen, er war seltsam vertraut, als hätte sie ihn schon einmal gesehen. Doch sie konnte ihn nirgends zuordnen. Nach einem kurzen Moment der Überlegung nickte sie und machte eine Geste, die ihm bedeutete, sich neben ihr nieder zu lassen.

»Danke«, sagte er und setzte sich. Seine Beine verschränkte er zu einem Schneidersitz, ihre hingen barfuß im Wasser.

Er sah sie einen Moment an und sagte: »Wenn du den Sinn noch nicht verstehst, warum macht es dann für dich Sinn, es zu lesen?«

Sie dachte einen Moment über seine Worte nach. Hatte sie ihm darauf nicht gerade eine Antwort gegeben? Verstand er es nicht, oder war er einfach nur herausfordernd?

»Wie ich gesagt habe, mein Professor verlangt es, ich soll es lesen, deswegen denke ich, es ist wohl wichtig«, antwortete sie.

»Aber wenn es dir noch nicht einsichtig ist, macht es dann Sinn, es zu lesen?«, wiederholte er seine Frage.

»Sicher, zumindest bekomme ich meinen Schein und bin weiter.« Sie sah ihn forschend an, überlegte, ob er wirklich so naiv war oder nur so tat.

Der Mann lächelte sanft. »Darf ich das Buch sehen?«

Sie reichte es ihm. »Sicher, warum nicht.«

Er schlug die ersten Seiten auf und schien auf eine seltsame Art darin zu lesen. Schnell blätterte er die Seiten durch und hob ab und zu die Augenbrauen. Dann sagte er, »Faszinierend, es geht um die Entstehung deiner selbst.«

»Na ja, ich weiß nur noch nicht so ganz, was das mit Philosophie im tieferen Sinne zu tun haben soll, aber irgendwie wird es schon damit zusammenhängen«, antwortete sie.

Er lächelte. »Sehr viel sogar, zumindest so, wie ich Philosophie verstehe.«

»Wie meinst du das?«, fragte sie. Während sie auf seine Antwort wartete, fiel ihr etwas auf: Seit dieser Mann neben ihr saß, waren die Mücken verschwunden. Sie konnte sich zwar nicht erklären, woran das lag, jedoch war die Tatsache nicht zu ignorieren. Hatte sie zuvor dauernd nach den Plagegeistern geschlagen, so waren sie nun verschwunden. Sie blickte sich vorsichtig um. Es waren überhaupt keine Insekten zu sehen. Noch nicht einmal um die hell erleuchtete Laterne schwirrten die üblichen Fliegen und Mücken herum. *Seltsam*, dachte sie, *sehr seltsam*.

Der Mann deutete zum Sternenhimmel und machte ein Geste, die wohl die Gesamtheit des Universums ausdrücken sollte. »Nun, die Philosophie beschäftigt sich mit dem Geiste des Menschen, er ist wahrscheinlich der einzige auf diesem Planeten, der überhaupt darüber nachdenken kann. Der Geist entstand durch die Evolution. Also hat Naturwissenschaft zwangsläufig mit Philosophie zu tun.«

Sie lehnte sich zurück an den Pfosten des Steges und schaute ebenfalls in den Himmel. Nach einer Weile meinte sie: »Das sehe ich ein, aber da stellt sich die Frage, warum kann ich mich nicht mehr mit den Gedanken des Menschen beschäftigen als mit seiner Entstehung? Warum nicht eher versuchen, die Gedanken der alten Philosophen zu verstehen, als naturwissenschaftliche Bücher zu lesen?«

»Ganz einfach, weil die Entstehung viel mit den Gedanken zu tun hat. Wer versteht, was es mit der Entstehung auf sich hat, der kann auch Gedanken nachvollziehen. Laß uns einen Spaziergang am See machen, ich möchte dir etwas zeigen.« Er gab ihr das Buch zurück und stand auf.

Ihr war nicht sehr wohl bei dem Gedanken, mit dem Fremden einen nächtlichen Spaziergang am Strand des Sees zu machen. Dort war es dunkel, und nichts würde sie davor schützen, wenn er..., sie verwarf den Gedanken. Sie stand ebenfalls auf und meinte »OK, können wir machen, ich will nur schnell eine Freundin anrufen.«

Er schien zu verstehen, lächelte und entfernte sich ein paar Schritte. Die junge Frau holte ihr Handy aus der Tasche und rief ihre Freundin an. Sie wußte genau, um dieser Zeit war sie noch nicht im Bett. Nach einem kurzen Gespräch, in dem sie der Freundin mitteilte, wo sie war und was sie machte, fühlte sie sich sicherer. Der Mann stand abseits und wartete geduldig bis sie fertig war. Nachdem das Handy wieder in der Tasche verstaut war, kam er zurück.

»Können wir?«

»Ja«, antwortete sie.

Die beiden gingen vom Steg herunter und liefen über die Wiese zum Strand. Dort schlugen leise die Wellen auf den Kies. Der Mann blickte erneut zum Sternenhimmel hinauf.

»Ich möchte dir etwas zeigen«, sagte er.

»Was?«, antwortete die junge Frau.

»Schau einmal dort hinauf«, sagte er und zeigte auf die Sterne. »Dann sag mir, welche Farbe hat Mondgestein?«

Sie verstand nicht ganz, blickte aber empor zu dem Trabanten, der hell leuchtend und fast vollständig rund über dem See stand. Er warf ein silbriges Band auf das Wasser, fast schienen tausend Perlen auf den sanften Wellen zu tanzen.

»Grau nehme ich an; das war es, was man immer im Fernsehen gesehen hat, auf den Bildern von der Mondlandung. Jetzt ist es eher weißgrau, so mit bloßem Auge betrachtet.«

»Bist du sicher«, fragte er.

»Schon, wie sollte er sonst aussehen? Ich sehe ihn doch.« Sie zuckte mit den Schultern.

Der Mann setzte sich an den Strand und bedeutete ihr, das gleiche zu tun. Sie legte ihr Buch beiseite und nahm neben ihm im Kies Platz. Er war warm und angenehm von der Sonne des Tages. Oder lag das an der Person, die neben ihr saß. Irgend etwas war merkwürdig.

»Ich kann dir Dinge zeigen, die dich dein Buch besser verstehen lassen«, begann er vorsichtig. Er wollte sie nicht ängstigen.

»Was meinst du damit?«, fragte sie mit ein wenig schwankender Stimme. Hoffentlich hatte er ihre Unsicherheit nicht bemerkt. Sollte sie sich doch getäuscht haben, und dieser Mann wollte mehr als nur ein Gespräch? Ihre Hand glitt in die Tasche zum Handy, den Finger auf der Wahlwiederholungstaste, ihre Freundin sozusagen in Reichweite.

»Ich bin hier, nun, wie soll ich es erklären, um dir etwas zu zeigen. Ich wußte, du kannst Hilfe gebrauchen, und ich beschloß, dir diese Hilfe zu geben. Frag mich jetzt nicht nach dem genauen Grund, ich erkläre es dir vielleicht später. Wichtig ist, daß du mir vertraust. Ich werde dir kein Leid zufügen. Wenn du einverstanden bist, werde ich dich deine Philosophie besser verstehen lassen.«

Er bemerkte ihren unsicheren Blick.

»Keine Sorge, ich werde dir nichts tun.«

Das war zuviel. Sie stand abrupt auf. »Nein, ich will von niemandem etwas gezeigt bekommen. Ich gehe jetzt heim, und damit hat es sich. »

Er blieb sitzen und sah sie an. »Du weißt nicht, was du verpaßt. Es gibt nur einen Punkt, um den ich dich bitte: Vertrau mir. Alles, was ich möchte, ist dir helfen, deine Welt und dein Studium besser zu verstehen.«

Nermina wußte zwar nicht ganz genau warum, aber sie setzte sich wieder. Es war schon sehr seltsam. Dieser Mann hatte eine Ausstrahlung, der sie sich nicht entziehen konnte. »Wie kann ich sicher sein, daß du die Wahrheit sagst?«, fragte sie.

»Du kannst nicht sicher sein. Vertrauen zu haben, bedeutet Sicherheit in den Hintergrund zu stellen und doch überzeugt zu sein, daß sie vorhanden ist.« Er sah sie an.

»Aber warum, warum ich?« Sie konnte es sich nicht erklären.

»Nimm es so hin«, sagte er. »Weil ich einer von denen bin, die helfen, die Welt besser zu verstehen. Egal wo, egal wann. Heute bin ich bei dir, weil ich den Eindruck habe, du hast Schwierigkeiten, die Welt zu begreifen. Du willst es, aber es fehlt etwas in dir.«

Sie sah ihn an, er sah aus wie ein Mensch. »Und wie willst du mir helfen? Wie lange wird es dauern? Ich muß morgen in die Uni.« Komischerweise fragte sie sich nicht, woher der Mann kam, eine Frage, die wohl jeder normale Mensch zu diesem Zeitpunkt gestellt hätte. Aber es erschien ihr nicht wichtig.

Es war sein Wesen, das sie diese Frage unterdrücken ließ. Tief in ihrem Inneren wußte sie, er würde sie zu gegebener Zeit beantworten.

»Es wird überhaupt nicht lange dauern. Ich werde dir in der nächsten Zeit zur Seite stehen, bei dir sein, wenn du mich brauchst und dir helfen.»

Sie nickte und war plötzlich weniger unsicher. Etwas von diesem Mann zu erfahren, war irgendwie verlockend, und er erschien ihr vertrauenswürdig.

»OK, was muß ich tun«, fragte sie.

»Gar nichts. Wir stellen uns am Anfang eine einfache Frage. Eigentlich eine Frage, die genau in dein Studienfach gehört. Sie lautet »Wie wirklich ist die Wirklichkeit?«

Sie sah ihn erstaunt an. »Das ist alles? Mehr willst du nicht?«

Der Mann lächelte vielsagend. »Nein, das ist alles. Kannst du die Frage beantworten?«

Jetzt war es Zeit, etwas von dem Unistoff herauszukramen, dachte sie.

»Wir sehen die Welt so, wie sie ist, weil, wäre sie anders, wären wir nicht da, sie zu beobachten.« Sie war stolz auf den Satz, sagte er doch genau aus, was sie schon immer zu ihrer Grundlage des Denkens gemacht hatte.

Er hob eine Augenbraue an. »Das anthropische Prinzip. Nicht ganz falsch, aber auch nicht richtig. Warum, das werde ich dir zeigen.«

1.

Er bemerkte ihr Zögern. »Laß uns nichts überstürzen.« Der Mann sah zum Sternenhimmel hinauf und überlegte.

»Gut, ich möchte mich mit dir ein wenig unterhalten, sozusagen als Vorbereitung. Daher will ich mit dir generell über deine Wahrnehmung sprechen, wie du die Dinge siehst. Gleichzeitig wird dir vielleicht deine Welt ein wenig einsichtiger, und du entdeckst Dinge, die dir bisher verborgen blieben.« Er stand auf und breitete die Arme aus, drehte sich dabei einmal um seine Achse.

»Wie groß ist das Universum, was meinst du?«, fragte er.

Sie blickte in das Meer der Sterne über ihnen. Einen Moment lang blieb sie stumm, dachte nach, schien sich in den unendlichen Weiten ihres Blickes zu verlieren.

»Keine Ahnung, unendlich groß würde ich sagen. Wer soll wissen, ob es ein Ende gibt?«

»Du«, antwortete er.

Sie mußte erneut lachen. »Klar, ich weiß es genau, ich bin ja auch die Wissenschaftlerin. Schon vergessen, ich studiere Philosophie, die Wissenschaft des Geistes.«

»Ist es nicht eine Frage des Geistes, die ich gestellt habe?«

Die Antwort überraschte sie. Sie dachte nach, vermochte aber den tieferen Hintergrund seiner Frage nicht ganz zu erkennen.

»Wie meinst du das?«

»Nun, ich weiß nicht, ob du dir darüber klar bist, daß schon ein einfaches Nachdenken diese Frage beantworten kann, ohne Formeln und Teleskope.« Er deutete auf den Himmel. »Was siehst du?«

Sie folgte seiner Blickrichtung. »Sterne, was sonst, es ist Nacht.«

»Aber warum ist es denn Nacht«, fragte er.

Sie war etwas verwirrt, beschloß aber, das Frage-Antwort Spiel mitzuspielen. »Weil es dunkel ist.«

»Und warum ist es dunkel?«, wollte er wissen.

»Mein Gott, stell mir doch nicht so blöde Fragen. Weil es dunkel ist natürlich. Weil die Sonne untergegangen ist.« Sie klang etwas verärgert. Er wollte sie doch auf den Arm nehmen. Oder er hielt sie für komplett blöd. Das wollte sie sich aber nicht sagen lassen.

Der Mann lächelte und sagte » Natürlich, weil es dunkel ist. Die Frage ist nur, warum ist es denn dunkel? Weil die Sonne nicht scheint, klar. Du bist gerade im Begriff durch Nachdenken einen Teil deiner täglichen Wirklichkeit in Frage zu stellen. Es wird jeden Tag dunkel, nicht wahr?«

»Ja, es wird jeden Tag dunkel. Ich weiß nicht, wo du herkommst, aber bei uns ist das so.«

»Es ist überall so. Wo nicht ein Zentralgestirn Licht spendet, wird es dunkel. Das fällt schon in dein Studienfach hinein, sich über die normalen Dinge der Welt Gedanken zu machen. Hat Sokrates das nicht auch getan?«

Sie mußte ihm Recht geben, das genau war die Vorgehensweise der Philosophen, normale Dinge der Welt zu überdenken. Sie wußte nur noch nicht genau, worauf er hinauswollte. Etwas sagte ihr, daß es einen Grund gab, daß es etwas mit der Unendlichkeit des Universums zu tun hatte.

»Ja, das hat er und mit ihm viele andere. Aber was hat das denn nun mit dem Universum zu tun?«, fragte sie.

»Ganz einfach. Die Helligkeit der Sterne nimmt mit ihrer Entfernung ab, das ist logisch, oder?«

»Ja«, antwortete sie.

»Gut, mit dem Durchmesser verhält es sich ebenso. Weiter entfernte Dinge erscheinen optisch kleiner. Gleichzeitig nimmt aber die Menge der Sterne mit der Entfernung zu, in der dritten Potenz, um genau zu sein. Je weiter weg, je mehr Sterne. So einfach ist das. Immer bezogen auf einen begrenzten Raum versteht sich. Wäre der Raum unbegrenzt, müßte der Himmel, den man von hier aus sieht, mit Sternen übersät sein.«

»Ist er aber nicht«, sagte sie, ihren Blick auf den Himmel konzentrierend, als könnte sie den Hintergrund seiner Erklärung dort oben erkennen.

»Warum ist er das nicht? Der Berechnung zufolge muß es eine Grenzentfernung geben, bei der die überproportionale Zunahme der Sternenzahl die Abnahme ihrer Helligkeit überzukompensieren beginnt. Das heißt, die Anzahl der Sterne wäre größer, und damit die von ihnen abgestrahlte Lichtmenge, als der Lichtverlust, der durch die Entfernung entsteht. Da in einem unendlich großen Weltall aber bekanntlich jede Grenze überschritten wird, müßte der ganze Himmel mit leuchtenden Sternen übersät und folglich hell sein. Doch schau hinauf, er ist es nicht.«

Die junge Frau dachte einen Moment nach. Sie wußte noch aus der Schule, es gab etwas wie dunkle Wolken, außerdem war vielleicht noch nicht alles Licht auf der Erde angekommen. Sie teilte ihm ihre Einwände mit und der Mann begann erneut, die Hände gen Himmel zu strecken.

»Die Idee ist nicht verkehrt. Doch hätte das Licht bereits unendlich lange Zeit, sich auf die Erde zuzubewegen, wäre es auch hier. Übrigens, die kritische Entfernung, also die Grenzentfernung, von der ich vorhin sprach, liegt bei 100 Quadrillionen Lichtjahren. Das hast du sicher auch schon gehört, das Universum ist nicht so groß. Zumindest soweit wir wissen.«

»Was aber ist mit dunklen Wolken? Können sie nicht das Licht abhalten, auf die Erde zu gelangen?«, fragte sie.

»Laß mich deine Frage mit einer Gegenfrage beantworten. Würde nicht Licht, was unendlich lange Zeit hat, auf diese dunklen Wolken einzustrahlen, letztendlich diese Wolken selbst zum Leuchten bringen? Immerhin ist es nur Energie, und Energie wird absorbiert. Sammelt sich irgendwo Energie, erhitzt sie Stoffe. So würde es auch mit einer dunklen Wolke geschehen. Sie würden sich so lange erhitzen, bis sie selbst hell strahlen.«

Nun setzte er sich wieder an den Strand.

»Stimmt. Also kann das Universum nicht unendlich alt sein.«

»Richtig, und es ist auch nicht unendlich groß. Weil sonst das Licht den ganzen Himmel bedecken würde. So einfach ist das. Es wird nachts dunkel, weil das Universum weder unendlich groß noch unendlich alt ist. Das ist die Antwort.«

Sie lächelte, es war wirklich so einfach. Ganz langsam begann sie in diesem Teilbereich zu verstehen, was Wissenschaft mit Philosophie zu tun hatte. Einfache Antworten auf banale Fragen. Doch was genau das mit ihrem Gesamtstudium zu tun hatte, war ihr immer noch nicht völlig klar. Natürlich hatte der fremde Mann in diesem Punkt Recht, aber warum sollte gerade sie die Entstehungsgeschichte des Universums in einem wissenschaftlichen Evolutionsbuch lesen?

»Was ist das Wichtigste in deinem Studium?«, fragte er.

»Das Wissen über die alten Meister, die großen Philosophen«, antwortete sie.

»Bist du sicher? Was bringt dir das Wissen über das, was die vergangenen Denker gesagt haben, wenn du nicht selber denkst? Wenn du nicht selber neue Fragen stellst? Gar nichts.« Er legte sich in den Kies und verschränkte die Arme unter dem Kopf.

»Denk einmal darüber nach. Wenn du mich fragst: Das Wichtigste in deinem Studium ist die Fähigkeit, sich zu wundern. Das ist es, was vernunftbegabte Wesen überall im Universum von den niederen Kreaturen unterscheidet.«

Die Frau setzte sich im Schneidersitz vor ihn und stützte den Kopf in die Hände. Er hatte Recht, aus dieser Perspektive hatte sie es noch nicht betrachtet. Bisher war ihre ganze Konzentration in die Philosophen aus Griechenland und Rom gewandert. Zu wissen, was sie gesagt hatten. Doch würde sie dies wirklich weiterbringen auf ihrem Weg, selber eine Philosophin zu werden? Nur zum Teil. Das Wissen über Sokrates oder Eukrit brachte die Einsicht, sich über die Welt Fragen zu stellen. Zudem beschrieben die Bücher, wie die jeweiligen Philosophen an die Fragestellungen herangingen. Natürlich war es wichtig, das zu wissen und auch die Unterscheidungsmerkmale zu sehen. Die Entwicklung der Philosophie zu verfolgen, war ebenfalls ungeheuer spannend. Doch der Mann lag nicht so falsch, ohne ihr eigenes Zutun konnte sie keine guten Fragen stellen. Mehr noch, sie mußte lernen, die richtigen Fragen zu finden. Fragen, die ihr vielleicht banal erschienen, die aber deswegen nicht weniger wichtig waren. Plötzlich klingelte das Handy.

Sie stand auf und entfernte sich ein paar Schritte. Dann betätigte sie eine Taste am Telefon und nahm das Gespräch an.

»Hi«, sie machte eine Pause, »ja, mir geht es gut. Ich habe hier jemanden getroffen, es ist ein wenig seltsam, und ich kann es dir nicht so ganz erklären, aber es ist nicht schlecht.«

Sie lauschte ihrer Freundin.

»Nein, es ist alles OK, Du brauchst nicht kommen. Ich erkläre es dir vielleicht morgen – wenn ich kann.«

Wieder eine kurze Pause, dann sagte sie, »Ja, es ist ein Netter. Und mach dir keine Sorgen.«

Sie schüttelte den Kopf, als ob ihre Freundin es sehen könnte.

»Nein, ich bin vorsichtig, bin doch nicht blöd. Danke für deinen Anruf. Wenn noch was ist, ruf ich durch, laß das Handy an, OK.«

Sie lauschte, »Danke« und legte auf. Dann kehrte sie zu dem immer noch im Kies liegenden Mann zurück und setzte sich neben ihn.

»Ich habe mir was überlegt«, sagte sie.

»Was denn«, fragte er zurück.

»Ich danke dir für dein Angebot, mir helfen zu wollen. Aber nun ist es schon spät, und ich möchte schlafen. Laß uns morgen weiterreden. Ich muß erst über all das nachdenken.«

»Absolut in Ordnung«, sagte er. »Ich werde dich nicht drängen, aber ich werde auch nicht ewig warten. Laß uns noch ein wenig reden, und dann geh nach Hause. Ich werde in den nächsten Tagen hier in der Gegend sein und immer dann auftauchen, wenn du an mich denkst. Wundere dich nicht, ich bin dann einfach da. Das ist kein Zufall, ich bin jetzt für dich hier.«

Sie entspannte sich merklich und sagte »Gut, damit kann ich leben.«

»Hast du vielleicht eine Frage an mich?« Er sah sie herausfordernd an. Fast schien es ihr, als lächele er schelmisch.

Sie mußte grinsen. »Eine? Hunderte. Meinst du, es passiert mir jeden Tag, daß ich einem Menschen begegne, der mir einfach völlig selbstlos helfen will? So etwas ist selten.«

»Ich heiße übrigens Marc«, sagte er.

»Ich bin Nermina«, lächelte sie und beschloß, es für den Moment dabei zu belassen. »Laß uns weiter über das Universum reden«, bat sie. »Ich möchte so viele Fragen stellen und ich denke, die Gelegenheit, einen solchen Experten wie dich zu treffen, hat man nicht oft.«

»Du wirst sie in Bezug auf mich einmal in diesem Leben haben, jetzt«, antwortete er. »Was willst du wissen?«

Nermina legte sich zurück in den warmen Kies und blickte die Sterne an. Das Universum war gewaltig, das war ihr klar, als sie die vielen Sonnen über sich sah. Wie gewaltig es war, schien ihr erst in diesem Augenblick gegenwärtig zu werden.

»Ich möchte wissen, warum es uns gibt, ich meine uns Menschen«, sagte sie.

Marc sah sie an und erwiderte »Das kann ich dir nicht sagen. Niemand kennt den eigentlichen Grund, warum es Leben im Universum gibt, auch ich nicht. Na ja, auf der anderen Seite, wer sind wir? Vielleicht gibt es doch jemanden, der den Grund kennt. Es ist allerdings eine Vermutung meiner und deiner Rasse, es sei eine zwingende Entwicklung des Universums. Dieses Universums. Alle Parameter, die zur Entstehung von Leben führen, sind gegeben. Genau in der Form, wie sie sein müssen. Das geht von den Bindungskräften der atomaren Bausteine über die Schwerkraft bis zum Urknall. Alles war von Anbeginn der Zeit her bestimmt.«

»Was meinst du damit?«

»Nun, fangen wir mal mit der Gravitationskonstante an. Im Gegensatz zu den im Inneren des Atoms herrschenden Kräften ist sie eher als schwache Kraft zu bezeichnen. Sie wirkt allerdings über große Entfernungen und bündelt noch ganze Galaxienhaufen über wahrhaft kosmische Entfernungen hinweg, die sich dann um den gemeinsamen Schwerpunkt drehen.«

»Galaxienhaufen?« Nermina hatte zwar das Wort schon gehört, aber so ganz klar war ihr der Begriff nicht.

Marc antwortete: »Ja, Galaxienhaufen, eine Ansammlung von Milchstraßensystemen wie unsere eigene. Die Schwerkraft, beziehungsweise Masse, wirkt hier so stark, daß sich ganze Gravitationslinsen bilden. Wie eine Glaslinse. Sie lassen uns tiefer in den Weltraum hineinschauen, weil das Licht durch die gewaltige Masse, die sich in der Raumzeit auswirkt, verzerrt wird. Wie bei einem Vergrößerungsglas; wir schauen tiefer als unsere Fernrohre es aus eigener Kraft je könnten. Aber ich will dich nicht verwirren mit Begriffen wie Raumzeit, nimm es einfach mal so hin.«

»Unglaublich«, murmelte sie, und es war ihr im Moment ganz recht, nicht weiter über Raumzeit nachdenken zu müssen. Sie wußte aus der Schule, es war die vierte Dimension, irgendwie, aber für einen dreidimensionalen Menschen war das nicht so leicht zu verstehen, weil es nicht erlebbar war.

»Nicht wahr, es ist phantastisch.« Seine Stimme schien ein wenig zu schwanken, so als wäre er selbst von der Wirkung seiner Worte innerlich berührt.

»Im Vergleich zu den Kernbindungskräften und der elektromagnetischen Wechselwirkung ist die Gravitation lächerlich schwach, um genau zu sein, um den Faktur 10^{40} schwächer.«

»Eine Zahl mit 40 Nullen.« Nermina war stolz, daß sie auch etwas beitragen konnte und nicht wie das Dummchen vom Lande vor diesem Mann saß.

»Genau«, fuhr Marc fort. »Eine Zahl mit 40 Nullen. Wenn man es genauer betrachtet, ist diese Zahl von eminenter Bedeutung. Sie hat etwas mit dem Zusammenhalt der Sterne zu tun. Von ihr hängt nämlich die Lebensdauer des Sterns ab. Sterne sind, wie du sicherlich weißt, frei im Raum schwebende

Fusionsreaktoren. Sie verbrennen Wasserstoff zu Helium und werden von ihrer eigenen Schwerkraft, aufgrund ihrer Masse, zusammengehalten.«

Nermina sah zum Himmel auf. »Das bedeutet, sie würden durch den in ihrem Inneren erzeugten Druck der Kernfusionen in einer riesigen Explosion auseinanderfliegen, wenn sie nicht von der eigenen Schwerkraft zusammen gehalten würden.«

»Genau, das in diesem Universum bestehende Verhältnis zwischen Atombindungskräften und Schwerkraft verhindert dies so lange, bis der Stern seinen Wasserstoffvorrat verbrannt hat. Dann läßt die Schwerkraft nach, und er bläht sich zu einem sogenannten roten Riesen auf. Die Masse des normalen Sterns muß riesig sein, um das Verhältnis des Druckes mit Schwerkraft auszugleichen. Riesige Masse bedeutet lange Brenndauer. Lange Brenndauer bedeutet, die Entwicklung von Leben wird überhaupt erst möglich.«

Marc räusperte sich. »Zum Vergleich, wäre die Gravitation nur um den Faktor 10^{30} schwächer als die Kernbindungskräfte, immer noch eine riesige Zahl, dann hätte die Masse eines typischen Sterns nur ein Billiardstel der heutigen Sonne und das Gestirn wäre nach gut einem Jahr ausgebrannt. Nicht genug, um Leben auch nur annäherungsweise entstehen zu lassen. Macht es das verständlich?«

Nermina sah ein, er hatte Recht. Etwas im Universum war vorprogrammiert, gewissermaßen. Eine tolle Fragestellung für einen Philosophen. Wer hatte dieses Verhältnis bestimmt? Gott? Wer war Gott?

Marc sah sie an. »Möchtest du noch ein Beispiel hören?«, fragte er.

»Absolut.« Sie war fasziniert von seinen Erläuterungen. Ihre Müdigkeit schien wie weggeblasen.

»Gut. Nehmen wir das Universum selbst. Wir wissen heute, es dehnt sich aus, fast mit Lichtgeschwindigkeit. Wie ein Ballon, den man aufbläst. Man weiß, die Geschwindigkeit mit der sich das All ausdehnt, übrigens seit rund 20 Milliarden Jahren, kann nicht beliebig groß oder klein sein. Wäre die Expansionsgeschwindigkeit geringer als wir sie beobachten, hätte die Gravitation, so schwach sie auch ist, längst eine Kontraktion bewirkt. Das Universum wäre in sich zusammengestürzt, lange bevor sich Leben auf Basis der Evolution hätte bilden können. Wäre die Expansionsgeschwindigkeit größer, hätte sie die Gravitation so übertroffen, daß die Wasserstoffwolken sich niemals zu Sternen hätten zusammenballen können. Keine Sterne, kein Leben. Also, auch hier wieder eine Konstante, die existiert, als ob das Universum gewußt hätte, daß es uns einmal geben würde.«

»Sind wir auf diesem Planeten der Endpunkt?«, wollte sie wissen.

Diese Frage hatte er schon oft gehört, und sie ließ sich relativ leicht beantworten, weil die Antwort immer die gleiche war. »Halte es dir folgendermaßen vor Augen: Auf der Erde hat sich das Leben rund zwei Milliarden Jahre lang fast lautlos entwickelt. Niemand sah zu, niemand nahm es wahr. Die frühen Bakterien ebensowenig wie die Dinosaurier, die immerhin 300 Millionen Jahre auf der Erde verbracht haben. Übrigens eine sehr erstaunliche Epoche. Erst als die Menschen aufkamen, entdeckte jemand namens Darwin die Evolution, ein gewaltiger Gedanke damals.«

Sie setzte sich auf und sah ihn an. »Woher weißt du soviel? Es scheint, als wüßtest du auf jede noch so banale und gleichzeitig auf jede spezifische Frage eine Antwort«, fragte sie.

»Nun, laß es mich so sagen, ich habe sehr lange und intensiv gelernt. Da bleibt Wissen nicht aus.« Er grinste sie an. »Doch zurück zu Darwin. Es muß eine schmerzhafte Erfahrung gewesen sein, sich erstmals darüber bewußt zu werden, daß am Ende des Lebens der Tod steht. Doch hat der Neandertaler darüber wirklich nachgedacht? Hat Angst vor dem eigenen Tod in seinem Leben wirklich eine Rolle gespielt? Sicherlich, je weiter der Homo Sapiens sich entwickelte, desto bewußter wurde er sich seiner selbst.«

»Aber wir wissen doch heute schon so viel, wir entwickeln ständig neue Dinge, neue Technik. Müssen wir uns selbst auch in alle Zukunft weiterentwickeln?«, wollte Nermina wissen.

»Eine kluge Frage«, nickte Marc. »Die Antwort lautet, Ja, aber es ist eine Entwicklung, die unabhängig von der Fähigkeit, Technik zu entwickeln stattfindet. Vielleicht entwickelt der Mensch ja eines Tages Technik, die ihn selbst aus Fleisch und Blut überflüssig macht. Auch das wäre ein Schritt der Evolution.«

Sie begann, die Antwort auf ihre Frage zu erkennen. » Also sind wir nicht der Endpunkt?«, sagte sie leise.

Er antwortete »Nein, sicherlich nicht. Gewissermaßen sind die Menschen die Neandertaler ihrer eigenen Zukunft. Generationen nach dir werden Wissenschaftler diese Epoche untersuchen und sich die gleichen Fragen stellen, die du dir heute in Bezug auf deine Vorfahren stellst. Nur nebenbei, der Mensch ist nichts anderes als ein Seitenarm der biologischen Entwicklung auf diesem Planeten. Es gibt sehr viele andere Zweige, die wir kaum bemerken.«

In weiter Ferne zog ein Flugzeug über den Nachthimmel. Nermina verfolgte das blinkende Licht mit den Augen, bis es am Horizont verschwunden war. Sie dachte nach. Neandertaler der eigenen Zukunft. Ein seltsamer Gedanke. Marc blickte auf das Wasser hinaus und schwieg. Es war fast, als wartete er auf ihre nächste Frage. Er wollte sie nicht überfordern. Natürlich, das wußte er, waren ihr diese Gedankengänge nicht fremd, immerhin studierte sie eine Geisteswissenschaft, aber es war doch etwas anderes an der Universität zu sitzen oder mit ihm hier am Strand, die Wirklichkeit diskutierend. Dies hier war die normale Realität, das Studium etwas Abstraktes. Zumindest jetzt noch.

Nermina hatte vor einiger Zeit einen interessanten Satz in einer Fachzeitschrift für Computer gelesen. Manchmal blätterte sie solche Magazine durch, es stand immer etwas Wissenswertes darin. Dort hatte es geheißen *Wir müssen versuchen, den Menschen besser in die Technik zu integrieren.*

Waren die Menschen tatsächlich auf dem besten Wege, sich selbst abzuschaffen? Wie lange würde es dauern bis die Computer die Herrschaft übernahmen? Baute man nicht heute schon eine ganze Menge Technik in lebende Menschen ein, nur um ihnen ihr weiteres Leben zu ermöglichen?

»Ich kann mir das nicht vorstellen«, brach sie das Schweigen.

»Was genau kannst du dir nicht vorstellen«, erwiderte Marc.

»Das mit der Evolution, wie lange das dauert. Wie wir Menschen zustande kamen. Wie ist es möglich, daß aus all den Basenpaaren genau die Reihenfolge herauskommt, die ein menschliches Gen ausmacht? Hat Gott es dem Zufall überlassen oder hat jemand nachgeholfen?«

Marc erhob sich und begann am Strand vor ihr auf und ab zu gehen. »Das sind viele Fragen auf einmal«, sagte er.

»Ich weiß«, seufzte sie. »Aber sie schießen mir durch den Kopf. Das sind Dinge, die auch immer wieder an der Uni diskutiert werden. Nicht direkt in den Vorlesungen, aber in den Pausen, zwischen den Studenten.«

»Laß es mich erst einmal mit der Antwort auf eine der Fragen versuchen«, sagte Marc. »Du kannst es dir nicht vorstellen, weil du dafür nicht geschaffen bist. Die Evolution ist kein denkendes Wesen, welches rationalen Entschlüssen folgt. Sie ist eine fortlaufende biologische Entwicklung. Auf diesem Planeten genau wie auf allen anderen. Du lebst eine sehr kurze Zeitspanne, die Entwicklung von Leben dagegen dauert sehr viel länger. Zu lange, als daß der lebende Geist erfassen könnte, wie lange. Bedenke immer, der Geist wurde nicht erschaffen, um die Welt zu verstehen. Er ist eine Episode in der Evolution. Er entstand, weil es zwangsläufig so gehen mußte. Seit nur wenigen zehntausend Jahren können die Menschen sich selbst begreifen, das ist nicht lang. Man sieht es aus einem Blickwinkel, der auf wesentlich kürzere Zeiträume ausgerichtet ist, nicht auf Milliarden von Jahren. Aus menschlicher Sicht vergeht die Evolution sehr langsam, aber dieser Blick ist nicht maßgebend. Er ist sehr subjektiv. Je größer die Zeitspannen werden, desto eher unterschätzt man als kurzlebiges Wesen ihre Länge. Die Zeit, die gebraucht wurde, um aus einer Art eine andere werden zu lassen, ist sehr, sehr lang. Immer wieder entstanden kleine Verbesserungen an Lebewesen, man sagt heute dazu auch ‚sie haben sich angepaßt.‘«

Er hob den Zeigefinger, als ob er die Wirkung dieser Worte unterstreichen wollte.

»Genau, sie haben sich angepaßt. Im Laufe von Jahrmillionen haben sich auf diese Art, durch Selektion und Mutation, immer bessere Lebewesen gebildet. Dabei darf man es sich nicht so vorstellen, als ob die Natur die Gene nur lange genug geschüttelt hat, um uns alle, dich und mich und viele andere, durch bloßen Zufall hervorzubringen. Statt dessen wurde ein Weg verfolgt, der durch die jeweilige Umwelt bestimmt wurde. Eine Mutation bringt ja nur dann einen Vorteil im täglichen Überlebenskampf, wenn sie mit der Umwelt konform geht. Eine Mutation, die mit der Umwelt nichts zu tun hat, ist sinnlos. Vor einigen Jahrzehnten hat man auf deinem Planeten einen seltsamen Fund gemacht. Wissenschaftler fanden blattähnliche Insekten. Das an sich ist nichts besonderes. Das Erstaunliche ergab sich bei der Bestimmung des Alters. Diese Lebewesen entstanden zu einer Zeit, als es auf dem Planeten noch gar keine Blätter gab. Natürlich sind sie wieder ausgestorben. Ein klassisches Beispiel dafür, daß zumindest sehr viele Formen, Funktionen und Mutationen, die der Genpool zuläßt, tatsächlich schon einmal entstanden sind. Ob es zu diesem Zeitpunkt sinnvoll war oder nicht. Blattähnliche Insekten hatten erst viel später einen lebensrettenden Vorteil, nämlich als es Blätter gab. Wir können uns das nicht vorstellen, wie lange das alles dauert. Die Realität ist unvorstellbar, so seltsam das klingen mag. Nein, Gott hat nicht gewürfelt. Es hat auch niemand nachgeholfen, wozu? Die Evolution im Universum geht ihren eigenen Weg. Das zeigt die Vielfalt des Lebens.«

Sie schüttelte den Kopf, ihr wurde es nun doch etwas zuviel. Auch war es schon spät und Nermina wurde langsam müde.

»Wie lange bist du in der Gegend«, wollte sie wissen. Immerhin durfte sie um nichts in der Welt diese einmalige Gelegenheit verpassen. Auf der anderen Seite forderte der Tag seinen Tribut.

Er setzte sich wieder neben sie in den Kies. »Ich kann eine Weile bleiben, nicht ewig, aber doch einige Tage.«

Sie stand nun auf und klopfte sich den Staub von den Jeans.

»Gut«, sagte sie. »Dann würde ich gerne für heute schlafen gehen. Ich möchte dich morgen wieder hier treffen, alleine, am Strand«, fuhr sie fort. »Dann kann ich auch noch einmal darüber nachdenken, wie weit ich dir vertraue. Sorry, aber das mache ich zuweilen, über Dinge nachdenken.«

»Damit kann ich leben«, erwiderte Marc. »Wie gesagt, ich werde immer in deiner Nähe sein, wenn du an mich denkst. Keine Sorge, ich erscheine nicht aus dem Nichts, ich will ja niemanden erschrecken. Aber wenn du eine Frage hast, bin ich da, um sie zu beantworten.«

Er sah sich um. »Ich werde jetzt gehen«, sagte er.

»Wohin?«, fragte sie.

»Ich werde mich auch erholen«, antwortete er grinsend.

»Gut, dann morgen abend hier am Strand. Wenn es richtig dunkel ist. Auf Wiedersehen. Das meine ich ernst, das mit dem Wiedersehen. Ich hoffe, du hältst dein Wort.«

»Bestimmt«.

»Gut«, sagte sie und begann sich in Richtung der kleinen Stadt zu bewegen. Sie drehte sich noch einmal um und meinte: »Gute Nacht, was immer du machst.«

»Danke«, sagte Marc. Er drehte sich auch um und ging auf das kleine Bootshaus im Schilf zu. Sie lief weiter, etwas ließ sie aber im Schatten des Kassenhäuschens stehenbleiben. Nermina beobachtete, wie Marc in dem kleinen Schuppen verschwand. Sie wartete ab, was geschah. Nicht, daß es wirklich wichtig gewesen wäre, sie konnte es sich auch nicht erklären. Aber es hielt sie eine unsichtbare Kraft fest, sorgte für ihren, auf das Bootshaus gerichteten, Blick. Nach einem kurzen Moment war es ihr, als ob sie durch die Ritzen der alten Bretter einen hellen, blauen Lichtschein wahrnehmen würde. Nur kurz, aber doch deutlich. Nermina zuckte zusammen. Was hatte sie eben gesehen? Die Wellen schlugen an den Strand. Hatten das Wasser und der Mondschein ihr einen optischen Streich gespielt? Sie war müde. Was auch immer der Lichtschein war, sie würde es heute nacht nicht mehr klären können. So drehte sie sich herum und schritt auf das Tor des Strandbades zu. Warum passierte ihr so was? Warum war sie nicht nervös? Seltsame Gedanken. Auf eine bestimmte Art und Weise beruhigte Marc sie. Sie beschloß heimzugehen und den morgigen Tag abzuwarten. Um elf Uhr mußte sie an der Uni sein, da war genug Zeit zum Ausschlafen.

Kurz bevor sie in dieser Nacht in das Reich der Träume entschwand, hatte sie das seltsame Gefühl, nicht alleine zu sein.

2.

Der nächste Morgen begann für Nermina so unspektakulär wie viele andere. Sie war nicht gerade ein Morgenmuffel, aber auch niemand, der freudestrahlend aus dem Bett sprang. Gegen neun Uhr wachte sie auf und blinzelte der Sonne entgegen, die durch das Fenster auf ihr Bett fiel. Erst nach einigen Momenten kamen ihr die Erinnerungen an die vergangene Nacht wieder in den Sinn. Hatte sie vielleicht doch nur geträumt? Ein Traum von einem Mann, der sie besuchte, um ihr Fragen der Philosophie zu erklären? Je länger sie darüber nachdachte, desto wahrscheinlicher erschien ihr der Gedanke an einen sehr realen Traum. Jeder hat das schon einmal erlebt: Man wacht morgens auf und hat das Gefühl, der Traum hätte tatsächlich stattgefunden. Sie rieb sich den Schlaf aus den Augen und setzte sich auf die Bettkante. Der Mann am Strand hatte ihr einige wichtige Dinge erklärt. Wenn das tatsächlich ein Traum war, dann würde sie in Zukunft ihr Studium einfach in einer Traumwelt verbringen. Nermina schmunzelte über ihren eigenen Witz. Ob die ganze Geschichte real war, würde sie heute abend feststellen. Immerhin sollte sie ihn am Strand wiedertreffen. Wenn er tatsächlich kam, würde sie wissen, ob es nur eine Illusion war oder nicht.

Sie stand auf und ging hinunter in die Küche, um sich einen Malzkaffee zu machen. Ihr Vater war schon lange fort, er mußte früh zur Arbeit. Die Mutter hörte sie im Keller bei der Waschmaschine arbeiten. *Das Studentenleben ist gar nicht so schlecht*, dachte sie. Man braucht sich lediglich Sorgen um die Prüfungen und Scheine zu machen, alles andere ist ein lockeres Leben. Der Wasserkessel brummte, und sie nahm ihn aus der Fassung. Kurz nach dem Aufbrühen duftete es in der Küche angenehm nach Kaffee. Sie machte sich zwei Butterbrote. Etwas anderes mochte sie morgens nicht essen. Bald darauf ging sie mit der Tasse und dem Brett samt den Broten hinaus auf die Terrasse. Schon jetzt war es über zwanzig Grad warm, und es versprach, wieder ein heißer Tag zu werden. Die junge Frau setzte sich in einen der großen Korbsessel und beobachtete die Vögel, die in den Bäumen umherhüpften. Sollten sie wirklich die Nachfahren der riesigen Dinosaurier sein, wie neueste Forschungen zu bestätigen scheinen? *Die Natur macht seltsame Sprünge*, dachte sie. Da leben gigantische Lebewesen über 300 Millionen Jahre auf der Erde, und nur ein paar Millionen Jahre später schwirren ihre Nachfahren durch die Luft. Worin liegt der Grund für diese extreme Entwicklung? Was bringt es der Natur, sich zu entwickeln? Lag dahinter noch etwas Höheres? Etwas, was die Menschen, trotz aller Forschung, noch nicht entdeckt haben?

Nermina beschloß, diese Frage heute in einer der Vorlesungen zu stellen. Um die Mittagszeit herum hatte sie zwei Stunden bei Professor Geldermann, er gab »Philosophie im Rahmen der Naturwissenschaften«. Genau der richtige für eine so wichtige Frage. Von ihm hatte sie auch das Buch bekommen. Vielleicht würde er es sogar positiv werten, wenn sie eine solche Frage stellte. Zeigte es doch ihr Interesse an der Materie. Geldermann gehörte auf der anderen Seite nicht zu den Menschen, die sich leicht beeindrucken ließen. Das Buch lag oben auf ihrem Schreibtisch, und sie überlegte sich, ob sie es zur Uni mitnehmen sollte. Unter Umständen könnte es sich lohnen, noch darin zu lesen während der Zugfahrt in die Stadt. Nachdem sie den Malzkaffee ausgetrunken hatte, begab sie sich nach oben, duschte und zog sich an. Eine halbe Stunde später stand sie an der Bushaltestelle.

*

Der große Hörsaal im ersten Stock der Universität war schon ziemlich voll, als der Professor den Raum betrat. Sofort verstummten die meisten der Gespräche unter den Studenten. Geldermann war eine Art graue Eminenz. Seine Anwesenheit überstrahlte den Raum, zog förmlich alle in ihren Bann.

»Guten Morgen meine Damen und Herren«, begann er. »Es freut mich, daß jeder einzelne von Ihnen heute so zahlreich erschienen ist.« Vereinzeltes Gelächter ging durch die Reihen der Studenten. Geldermann war bekannt für seine kleinen, nicht immer guten Scherze. Doch das täuschte nicht über seine Autorität hinweg, er war der Fokus. An jeder Universität gab es ein paar wenige Professoren, die aus dem Rahmen fielen. Die einen wegen ihrer Skurrilität, die anderen, weil sie schlicht und einfach brillant waren. Geldermann gehörte der letzteren Spezies an. Einer seiner großen Vorzüge war die Tatsache, daß er sowohl Zwischenfragen als auch Kritik zuließ. Damit wurde den Studenten die Gelegenheit gegeben, aktiv in die Vorlesung einzugreifen. Es war keine "nur Zuhören" Veranstaltung.

»Heute möchte ich mit Ihnen ein besonderes Kapitel durchgehen«, begann er. »Wie immer gilt, wenn Sie Fragen haben, scheuen Sie sich nicht, sie zu stellen. Vielleicht wird es dem einen oder anderen nicht sofort einleuchten, was ich mit dem heutigen Thema bezwecke, aber das Lernen ist ja nun mal der Grund Ihres Hierseins.«

Er legte eine Folie auf den Overhead-Projektor. Sie zeigte nur eine einzige Frage *Gibt es Gott?*

Geldermann räusperte sich. »Eine alte Frage, vielleicht sogar die älteste der Welt. Naturwissenschaftler wie Philosophen haben sie über Jahrtausende hinweg gleichermaßen gestellt, ohne sie je zufriedenstellend beantworten zu können. Was ich mit dieser Frage verbinde, ist ein wichtiger Teil beider Lager. Kann man an die Existenz oder vielleicht sogar die tägliche Anwesenheit eines Gottes in einem Universum glauben, das sich seit einigen Jahrzehnten als halbwegs erklärbar zu präsentieren begonnen hat? Brauchen wir Gott überhaupt noch?«

Obwohl diese Veranstaltung eine Philosophievorlesung war, schienen doch einige junge Leute durch die aufgeworfene Frage negativ berührt worden zu sein. Ein Raunen ging durch die Reihen.

»Mir ist schon klar«, fuhr der Professor fort, »einigen von Ihnen, vor allem wenn sie an die Existenz Gottes als alleinige Entität glauben, werden sich ein wenig unwohl fühlen. Das kann ich im Moment nicht verhindern. Ich werde aber versuchen, diesen Zustand im Laufe der nächsten zwei Stunden zu Ihrer Zufriedenheit zu ändern.«

Er stützte sich auf sein Pult. »Diese einfache Eingangsfrage wird heute nicht mehr besonders häufig gestellt. Eigentlich ist das verwunderlich, wird doch bei jeder passenden Gelegenheit die Frage nach dem »Sinn« aufgeworfen. Wie kann man aber die Frage nach dem Sinn unserer Existenz zufriedenstellend beantworten, wenn man dabei nicht eindeutig Stellung bezieht? Jeder von Ihnen mag diese Frage für sich auf eine bestimmte Art und Weise beantworten. Sicher ist, niemand kann darüber sinnvoll reden, wenn er keine Entscheidung darüber fällt, ob er die Welt für in sich geschlossen und damit für aus sich selbst heraus erklärbar hält, oder nicht.«

Geldermann machte eine bedeutungsvolle Pause. »Es gibt von jeher zwei Lager. Das der Theologen und das der Naturwissenschaftler. Man streitet sich heute nicht mehr ernsthaft über die entscheidende Frage. Das liegt aber weniger daran, daß sie entschieden wäre, vielmehr hat man sich geeinigt. Man beschloß, die Welt zu teilen: in die eine Seite, die das Jenseits als gegeben annimmt und die andere Seite, die den Rest aus naturwissenschaftlicher Sicht erklärt. Der Theologe setzt das Jenseits voraus, während der Naturwissenschaftler es lediglich für ein physiologisches Phänomen hält.«

Nermina hatte das Gefühl, die heutige Vorlesung steuerte genau in ihre Richtung. Sie wollte unbedingt *ihre* Frage stellen. Die nach dem Sinn hinter der Entwicklung der Natur. Sie mußte nur abwarten, der Professor würde ihr den entsprechenden Einsatzpunkt schon liefern.

Vorne am Rednerpult fuhr Geldermann fort. »Der antike Tertullian sagte einmal: »Ich glaube es gerade deshalb, weil es meinem Verstand so unannehmbar erscheint.« Nun, das ist eine Position, auf die sich schon viele zurückgezogen haben. Diesen Standpunkt kann man von naturwissenschaftlicher Seite aus nicht mehr angehen. Selbst aus philosophischer Sicht ist es schwer, mit jemandem zu diskutieren, der sich in eine Welt zurückzieht, in der grundsätzlich alles »geglaubt« werden kann. Sinnvoller war da schon der Satz des Philosophen Siger von Brabant aus dem 13. Jahrhundert. Er meinte: »Was für den Glauben wahr sei, kann für die Vernunft falsch sein und umgekehrt«. So öffnete er sich zumindest ein Tor für philosophische Überlegungen, ohne mit der Kirche in Konflikt zu kommen. Ganz nebenbei, genützt hat ihm diese Ansicht nichts, er endete trotzdem im Kerker.

Es gibt einen einfachen, meiner Ansicht nach philosophischen Ansatz, der zu erheblichen Problemen der Weltsicht der meisten religiösen Menschen führt. Nehmen wir an, Gott existiert, er hat die Welt geschaffen, und sie ist tatsächlich die Krone seiner Schöpfung. Nehmen wir weiter an, er kümmert sich um all die Menschen, die täglich zu ihm beten. Nehmen wir ebenso an, es gibt außer den Menschen keine weiteren Lebewesen in diesem Universum.

Der Mensch wäre das Resultat der einzigartigen Schöpfung, ja, die Krone der Schöpfung. Sechs Milliarden Individuen, die, das muß man bemerken, nichts anderes zu tun haben, als sich bei jeder besseren Gelegenheit gegenseitig über den Haufen zu schießen. Wenn das nun die Krone der Schöpfung sein soll, hat Gott es nicht weit gebracht. Da Gott aber von allen Gläubigen so verherrlicht wird, muß er es zu mehr gebracht haben, es muß Wesen geben die über uns allen stehen. Das genau versucht die Naturwissenschaft zu beschreiben und letztendlich auch zu beweisen. Dies lehnen wiederum viele Gläubige ab, weil wir ja angeblich die Krone von Gottes Schöpfung darstellen. Ein Dilemma.«

Ein außenstehender Beobachter hätte die Spannung im Raum förmlich spüren können. Wäre ein Bleistift gefallen, ein jeder wäre erschrocken. Geldermann war bekannt für seine Vorlesungen, er zog viele in seinen Bann, doch heute war es außergewöhnlich. Die Menge lauschte gebannt, es herrschte Totenstille im Hörsaal. Wo wollte er hin?

Der Professor begann durch die Reihen zu gehen, eine seiner Marotten. Irgendwie hielt es ihn nicht hinter seinem Pult. Dann und wann fragte er einen Studenten einfach so nach bestimmten Dingen. Nermina, die am Rande eines Durchganges saß, wartete auf ihre Gelegenheit. Sie wußte, man mußte Geldermann nur fixieren, dann würde er fragen. Also ließ sie ihn keine Sekunde aus den Augen.

»Geht es um die Frage nach dem Sinn des Lebens, unserer Sterblichkeit, sind die Theologen an der Reihe. Fragen wir uns nach dem Aufbau von, ich sage es mal provokativ, Gottes Materie, wendet man sich an die Naturwissenschaftler. Geht es um das *Warum*, sind wir Philosophen gefragt. Bei genauer Betrachtung sind es jedoch alles nur verschiedene Seiten der gleichen Medaille. Es gibt nur eine Wahrheit, und das müßten letztendlich auch alle Beteiligten akzeptieren.«

Geldermann ging zum Pult zurück und legte eine neue Folie auf den Projektor. *Wie sicher ist das Jenseits* stand auf ihr geschrieben.

»Die Theologen beanspruchen das Jenseits für sich, ein Denken, welches von einer Welt nach unserem Tod ausgeht. Dieses Gedankenmodell ist den Naturwissenschaftlern fremd. Es läßt sich alles erklären, früher oder später. Wie kann man aber von einem normalen Menschen verlangen, er solle sich einerseits dem Glauben hingeben und das Jenseits als gegeben annehmen, sich andererseits aber genau dem entziehen und die heutige Weltordnung im Sinne der Evolution anerkennen? Das ist für die meisten unserer Zeitgenossen zuviel. Nicht zuletzt deswegen haben die Kirchen unter einem ständigen Mitgliederschwund zu leiden. Dabei ist es doch gar nicht so schwer, diese beiden Dinge unter einen Hut zu bringen.«

Der Professor begann erneut seinen Weg durch die Reihen zu gehen und wandte sich an einen Studenten.

»Haben Sie ein Handy«, fragte er den Mann.

»Sicher«, sagte der Student und holte es aus der Tasche.

Geldermann nahm es ihm aus der Hand und hielt es hoch. »Meine Damen und Herren, ich präsentiere Ihnen das Jenseits. Zumindest das heutige.«

Ein leises Gelächter ging durch den Saal. Einer der Studenten fragte »Was soll daran Jenseits sein?«

»Ganz einfach«, erwiderte Geldermann, der die Frage erwartet hatte. Er plante solche Auftritte, wußte er doch genau, man konnte ihm in dieser Situation nichts entgegensetzen. Fragen wie diese warfen Antworten in den Raum, über die sich jeder der Anwesenden seine Gedanken machen konnte. »Sie empfinden die Frage als normal. Aber ist das Jenseits nicht etwas, in das alle Dinge verbannt werden, die man nicht erklären kann? Werden nicht immer genau diese Dinge der Obhut Gottes zugeschrieben. Nun, in diesem Falle wohl nicht«, er sah auf das Gerät, »in diesem Falle schreibe ich es der Verantwortlichkeit von«, eine Drehung des Handys verriet den Provider, »Vodafone zu.«

Der Saal lachte. Doch jeder, der den Professor auch nur ein wenig kannte, wußte, es kommt noch ein Nachsatz. Niemals inszenierte er so eine Schau, ohne auf etwas Bestimmtes hinaus zu wollen.

»Stellen Sie bitte diese Frage einem Menschen, der vor 300 Jahren gelebt hat. Oder vor 500 Jahren. Ich bin mir absolut sicher, er hätte die Existenz eines solchen Gerätes dem Jenseits zugeschrieben. Sie könnten es auch mit einem Laptop versuchen oder mit einem Taschenrechner. Die Auffassung der Menschen von damals wäre immer die gleiche gewesen. Sie hätten es entweder als Teufelswerk bezeichnet oder für unmöglich gehalten. Unmögliche Dinge gehören ins Jenseits. Verstehen Sie worauf ich hinaus will?«, fragte er in die Runde der Studenten.

»Wir erleben jeden Tag ein Stück vom gestrigen Jenseits. Genau genommen erforschen die Laboratorien rund um die Welt dieses Jenseits, welches von der Kirche postuliert wird. Ständig kommen neue Ergebnisse auf den Menschen zu, ständig wird ein Teil des Jenseits ins Diesseits geholt. Warum sollte nun das gleiche nicht auch für unser Universum gelten? Wo bleibt dann Gott?«

Einer der Studenten meldete sich zu Wort. »Vielleicht auf einem anderen Planeten«, sagte er.

»Das halte ich für unwahrscheinlich«, gab Geldermann zurück. »Gott ist, wenn er überhaupt existiert, nicht auf einem Planeten. Er ist überall. Er gehört zu unserem Weltbild. Ihn einzuordnen, ist unter anderem die Aufgabe der Philosophen. Ganz nebenbei, ich denke schon, es gibt eine ganze Menge Leben im Universum, aber wir werden es wohl nie kennenlernen, es ist einfach zu weit weg. Halten Sie sich die schiere Größe des Universums vor Augen, und Sie werden wissen, was ich meine.«

Der letzte Satz hörte sich aus seinem Munde fast traurig an. Nermina kamen die Erlebnisse des gestrigen Abends in den Sinn. Je mehr sie darüber nachdachte, desto merkwürdiger erschien es ihr. Was Marc gesagt hatte, wie er sich aus bestimmten Fragen herauswand, der Lichtschein in der alten Seehütte, den sie für einen Schimmer des Mondlichtes gehalten hatte, alles sehr seltsam. War es wirklich Mondlicht gewesen? Oder hatte sie etwas gesehen, was eigentlich unmöglich war. Sie lächelte und übersah einen Moment, daß Geldermann direkt neben ihr stand.

»Junge Dame, was ist daran komisch«, fragte er.

Nermina erschrak. Da hatte sie die ganze Zeit auf eine Gelegenheit gewartet, dem Professor ihre Frage zu stellen, und nun erwischte er sie auf dem falschen Fuß.

»Nichts, Herr Professor, ich dachte nur gerade an eine andere Situation«, brachte sie heraus. Mist, sie hatte es vermasselt. Sie wollte doch ihre ganz persönliche Frage stellen.

Geldermann bedachte sie mit einem ärgerlichen Blick, er konnte es nicht leiden, wenn jemand seinen Ausführungen nicht folgte.

»Haben Sie vielleicht auch noch etwas Sinnvolles zur Diskussion beizutragen?«, wollte er von Nermina wissen.

Sie setzte sich auf, sammelte sich einen Augenblick und sah ihn an. »Ja, ich habe eine Frage, die zum Thema paßt. Ich möchte wissen, warum sich die Natur entwickelt. Warum kommen Menschen zustande, warum geht es immer weiter, warum sind wir nicht der Endpunkt? Ist das Gottes Werk?«

Einen Augenblick lang dachte der Professor nach. »Ob es Gott und damit sein Werk gibt, können wir zur Zeit nicht zufriedenstellend beantworten. Allerdings können wir auch nicht das Gegenteil beweisen, eben, daß er nicht existiert. Es ist eine interessante Frage. Eine wirklich philosophische Frage. Warum entwickelt sich die Natur? Warum sind wir nicht der Endpunkt? Sind wir vielleicht doch der Endpunkt? Nun«, er machte eine bedeutungsvolle Pause, »ich denke, es wird nie einen Endpunkt geben, egal wie weit sich die Menschen entwickeln.«

»Aber vielleicht entwickelt sich eine Rasse auf einer anderen Welt zu einem solchen Endpunkt«, warf einer der anderen Studenten ein. »Dann wäre doch der Evolution Genüge getan, und die Sache wäre vorbei.«

»Wir können nicht davon ausgehen, daß es andere Lebewesen gibt«, sagte Geldermann. »Es ist wahrscheinlich, doch nicht sicher. Deswegen beschränken wir uns auf das, was wir sehen können. Hier auf der Erde.«

Nermina dachte an die letzte Nacht. Immer nur an das zu glauben, was man sieht kann nicht der alleinige Horizont sein, schwirrte es ihr durch den Kopf. Sie selbst hatte erlebt, besser gesagt, gezeigt bekommen, wie engstirnig ihr eigener Blick auf die Welt war.

Plötzlich öffnete sich die Tür des Hörsaales und ein weiterer Student kam herein. »Entschuldigung, ich bin Gasthörer und habe den Saal nicht gefunden«, sagte er in Richtung Geldermann. Dieser nickte, und der Mann setzte sich in die erste Reihe auf einen freien Platz. Nermina beachtete ihn nicht. Sie sah die ganze Zeit Geldermann an, als könnte sie ihn alleine dadurch von ihren Gedanken überzeugen.

»Wie gesagt«, setzte der Professor erneut an, »wir können nur von dem ausgehen, was wir auf der Erde oder von der Erde aus betrachten. An andere Planeten zu denken, lenkt ab, und an kleine grüne Männchen glaube ich schon gar nicht.«

Die Menge raunte belustigt. Der Mann in der ersten Reihe drehte sich herum und fragte »Warum nicht? Wer sagt, daß sie grün sind?«

Nermina schrak zusammen, sie kannte diese Stimme. Ihre Augen starrten den Mann in der ersten Reihe an. Es war Marc – und er lächelte ihr zu.

»Niemand sagt das«, gab der Professor etwas verärgert zurück. »Es ist ein Ausspruch, und das wissen Sie genauso gut wie ich. Wenn Sie eine Anmerkung zu machen haben, dann bitte eine qualifizierte. Ansonsten bitte ich den werten Herrn, meinen Vortrag nicht ins Lächerliche zu ziehen.«

Geldermann mochte es gar nicht, durch solche Bemerkungen unterbrochen zu werden. Nermina grinste von einem Ohr bis zum anderen. Die Vorlesung versprach noch äußerst interessant zu werden. Gleichzeitig bestätigte es sie in ihrem Vertrauen zu Marc. Hatte er nicht gesagt, er würde in ihrer Nähe sein, wenn es notwendig sei? Nun, er war hier, und sie hatte es nicht erwartet.

Der Mann in der ersten Reihe hatte verstanden, ging es ihm doch auch nur darum, Geldermanns Aufmerksamkeit zu gewinnen.

»Herr Professor«, begann er, »ist es wirklich so abwegig, die Existenz fremder Lebewesen in Bezug auf die Evolution in Betracht zu ziehen? Könnte es nicht sein, daß auf einem anderen Planeten die Evolution bereits sehr viel weiter fortgeschritten ist? Immerhin ist das Universum weitaus älter als die Erde.« Die Frage klang wie eine Provokation.

»Gut.« Geldermann schritt wieder hinunter zum Pult. »Ich persönlich denke, das Universum beherbergt viele Lebewesen. Nur können wir es eben nicht beweisen. Deswegen ist die Diskussion über sie müßig. Wenn wir die Frage nach Gottes Existenz stellen, sollten wir uns zuerst mit den hiesigen Verhältnissen beschäftigen. Das ist, ganz nebenbei bemerkt, auch das Thema der heutigen Veranstaltung. Doch lassen Sie mich noch eines anfügen, die Evolution kommt nicht zum Stillstand, niemals. Auf der Erde nicht und auch auf keinem anderen Planeten. Nicht einmal in einem anderen Universum.«

Marc konterte. »Ist Gott derjenige, der dies alles bestimmt? Ist er es nicht, der auch alle anderen Wesen hervorbrachte, hervorbringt und noch hervorbringen wird? Warum sollten wir also die Existenz anderer Wesen in Frage stellen? Warum sollten wir nicht versuchen, sie zu verstehen, uns über sie Gedanken machen?«

Geldermann sah Marc an. »Vermutlich ist Gott der Motor, doch auch das können wir nicht beweisen. Die Naturwissenschaft lehrt uns, offen zu sein für alle Gedanken. Wie können wir aber andere Lebewesen begreifen, wenn wir noch nicht einmal alle Standpunkte hier auf der Erde unter einen Hut bringen?«

Marc stand auf, etwas sehr Ungewöhnliches für einen Studenten. Geldermann sah ihn an, sagte aber nichts.

»Stellen Sie sich vor Herr Professor, Gott hat dieses Universum nicht nur erschaffen, er IST das Universum. Damit wären ihre Fragen sofort beantwortet. Vielleicht nicht geklärt, weil Sie es nicht verstehen, aber die Frage nach einem Gott wäre beantwortet.«

Der ganze Hörsaal lauschte gespannt dem Dialog der beiden Männer. Nermina machte ein ernstes Gesicht und wartete gespannt auf den Verlauf, den Marc der Sache geben würde.

Sie sagte: »Wenn Gott das Universum selbst ist, ist er dann nicht auch das Jenseits?«

Geldermann pflichtete ihr bei. »Ja, das ist richtig und wie ich vorhin bereits sagte, wir entdecken jeden Tag ein Stück davon. Das würde bedeuten, irgendwann haben wir Gott selbst erkannt.« Er wandte sich an Marc »Würden Sie dem zustimmen mein Herr?«

»Ja und nein«, erwiderte dieser. »Gott kann nicht erkannt werden, weil er immer ein Stück größer ist als die, die über ihn nachdenken. Es gibt niemanden im Universum, der Gott vollständig erkannt hat.«

Geldermann dachte nach. »Sie reden, als ob Sie es besser wüßten als ich. Woher kommt diese Einsicht?«, wollte er wissen.

»Vielleicht weiß ich es einfach«, gab Marc zurück. »Denken Sie, ich wäre von einem anderen Stern und hätte schon viele Völker im Universum kennengelernt. Gott habe ich dabei noch nicht getroffen.«

Jetzt lachte der ganze Saal. Der Dialog eröffnete jedoch ein Tor zu einer neuen, erweiterten Diskussion.

Geldermann ließ sich nicht beeindrucken. »Das würde bedeuten, - nehmen wir jetzt mal an, ich glaube Ihnen den Außerirdischen - der Endpunkt der evolutionären Entwicklung ist noch nirgendwo erreicht. Damit hätte ich mit meiner These zumindest bis zum heutigen Zeitpunkt Recht. Die Entwicklung nimmt kein Ende. Selbst wenn das Universum als solches ein Ende nähme, es würde etwas Neues geben, wie einen neuen Urknall. Und Sie wären der Beweis Herr Außerirdischer, Sie sind ja schon rumgekommen und haben das beobachtet.« Er konnte sich ein Grinsen nicht verkneifen.

Marc antwortete, ein ebensolches Grinsen umspielte seine Mundwinkel: »Richtig, das Universum hat sich noch nicht zuende entwickelt. Doch ich möchte noch einmal zu der Frage der jungen Frau dort oben kommen.« Er sah Nermina an. »Ist es nicht wichtig, zu fragen warum es sich überhaupt entwickelt? Dahinter steckt ein Grund, und der ist gar nicht so schwer zu begreifen: Es ist ein Experiment.«

Jetzt lachte niemand. Vereinzelt ging erneut ein deutliches Raunen durch die Reihen. Manche winkten ab, andere wirkten verärgert. Dem Professor gelang es nach einigen Sekunden, wieder für Ruhe im Saal zu sorgen.

»Was für ein Experiment?«, wollte er wissen.

»Das Experiment der Evolution. Ob es tatsächlich funktioniert. Für diese Tatsache gibt es eine Reihe von Anhaltspunkten, sie sind leider nur schwer zu verstehen, und ich glaube, es würde hier auch zu weit führen. Die Philosophen haben bei der Suche nach Beweisen schon eine ganze Menge geleistet.«

»Darf ich eine Zwischenfrage stellen«, sagte Nermina.

»Gerne«, erwiderte Geldermann. »Was möchten Sie wissen?«

Nermina räusperte sich. Es war eine ihrer Eigenarten, wenn sie sich nicht ganz wohl in ihrer Haut fühlte. »Ich wollte wissen, warum sich die Natur überhaupt entwickelt. Jetzt höre ich, es sei ein Experiment. Ist damit die Frage beantwortet, und es ist halt so, wie es ist? Wir sitzen in einem Reagenzglas und jemand beobachtet, was wir tun? Das befriedigt mich nicht. Auch nicht, wenn es jemand von, verzeihen Sie mein Herr, einem anderen Stern sagt.«

Geldermann sah sie mit festen Augen an. Auch ihm ging diese Diskussion in die falsche Richtung. »Dem stimme ich zu. Wir können es jetzt hinnehmen oder auch nicht. Es macht aber aus philosophischer Sicht keinen Sinn, diese Antwort zu akzeptieren, es bringt uns nicht weiter.« An Marc gewandt sagte er, »Ich glaube wir haben durch Sie heute einen interessanten Ansatzpunkt gewonnen. Unsere Frage lautet: "Gibt es Gott? Ist demnach Gott der große Experimentator?" Wenn ja, können wir diesem Experiment durch unser Denken auf die Spur kommen?«

Marc antwortete »Ja, Sie, die Menschen, können, indem sie Fragen stellen. Fragen, die noch niemand gestellt hat. Indem Sie den Naturwissenschaftlern Hinweise geben, wonach sie forschen sollen. Ich will Ihnen ein Beispiel nennen.

Es ist noch nicht allzu lange her, genauer gesagt, Mitte des 17. Jahrhunderts, da trug sich eine seltsame Szene zu. Es ging erstmals darum, so sagt es zumindest die Geschichte, ein Experiment anzustellen. Experimente waren damals nicht gerade an der Tagesordnung, hatte doch die Kirche die Erklärungen für nahezu alles parat. Auf der anderen Seite tummelten sich jede Menge Magier, Hexenmeister, Quacksalber und Alchimisten. Diese versuchten, den Menschen mit Zaubersprüchen und Geheimrezepten das Leben leichter und ihre eigenen Taschen voller zu machen. Die Situation war folgende: Kurz nach Mitternacht versammelten sich die Mitglieder der Royal Society, immerhin die *Crème de la crème* der Wissenschaft, in London um einen Tisch. Alles drehte sich um einen Hirschkäfer. Es kann einem heute als eine der seltsamsten Sitzungen vorkommen, die die damaligen Wissenschaftler je abgehalten haben. Hierbei ist zu bedenken, diese Männer waren alle ebenso gottesfürchtig wie fromm. Nun, was wollten sie?«

Die Studenten lauschten der Rede Marcs ebenso gespannt wie der Professor. Der seltsame Gasthörer in der vorderen Reihe machte eine Pause und fuhr dann fort.

»Es ging den Wissenschaftlern um eine aus heutiger Sicht simple Frage. Sie saßen um einen Tisch herum, auf dem sie, unter geheimnisvollem Murmeln lateinischer Beschwörungsformeln, einen Kreidekreis gemalt hatten. In der Mitte befand sich der Hirschkäfer. Würde das Insekt die Kreidebarriere überqueren können, nachdem man die Zauberformel aufsagte, oder nicht? Mit solchen Zeichnungen sollten damals Insekten aus dem Haus ferngehalten werden. So zumindest sagten es die Magier. Dann geschah Erstaunliches. Der Hirschkäfer bewegte sich nach links, dann nach rechts und lief dann problemlos auf den Rand des Tisches zu. Erst dieser gebot seinem Lauf Einhalt. Die Wissenschaftler freuten sich, sie umarmten sich, einige jedoch waren auch verwundert. Erinnern Sie sich, Herr Professor? Ich sagte, man muß nur die richtigen Fragen stellen, um der Wahrheit auf die Spur zu kommen. In der damaligen Zeit war es eben wichtig, zu wissen, ob Zaubersprüche Insekten von der Überquerung eines Kreidekreises abhalten konnten. Deswegen das Experiment. Doch es ging noch um etwas anderes.«

Marc begann im Saal umherzugehen. »Es ging darum, das Experiment in den Vordergrund der Arbeit zu stellen. Man hatte Jahrhunderte lang probiert, die Existenz Gottes zu beweisen oder zu widerlegen. Das war nicht gelungen. Nun überließ man diesen Versuch der Kirche und wandte sich wieder den niederen Arbeiten der Gegenwart zu. Man versuchte Dinge, mit einer anderen Methode als der Theologie zu erklären. Dem Experiment. Dieser »Schlüssel« eröffnete, wie man bald erfreut feststellte, völlig neue Möglichkeiten und bot gleichzeitig die Chance, Gottes Werk zumindest in Ansätzen zu verstehen. Dazu sollte man immer an die besagten Magier und Hexenmeister denken. Es gab fast nichts, was unmöglich war. Vom Goldrezept bis hin zu Zauberformeln, die Insekten fernhalten sollten. Umso wichtiger war die reine Erkenntnis. Die richtige Frage mit einer klaren, unmißverständlichen Antwort. Man wollte auf Seiten der Wissenschaft nur noch glauben, was man sehen konnte. Also galt es nur, die richtigen Fragen zu stellen und man würde eine Antwort erhalten. Dies barg in den Augen der Kirche jedoch auch eine Gefahr. Man erkannte, die neuen Wissenschaftler würden alsbald den Menschen das Gefühl geben, daß nur wirklich wahr ist, was man im Experiment nachweisen kann. Das konnten sie nicht zulassen. Immerhin war es eine klare Gefährdung ihrer Macht. Die Kirchenobrigen folgerten, war das Experiment die allein gültige Größe, würde die Existenz Gottes in Frage gestellt. Die Wissenschaft hatte eine, nach dem langen generellen Streit um den Gottesbeweis, für die Kirche viel gefährlichere, neue Sichtweise der Dinge entwickelt. Aus diesem Grund landete Giordano Bruno auf dem Scheiterhaufen.«

Einer der Studenten hakte hier ein. »Entschuldigung, ich bin da nicht ganz so gebildet, wer war Bruno?«

Marc drehte sich zu dem jungen Mann um. »Giordano Bruno war derjenige, der damals gewissermaßen die Welt aus den Angeln hob. Er propagierte als erster, nicht die Erde oder die Sonne sind der Mittelpunkt des

Universums, sondern es gäbe gar keinen. Es wäre gewissermaßen unendlich. Damit trieb er die Behauptung von Kopernikus, die Sonne sei der Mittelpunkt des Universums, auf die Spitze. Für sein Jahrhundert war die Erkenntnis revolutionär. Das brachte ihm den Tod. Diese Theorie war der Kirche eindeutig zuviel. Galileo Galilei wurde für ähnliche Überlegungen nur unter Hausarrest gestellt, bis er seine eigenen Entdeckungen widerrief.«

Die Studenten lauschten gespannt. Heute war die Vorlesung überaus spannend.

Nermina sah Marc an. Sie wußte schon, in welche Richtung er wollte, aber das genügte ihr nicht. Wenn er schon so auftrumpfte, dann sollte er auch Farbe bekennen und die Dinge beim Namen nennen. Immerhin hatte er ihr am Vorabend angeboten, die Philosophie zu erklären.

»Ich möchte zum Ausgangspunkt zurückkehren. Heißt das, wir müssen nur die richtige Frage stellen, und wir erkennen Gott«, fragte sie?

Marc drehte sich zu ihr um. »Ja, im Prinzip ist das richtig. Nur werden wir Gott nicht erkennen, höchstens sehen.«

»Das klingt seltsam«, warf Geldermann ein. »Wenn wir ihn sehen, warum sollten wir ihn dann nicht auch erkennen?«

Marc räusperte sich. »Ich will es einmal so formulieren«, sagte er. »Gehen Sie in ein Planetarium. Betrachten Sie die projizierten Sterne. Sehen Sie die wirkliche Welt? Nein, Sie betrachten eine Reihe von Lichtpunkten, gesteuert durch einen Computer, die das Abbild der Welt darstellen. Ein Trugbild, mehr nicht. Alles, was Sie sehen, basiert auf Ihrem Wissen um das Weltall. Doch ist es die Wirklichkeit? Nein, zumindest nicht ganz. Stellen Sie sich ein Insekt vor. Weiß eine Biene, daß es andere Bienen in einem Land jenseits des großen Ozeans gibt? Nein. Doch ihre Umgebung kennt sie sehr genau. So wie die Menschen den eigenen Lebensraum kennen. Die Naturwissenschaften und auch die Philosophie lehren uns viele Dinge über Gott. Dazu braucht man die Welt nur zu betrachten. Er ist überall. Doch deswegen erkennt man nicht gleich sein Wesen. Nicht ihn selbst. Nur sein Abbild.«

Geldermann sah ein, daß er auch selbst auf diese Antwort hätte kommen können. »Sie sprachen vorhin von einem Experiment«, begann er das Thema zu wenden. »Was hat es damit auf sich? Ist Gott derjenige, der die Versuche anstellt? Sind wir auch nur ein Teil des großen Reagenzglases?«

»Ja«, gab Marc zur Antwort. »Alle Lebewesen sind das. Wir können das Experiment, je nach unserem Wissensstand, besser oder schlechter beurteilen, beziehungsweise verstehen. Sicher ist nur, wir beginnen mittlerweile zu begreifen, nicht nur, was wir sehen und fühlen, ist wirklich. Es gibt eine Unzahl von Dingen, die wir nur durch Abstraktion verstehen können. Denken Sie an die Relativitätstheorie Einsteins. Wir sehen die Raumzeitkrümmung nicht, weil unsere Körper nie dazu konstruiert wurden, sie zu sehen. Trotzdem wissen wir, sie existiert und können es sogar beweisen.«

Die Diskussion vertiefte sich. Geldermann ging zu seinem Pult und legte den Kopf in die Hände, etwas was er nur tat, wenn er intensiv nachdachte. »Betrachten wir es einmal ganz aus philosophischer Sicht. Können wir überhaupt die Wirklichkeit begreifen? Sind wir in der Lage zu erfassen, wann wir wirkliche Dinge sehen und wann unser Geist uns einen Streich spielt? Was meinen Sie meine Damen und Herren, Meinungen bitte.«

In der vorletzten Reihe hielt ein junger Mann mit braunen Haaren und einem lässigen Aussehen seine Hand hoch. Ohne abzuwarten, vom Professor das Wort erteilt zu bekommen, begann er zu sprechen. »Ist das so schwierig? Ich nehme mal Newton und seinen Apfel. Der fiel ihm bekanntermaßen auf den Kopf. Das ist doch wohl unstrittig. Der Apfel fiel von oben nach unten. Vom Baum auf den Kopf. Sollte ich das bezweifeln? Nein, ich sage, dies ist wahr und die Wirklichkeit. Es passiert jeden Tag überall, Dinge fallen von oben nach unten. Eine Auswirkung der Schwerkraft. Also gibt es durchaus Dinge, die, auch für uns ungebildete Menschen, die wahre Wirklichkeit darstellen.«

Marc war inzwischen auf seinen Platz zurückgegangen und drehte sich um. Ein gewisser Zweifel lag in seinen Gesichtszügen, er sagte jedoch nichts. Er wollte Geldermann nicht die Schau stehlen. Schließlich war er wegen Nermina hier, sie war der Fokus seines Auftrittes. Er wollte sie vorbereiten. Vorbereiten auf die kommende Nacht. Dies ging nur mit Fragen und Zweifeln. Sie sollte genügend Dinge, ganz normale Dinge, in Frage stellen, um neugierig zu werden. Nermina, so sah er, beobachtete ihn aus den Augenwinkeln heraus und strich sich gedankenverloren durch das schöne, dichte, schwarze Haar.

»Sind Sie da so sicher?« Geldermann lächelte in Richtung Marc. »Auch wenn ich nicht von einem anderen Stern stamme«, er machte eine Gedankenpause, »so weiß ich doch, Sie liegen nicht ganz richtig. Stellen Sie sich einen Aufzug vor. Sie befinden sich in der geschlossenen Kabine und stecken fest, kurz unterhalb der Spitze eines sehr hohen Wolkenkratzers. Solange der Aufzug steht, haben Sie das Gefühl, sich sicher auf dem Boden der Kabine zu befinden. Doch plötzlich reißt das Seil und sie fallen in die Tiefe. Weil der Aufzug schneller fällt als sie selbst, fangen sie an zu schweben. Wir alle kennen das von den Parabelflügen, mit denen Astronauten die Schwerelosigkeit trainieren. Stellen Sie sich weiter vor, Sie befinden sich in der gleichen Kabine, aber diese steckt im Inneren eines Raumschiffes. Solange dieses Raumschiff beschleunigt, stehen Sie sicher und fest. Hört jedoch die Beschleunigung auf, fangen Sie an zu schweben. Nehmen wir weiter an, Sie wüßten nicht, wo sie sich befinden, im Hochhaus oder in der Rakete, wie wollen sie sagen, ob das Gefühl das des freien Falles in einem Aufzug ist oder der Verlust der Beschleunigung innerhalb einer Rakete? Es besteht also ein direkter Zusammenhang zwischen Schwerkraft auf der einen und Beschleunigung, in diesem Fall nach oben, auf der anderen Seite.«

Viele der Studenten nickten nachdenklich.

»Kommen wir zum Punkt Newton zurück«, fuhr Geldermann fort. »Wer sagt uns, der Apfel sei ihm auf den Kopf gefallen? Warum kann er sich nicht mitsamt dem Baum in die Höhe bewegt haben, der Apfel riß ab und blieb faktisch an der gleichen Stelle. Er bewegte sich eben nicht nach oben, wie alles andere. Deswegen stieß Newton, der sich mit der Erde nach oben bewegte, mit ihm zusammen. «

»Das ist Unsinn«, unterbrach der Student. »Wenn das so wäre, müßte sich die Erde ja in alle Himmelsrichtungen ausdehnen immer dann, wenn ein Gegenstand *zu Boden* fällt. Das ist aber nicht der Fall, wir befinden uns immer in der gleichen Entfernung zu unseren Mitmenschen auf der anderen Seite der Erde.«

Marc hob kurz die Hand und sah erst Geldermann, dann den Studenten an. »Wenn sie erlauben, Herr Professor.«

Geldermann wußte, was jetzt kam und nickte Marc zu.

»Der Fall ist nicht so klar, wie er aussieht. Natürlich haben Sie Recht, die Erde dehnt sich nicht aus. Weil sie ja rund ist. Bei einer Fläche wäre es etwas anderes, da könnte man die relative Bewegung recht einfach verstehen. Von einem runden Körper aber wissen wir, er dehnt sich nicht ständig aus und schrumpft wieder zusammen. Soweit so gut. Hier kommt nun die schon erwähnte Raumzeitkrümmung ins Spiel. Mit Hilfe von Berechnungen kann man beweisen, daß Objekte innerhalb der gekrümmten Raumzeit stets den kürzesten Weg, den geraden Weg, suchen. Nur ist die Raumzeit eben durch die Anwesenheit eines massereichen Körpers, zum Beispiel der Erde, ein wenig gekrümmt. Gravitationskräfte sind nur, wie soll ich sagen, eine *Nebenwirkung* der gekrümmten Raumzeit. Ein gleiches Gefühl von Beschleunigung und Gravitation, eine sogenannte Äquivalenz dieser beiden Kräfte, kann es nur geben, wenn man die gekrümmte Raumzeit zugrunde legt. Die Erde hat sich durchaus auf den Apfel zubewegt, nämlich innerhalb der Raumzeit. Dumm ist nur, wir merken es nicht, weil wir, wie gesagt, keine Sinnesorgane haben, die dies erfassen könnten.«

Er legte die Hand an sein Kinn. »Doch eines haben wir, leider ist es nicht allen Menschen im gleichen Maße zugänglich. Es ist das Rechenzentrum im menschlichen Gehirn. Mit Hilfe der Mathematik können auch Menschen diese Tatsache erfassen und berechnen. Sie beweisen. Wieder ein Beispiel, wie wenig wirklich unsere Wirklichkeit ist.«

Geldermann fügte hinzu: »Wer Genaueres darüber wissen möchte, kann sich einmal in die Grundlagen der allgemeinen Relativitätstheorie von Albert Einstein einlesen. Er hat diesen Zusammenhang im Jahre 1916 entdeckt und 1919 wurde sie durch eine Sonnenfinsternis in Afrika bewiesen.«

Nermina meldete sich erneut zu Wort. »Sollte das heißen, was immer wir anstellen, es gibt noch eine höhere Wahrheit?«

»Wie man es sieht«, antwortete Marc. »Es gibt immer eine höhere Wahrheit. Hat das nicht auch die alten Philosophen angetrieben? Haben sie nicht die Fragen gestellt, die auf die Entdeckung einer höheren Wahrheit schließen ließen? Ja, es gibt eine höhere Wahrheit. Unsere Aufgabe besteht darin, sie Stück für Stück zu entdecken. Das Jenseits zum Diesseits zu machen. Dinge zu sehen, die vor uns niemand sah. Das ist die Aufgabe von Wissenschaftlern und Philosophen gleichermaßen.« Er setzte sich.

Geldermann ergriff wieder das Wort. Die heutige Vorlesung hatte sich zwar ein Stück von seiner ursprünglichen Planung entfernt, war aber nicht uninteressant geworden. »Die Wahrheit über das Universum, seine Gestalt und was wir darin für einen Platz einnehmen werden wir vermutlich zu unseren Lebenszeiten nicht erfahren. Aber wir können einen gewichtigen Schritt machen. Wir können die Fragen stellen, die uns auf dem Weg aus der Schattenwelt heraus in das Licht führen.«

»Wie meinen Sie das?«, wollte einer der Studenten wissen.

Geldermann sah ihn an. »Ganz einfach. Stellen Sie sich vor, wir würden in einer Höhle leben. Alles was wir von der wirklichen Welt sähen, würde als Schatten an einer der Höhle gegenüber liegenden Felswand ablaufen. Ich denke, unsere Aufgabe besteht darin, zunächst die Schatten richtig zu deuten. Das ist schwierig genug. Eines Tages werden wir, haben wir die Deutung richtig verstanden, einen Schritt aus der Höhle hinaus wagen können. Dann entdecken wir ein Stück der wirklichen Welt. Dies bedeutet noch lange nicht, wir würden es zu diesem Zeitpunkt auch verstehen. Wir würden lediglich die wirkliche Welt sehen. Gewissermaßen würden wir Gott sehen. Ob wir ihn verstehen, steht auf einem anderen Blatt.«

»Darf ich auch noch etwas fragen?«, begann Nermina.

»Selbstverständlich«, antwortete Geldermann.

»Um auf den Punkt zu kommen, gibt es denn nun Gott oder nicht?«

Marc hob den Arm. Geldermann blickt ihn an und zögerte einen Augenblick. Dann nickte er ihm zu.

»Wenn du mich nach meiner persönlichen Meinung fragst«, sagte Marc, »dann ein klares JA. Wir sehen ihn mehr oder weniger, je nachdem, wie genau wir hinsehen. Fakt ist nur, daß wir wenig davon verstehen, wie und warum er die Welt ablaufen läßt. Können Sie dem zustimmen, Professor?«

»Im Prinzip ja«, antwortete Geldermann. »Ich denke auch, wir sehen im Augenblick noch sehr wenig von ihm. Die Welt dort draußen ist für Wissenschaftler und Philosophen gleichermaßen faszinierend. Ich wünsche mir nur, die heutige Vorlesung hat etwas in dieser Hinsicht gebracht. Philosophie ist eine Art auf Gott zu schauen, die Wissenschaft eine andere. Beide verschwimmen in bestimmten Bereichen. Das ist mein Aufgabengebiet. Ihnen beizubringen, über den Tellerrand hinaus zu sehen. Dazu möchte ich noch auf einen bestimmten Punkt kommen, den weißen Fleck.«

Viele der Studenten setzten fragende Gesichter auf.

»Eines der größten Probleme der Wissenschaft ist identisch mit den Problemen der Philosophen. Man versucht, die richtigen Fragen zu stellen.

Aber was sind die richtigen Fragen? Woher kommen sie? Es ist außerordentlich schwierig, die für den wissenschaftlichen Fortschritt relevanten Fragen zu stellen.«

»Warum?«, wollte einer der Studenten wissen. »Gibt es nicht viele bekannte offene Fragen?«

Geldermann blickte in die Runde. »Natürlich gibt es sie, nur, sie zu finden, ist eben nicht so einfach. Das liegt an der Tatsache, daß jedes Weltbild, und mag es noch so unvollkommen sein, in sich selbst geschlossen erscheint. Eine Suggestion. Gewissermaßen ist es ein Wahrnehmungsdefekt, dem wir alle unterliegen. Nehmen Sie unser Auge. Dort wo der Sehnerv ansetzt, sitzen keine Sehzellen. Also sehen wir dort folglich nichts. Trotzdem gaukelt unser Gehirn uns vor, wir sähen eine optisch geschlossene Fläche. Eine Illusion, sonst nichts. Genauso verhält es sich mit unserem Weltbild. Es können in der Realität Dinge existieren, die nicht identisch sind mit unserer Wahrnehmung.«

Nermina dachte an das Mondgestein. Insofern hatte Marc Recht, es könnte sein, daß ihre Sicht der Farbe dieser Steine nicht richtig ist.

Geldermann fuhr fort: »Trotzdem sagt uns unsere Wahrnehmung DIES IST RICHTIG UND SCHLÜSSIG. Falsch, meine Damen und Herren. Schlicht falsch. Lassen sie mich das an einem Beispiel verdeutlichen. Um 1900 herum beurteilten die Wissenschaftler die Energiebilanz unserer Sonne gänzlich anders, als wir es heute tun. Es war auch damals schon bekannt, würde die Sonne ihre Energie rein aus einem chemischen Verbrennungsprozeß beziehen, sie würde nicht über ausreichend lange Zeiträume brennen, um Leben auf ihren Planeten entstehen lassen zu können. Wir wissen heute, es handelt sich auf der Sonne um atomare Fusionsprozesse, das war damals jedoch nicht bekannt. Diese Verbrennung ist ergiebig genug, die Sonne rund zehn, vielleicht sogar fünfzehn Milliarden Jahre lang brennen zu lassen. Sie erhält uns somit über eine lange Zeit am Leben, ja, sie hat das rund vier Milliarden Jahre alte Leben überhaupt erst ermöglicht.

Aber wie gingen die damaligen Astronomen mit diesem Problem um? Wer in den Lehrbüchern der Zeit nachliest wird eine erstaunliche Entdeckung machen. Das Problem existierte schlicht nicht. Natürlich kannte man die Tatsache, daß eine bloße Verbrennung der Sonnenmaterie nicht ausreichen würde, um das Zentralgestirn lange genug leuchten zu lassen. Jedoch nahm man die Gravitation zur Hilfe. Es war klar, zieht sich ein Körper von der Masse der Sonne zusammen, so würde dies Druck erzeugen. Druck geht einher mit Hitze. Die Berechnungen zeigten, die Sonne würde mindestens zehn, vielleicht sogar hundert Millionen Jahre leuchten. Das hätte sich mit den Einschätzungen des Erdalters gedeckt. Erst viel später, als man offensichtlich sehr alte versteinerte Knochen entdeckte, wurde es problematisch.«

Nermina hob die Hand. Etwas war ihr an diesem Vortrag doch unklar. Der Professor hielt inne und erteilte ihr das Wort.

»Das reicht aber immer noch nicht aus. Das Leben hätte nicht entstehen können. Wie ist man diesem Problem aus dem Weg gegangen? Hat man es einfach ignoriert?«

»Nein«, erwiderte Geldermann, »man hat es nicht erkannt. Das Entscheidende war, die Wissenschaftler der damaligen Zeit hatten nicht nur keine Ahnung von atomaren Prozessen, sie waren auch völlig im Unklaren über die Zeiträume, die das Leben zur Entstehung benötigt hatte. Deswegen paßte die Lebensdauer der Sonne mit hundert Millionen Jahren perfekt zu ihrer Vorstellung von der Dauer, die die Biologie auf diesem Planeten existierte. Man sah das Problem schlichtweg nicht. Heute wissen wir es besser. Das, meine Damen und Herren, ist ein klassisches Beispiel für einen blinden Fleck. Hier ergänzten sich zwei unzulängliche Informationen, die keine anderen Schlußfolgerungen zuließen, in einem Weltbild. Nun stelle ich Ihnen die abschließende Frage, warum sollte es heute anders sein? Die in Wirklichkeit hier klaffende, entscheidende Wissenslücke wurde damals überhaupt nicht sichtbar. Gleiches gilt für viele Probleme der heutigen Wissenschaft.«

Die Studenten im Saal saßen nachdenklich auf ihren Plätzen. Es stimmte, warum sollte es heute anders sein? Sie hatten vor Augen geführt bekommen, wie wichtig es ist, immer nach Fragen zu suchen, mögen sie noch so abstrakt erscheinen. Die Fragen waren entscheidend. Plötzlich läutete es, und damit war die Vorlesung zuende. Geldermann packte seine Sachen zusammen. Er war zufrieden mit dem Vormittag. Immerhin hatte er gesehen, daß seine Studenten nicht wie üblich gelangweilt herumsaßen, sondern interessiert zuhörten. Woher dieser seltsame Mann in der ersten Reihe kam, war ihm nicht ersichtlich, doch er war eine Bereicherung der Vorlesung gewesen, ohne Zweifel. Geldermann nahm seine Tasche, schritt vom Podium herunter und verließ den Saal.

Draußen vor der Tür begegnete er Marc, der mit Nermina inmitten vieler anderer Studenten zusammenstand. »Wirklich interessant, was Sie so von sich gaben. Das muß ich sagen«, sprach er die beiden an. » Sie, Nermina, legten heute einiges in die Waagschale. Sollte Ihnen mein Buch dabei geholfen haben?« Er lächelte sie an.

»Nun, ja, sagen wir es mal so«, entgegnete die junge Frau. »Es hat mich in eine Situation gebracht, in der ich einfach darüber nachdenken muß.« Sie grinste Marc an, war sich jedoch nicht sicher, ob er dieses Lächeln richtig deuten konnte. »Außerdem eröffnet es mir, sagen wir mal – neue Möglichkeiten.«

Geldermann legte einen schelmischen Blick auf. »Und Sie kann ich nur fragen, wie kommt ein Außerirdischer hierher?« Natürlich glaubte er Marc kein Wort.

Der Angesprochene erwiderte den Gesichtsausdruck freundlich. »Es wäre zum jetzigen Zeitpunkt etwas kompliziert, würde ich es Ihnen erklären.«

»Natürlich, ich mache das auch immer so«, gab der Professor zur Antwort. »Ich besuche andere Planeten und mache dort eine kleine Show. Aber, sie war gelungen, Kompliment.«

Marc zog etwas aus seiner Tasche und reichte es Geldermann. »Dies schenke ich Ihnen, damit Sie sich immer an den heutigen Tag erinnern. Und weil Sie einer derjenigen sind, die die richtigen Fragen stellen können. Machen Sie weiter so, es wird der Welt nützen.«

Der Professor nahm das Geschenk entgegen und betrachtete einen Stein in seiner Hand. Er wog ihn ab, konnte aber nichts Besonderes feststellen. Es schien sich um eine Art Sandstein zu handeln, die Struktur war gleichförmig und unauffällig.

»Ein Stein?«, fragte er.

»Ein Stein«, antwortete Marc.

Nermina warf den beiden einen verständnislosen Blick zu. Wieso schenkte er dem Professor einen Stein? Marc sah die junge Studentin an. Ein Blick der besagte, sie solle nicht in die Situation eingreifen.

»Lassen sie ihn bei Gelegenheit mal untersuchen, und Sie werden verstehen.« Marc dankte dem Professor für die interessante Vorlesung und verschwand in der Menge. Nermina sah den Stein in Geldermanns Hand an.

»Was sollte jetzt das?«, fragte sie.

»Keine Ahnung«, erwiderte der grauhaarige Mann. »Ich gebe ihn mal ins geophysikalische Labor. Vielleicht können die mir sagen, was der Mann meinte. Auf jeden Fall hat es eines gezeigt, meine junge Studentin. Stellen Sie immer die richtigen Fragen. Um das zu lernen, lesen Sie mein Buch.«

Der Professor verabschiedete sich, und Nermina ging auf den Hof der Universität hinunter. Sie hatte noch einige Vorlesungen vor sich und wollte dann zuhause etwas ausruhen. Mittlerweile hatte sie ihre Entscheidung getroffen. Sie würde Marcs Hilfe annehmen. Egal wohin die Reise geht. Deswegen mußte sie heute Abend ausgeschlafen am Strand sein. Bereit für die wirkliche Welt.

3.

Es war eine sternklare Nacht, in der Nermina auf den See zuging. Sie ließ die Hütten der Badeanstalt hinter sich und bewegte sich in Richtung Steg. In der Ferne sah sie das Schilf und die dort verborgene Hütte. Alles war still, nur ein leises Geräusch war aus dem Restaurant am Wasser zu hören. Sie sah auf die Uhr. Es war kurz nach zehn und von Marc keine Spur. Doch ihr war klar, er konnte jederzeit und überall auftauchen. Die Nacht war warm, und sie hörte die Grillen zirpen. Sie blickte sich um, ihre Augen strichen über das Seeufer. Marc war für so manche Überraschung gut, und er würde sie sicherlich nicht enttäuschen und einfach auftauchen. So wie heute morgen an der Uni. Nachdem der Rasen zuende war, begann der Kies unter ihren Füßen zu knirschen. Im Schneidersitz setzte sie sich ans Ufer und wartete.

Mit der Natur war es so eine Sache. Sicher, der Professor hatte Recht, Philosophie hatte nicht nur mit Denken zu tun, es ging auch darum, neue Fragen zu stellen. Doch woher sollten die Fragen kommen, wenn man zuwenig Wissen um die Welt hatte? Allerdings, warum Marc ausgerechnet sie für seine Hilfe ausgesucht hatte, war ihr nicht klar. Sie war eine unbedeutende Figur in dem großen Experiment. Zu winzig, um im Universum überhaupt wahrgenommen zu werden. Oder vielleicht doch nicht? Wußte Marc etwas über sie, was ihr selbst bisher entgangen war? Sie legte sich zurück und betrachtete die Sterne. Mit den Augen verfolgte sie einen Satelliten, der die Erde umkreiste. Nach ein paar Sekunden war er verschwunden. Nerminas Blick wanderte von Stern zu Stern. Einige waren heller als andere und ihre Zahl war unübersehbar. Dabei sah sie nur einen kleinen Teil der eigenen Milchstraße, noch nicht einmal das ganze Universum. Was für Geheimnisse lauern dort oben? Wieviele Dinge gab es, die sich die Menschen nicht erklären konnten? Noch nicht. Wie lange würde es dauern, bis die Menschheit den Lauf der Natur verstanden hatte? Würde es überhaupt jemals soweit sein? Marc hatte heute von einem großen Experiment gesprochen. Für die junge Frau am Ufer war Gott der große Experimentator. Wer sonst sollte es sein?

Plötzlich nahm sie im Augenwinkel einen schwachen Lichtschein wahr. Ihre Blicke wanderten hinüber zur Hütte im Schilf, und sie erblickte gerade noch ein verglimmendes Licht hinter der Tür. Ihr wurde nun doch etwas mulmig zumute. Sollte sie wirklich zu dieser Zeit hier sein? Nermina fröstelte, obwohl es eine warme Sommernacht war. Dieser Ort war ihr vertraut, sie war hunderte Male hier gewesen, und doch hatte sie nun Angst, wünschte sich in ihr Bett zurück. Was machte sie eigentlich hier? Sie setzte sich aufrecht hin und wartete.

Eine Gestalt näherte sich, und sie erkannte die Umrisse von Marc. Seine Schritte waren auf dem Kies hörbar, und er kam schnell auf sie zu. Nermina stand auf.

»Guten Abend«, sagte der freundliche Mann. »Wie geht es dir?« Er stellte eine Tasche neben sich ab.

»Gut«, antwortete sie und entspannte sich wieder.

Beide nahmen im Kies Platz. »Es war interessant heute an der Uni«, begann er.

»Ja.« Nermina sah sich um, ob noch andere Menschen in der Nähe waren. Doch niemand lief um diese Zeit am Strand herum. »Woher wußtest du, in welcher Vorlesung ich war?«, fragte sie.

»Hatte ich dir nicht gesagt, ich würde in deiner Nähe sein? Nun, das bedingt, ich weiß immer, wo du dich gerade befindest. Woher ich das weiß, hmm«, er machte eine bedeutungsvolle Pause, »nimm es so hin, ich weiß es.«

Nermina sah ihn verärgert an. »Nein«, sagte sie, »ich nehme es nicht so hin. Ich mag es nicht, überwacht zu werden. Von dir nicht und auch nicht von anderen. Wieviele Leute hast du engagiert? Wer folgt mir?«

»Niemand folgt dir.« Marc schien mit dem kleinen Wutausbruch nicht viel anfangen zu können. »Ich bin in deiner Nähe. Es ist einfach so. Ich sehe, was du tust, und vor allen Dingen merke ich, wenn du an mich denkst. Keine Angst, ich kann nicht Gedanken lesen. Aber wie gesagt, ich merke es, wenn deine Gedanken in meine Richtung schweifen.«

»Wie kannst du das merken?«, wollte sie wissen. Ihr erschien diese Antwort geheimnisvoll und fadenscheinig zugleich. Verbarg dieser Mann etwas vor ihr? Etwas vielleicht sehr Wichtiges?

»Nun, wie soll ich es erklären...«, begann er.

»Einfach mit der Wahrheit«, entgegnete sie etwas schnippisch. Sie hatte das Spiel satt, wollte endlich wissen, worum es geht.

Marc starrte einen Moment auf den See hinaus. »Ich weiß nicht, wie ich beginnen soll. Die Wahrheit ist schwierig, und ich kann momentan nicht einschätzen, wie du reagierst. Sicher, du bist eine sehr vernünftige Person, aber trotzdem. Es bleibt schwierig. Laß mich so beginnen. Ich kann Dinge, die du nicht kannst.«

»Zum Beispiel Gedanken erfassen.« Sie legte sich in den Kies und betrachtete einmal mehr die Sterne. Irgendetwas sagte ihr, sie solle ihn in Ruhe erklären lassen, ihn nicht bedrängen.

»Richtig, Gedanken erfassen.« Marc stand auf, entfernte sich einige Schritte von Nermina und setzte sich ein paar Meter weiter wieder hin.

»Warum tust du das?«, wollte sie wissen.

»Ich will dir nicht zu nahe sein. Du sollst keine Angst vor mir haben«, antwortete er.

Nermina sah ihn verwundert an. »Aber ich habe doch gar keine Angst vor dir. Sonst wäre ich nicht hier.«

»Ich möchte dir nur das Gefühl geben, mir nicht zu nahe zu sein, das ist alles. Ich habe Angst, du wirst weglaufen, wenn du die Wahrheit hörst. Vielleicht vermittelt dir dieser von mir gewählte Abstand einen Moment der Sicherheit. Ein Gefühl, daß du mir vertrauen kannst.« Marc sah sie an, und die junge Frau bemerkte eine unglaubliche Ruhe, die dieser Mann ausstrahlte.

Trotzdem war ihr nun ein wenig mulmig zumute. Weswegen bereitete er sie so vor?

»Was willst du mir sagen?«, fragte sie.

»Versprich mir, du hörst erst zu, und wenn du am Ende der von dir geforderten Wahrheit gehen möchtest, ist das in Ordnung.«

»OK, ich verspreche es. Und nun endlich raus mit der Sprache, ich mag keine Spiele mehr spielen. Du hast mich lang genug auf die Folter gespannt.« Nermina sah ihn herausfordernd an und konnte im Sternenlicht das Funkeln in seinen Augen sehen.

»Ich stamme nicht von hier«, begann Marc und ließ seine Worte auf sie wirken. Er legte sich zurück und schaute zum Himmel auf. Ohne demonstrativ zu wirken, schien er ihr etwas mitteilen zu wollen.

»Das ist mir auch klar«, entgegnete Nermina. »Schließlich würdest du unseren Dialekt sprechen, wenn es so wäre.« Sie machte eine Pause und sah ihn an. Marc schwieg, lag da und sah gedankenverloren in die Sterne. Zunächst wunderte sie sich, warum er nicht antwortete, folgte dann seinem Blick und schaute ebenfalls zum Firmament.

»Mein Gott«, sagte sie und schnappte hörbar nach Luft. »Du willst mich auf den Arm nehmen.«

»Nein«, entgegnete er knapp, sah sie bei seiner Antwort nicht an.

»Wenn du sagst, du stammst nicht von hier, dann meinst du, du bist nicht hier geboren. Nicht hier auf der Erde. Verstehe ich das richtig?« Ihre Stimme schwankte und sie mußte sich sehr zusammennehmen, nicht davon zu rennen. Sie hatte es ihm versprochen.

Marc vermied immer noch jeden Blickkontakt. »Ja, das verstehst du richtig«, sagte er. Die Erkenntnis mußte von ihr kommen, das wußte er. Nur dann hätte sie später keine Angst, das war wichtig.

»Wo dann?«

»Das kann ich dir zeigen, doch nicht jetzt. Wichtig ist jetzt, daß du mir vertraust. Ich werde dir nichts tun, ich bin hier um eine Mission zu erfüllen. Es ist gewissermaßen – mein Job. Das kann ich nur mit deiner Hilfe, wenn du nicht wegläufst. Wenn du gehen möchtest, es steht dir jederzeit frei. Ich werde dir nicht folgen. Meine Mission ist davon unabhängig. Sie wäre dann zwar gescheitert, aber das wäre nicht das erste Mal. Allerdings würde es mich freuen wenn du nicht davonlaufen würdest.« Er hob den Kopf und lächelte sie an. »Ich will dir nichts Böses.«

Nermina holte tief Luft, es war ihr, als würde jemand ihren Brustkorb zuschnüren. Trotzdem zwang sie sich, etwas zu sagen. »Nur, um es noch einmal richtig zu verstehen, du stammst nicht von der Erde, und du nimmst mich nicht auf den Arm«.

»Nein, in beiden Fällen«, antwortete er. »Laß es mich versuchen zu erklären.«

Die junge Frau schluckte und saß kerzengerade am Strand, beobachtete ihn genau. Eine falsche Bewegung und sie würde laufen, wie sie noch nie in ihrem Leben gelaufen war. Auf der anderen Seite, wer den Weg von einem anderen Planeten zur Erde schaffte, der würde sie auch einholen können. Ihr wurde klar, daß sie nur die Hoffnung hatte, die Hoffnung, er würde ihr nichts tun. Doch würde er Millionen von Kilometern reisen, nur um eine Frau auf der Erde zu vergewaltigen? Nein, vermutlich nicht. Wenn es wirklich stimmte, daß er von einem anderen Planeten kam, dann würde er auch ehrliche Absichten haben. Trotz allem, plötzlich war sie froh, ihn ein paar Meter weiter weg zu sehen. Er hatte das offensichtlich gewußt. Das bedeutete, er machte dies nicht zum ersten Mal.

»Schieß los«, sagte sie.

»Ich stamme von einem Planeten, der gar nicht so weit weg ist von der Erde, sozusagen in der Nachbarschaft. Im kosmischen Sinne versteht sich. Es bleiben rund 26 Lichtjahre Distanz. Doch wie du weißt, das ist nicht viel, wenn man die Größe des Universums als Maßstab nimmt. Wie auch immer. Mein Volk hat es geschafft, Entfernungen relativ problemlos überbrücken zu können. Wir leben in einem Verbund mit anderen Planeten, teilweise sehr weit entfernt, und dieser Austausch ist nicht nur rege, sondern auch sehr fruchtbar für alle Beteiligten. Wir entdecken Dinge, wir forschen und wir suchen nach neuen Planeten, die wir in den Verbund aufnehmen können.«

»Und da seid ihr auf uns gestoßen.« Nermina entspannte sich etwas, blieb aber wachsam.

»Genau, die Erde ist vor rund 70 Jahren, eurer Zeitrechnung, in unser Blickfeld geraten. Da empfing ein automatischer Außenposten die ersten Radiosignale.«

»Das Fernsehen«, sagte sie und sah ihn an. »1936 fanden auf der Erde die Olympischen Spiele statt und das Fernsehen war erstmals live dabei.«

Marc machte eine Geste der Entschuldigung. »Ich weiß es nicht genau«, antwortete er. »Ich weiß nur, es war der Moment, wo wir beschlossen, euch zu beobachten. Eine Rasse, die Radiosignale erzeugen konnte, würde früher oder später soweit sein, in den Verbund aufgenommen zu werden. Ein solches Signal ist überaus selten, mußt du wissen.«

»Warum?«

»Ganz einfach, das Universum ist sehr, sehr groß. Wir treffen durch Zufälle auf eine Vielzahl von Leben. Aber, entweder es beginnt gerade sich zu entwickeln, oder es ist bereits fast ausgestorben. Die Wahrscheinlichkeit einen Planeten zu finden, der sich genau in der uns ähnlichen Entwicklungsphase befindet, ist verschwindend gering. Deswegen sind wir ja so froh, wenn es zuweilen geschieht. Wir haben in der ganzen Galaxis Sonden verteilt, die uns ungewöhnliche Dinge melden. Wenn wir auf eine Rasse stoßen, die wir besuchen sollten, dann helfen wir diesem Volk, den Weg in die Gemeinschaft zu finden. Das bringt uns alle weiter.« Er schaute sie an, als ob das alles erklärt hätte.

»Aber warum ich?«, wollte sie wissen. Sie hatte eine schier unendliche Anzahl von Fragen.

»Weil in deinem Leben etwas geschehen wird, was es uns ermöglicht, mit euch als Rasse insgesamt in Kontakt zu treten. Und zwar ohne, daß wir gleich mit Raketen beschossen werden.«

Sie blickte verlegen zu Boden und machte eine Pause, bevor sie antwortete. »Ich kann nichts dafür, wie meine Rasse reagiert. Es ist nun einmal so. Was wird in meinem Leben passieren?«

»Wenn ich dir das sagen würde, würde ich eine der elementaren Grundregeln verletzen. Niemals in Bezug auf die Zukunft in das Leben eines anderen Individuums eingreifen. Ganz davon abgesehen, ich weiß es nicht. Auch unsere Wissenschaftler teilen Reisenden wie mir nicht alles mit. Ich weiß lediglich, es ist wichtig, dich aufzuklären. Über die Natur der Dinge. Deswegen bin ich hier. Das ist die Art und Weise wie ich dir helfen kann, dein Studium besser zu meistern. Wer weiß, was daraus entsteht.«

Nermina sah ihn lange an und sagte nichts. Marc blieb ruhig an seinem Platz sitzen. Ihr schossen die verschiedensten Gedanken durch den Kopf, Angst, Ungewißheit, Neugier und vieles mehr. Sie wußte, sie hatte ein großes Abenteuer vor sich, wenn sie nur wollte. Es war eine Frage der Vernunft. Seine Aussagen klangen glaubwürdig, so unglaublich es auch war. Ein Wesen von einem anderen Stern, hier bei ihr auf der Erde. Wie lange mochte man sie schon beobachtet haben? Was würde in ihrem Leben geschehen? Es gab nur eine Chance, dies herauszufinden. Die junge Frau nahm all ihren Mut zusammen und stand auf. Ein paar Schritte weiter setzte sie sich neben Marc wieder in den Kies.

»Wie könnt ihr uns vor 70 Jahren entdeckt haben? Laß es mich so sagen, wenn wir vor 70 Jahren ein Radiosignal abgestrahlt haben, dann würde es 26 Jahre dauern, bis es zu euch gelangt. Wie könnt ihr also vor 70 Jahren beschlossen haben, uns zu beobachten? Es dürfte erst vor 54 Jahren passiert sein.« Nermina war unsicher.

»Du verläßt dich auf die Lichtgeschwindigkeit als alleinige Größe«, sagte Marc. »Das ist in unserem Falle anders. Die Raumsonden können Signale ohne Zeitverlust an uns übermitteln.«

»Aber wie...« begann Nermina.

»Das wirst Du noch sehen, besser gesagt, erleben«, unterbrach Marc sie. »Wir haben eben eine Möglichkeit gefunden. Das muß für den Moment reichen, ich bin auch nicht der Technikfreak, der es exakt erklären kann.«

Die junge Frau schmunzelte innerlich. Woher er diesen Ausdruck »Technikfreak« wohl hatte? Sie holte tief Luft. »Ich weiß nicht, ob ich jetzt den größten Fehler meines Lebens oder den größten Schritt mache, aber ich habe beschlossen, dir zu vertrauen. Was hast du vor? Wie willst du mir mein Studium, die Philosophie und die Naturwissenschaften näherbringen?«

Er lächelte sie sanft an, sein ganzer Körper strahlte Ruhe und Zuversicht aus. Sie fragte sich, ob er diese Art seiner Wirkung auf andere bewußt steuern konnte und beschloß, ihn irgendwann danach zu fragen.

»Eine gute Entscheidung, glaub mir. Nun, wie wollen wir beginnen? Eigentlich hast du den größten Schritt in die richtige Richtung schon gemacht. Du glaubst mir. Du vertraust mir. Vielleicht noch nicht hundertprozentig, aber das wird vielleicht noch kommen. In jedem Falle vertraust du mir genug, um nicht wegzurennen. Du akzeptierst, ich stamme nicht von der Erde. Ich bin ein Außerirdischer, wie ihr es nennt. Das alleine ist so viel wie die Erkenntnis von Bruno, die Erde sei nicht der Mittelpunkt des Universums. Ich weiß wie umwälzend der Gedanke ist, ich habe es schon oft erlebt. Es kommt dir vermutlich wie ein Traum vor, aber es ist die Wirklichkeit. Ich sage das so deutlich, weil es wichtig ist, trotz aller neuen, überwältigenden Gedanken, daß du dir klarmachst, was hier geschieht.«

»Es ist mir klar, ich bin erstaunt über mich selber, das kannst du mir glauben. Natürlich, wir reden alle mal über Außerirdische, wie toll es wäre, mal einen zu treffen und so weiter. Aber das geht nur deswegen so locker, weil wir genau wissen, es wird niemals passieren. Deswegen bin ich ja auch so erstaunt über mich selbst. Es passiert jetzt. Ich nehme es hin, als ob es das Normalste von der Welt wäre.« Sie seufzte und legte sich zurück in den Kies. »Es ist einfach total irreal.«

»Ist es nicht«, sagte Marc, stand auf und holte die Tasche, die er ein paar Meter weiter hatte stehen lassen. »Erinnerst du dich an eine der Fragen, die ich am Anfang unserer Begegnung stellte?«

»Welche meinst du?«, wollte sie wissen.

»An die mit dem Mondgestein.«

»Welche Farbe es hat?«

»Genau. ‚Welche Farbe hat Mondgestein?‘ Damit ist immer noch verbunden: ‚Wie wirklich ist die Wirklichkeit?‘ Erinnerst du dich?«

Sie mußte lächeln. »Nun spann mich nicht länger auf die Folter, dir liegt ja offensichtlich eine Menge an dieser Frage.«

»Weil sie eine elementare Bedeutung in Bezug auf das Verstehen der Wirklichkeit hat«, sagte er.

»Ja, welche Farbe hat es denn nun?«, wollte sie wissen und grinste ihn an.

Marc blickte zum Trabanten empor, der hoch am Himmel stand und den ganzen Strand erleuchtete. »Das kannst nur du selbst sagen. Wenn du Mondgestein mit eigenen Augen siehst.«

Nermina machte eine ausladende Bewegung in Richtung Mond. »Das mache ich doch die ganze Zeit, er steht dort oben und ist weißgrau, so wie immer. Wenn er untergeht, ist er rot wie die Sonne und außerdem größer. Glaub nur nicht, ich wüßte nicht, was die Erdatmosphäre für einen Einfluß hat. Ein bißchen was habe ich auch gelernt, Herr Außerirdischer.« Sie versuchte die letzten Worte etwas belustigend spöttisch klingen zu lassen, aber es gelang ihr nicht ganz. Sie mußte lächeln.

Marc ging nicht auf ihr Verhalten ein und sagte: »Du hast es eben schon gesagt, die Atmosphäre verändert das Aussehen des Mondes. Welche Farbe hat er denn nun wirklich? Rot oder weißgrau? Nimm an, jemand sähe den Mond immer nur bei Aufgang oder Untergang. Ein anderer erlebt ihn nur hoch am Himmel. Wären nicht beide felsenfest davon überzeugt, die Farbe des Mondgesteins richtig zu interpretieren? Rot beziehungsweise weißgrau. Hätten nicht beide sogar in einem gewissen Sinne Recht?«

»Stimmt, irgendwie schon«, meinte sie. »Aber die Raumfahrer müßten es doch gesehen haben, sie waren doch dort.«

»Sie hatten goldbedampfte Helmvisiere«, merkte Marc an.

»OK, dann spätestens als sie das Gestein hier auf der Erde hatten. Da konnte man es doch sagen.« Nermina ließ nicht locker.

Marc schüttelte den Kopf. »Nein, hier unterlag es ja wieder der Filterung durch die Erdatmosphäre. Laß es mich aufklären. Es gibt keine Möglichkeit, die Farbe des Mondgesteins wirklich für sich wahrhaft zu erkennen, außer man ist dort und trägt keinen Raumanzug mit einem filternden Visier.«

Nermina begann zu ahnen, was er vorhatte, so unglaublich es auch in ihrem Geiste erschien. »Nein, nein, nein«, sagte sie. »Es ist nicht das, was ich jetzt denke, was du vorhast.«

»Doch«, antwortete Marc, »du denkst richtig.« Er machte eine lange Pause und holte tief Luft. »Ich möchte dich mit auf den Mond nehmen.«

Nermina erschrak. Was eben noch als flüchtiger Gedanke in ihrem Kopf umherschwirrte, war für Marc Realität. Es war wie bei der Frage nach den Außerirdischen, solange die Gewißheit bestand, es würde nie zu einem Zusammentreffen kommen, war es leicht, darüber zu reden. Doch nun stellte sich eine Reise zum Mond nicht mehr als gänzlich hypothetisch dar. Das Unbehagen kehrte zurück.

»Das ist Irrsinn«, sagte sie. »Der Mond ist 380.000 Kilometer entfernt. Ich kann nicht einfach dorthin fliegen, als wäre es eine Reise in die nächste Stadt.«

»Warum nicht?«, fragte Marc. »Bedenke folgendes. Hätte vor einhundert Jahren jemand zum Himmel aufgeblickt und dort ein Flugzeug gesehen, hätte er vermutlich das gleiche gesagt. Zu dieser Zeit dauerten Reisen, zum Beispiel nach eurem Amerika, mehrere Wochen. Heute braucht man lediglich rund sieben Stunden. Einfach in ein Flugzeug steigen, Kaffee trinken, etwas essen, einen Film schauen, das war es dann schon gewesen.«

Sie wußte, er hatte Recht. Technische Entwicklungen waren relativ. Je nachdem, von welchem Zeitstandpunkt aus man es betrachtete, waren Dinge möglich oder auch nicht. Für Marc war es möglich, sie mit auf den Mond zu nehmen, wie unwirklich es ihr jetzt auch erscheinen mochte. Es war ihr begrenzter Blickwinkel, nicht mehr und nicht weniger. Sein Horizont war weiter.

»Ich habe Angst«, erwiderte sie. »Ich weiß nicht, ob es nicht besser wäre, hier zu bleiben. Was soll ich auf dem Mond? Warum nicht einfach heimgehen und alles vergessen?«

Marc sah sie einen Moment lang erstaunt an. »Ich dachte, das hätten wir schon geklärt. Weil du dann die Chance deines Lebens verpassen würdest, die wirkliche Welt kennen zu lernen. Aber ich zwinge dich nicht, niemand tut das. Wenn du magst, geh heim; und ich kehre zurück zu den Sternen.«

Sie sah ihn an, blickte erneut zum Firmament auf. Es war schrecklich. Einerseits wollte sie die Chance um alles in der Welt nutzen. So etwas kam nie wieder. Andererseits hatte sie schlicht Angst.

»Kannst du etwas gegen meine Angst tun?«, fragte sie.

»Nicht direkt, ich bin kein Zauberer. Aber ich kann dir erklären, was ich vorhabe, vielleicht hilft das«, erwiderte er.

»Schieß los, ich werde dir einfach zuhören. Weißt du, im Grunde habe ich mich schon entschlossen, ich habe nur eben Angst.«

»Verständlich.« Er lächelte sie an. »Versuche, dir immer eines vor Augen zu führen, das alles ist kein Hexenwerk, wie ihr es unter Umständen bezeichnen würdet. Mir steht eine Technologie zur Verfügung, die ihr Menschen noch nicht entwickelt habt. Um es ganz klar zu sagen, nichts ist ohne Gefahr. Wir haben die Technik im Griff, aber sie kann versagen. Insofern bist du auf der Reise mit mir schon ein wenig gefährdet. Aber das bist du auch, wenn du in deiner Welt Auto fährst. Sieh es einfach so, es ist wie Autofahren oder Fliegen. Und das machst du schließlich auch.«

Sie hörte ihm nachdenklich zu. Es stimmte, wenn sie morgens das Haus verließ, begab sie sich immer in Gefahr. Niemand wußte, ob nicht gerade ein Auto um die Ecke bog und einen über den Haufen fuhr. Insofern, - sie sah ihn an mit der Bitte, fortzufahren.

»Für unsere erste Reisestation, den Mond, habe ich eine Art Raumanzug mitgebracht. Ohne ihn geht es nicht. Ich hatte ja gesagt, du solltest die Farbe von Mondgestein mit eigenen Augen sehen. Dabei geht es darum, die Welt wirklich mit deinen Augen zu sehen. Deswegen hat der Anzug auch keinen Stoff und kein Visier. Er besteht aus Energie. Wir haben im Laufe der Jahrhunderte gelernt, die Energie zu manipulieren, ähnlich wie ihr sie auch in Form von Magnetfeldern habt und nutzt. Nur eben wesentlich weiter entwickelt.«

Marc beugte sich hinunter und griff in die Tasche, die er mitgebracht hatte. Heraus holte er eine Art kleinen Rucksack, den er Nermina hinhielt.

»Hier, schnall ihn um«, sagte er.

Sie nahm das Gerät entgegen, betrachtete es eine Weile und befestigte es schließlich mit den Riemen auf ihrem Rücken.

Marc wirkte zufrieden. »Wenn du bereit bist, möchte ich den Anzug einschalten. Du wirst weiter atmen können, das Gerät stellt für eine lange Zeit Sauerstoff, wie du ihn benötigst, bereit. Es generiert diesen aus den Atomen seiner Umgebung. Insofern hast du nie Probleme mit der Atmung. Mein Anzug stellt das bereit, was ich benötige.«

»Was ist wenn er ausfällt?«, wollte sie wissen.

»Nun, dann bist du tot. Der plötzliche Druckverlust würde dein Blut zum Kochen bringen und außerdem würdest du platzen. Aber mach dir keine Sorgen. Nur um es noch einmal zu sagen, es ist noch nie vorgekommen.«

Die junge Frau verzog das Gesicht, das waren ja herrliche Aussichten. Auf der anderen Seite, wenn ihre Bremsen am Auto versagten, fuhr sie auch gegen die nächste Wand. Also was sollte es, sie hatte sich entschieden. Sollte sie ums Leben kommen, dann hatte sie eben einen hohen Preis bezahlt. Sie vertraute Marc, immerhin machte er das nicht zum ersten Mal, und er würde seine Technik schon kennen.

»Darf ich es einschalten?«, fragte er.

»Ja.«

Er stand auf und bedeutete ihr, sich ebenfalls zu erheben. Dann griff er ihr um den Rücken und betätigte einen Schalter am *Raumanzug*. Eine halbe Sekunde lang wurde Nermina von einem Schimmer umgeben, dann war alles wie vorher.

»Das war's?«, wollte sie wissen.

»Ja, das war's«, erwiderte er. »Versuch es mal mit dem Wasser. Geh hinein und atme, schau dir den Grund an und komm wieder heraus.«

Der See lag ruhig vor ihr, und sie machte einige Schritte auf den Rand zu. Bevor sie ins Wasser ging, zögerte sie einen Augenblick. Sollte es wirklich funktionieren? Es war unglaublich, sie mußte lächeln. Dann schritt sie mutig aus und ging in den See hinein. Er war nicht tief genug, um sie vollständig untergehen zu lassen, so ging sie in die Knie und tauchte unter. Faszinierend. Sie atmete zwar etwas schnell aufgrund der Aufregung, aber sie fühlte sich wohl. Noch erstaunlicher war, das Wasser berührte ihre Augen nicht und sie sah wie durch eine Taucherbrille. Alles klar und deutlich. Soweit sie das in der Dunkelheit beurteilen konnte. Nach ein paar Schwimmzügen drehte sie sich auf den Rücken. Über ihr stand der Mond am Himmel und war deutlich zu erkennen. Völlig entspannt ließ sie sich treiben. Doch plötzlich schwamm ein Fisch durch ihr Blickfeld, und sie erschrak. Mit einem Ruck stand sie auf und atmete tief durch.

»Was ist los?«, rief Marc besorgt herüber. »Irgendwas nicht in Ordnung?«

»Nein, alles OK, alles OK, es war nur ein Fisch«, rief sie zurück. »Ich hab mich erschrocken.«

Nermina ging zurück zum Ufer und lachte Marc an. »Ein tolles Ding, ehrlich.« Sie war noch nicht einmal naß.

»Ja, das ist es«, gab er zurück. »Bist du überzeugt genug, mit mir die Reise zu wagen? Merkst du, wir können uns unterhalten, der Anzug hat auch eine Kommunikationsfunktion.«

»Aber wie ist das auf dem Mond? Dort gibt es keine Luft, die Schallwellen transportieren könnte.«

»Wir reden auch im Augenblick nicht über Schall. Du sprichst, ja, aber es dringt kein Schall aus dem Anzug.«

Sie sah ihn verwundert an. »Aber wie...«

»Ganz einfach.« Er lächelte. »Wenn du etwas sagen willst, muß dein Gehirn diese Sätze vorher erdenken. Das ist es, was der Anzug aufnimmt und an mein Gehirn weiterleitet. Telepathie, um genau zu sein. Anders geht es nicht.«

Sie mußte erneut lachen, es war einfach zu phantastisch. »Aber du trägst doch gar keinen Anzug«, meinte sie.

»Sagen wir es einmal so, ich kann es. Genügt das?«

In diesem Augenblick wurde Nermina klar, daß sie sich noch auf viele Überraschungen einstellen mußte. Immerhin stand sie hier nicht mit einem Menschen am Strand. Auch wenn er so aussah.

»Ja«, erwiderte sie etwas schüchtern. »Das genügt.« Sie grinste erneut ihr leicht schelmisches und zugleich neckisches Grinsen. »Zumindest fürs erste«, fügte sie hinzu. »Ich werde dich noch zu diesem Thema befragen, verlaß dich drauf. Ich will wissen, inwieweit du meine Gedanken auch sonst lesen kannst.«

Marc lächelte sie vielsagend an. »Gut, dann laß uns auf die Reise gehen.«

Er schnallte seinen eigenen Rucksack um und holte noch ein weiteres kleines Gerät aus der Tasche.

»Was ist das?«, wollte Nermina wissen.

»Nun, es ist, wie soll ich es erklären, ein Dimensionsmanipulator. Die Welt besteht nicht nur aus einer einzigen Gegenwart, sie besteht aus vielen. Willst du es im Detail wissen?«

Sie nickte. »Warum bin ich sonst hier?«

»Gut«, er hielt ihr das Gerät hin. »Dann will ich mal eine Kurzeinführung machen. Verzeih mir, wenn ich auch nicht jede Einzelheit kenne, das ist Sache unserer Techniker. Aber ich verstehe das Prinzip.«

»Gut, dann versuche ich es einfach mal nachzuvollziehen. Aber vergiß nicht, ich bin angehende Philosophin, keine Naturwissenschaftlerin oder Technikerin.«

Er grinste. »Wenn man es genau sieht, hat auch dieses Gerät in einem gewissen Sinne etwas mit Philosophie zu tun. Aber das wirst du im Laufe der Zeit selbst herausfinden.«

Marc setzte sich wieder an den Strand und Nermina folgte ihm. Zwischen sie legte er das Gerät und schaltete es ein. Eine Reihe von Anzeigen in einer fremden Sprache leuchtete auf. In der Mitte erschien ein nicht näher identifizierbares Display. Nermina war einmal mehr verwundert. Immer noch erschien ihr das alles wie ein Traum. Bei nächster Gelegenheit wollte sie Marc definitiv zu einer Antwort drängen Warum gerade sie? Das mußte er ihr einfach sagen. Doch zunächst konzentrierte sie sich auf das Gerät und Marcs Stimme. Sie waren allein. Es war kein tiefer Gedanke, den sie daran verschwendete, aber er schwirrte durch ihr Gehirn. Warum waren sie allein? Normalerweise kam um diese Zeit immer mal ein Spaziergänger, vorbei oder ein Liebespaar genoß die Ruhe am Wasser. Doch nichts tat sich, sie waren einfach allein. Marc sah sich auch nie um, so als wollte er überprüfen, ob jemand in die Nähe kam. Immerhin stammte er von einem anderen Stern und führte Geräte vor, die es hier auf der Erde nicht gab. Sollte ihm das nicht Anlaß zu Vorsicht und Wachsamkeit geben? Offensichtlich nicht, denn er fing an zu reden.

»Ist dir der Begriff der Geschichten des Universums geläufig?«

Sie nickte, wirkte aber unsicher. »Was meinst du genau mit Geschichten? Ein Universum hat eine Geschichte, das ist klar.«

»Aber es ist nicht alles. Es hat viele. Nimm folgendes an: Das Universum erzählt nicht nur eine Geschichte. Es ist wie der Weg, den du hier zum Strand genommen hast, er kann dort verlaufen sein«, er deutete links auf die Umkleidekabinen, »oder dort.« Sein Finger wanderte in die andere Richtung.

»Was auch immer für einen Weg du genommen hast, es war dir, zumindest vermute ich das, vorher nicht klar. Du hast ihn zufällig ausgewählt. Das Ergebnis ist allerdings gleich, du sitzt hier. Nun gibt es im Universum eine Geschichte, in der du den rechts verlaufenden Weg genommen hast und eine, in der du den linken wähltest. Dazwischen gibt es eine Unzahl anderer Geschichten, in denen du diverse Schlangenlinien gelaufen bist. Jedoch, und das ist das Entscheidende für diese Maschine, es ist nur ein Weg für dich gültig. Der, den du in diesem Universum, in dieser Geschichte, genommen hast. Man kann die Wahrscheinlichkeit der einzelnen Geschichten berechnen.« Er sah sie mit einem fragenden Blick an. »Ist dir das klar?«

Nermina war verwirrt und schaute an ihm vorbei in die Luft. Ihre Gedanken schwirrten umher. Das konnte doch nicht wahr sein, alle Geschichten des Universums geschahen zum gleichen Zeitpunkt, nur liefen sie unterschiedlich ab. »Ehrlich gesagt, nicht ganz. Bedeutet das, wir haben alle die verschiedensten Geschichten und erleben nur eine?«

»Ja, genauso ist es«, antwortete Marc.

Eigentlich war es keine sonderlich schwierige Erkenntnis, man mußte nur darauf kommen. Wie immer galt es, die richtigen Fragen zu stellen. Schon einmal in der Geschichte der Erde hatte ein Mann diese entscheidende Frage gestellt: Werner Heisenberg. Von ihm stammt die Theorie der Unschärferelation, die alle heutige Forschung überhaupt erst sinnvoll macht. Sie erklärt den grundlegenden Lauf der Dinge und brachte schon bei ihrer Entdeckung Denkmodelle zum Vorschein, die sich vorher niemand hatte träumen lassen. Nichts ist endgültig bestimmbar, alles hat mindestens eine weitere Möglichkeit. Kurz gesagt, die Realität ist *unscharf.* Auf Marcs Heimatplaneten war man ebenfalls zu dieser Erkenntnis gelangt, jedoch schon lange Zeit zuvor.

Nermina sah ihn durchdringend an. »Und was nun?«, wollte sie wissen. »Was hat das mit der Maschine zu tun?«

»Ganz einfach«, gab Marc zurück. Er wollte es nicht zu kompliziert machen und suchte nach Worten. »Diese Maschine kann die einzelnen Geschichten finden und eine Person in diese Geschichte hineinbringen. Basierend auf der *unscharfen* Realität, arbeitet sie im Grunde genommen wie ein Trichter. Wir wählen die Geschichte anhand von Ort und Zeit aus, und sie transferiert uns dorthin. Das hat etwas mit Quantenmechanik zu tun, aber das würde jetzt zu weit führen. Nimm es einfach mal so hin, vielleicht erkläre ich es dir später, wenn es dich wirklich interessiert. Tatsache ist, daß es geht. Wir manipulieren das Raum-Zeit-Gefüge. Stell es dir wie eine Art Tunnel vor. Man biegt den Tunnel, wohin man ihn haben möchte. In der Raumzeit geht man nicht von A nach B sondern von einem Ereignis zum anderen. Den Weg dorthin haben wir gelernt zu manipulieren. So ist Zeit für uns nicht relevant. Wir biegen den Tunnel einfach zum nächsten Ereignis, ohne wirklich Entfernungen zurücklegen zu müssen. Ein Ereignis ist zum Beispiel unsere Ankunft auf dem Mond. Wohlgemerkt, es ist ein Ereignis, keine Reise. Wir bewegen uns von diesem Ereignis, hier am Strand, zu einem anderen, der Ankunft auf dem Mond.«

»OK, OK, für den Moment nehme ich das mal so hin. Aber nur für den Moment. Ich werde dich diesbezüglich sicher noch irgendwann ausquetschen. Eine Frage habe ich aber noch«, sagte die junge Frau. Sie überlegte wie sie es formulieren sollte. »Wieso nimmt man an, daß andere Geschichten überhaupt existieren? Ich meine, woher weiß man das? »

Marc setzte sich ein wenig bequemer hin. »Nun«, begann er, »laß es mich so erklären. Nimm an, du fährst mit deinem Auto zu schnell auf einer Straße. Die Polizei, wie sagt man bei euch, *blitzt* dich. Der Fotoapparat kann dich entweder an exakt einer Stelle aufnehmen, wenn er eine sehr kurze Verschlußzeit wählt, dann kann er aber nicht deine Richtung bestimmen und auch nicht deine Geschwindigkeit. Das Bild von dir ist hundertprozentig scharf. Oder aber er wählt eine längere Verschlußzeit, dann kann er deine Richtung aufnehmen und aus dem verschwommenen Auto auf dem Bild auch deine Geschwindigkeit zum Zeitpunkt der Aufnahme errechnen. Aber er sieht dich nicht scharf. Ein Bild wird erst durch den Moment der Messung bestimmt, und je nachdem, wie man mißt, ist das Bild unterschiedlich. Scharf *und* Richtung, beziehungsweise Geschwindigkeit geht nicht. Entweder exakter Aufenthaltspunkt oder Richtung und Geschwindigkeit. Die Polizei würde letzteres wählen, um dich dingfest zu machen. Oder aber man macht, wie es die Ordnungshüter tun, einfach zwei scharfe Fotos, im Abstand einer gewissen Zeitspanne. So erhält man zwei klare Bilder des zu schnellen Autofahrers und kann sagen, ob und wieviel er zu schnell gefahren ist. Was man allerdings bei dieser Methode nicht sagen kann, denk daran, wir reden von reiner Theorie, ob der Fahrer sich wirklich zwischen den beiden Fotos hinter dem Steuer aufgehalten hat. Liegen die Abstände der beiden Fotos nur lange genug auseinander, oder ist man schnell genug, könnte er zum Beispiel mit seinem Beifahrer den Platz getauscht haben. Ob das der Fall war, können die fotografierenden Polizisten nicht sagen. Was für simple Polizeiarbeit gilt, ist auch für alle anderen Dinge richtig. Für Atome zum Beispiel.«

Nermina nickte, das war logisch. Langsam begann sie zu verstehen. »Du willst sagen, wenn man meine Geschwindigkeit und Richtung bestimmt, kann man nicht sagen, wo ich mich zu jedem Zeitpunkt exakt aufgehalten habe.«

»Richtig«, antwortete Marc. »Das bedeutet auch, zumindest theoretisch, du könntest dich zu einem Zeitpunkt X auch gar nicht auf der Straße aufgehalten haben. Das ist sicher sehr unwahrscheinlich, aber beweisen, daß es nicht so ist, kann man nicht. Auf diesem Prinzip beruht die Arbeitsweise der Maschine. Sie errechnet die Wahrscheinlichkeit einer Geschichte und findet sie. Dann transferiert sie einen in diese Geschichte. Die Wahrscheinlichkeit, du fliegst zum Mond, ist sicher sehr gering, aber theoretisch ist eine solche Geschichte denkbar, zum Beispiel bedingt durch die Tatsache, daß ich hier bin und dich mitnehmen möchte. Deswegen kann sie auch stattfinden. Es gibt viel mehr wahrscheinliche Geschichten, als du es dir träumen läßt.«

Nermina dachte über das Gesagte nach. Marc hatte recht, es war zumindest theoretisch möglich. Wie oft schon hatte sie Situationen erlebt, in denen sie froh war, gerade in diesem Augenblick nicht an einem bestimmten Ort zu sein. Dann war dort etwas passiert, jemand war dort verletzt worden, wo sie kurz zuvor noch gestanden hatte. Die berühmten Zufälle, denen man das eigene Überleben verdankt. Vielleicht, nein, sicher gab es auch eine Geschichte, in der sie gar nicht mehr existierte. Aber, und sie mußte innerlich lächeln bei diesem Gedanken, sie lebte nicht in dieser Geschichte. Für sie war die Geschichte gültig, in der sie hier mit Marc am Strand saß und redete.

»Gut«, sagte sie. »Laß uns gehen, fliegen, transferieren, was auch immer. Ich bin bereit. Hast du keine Angst, jemand könnte unsere Abreise sehen?«

»Nein, habe ich nicht«, antwortete Marc und grinste. »Schon vergessen, ich kann Geschichten manipulieren. In dieser Geschichte kommt zum jetzigen Zeitpunkt niemand hier vorbei, der uns sehen könnte.«

Das war es also, dachte Nermina, *deswegen dreht er sich nie um und macht so einen sorglosen Eindruck.* Es würde einfach niemand kommen, und er weiß das. Sie zuckte mit den Schultern und sagte, »Wie du meinst. Ich bin gespannt. Funktioniert mein Apparat auf dem Rücken noch? Ich spüre nichts.« Sie stand auf und drehte sich herum.

Marc erhob sich ebenfalls. »Alles bestens, es ist normal, wenn du nichts von dem Energiefeld merkst, das dich umgibt.« Er betätigte ein paar Tasten auf dem Gerät in seiner Hand und wartete. »Es sucht die richtige Geschichte«, erklärte er.

»Und wenn es die nicht gibt?«, meinte Nermina.«

»Es gibt sie, verlaß dich drauf«, antwortete er.

Das Gerät gab einen leisen Ton von sich und Marc sah Nermina fest an. »Bereit?«, fragte er.

»Bereit«, antwortete die junge Frau. Doch sie besann sich plötzlich und rief. »Halt, ich habe etwas vergessen.«

Marc drückte sofort eine Taste an seinem Apparat. »Was ist?«

»Wann sind wir wieder zurück?«

Er legte den Kopf zur Seite und schien Überlegungen anzustellen. »In einigen Stunden, vielleicht ein paar Tage, je nachdem, was du alles sehen möchtest.«

Sie zückte ihr Handy. »Gut, dann muß ich vorher Bescheid sagen, sonst macht man sich Sorgen um mich.«

Er sah ihr zu, wie sie eine Nummer wählte. Einen Moment lang ärgerte er sich über sich selbst, hatte er doch eine wichtige Sache außer acht gelassen, nie eine Lücke in den Ereignissen und Abläufen eines anderen Planeten oder dessen Bewohnern zu hinterlassen. Alles mußte erklärbar sein. Nermina lauschte in das Telefon. Dann meldete sich jemand.

»Hi, Papa – ja, ich weiß, es ist spät. Ich wollte nur sagen, ich bleibe ein paar Tage bei Juliette in der Stadt.« Sie machte eine Pause und hörte der Stimme am anderen Ende zu.

»Nein, es ist nur, ich habe ein paar zusätzliche, sehr frühe Vorlesungen. Sonst muß ich immer so früh aufstehen. Es ist einfacher, in der Stadt zu bleiben.« Sie machte es so von Zeit zu Zeit. Die Ausrede war also nicht weiter ungewöhnlich. Sie hoffte nur, ihr Vater würde nicht bei Juliette anrufen.

»Nein, mach dir keine Sorgen, ich bin nur sehr beschäftigt.« Sie machte eine Pause. »Ja, ich hab dich auch lieb, Papa. Schlaf schön und grüß Mutti.«

Die junge Frau klappte das Handy zu. Es war ihr schon etwas seltsam zumute, ihren Vater auf diese Weise anzulügen, aber was hätte sie sagen sollen? Daß sie mit einem Außerirdischen auf dem Weg zum Mond war? Verrückt. Er hätte ihr nie geglaubt, und es hätte die Sache unnötig kompliziert. Sie rief noch kurz ihre Freundin an und instruierte sie entsprechend der Ausrede bezüglich ihres Vaters.

»So«, meinte sie zu Marc, »nun bin ich bereit, es ist alles OK, aber es mußte sein. Sonst hätte man sich morgen früh mächtig gewundert.«

»Gut. Dann gehen wir.« Marc betätigte eine paar Tasten, die Luft begann ein wenig zu flirren, dann umgab ein sanftes Energiefeld die beiden Personen am Strand. Innerhalb weniger Sekunden schienen sie ihre Substanz zu verlieren. Schließlich waren sie verschwunden. Es war niemand da, der den Vorgang am Rand des Sees hätte bemerken können. Leise wehte der Wind über den leeren Strand und kräuselte die Wellen auf dem dunklen Wasser.

4.

Die Ebene begann am Rande eines gewaltigen Gebirges. Zu Füßen der Berge lag das Mare Nubium. Vor Jahrhunderten hatten die Menschen angenommen, es würde sich dabei um ein tatsächliches Meer handeln. Doch seit die modernen Astronomen den Mond genauer unter die Lupe nahmen, weiß man, das »Meer« besteht aus dunkler Lava, die bei Eruptionen aus dem Mondinneren in das Tal geschleudert wurde und es überschwemmt hat. Dies geschah vor ca. 3,1 – 3,9 Milliarden Jahren, also zu einem Zeitpunkt auf dem sich das erste primitive Leben auf der Erde regte. Auf dem Mond gab es nie Leben, allerdings einmal Wasser, doch es ist längst in den Weltraum verdunstet oder tief unter der Oberfläche eingefroren. Seitdem prägten Krater das Aussehen des Erdtrabanten, Meteoriten schlagen noch immer mit unverminderter Wucht auf der Oberfläche ein, keine Atmosphäre, die sie daran hindern würde.

Allerdings ist der Mond kein lebloser Körper. Vielmehr ist er der Motor des Lebens auf der Erde. Gäbe es keinen Mond, gäbe es keine Gezeiten, weniger tektonische Bewegungen, damit weniger Vulkanausbrüche und am Ende der Kette vermutlich auch keine Menschen. So war es ein glücklicher Zufall, daß der Mond in grauer Vorzeit durch den gewaltigen Einschlag eines marsgroßen Himmelskörpers auf der Erde aus Bruchstücken der damaligen Erde entstand.

In der Ebene lag Staub auf dem Boden, wie fast überall. Es war Millionen Jahre alter Staub, seit Äonen nicht mehr bewegt. Keine Schritte, die in ihm verewigt waren, keine stummen Zeugen einer Präsenz von Leben. Die Sonne brannte erbarmungslos vom Himmel, hätte jemand ein Thermometer gehabt, es hätte 120 Grad Celsius gezeigt. Auf der erdabgewandten Seite hingegen lagen die Temperaturen rund 300 Grad niedriger, bei Minus 180. Eine lebensfeindliche Oberfläche, in der niemand sich ungeschützt aufhalten konnte. Zudem gab es die Gefahr für jeden Raumfahrer, von einem kleinen Meteoriten getroffen zu werden. Diese Kleinteile konnten mühelos einen Raumanzug durchdringen und damit den Astronauten im Inneren töten. Daß diese Meteoriteneinschläge keine Seltenheit waren, ist offensichtlich. Davon ist jeder überzeugt, der einmal ein Detailbild der Mondoberfläche gesehen hat.

Die Sonne stand direkt über dem Mond, dies würde sich auch nie ändern. Der Trabant zeigte immer mit der gleichen Seite zur Erde. Alles wirkte friedlich und die beiden Personen, die inmitten der Ebene materialisierten, wären einem Betrachter fast als Störung aufgefallen. Doch es gab keine Betrachter, niemanden außer ihnen, die sich momentan auf dem Mond aufhielten. Zumindest nahm Nermina dies an.

Sie hatte kurz vor dem Verlassen der Erde instinktiv die Luft angehalten. Nun stand sie da und traute sich nicht, ihren Atem entweichen zu lassen. Sie konnte den Mond spüren, und es erfaßte sie panische Angst. Ihr sackten die

Knie weg, und fast wäre sie in den staubigen Mondboden gefallen, hätte Marc sie nicht aufgefangen.

»Ganz ruhig«, sagte er, sie fest in seinen Armen haltend. »Hol tief Luft, dann geht es dir gleich besser.«

Nermina dachte gar nicht daran, ihren Mund zu öffnen, und die Umgebung begann bereits zu verschwimmen. Marc dachte noch einmal ganz fest an sie.

»Mach den Mund auf und atme, es kann dir nichts passieren, dein Raumanzug arbeitet perfekt. Keine Sorge.«

Die Frau sah ihn mit angsterfüllten Augen an, öffnete dann den Mund und tat einen tiefen Atemzug. Es war wie eine Erlösung, sie schnappte noch mehrmals nach Luft, bevor sie ein Wort herausbrachte.

»Ich, ich kann nicht....«, begann sie.

Marc ließ sie los und stellte sie auf eigene Beine. Dann sah er ihr fest in die Augen. »Ich weiß, es ist überwältigend. Versuche, die Ruhe zu bewahren. Ja, das ist kein Trick, du befindest dich wirklich auf dem Mond. Aber sei unbesorgt, genauso leicht, wie ich uns hierher gebracht habe, transportiere ich uns auch wieder zurück. Willst du das?«

»Nein, nein«, stammelte sie verwirrt und sah sich um. Langsam begann sie ihre Fassung wiederzugewinnen und sah Marc an. »Ich kriege es schon auf die Reihe, es ist nur ... so seltsam. So beeindruckend, so unwirklich. Verzeih, ich weiß dein Geschenk nicht zu würdigen, daß ich mich hier so anstelle. Aber sei sicher, ich bin dankbar, unendlich dankbar, nur braucht es eine Weile.«

Marc kannte diese Reaktionen nur zu gut. Als er zum ersten Mal einen fremden Himmelskörper besuchte, erging es ihm genauso. »Keine Panik, ich bin dir nicht böse, nimm einfach die Zeit, die du brauchst. Ich warte es ab.« Sprach es, ließ sie los und ging einen Schritt zurück. Nermina stand alleine in der Mondlandschaft, und ihr stiegen die Tränen in die Augen. Noch nie hatte sie etwas Schöneres gesehen. Das weite Tal streckte sich vor ihr aus, hinter ihr ein bizarres Gebirge. Alles schien so unberührt, so gigantisch. Die Sonne warf ein völlig anderes Licht als auf der Erde. Die Erde? *Wo war sie?*, dachte Nermina. Schnell schaute sie sich am Himmel um.

»Wo ist die Erde«, wollte sie von Marc wissen.

»Sie ist untergegangen, aber sei versichert, sie ist noch da.« Er lächelte sie an. »Alles wieder OK?«, fragte er.

»Ja, es ist in Ordnung«, antwortete sie mit zitternder Stimme. »Ich möchte ein wenig umher gehen.«

»Gut«, sagte Marc, und die beiden setzten sich in Bewegung. »Aber paß auf, hier oben hast du nur ein Sechstel deines Erdgewichtes.«

Vor ihnen lag das große Gebirge. Der Mondstaub war weich, viel weicher als sie ihn sich je vorgestellt hatte. Ähnlich wie Mehl. Jeder Schritt hinterließ einen deutlichen Fußstapfen.

Nermina war in Gedanken verloren. »So muß es gewesen sein, als damals die ersten Menschen auf dem Mond landeten. Das ist nun mehr als 35 Jahre her. Sie haben den gleichen Blick gesehen. Die gleichen Landschaften. Marc, können wir nicht auch zu den Mondlandefahrzeugen gehen? Ich möchte Apollo 11 sehen. Die müßte es doch noch geben?«, fragte sie.

Der Außerirdische blieb stehen und sah sie an. »Die Mondfahrzeuge?«, fragte er. »Theoretisch schon, aber warum?«

Nermina blickte verwundert zurück. »Ich glaube, ich fände es spannend, sie zu sehen. Einfach nur so. Das ist doch eine ganz normale Frage für jemanden, der zum ersten Mal auf dem Mond steht.«

Er wußte mit dieser Frage nicht direkt etwas anzufangen und sagte: »Laß uns später darauf zurückkommen. Ich werde dir erst etwas zeigen, was meiner Ansicht nach viel spannender ist. Hast du Lust? Und übrigens wäre da auch noch die Frage derentwegen wir hier sind. Schon vergessen?« Er grinste.

Sie hätte sich fast mit der Hand vor die Stirn geschlagen, wurde sich dann aber des Raumanzuges bewußt, den sie trug. Zwar war er nicht zu sehen und zu spüren, aber er war doch vorhanden. Sonst wäre sie vermutlich bereits tot. *Nein*, dachte sie, *nicht vermutlich – sicher.*

»Ja, ich hätte es beinahe vergessen. Wir wollten Mondgestein ansehen.« Sie mußte ein wenig lachen. »Wenn es so um einen herum ist, kommt es mir schon fast normal vor. Obwohl ich ja erst ein paar Minuten hier bin.« Sie nahm einen der Steine vor ihren Füßen auf und hielt ihn in die Sonne. Ein paar Sekunden betrachtete sie ihn von allen Seiten, wog sein Gewicht in der Hand, obwohl es trügerisch war wegen der geringeren Schwere, und sagte dann: »Ich glaube, du hattest recht. Er sieht tatsächlich anders aus als auf den Fotografien oder der Mond als solcher, betrachtet man ihn am Nachthimmel. Die Farbe ist irgendwie kälter, grauer.«

»Das kommt durch die fehlende Atmosphäre. Fotografien sind sowieso nur so gut wie die Chemie im Film oder bei der Entwicklung. Darauf kann man sich nicht verlassen«, erklärte Marc. »Du siehst nun Mondgestein, so wie es wirklich für dich aussieht. Das ist es, was ich mit subjektiver Wirklichkeit meine. Für mich sieht es mit Sicherheit wieder ganz anders aus, weil ich andere Sehorgane besitze als du.«

»Aber du hast doch jetzt die gleiche Gestalt wie ich«, warf sie ein.

»Ja, aber trotzdem sehe ich so, wie ich immer sehe. Sonst würde mein Gehirn auch völlig durcheinander kommen. Sehen ist eine Sache, die das Gehirn lernt. Deines ebenso wie meines. Und wir sehen beide verschieden. In letzter Konsequenz ist es aber für dich wie für mich ein Stein. Die Art des Sehens macht da keinen Unterschied. Wichtig ist nur, zu begreifen, was wir sehen, ist nicht die Wirklichkeit. Zumindest nicht die ganze. Alle Lebewesen bekommen nur einen winzigen Ausschnitt zu Gesicht. Wir beide können behaupten, wir sehen den Stein so, wie er ist. Doch er stellt sich uns nur so dar, wie wir gelernt haben, ihn zu sehen. Beide sind wir meilenweit von der wirklichen Wirklichkeit entfernt. Sie ist viel weiter, umfaßt viel mehr Dinge und unser beider Gehirn wäre völlig überfordert, alles zu erfassen, geschweige denn zu verarbeiten. Das Gehirn eines Lebewesens sortiert schon vorab. Wir sehen und begreifen nur, was für uns essentiell ist.«

Nermina legte den Stein nachdenklich wieder hin. Er hatte recht. So wurde an der Uni selten gesprochen. Vieles drehte sich nur um die Auswirkungen der Sinnesempfindungen. Nur die großen Philosophen fragten wirklich nach den zugrundeliegenden Tatsachen. Doch sie sah ein, es war wichtig danach zu fragen. *Immer die richtigen Fragen stellen*, hatte der Professor gesagt. Nun hatte sie für sich persönlich die richtige Frage gestellt. Wenn auch mit einiger Hilfe eines Außerirdischen.

Sie blickte sich um und sah plötzlich auch die Landschaft des Mondes mit anderen Augen. Alles wirkte seltsam kalt. Noch vor ein paar Augenblicken hatte sie es als fast normal empfunden, hier zu stehen. Alles war so schnell, so problemlos gegangen. Wieviel Aufwand mußten die Menschen in eine solche Reise investieren. Für sie persönlich war es ein einfaches JA gewesen. Doch die Landschaft erfüllte sie auch mit Ehrfurcht. Noch nie hatte ein Mensch den Mond *so* gesehen. Sie war die erste Person, der das gelungen war. Mit ein wenig Wehmut dachte sie daran, daß sie dies niemals jemandem mitteilen konnte. Vermutlich würde ihr sowieso niemand glauben. Die Geschichte war ja auch zu unwirklich. Marc wartete ihre Gedanken ab. Ihm war bewußt, der Moment der Erkenntnis kam immer ein paar Augenblicke später. Dies hatte er schon mit vielen Spezies erlebt.

»Was machen wir nun?«, fragte Nermina.

»Wir gehen ein Stück«, antwortetete Marc. »Ich möchte dir etwas zeigen.«

»Da bin ich gespannt«, meinte Nermina, »wobei ich eigentlich auf Überraschungen bei dir gar nicht mehr reagieren sollte.« Sie lächelte sanft als sie ihm auf seinem Weg zum Fuße des Gebirges folgte. Ihre Schritte waren seltsam leicht. Der Mond hatte ja auch nur ein Sechstel der Erdanziehungskraft. »Darf ich einen Sprung machen?«, fragte sie plötzlich.

»Natürlich, aber nicht zu stark, ich habe keine Lust dich aus dem Weltraum herauszufischen«, antwortetet Marc. Er kannte dieses Gefühl auf kleineren Himmelskörpern. Es war herrlich. Auch seine Spezies konnte von Natur aus nicht fliegen, und er hatte es mehr als einmal genossen, einen großen Sprung zu wagen.

»Keine Sorge, ich passe auf. Danach darfst du mich überraschen.« Sie sah ihn erwartungsvoll an. »Tut mir leid, aber das ist mir jetzt ein Bedürfnis, es muß sein.«

Marc nickte, ein leichtes Grinsen umspielte seine Lippen. Die junge Frau nahm ein paar Schritte Anlauf und stieß sich dann vom Boden ab. Sofort merkte sie, warum Marc sie gewarnt hatte. Sie flog weitaus höher, als sie es sich gedacht hatte. Zum Glück hatte sie nicht all ihre Kraft eingesetzt. Nach rund 15 Metern landete sie wieder auf dem Mondboden, drehte sich um und sah Marc freudestrahlend an.

»Das war super, ich will es noch einmal machen«, rief sie.

Der Außerirdische blieb gelassen. »Nur zu, wir treffen uns dort vorne am Fuße der Berge.« Er deutete auf eine bestimmte Region der Felsformation und ging dann schnellen Schrittes darauf zu.

Nermina sprang erneut und landete noch etwas weiter von ihrem Ursprungsort entfernt als zuvor. Doch es war ihr mulmig zumute bei diesem Sprung. Sie mußte vorsichtiger sein, sonst würde sie vielleicht doch in den Weltraum abdriften. Nach ein paar weiteren Sprüngen war sie Herr der Lage und hatte ihren eigenen Körper unter Kontrolle. Früher als Marc erreichte sie den vereinbarten Treffpunkt. Sie wartete geduldig bis der Außerirdische eintraf.

»Was willst du mir zeigen?«, wollte sie nun wissen.

Marc trat einige Schritte nach links. »Du wolltest wissen ob und wie wir euch beobachten«, antwortete er.

Nermina sah ihn verblüfft an. »Sag bloß, das geschah von hier aus?«

»Genau. Lange bevor wir Wesen auf einem anderen Planeten kontaktieren, beobachten wir diese Welt. Wir nehmen Bodenproben, atmosphärische Proben, und natürlich erforschen wir auch die Wesen selbst, ebenso wie deren Gesellschaft. Deren Informationswelt. Anders wäre es mir nicht möglich, mit dir zu reden, deine Welt zu verstehen oder dir Dinge vernünftig zu zeigen. Oder was glaubst du, woher ich soviel über euch weiß?« Marc sah sie fragend an, doch Nermina blickte verlegen zu Boden. Wie hatte sie nur annehmen können, alles sei selbstverständlich. *Die richtigen Fragen stellen*, genau das war es erneut, was sie nicht getan hatte. Zumindest nicht tief in ihrem Inneren. Sie hatte Marc nach zu kurzer Zeit als gegeben angenommen. Doch hinter seinem Versuch, ihr etwas zu zeigen, lag sicher eine geraume Zeit der Beobachtung. Und außerdem, diese Zeit galt nicht nur ihr, dessen war sie sich sicher. Viele Menschen würden von Marc oder seinen Kollegen kontaktiert werden.

Während ihr diese Gedanken durch den Kopf schossen, sah sie Marc nur an. Dann sage er: »Stimmt genau, vergiß nicht, während wir hier sind, überträgt der Anzug unsere Gedanken.«

Sie erschrak, auch daran hatte sie nicht gedacht. Schnell versuchte sie, die Situation wieder unter Kontrolle zu bekommen. Marc lächelte sie verständnisvoll an, als wollte er sagen: "*Hab keine Angst, ich lese keinen Gedanken gegen Deinen Willen.*"

»Zeig mir, was du mir zeigen wolltest«, begann Nermina erneut. Sie wollte den Gedanken, jemand spukt in ihrem Kopf herum, möglichst schnell loswerden. Außerdem war sie zu sehr gespannt, etwas über die Beobachtungen zu erfahren.

Marc deutete nach oben. »Siehst du dort oben die sanfte Rundung in dem Felsen?«, wollte er wissen. In ca. 100 Metern Höhe zeichnete sich eine kaum sichtbare Regelmäßigkeit in dem rohen Felsgestein ab. Sie war rund und leicht nach innen gewölbt. Relativ groß, wenn man direkt darunter stand, jedoch nicht sichtbar, wüßte man nicht, wo sie zu finden ist. Schon gar nicht mit einem Teleskop von der Erde aus.

Nermina blickte angestrengt nach oben. Erst nach dem zweiten Blick erkannte sie es. »Sag bloß das ist eine...«

»...Parabolantenne«, vollendete Marc den Satz. »Ja, das ist eine unserer Antennen. Auf der eurer Erde zugewandten Seite gibt es 21 Stück davon. Alle zusammengeschaltet zu einem Netzwerk. Sie gestatten uns, die verschiedensten Medien aufzunehmen. Selbstverständlich erst, seitdem es diese gibt. Als wir die Anlage bauten, waren Radio und Fernsehen noch in einem Entwicklungsstadium. Wir wußten, es würde eine Zeit dauern, aber dann würden wir einen genaueren Überblick bekommen. Heute gibt es sogar Dinge wie das Internet, übrigens eine sehr ergiebige Quelle für Informationen.«

Die junge Frau konnte es kaum glauben. Da lebte sie schon seit vielen Jahren ständig unter der Beobachtung einer außerirdischen Rasse. Sie nahm zwar nicht an, direkt unter die Lupe genommen worden zu sein, doch so ganz wollte der Gedanke nicht aus ihrem Kopf verschwinden. »Wie lange seid ihr schon auf dem Mond?«, wollte sie wissen.

»Seit rund 60 Erdenjahren. Lange Zeit lief die Station automatisch. Sie wurde nur in bestimmten Abständen zu Servicezwecken besucht. Dann kamen die ersten vielversprechenden Signale und ein Team von Wissenschaftlern arbeitete rund 40 Jahre hier. Als der Zeitpunkt zur Kontaktaufnahme gekommen war, verließen sie die Station und schalteten wieder auf Automatik. Ihre Zeit war vorüber, die Aufgabe erledigt. Von nun an würden andere, Wesen wie ich, die Sache weiterführen. Sicher beobachten wir immer noch, aber das ist nicht mehr so spannend. Routine, wenn man so sagen will. Viel spannender ist, was ich übermittle. Zum Beispiel den Kontakt mit dir. Wir, die Kontakter, haben fast alle Freiheiten. Deswegen will ich dir auch die Station zeigen. Sie wird dein Verständnis für uns vertiefen und dir einen neuen Blick für die Welt, auf der du lebst, vermitteln.«

»Nur nebenbei, das ist längst geschehen. Ich werde die Welt nie wieder so sehen wie vor unserer Begegnung. Sie ist einzigartig, wunderschön und voller Wunder.« Sie blickte in den weiten Raum hinaus, als ob die Erde dort als einziger Punkt schweben würde. »Wie seid ihr auf uns gekommen? Ich meine, warum habt ihr gerade diese Sektion des Universums beobachtet?«, wollte Nermina wissen.

Der Außerirdische deutete zu der am Himmel stehenden Sonne empor. »Das Zentralgestirn gibt den Ausschlag«, antwortete er. »Ihr habt eine sogenannte gelbe Sonne. Prinzipiell ist sie besonders dazu geeignet, Planeten, sofern sie welche hat, mit der richtigen Form von Energie zu versorgen. Nicht zu heiß, nicht zu kalt, sie lebt lange genug, sie bläht sich nicht gleich zu einem roten Riesen auf oder stürzt nach wenigen Millionen Jahren in sich zusammen. Also schicken wir die Sonden in die Gebiete, die gelbe Sonnen beinhalten. So kommen wir immer wieder auf belebte Planeten.«

»OK, unsere Sonne ist also gelb. Ich empfinde sie eher als weißglühend.«

»Wir reden mehr vom Spektrum der Sonne, weniger von der direkt sichtbaren Farbe«, meinte Marc beiläufig.

Er ging einen Schritt auf die Felsformation zu und berührte eine bestimmte Stelle. Lautlos glitt ein Teil der Wand zurück, dahinter lag ein Stück dunkler Tunnel mit einer weiteren Wand. Nermina erschrak. Irgendwie wurde ihr das alles zuviel. Mit einem sanften Ruck ließ sie sich auf den Boden fallen und setzte sich. Sie mußte sich sammeln.

»Ich kann da jetzt nicht hineingehen«, sagte sie.«

»Warum nicht?«, antwortete Marc. »Hast du Angst?«

»Nein, nicht direkt, es ist nur zuviel auf einmal. Laß mir einen Moment Zeit. Ich muß das erstmal verarbeiten. Versteh mich nicht falsch, ich weiß das schon zu schätzen, was du mir hier zeigst, aber ich kann es nicht so schnell.« Sie fühlte sich plötzlich aufgewühlt, ihre Gedanken rasten, sie wußte nicht, was sie denken oder fühlen sollte. Das Öffnen eines Tunneln entfernte sie von der Realität des Mondes. Er war Natur, der Tunnel nicht. Mit der Natur konnte sie umgehen.

Marc blickte sie an. »Gut«, sagte er, »dann setze ich mich neben dich und werde abwarten.«

So saßen die beiden nebeneinander auf dem Mondboden und schwiegen. *Die Ruhe ist vollkommen*, dachte Nermina. Nicht das leiseste Geräusch drang an ihre Ohren. Wo hätte es auch herkommen sollen. Schließlich pflanzte sich Schall im Weltraum nicht fort. Dazu brauchte es immer eine Atmosphäre. Und die besaß der Mond nicht. Das fühlte sich seltsam an. Trotzdem gab es ein gewisses *Grundrauschen*. Genau erklären konnte sie es nicht, doch die Stille war nicht unangenehm. In ihrem Kopf drehte sich alles. Ihr komplettes Weltbild war durcheinander geworfen worden. Ihre Welt war nicht alleine im weiten Universum. Das an sich würde genügen, um auf der Erde eine mittlere Katastrophe auszulösen. Man stelle sich nur einmal vor, wie die großen christlichen Religionen mit dieser Erkenntnis umgehen würden. Schließlich bedeutete es die Abkehr vom ,Wir sind die Krone der Schöpfung' Gedanken. Vermutlich würde die Kirche alles negieren was sie, Nermina, hier erlebte. Vielleicht würde sie sogar Marc töten, um die Wahrheit zu verbergen. Es ginge vielleicht sogar um ihre Existenz. Wenn man sehen kann, daß Gott mehrere Wesen erschaffen hat, wo bleibt dann der Gedanke der Einzigartigkeit? Wozu bräuchte man dann die ganzen »Stellvertreter« Gottes auf Erden? Eine Machtfrage. Wer Macht zu verlieren hat, wird sich zur Wehr setzen, eine ganz menschliche und irdische Reaktion. So würden die Kirchen es machen, dessen war sie sich sicher. Sie würden mit allen Mitteln versuchen, die Wahrheit zu verhindern. Im Mittelalter hatte es die heute katholische Kirche mit Bruno und Galilei genauso gemacht. Und damals ging es um vergleichsweise geringe Erkenntnisse. Die Existenz Marcs war für

Glaubensgemeinschaften jedweder Art, mal abgesehen von den Buddhisten, bedrohlich. Und für ihr eigenes Leben ebenfalls. Niemand durfte je erfahren, was hier vonstatten ging. *Seltsam*, dachte sie. Da wartete man die ganze Zeit darauf, ein Wesen vom anderen Stern möge kommen und der Menschheit sagen, wie man es richtig macht. So ganz generell. Dann kommt dieses Wesen und kann es sagen, doch man darf es nicht in die Welt hinaustragen. Die jeweiligen Machthaber, politisch wie kirchlich, würden einen dafür umbringen. Sie haben schließlich keinerlei Interesse an einem Alien, der ihnen sagt, daß ihre bisherige Politik und Glaubensrichtung falsch ist. Wenn jemand von einem anderen Stern ihnen sagte, wie die Welt zu ordnen sei, würden sie es glauben und danach handeln? Vermutlich nicht. Sie würden mit allen Mitteln versuchen, ihre eigene Macht zu bewahren. Ihren Mikrokosmos.

Nermina sah ein, es gab keinen kurzfristigen Weg, die Welt zu verbessern. Die Menschheit mußte selbst ihren Weg finden. Ohne Außerirdische, ohne Hilfe. Was sie erlebte, war eine Gefahr. Im Moment nicht direkt für sie persönlich, aber für die Gesellschaftsordnung auf ihrem Planeten. Die Menschheit war einfach noch nicht so weit, ihre eigene Ordnung anderen, höherwertigen, langfristigeren Gesetzen zu unterwerfen. Dazu brauchte es mehr, so wie in den Kinofilmen, eine echte Bedrohung von außen. Etwas, wo sie alle zusammenrücken konnten. Doch das wäre auch nicht gut. Wer will schon Tausende von Toten? Und selbst, wenn es diese Bedrohung geben würde, würden wirklich alle Völker gemeinsam an der Beseitigung des Problems arbeiten? Sie bezweifelte es. Ein paar wichtige, reiche Länder würden ausscheren. Wirtschaft war denen wichtiger als eine globale Krise. Nein, es mußte eine andere Lösung geben. Bloß welche?

»Warum zeigst du mir all diese Dinge?«, wollte sie von Marc wissen. »Was bringt das? Wird die Welt sich ändern, wenn wir mit unserer Reise fertig sind?«

Marc hatte diese Frage kommen sehen, es war immer die gleiche. Früher oder später sahen alle Wesen, die noch nicht in den Weltraum vorgedrungen waren und dort andere Spezies kennengelernt hatten, ein, daß ihre Welt sich nicht auf einmal verbessern ließ. »Nun«, sagte er, »laß es mich so ausdrücken. Wir bereiten euch vor. Du bist eine der Personen, von denen wir glauben, du könntest einmal etwas wirklich Bewegendes tun. In der Vergangenheit hat es das immer wieder gegeben. Natürlich gab es auch Rückschläge, doch die Vorteile dieser Kontaktmethode überwiegen. Wir geben einzelnen Wesen einen Einblick in die Wirklichkeit, zumindest, so wie wir sie sehen. Das ist weit mehr als ihr seht. Dadurch könnt ihr dieses Wissen weitergeben, auf die eine oder andere Art und Weise. Irgendwann kommt ihr an einen Punkt, an dem die Gefahr euch komplett zu kontaktieren, nicht mehr so groß ist. Dann machen wir es.«

»Aber warum?«, wollte die Erdenfrau wissen.

»Ganz einfach, wir sind eine Gemeinschaft und streben nach Wissen. Neue Rassen im Universum stellen ab einem gewissen Zeitpunkt eine Bereicherung unserer Gemeinschaft dar. Genauso wie ihr die Vereinigten Staaten von Amerika gegründet habt oder die Europäische Union. Das wird auch noch mit den anderen Kontinenten geschehen, es ist alles eine Frage der Zeit, und es verläuft auf jedem Planeten gleich.«

Nermina sah das ein. Nur zu gerne hätte sie ihr Wissen mit anderen geteilt, doch sie mußte dabei sehr vorsichtig sein. Sonst könnte es zu einer echten Gefahr werden. Plötzlich sah sie die Verantwortung, die ihr durch das Treffen mit Marc auferlegt worden war. Sie war einer der wenigen Menschen, denen die Erfahrung zuteil werden durfte, die Wahrheit zu erfahren. Ja, sie würde sorgsam damit umgehen. Aber sie würde auch versuchen, die Welt auf den Augenblick des ersten Kontaktes vorzubereiten. Sie war sich nicht sicher, ob sie das noch erleben würde, aber es war auch nicht wichtig. Wichtig war einzig und alleine, daß sie ein Teil dieses Werdegangs war.

Plötzlich stand sie auf. »Ich bin bereit«, sagte sie, »laß uns hineingehen.«

»Gut«. Marc tat es ihr gleich und machte ein paar Schritte auf die Felswand zu. »Ich muß die Tür mit meinen eigenen Gliedmaßen öffnen«, sagte er ein wenig ausweichend. »Du weißt, ich stamme nicht von dieser Welt und der innere Öffner reagiert nur auf die richtigen, wie sagt ihr, Fingerabdrücke.« Er mußte grinsen bei diesem Ausdruck, hatte seine Rasse doch keine Finger im menschlichen Sinne.

»Mach dir keine Sorgen, solange du nicht aussiehst wie ein Monster, kann ich damit leben. Was sollte mich jetzt noch schrecken«, antwortete sie.

»Gut, du kannst wegschauen oder auch nicht, es liegt bei dir.«

Nermina wollte es sehen, um nichts in der Welt hätte sie diesen Augenblick verpassen wollen. Marc streckte seine menschliche Hand in Richtung Felswand aus, und plötzlich begann sich die Hand zu verformen. Eine Vielzahl von Tentakeln richtete sich auf die Wand und jedes Ende berührte eine bestimmte Stelle. Es waren so viele, daß Nermina sie nicht alle zählen konnte. Stumm verfolgte sie das Schauspiel. Als alle Tentakel an ihrem Platz waren, tat sich etwas innerhalb des Felsens. Fast hätte sie es rumpeln hören können, doch es blieb still. Lautlos glitt die zweite Wand beiseite und gab einen Gang frei. Marc zog seine »Hand« zurück, und sofort verwandelten sich die Tentakel zurück in menschliche Finger.

»Zufrieden?«, fragte er.

Sie nickte. »Ja, ich wollte es sehen.« Sie machte ihm einen Vorschlag. »Du mußt dich meinetwegen nicht verwandeln, du kannst ruhig deine eigene Gestalt annehmen.«

Der Außerirdische wußte aus Erfahrung, dies wäre keine gute Idee. Nermina würde zwar im ersten Moment nicht erschrecken, aber über die Zeit hinweg würde sie sich in Gegenwart eines fremden Wesens unwohl fühlen. Er wollte nicht noch mehr auf sie einwirken lassen. Es war ohnehin erstaunlich, wie gut sie das alles aufnahm. Seine menschliche Gestalt gab ihr einen Augenblick der Sicherheit, das wußte er.

»Nein«, sagte er, »nicht jetzt. Vielleicht mache ich es zu einem späteren Zeitpunkt. Laß uns hineingehen, ich habe dir eine Menge zu zeigen.«

Er trat in den Gang ein und wartete darauf, daß sie ihm folgte. Nermina sah sich sehr vorsichtig um und machte einen großen Schritt in den Gang hinein. Der Mond, so wie sie ihn kannte, blieb draußen. Alles war sehr fremdartig, obwohl noch nicht viel zu sehen war. Marc ging ein paar Schritte weiter in die Dunkelheit, und plötzlich flammte ein seltsames Licht auf. Der ganze Gang wurde gleichzeitig illuminiert. Es gab keine Lampen, die Wände schienen zu leuchten. Trotzdem besaßen sie genügend Kontrast, um Einzelheiten in der Struktur erkennen zu lassen. Die junge Frau sah sich um. Es gab keine Beschriftungen, keine Leuchtdioden, nichts, nur Licht. Plötzlich schloß sich die Tür.

Sie wirbelte herum. Warum hatte sie es gehört? Im Weltraum gab es keinen Schall. Auf einmal war sie sich nicht mehr so sicher, ob das alles eine so gute Idee war. Sie fühlte sich alleine und sah Marc bittend an.

»Keine Angst«, sagte er. »Ich weiß, was du denkst, die Enge des Ganges und die geschlossene Tür machen dir Angst. Vertrau mir, ich tue nichts, was du nicht magst. Wir können jederzeit zurückkehren.«

Nermina schüttelte den Kopf. Nein, das wollte sie auch nicht, es war nur so seltsam. »Ist schon gut«, sagte sie. »Ich bin nur verwirrt, OK, ich habe auch Angst. Warum habe ich die Tür gehört? Eigentlich dürfte ich doch nichts Akustisches wahrnehmen.«

»Eine gute Frage«, antwortete Marc. »Im Inneren dieser Station herrscht eine Atmosphäre. Sie geht bis zur Tür. Dort verhindert ein Kraftfeld das Austreten der Luft. Deswegen hörst du niemals das Öffnen von außen, sehr wohl aber das Schließen von innen. Wir können auch unsere Kraftfelder der Raumanzüge abschalten. Hier drinnen hat es eine Temperatur von 23 Grad Celsius, zumindest auf eure Norm umgerechnet, und eine normale Atmosphäre.«

»Was meinst du mit – normal? Für dich oder für mich?«. Eine berechtigte Frage, schließlich stammte sie nicht von Marcs Planeten.

»Wir haben basistechnisch fast die gleiche Zusammensetzung der Luft wie ihr. Ein bißchen mehr Sauerstoff, ca. 25%, im Gegensatz zu euren 21% und auch der Stickstoffanteil liegt geringer. Dafür besitzt unser Planet mehr Helium. Wundere dich also nicht, wenn deine Stimme etwas höher klingt. Soll ich den Anzug abschalten?«, wollte er wissen.

Sie lächelte schelmisch, »Du zuerst.«

»Kein Problem«, lächelte er zurück. Sie war vorsichtig, diese Erdenfrau. Das würde ihr noch einmal sehr zugute kommen.

Marc griff an seinen Apparat und schaltete das Energiefeld aus. Kurz umgab ihn ein Schimmer, und dann stand er vor Nermina und lächelte. »Soll ich?«, fragte er.

Einen Augenblick lang zögerte sie noch, beobachtete, wie der Mann vor ihr ganz normal atmete. Sie nickte. Marc griff hinter sie und schaltete auch ihren Raumanzug aus. Sie hatte wieder instinktiv die Luft angehalten und machte vorsichtig den Mund auf. Es schmeckte normal. Sie zog ein wenig Luft durch die Nase und ließ dann den Atem entweichen. Alles war in Ordnung, sie atmete tief durch. Die Luft roch etwas muffig für ihre Begriffe, aber das hatte vermutlich damit zu tun, daß lange Zeit niemand mehr hier war.

»Na«, fragte Marc, »wie fühlst du dich?«

»OK, soweit«, antwortete Nermina. »Es riecht nur, wie soll ich sagen, abgestanden.«

»Das ist normal, die Lufterzeugung ist erst angelaufen, als wir auf dem Mond ankamen. Normalerweise wird damit keine Energie verschwendet. Die Sensoren registrierten unsere Anwesenheit aufgrund der Raumanzüge, diese senden permanent ein Signal aus. Als wir hier ankamen, begannen die Maschinen, die Atmosphäre aufzubauen. Deswegen konnten wir auch nicht sofort hinein. Es wird jetzt eine Weile dauern, bis die Luft oft genug umgewälzt worden ist und nicht mehr so seltsam riecht. Du wirst übrigens feststellen, daß du weniger schnell müde wirst. Das liegt am erhöhten Sauerstoffanteil.«

Erst jetzt fiel ihr auf, sie beide sprachen tatsächlich ein wenig höher. Es war nicht die Quietschestimme, die man von Jahrmärkten kannte, wenn sich jemand mit Helium aus der Flasche einen Spaß erlaubte, aber es war doch hörbar. Sie blickte den Gang entlang. Er schien sich eine ganze Weile hinzustrecken und dann in einer Kurve zu enden. Sie war fürchterlich neugierig. Hatte sie noch Angst gehabt, als sie durch die Tür trat, so war die nun verflogen. Alles was sie wollte, war, hinter diese Kurve zu treten und all die Wunder zu sehen, die Marc im Begriff war, ihr zu zeigen. Vergessen war auch die Universität, der Professor und all die vielen Bücher über die großen Philosophen. Doch war sie nicht genau deswegen hier? Um die naturwissenschaftliche Seite der Philosophie kennen zu lernen? Sie zuckte mit den Schultern. Marc würde ihr schon den richtigen Weg weisen. Schließlich hatte er offensichtlich Erfahrung mit solchen Dingen.

»Laß uns gehen«, bat sie ihn.

»Gerne, ich gehe voraus, wir besuchen zunächst den Kontrollraum. Dort ist die zentrale Beobachtungsstation. Wir können die verschiedenen Medien auf der Erde abhören, uns mit starken Teleskopen bestimmte Dinge ansehen und vieles mehr.« Er setzte sich in Bewegung und schritt den Gang entlang. Nermina folgte ihm.

Sobald sie einen Teilbereich des Ganges hinter sich gelassen hatten, verlosch dort das Licht. Gleichzeitig leuchtete das seltsame Licht im Gang vor ihnen auf. Dann erreichten sie die Kurve. Nermina sah, es begannen links und rechts eine Art Türen sichtbar zu werden. Nicht Türen, wie sie sie von der Erde kannte. Es sah aus, als würden sie, öffnete sie jemand, einfach in der Wand verschwinden.

»Was ist dahinter?«, wollte sie wissen.

Marc machte eine ausladende Handbewegung. »Als die Station noch permanent besetzt war, brauchte man Mannschaftsquartiere, Räume, in denen gegessen wurde, geschlafen und so weiter. Wie bei euch auf der Erde auch.«

»Können wir da hineinschauen?«, fragte Nermina. Zu gerne hätte sie gesehen, wie die fremden Wesen gelebt haben. Ob es Betten gab und Stühle.

»Später gerne, laß uns erst den Teil erledigen, weswegen wir hier sind. Schon vergessen, ich wollte dir zeigen wie es uns möglich war, so viel über Euch zu erfahren.«

Sie nickte. »Ja, kein Problem, laß uns das erst machen.« Sie war überwältigt von all den neuen Eindrücken, wußte gar nicht wo sie zuerst anfangen sollte.

Dann endete der Gang. Vor ihnen befand sich ein großes Tor. Es war rund drei Meter hoch und mindestens vier Meter breit. Marc betätigte eine fast unsichtbare Taste an der linken Seite mit seiner Handfläche. »DNA Check«, meinte er beiläufig.

Das Tor öffnete sich, und Nermina verschlug es den Atem. Sie hatte vieles erwartet, aber nicht das, was sie nun sah. Der Anblick war phantastisch. Langsam schritt sie in das Herz der Anlage hinein. Marc hatte ihr absichtlich den Vortritt gelassen. Er wußte um die Wirkung dieses gewaltigen Raumes. Als auch er das Tor passiert hatte, schloß es sich hinter ihnen so lautlos, wie es sich geöffnet hatte.

5.

Der Raum war riesig, und es kam Nermina vor, als bestünde er aus reinem Wasser. Überall um sie herum schwebten Kugeln, die ständig ihre Form und Farbe änderten. Sie schimmerten mal blau, mal grünlich, ab und zu durchzogen von gelben und roten Schleiern. Sie erinnerten Nermina an Opale, die Edelsteine aus Australien. Sie fragte sich, was die Farbänderungen zu bedeuten hatten, wußte aber, sie würde die Antwort nie erraten, es sei denn, Marc klärte sie auf. Die junge Frau beschloß ihn zu fragen. Aber noch nicht jetzt, erst wollte sie noch den Anblick eine Weile genießen.

An der Decke befand sich ein durchsichtiger Bereich, fast wie eine Kuppel, doch auch sie schien nicht von fester Substanz zu sein. Der Weltraum über ihr war sichtbar, und schwach fiel das Licht der Sterne herein. Sie wunderte sich. Damit sie das Licht der Sterne wirklich als Licht hätte wahrnehmen können, hätte es finster sein müssen, doch das war es nicht. Der Raum wurde von dem Licht der schwebenden Kugeln schwach erhellt. Gerade soweit, daß man sehen konnte, wohin man ging. Etwas war anders an diesem Ort, ganz und gar anders als sie es kannte.

Langsam schritt sie nach rechts, wo sich eine größere Anzahl der Kugeln befand. Im Gehen bemerkte sie, daß die Wassergebilde ihr auswichen. Nicht schnell, aber doch spürbar. Dabei blieben sie trotz allem in Reichweite, fast als wollten sie zur Verfügung stehen. Doch wofür? Sie betrachtete die Wand. Hier hatten sich einige der Kugeln festgesetzt und schienen sich in unregelmäßigen Abständen miteinander zu verbinden. Kurze Zeit später trennten sie sich wieder, nur um mit anderen Kugeln eine Verbindung einzugehen. Es war, als ob sie durch eine festgewordene Unterwasserlandschaft schritt. Nermina beobachtete die Kugeln eine Weile, fasziniert von der Anmut, mit der sie sich bewegten. Keine Kugel näherte sich der anderen, ohne die Geschwindigkeit des Fluges zu verringern, bevor sie einander trafen. Dann verschmolzen sie. Vorsichtig bildete sich am Auftreffpunkt eine kleine Delle aus, fast so, als wolle eine Kugel die andere bitten, bevor sie »eintrat«.

Zudem verwunderte sie die Stille. Marc hatte bisher kein Wort gesagt, und auch sonst hörte man nichts. Sie lauschte angestrengt. Doch, etwas war da, ein gewisser Grundpegel eines Geräusches, aber sie konnte es nicht zuordnen. Waren es die Bewegungen der Kugeln, wenn sie aufeinander trafen oder sich trennten? Es war beim besten Willen nicht auszumachen.

Wieder wanderte ihr Blick in die Kuppel. Der Blick dort oben zog sie magisch an. Noch nie hatte sie das All in einer so mächtigen Schönheit gesehen. Das Licht des auf der Mondoberfläche reflektierenden Staubes fehlte, und so kamen die Sterne noch deutlicher heraus. Auf der Erde war so etwas nicht zu erleben. Nach einer Weile gewöhnten sich ihre Augen an die relative Dunkelheit, und das Band der Milchstraße wurde im Hintergrund sichtbar. Jetzt begriff sie, was mit dem Ausdruck *Staubkorn im Weltall* gemeint war. Der Himmel hatte hier tatsächlich drei Dimensionen, nicht wie auf der

Erde nur zwei. Natürlich wußte sie, auch auf ihrem Heimatplaneten hatte er drei, nur man sah es nicht. Der Weltraum war normalerweise eine Fläche. Hier unterschieden sich die Sterne derart deutlich in ihrer Helligkeit. Man sah, einige waren näher an diesem Sonnensystem, einige weiter entfernt. Oder zumindest schien es so. Nermina wußte es nicht. Dazwischen schwebte majestätisch der Galaxienarm, in dem sie lebte. Ein gigantischer Gedanke und sie begann zu frösteln. So alleine war sie. Nicht nur sie, alle Lebewesen auf der Erde.

Immer mal wieder hatte sie im Fernsehen Computeranimationen von Reisen durch die Galaxien gesehen, aber das war nicht das gleiche. Dies hier war die Realität. Sie legte den Kopf ein wenig schief und lächelte in sich hinein. Erwischt! War es wirklich real? Hatte Marc ihr nicht gerade gezeigt, wie subjektiv ihre Wahrnehmung war? Sie begann sich zu fragen, wie wirklich das Bild in der Kuppel war. *Vielleicht ist es auch nur eine verdammt gute Projektion,* dachte sie.

Sie drehte sich zu Marc um, der nach wie vor in der Mitte des Raumes stand. Er beobachtete aufmerksam die Kugeln.

»Was machst du?«, wollte sie wissen.

Einen Augenblick lang blieb es still, so als ob er sie nicht gehört hatte. Dann blickte er sie an und sagte: »Ich beobachte und kontrolliere.«

»Was?«

»Die Instrumente, wie ihr sagen würdet.«

Sie machte einen erstaunten Gesichtsausdruck. »Welche Instrumente? Etwa die Kugeln?«

»Genau«, antwortete er. »Die Kugeln. Schon vergessen, ich stamme nicht von dieser Welt. Natürlich verwenden wir auch Technik, aber sie ist anders aufgebaut, gänzlich anders. Ich betrachte sie mit meinen Augen. Optisch sehen sie so aus wie deine, aber sie sehen anders. Das hatte ich dir draußen schon erklärt. In den Kugeln lese ich Meßwerte ab. Das ist das, was du als Farben wahrnimmst, ja, es sind Farben, aber sie haben alle eine bestimmte Bedeutung.«

»Wie funktioniert das?«, wollte Nermina wissen. Sie war keine Technikerin, aber auch in dieser Hinsicht nicht gänzlich unwissend. Immerhin hatte sie einen Computer, einen Fernseher, eine Stereoanlage und eine Menge anderer technischer Dinge.

Marc berührte eine der Kugeln, die sofort ihre Farbe änderte und davonschwebte. »Nun«, er dachte offensichtlich nach. »Wie soll ich es dir erklären?«, sagte er.

In diesem Augenblick wurde Nermina bewußt, daß sie mit einem Außerirdischen an diesem Ort war. Seine menschliche Gestalt konnte sie nicht darüber hinwegtäuschen. Zu fremdartig war all dies. Ein wenig begann sie sich unwohl zu fühlen.

»Bevor du damit anfängst, sag mir etwas Beruhigendes. Ich habe Angst. Das ist alles zuviel für den Augenblick.« Sie blickte ihn an, und er sah, was sie meinte.

Hatte er es übertrieben? War er zu schnell vorangeschritten? Normalerweise ließ er sich mehr Zeit bei der Einführung, aber diese junge Frau von der Erde hatte von Anfang an den Eindruck gemacht, sie könne Dinge einfacher verstehen oder zumindest wegstecken. Hatte er sich so getäuscht?

»Wovor hast du Angst?«, wollte er wissen und blieb an seinem Platz stehen. Vielleicht würde es sie weiter beunruhigen, wenn er in diesem Moment auf sie zuging.

»Ich weiß es nicht. Ich fühle mich alleine. Du bist kein Mensch, und mir wird das immer bewußter. Das macht mich unsicher, ich fühle mich alleine. Das erzeugt in einem Menschen immer das Gefühl von Bedrohung.« Sie sah ihn an, unsicher, ob er es verstehen würde. »Es ist nicht schlimm, aber ich merke, ich brauche noch einige Zeit, bis ich dir völliges Vertrauen entgegen bringen kann.«

»Das sehe ich ein. Du brauchst keine Angst zu haben. All dies hier mache ich nicht zum ersten Mal. Mit dir als Erdenmenschen ja, aber nicht generell. Schon mit vielen Wesen bin ich in diesem Universum in Kontakt getreten, aber es kann sein, daß ich dir zuviel zugemutet habe. Vielleicht war es zu schnell. Verzeih mir, wenn das geht, ich will dich nicht beunruhigen, dir auch keine Angst einjagen. Glaub mir, auch wir wissen, was diese Gefühle bedeuten, sie sind allgegenwärtig überall im Universum.« Er machte eine Pause und wartete auf eine Reaktion. Doch es kam keine, sie blickte ihn einfach an.

»Möchtest du heim?«, fragte er. »Es ist kein Problem, und wir sind in einer Minute zurück am Strand.«

Nermina dachte nach. Natürlich wäre das der ideale Augenblick, doch sie wollte auf der anderen Seite keine Sekunde versäumen. »Nein«, antwortete sie langsam, »das hat gereicht. Das Angebot der Heimreise meine ich. Es ist gut zu wissen, nicht danach fragen zu müssen.« Sie machte eine Pause und lächelte wieder. Zwar noch etwas zaghaft, aber doch war ihr Gefühl nun ein anderes.

»Und jetzt sag mir, wie diese Kugeln, sorry, Instrumente funktionieren.« Die Angst war fast wie weggeblasen, und die Neugier hatte bei der jungen sonnengebräunten Frau mit den dunklen Haaren wieder die Oberhand gewonnen.

Marc lächelte und ging jetzt ein paar Schritte in ihre Richtung. Sie wich nicht zurück, konzentrierte ihren Blick auf die Kugeln.

»Also«, begann er, »stell es dir wie verbundene neuronale Energie vor. Weißt du was das ist?«

Sie schüttelte den Kopf.

»Es ist wie in deinem Kopf, du hast dort ein Gehirn, ein neuronales Netz. Es erzeugt diese Energie. Diese Kugeln sind wie ein Teil eines Gehirnes, eines Organs, wenn du so willst. Sie speichern bestimmte Informationen und tragen sie an eine andere bestimmte »Kugel«, einen anderen Energieträger, weiter. Dort wird diese Information dann verarbeitet. Eine sehr effektive Methode, wie ich meine.«

»Effektiver als mit lichtschnellen Leiterbahnen?«, fragte Nermina. Das war nur schwer vorstellbar. Sie hatte schon von festverdrahteten Supercomputern gehört, die mehrere Milliarden Informationen pro Sekunde verarbeiten konnten.

»Viel effektiver. Jede dieser Kugeln verarbeitet eine Vielzahl der Informationen eurer besten Computer in sich selbst. Das geschieht während sie schwebend durch den Raum zieht. Es funktioniert organisch und damit auf den kleinsten Ebenen, die wir kennen, den molekularen, den atomaren. Braucht sie eine Information einer anderen Kugel, dockt sie kurz an, verbindet sich, tauscht aus und schwebt weiter. Ein ständiger Informationsfluß mit einer immensen Datenverarbeitung. Ganz nebenbei, selbst dein Gehirn ist schneller als jeder Computer.« Er sah sie vielsagend an.

Sie schüttelte ungläubig den Kopf. »Bist du sicher? Ich kann doch nicht so schnell rechnen wie der einfachste Taschenrechner.«

»Denk mal darüber nach, was passiert, wenn du den Taschenrechner bedienst«, meinte Marc nur.

Er hatte Recht. Ihre Augen sahen die Ziffern, das alleine war eine gigantische Leistung des Gehirns. Ihre Finger setzten sich in Bewegung und lösten die äußerst komplexe Aufgabe ein paar Zahlen einzutippen. Zu all diesen Dingen waren heutige, irdische Computer nur sehr begrenzt fähig. Sie konnten bestenfalls ein paar Gegenstände erkennen, und mit viel Aufwand ein rohes Ei ergreifen.

»OK, ich gebe mich geschlagen, du hast Recht.« Sie lächelte. »Mach weiter.«

»Gut. Also, wie gesagt, die Kugeln verarbeiten Informationen. Manchmal fasse ich eine der Kugeln an, ihre Farbe sagt mir welche die richtige ist, und ich gebe Informationen oder entnehme welche. Dann schweben sie an die Wand, in der eine sehr hohe Konzentration neuronaler Energie herrscht und geben die verarbeitete Information ab. Gleichzeitig bekommen sie neue Aufgaben.

Das ist der Weg, wie wir euren Planeten so umfassend beobachten können. Anders wäre die Datenflut in hunderten von Sprachen gar nicht zu bewältigen. Das ich deine Sprache spreche, verdanke ich diesem System.«

»Kann ich das auch?« Nermina dachte an die Möglichkeit ihr Studium mit einem Schlag zu erledigen und mußte dabei lächeln.

»Nein, es würde dein Gehirn sprengen. Du hast keine Organe, um diese Information sinnvoll zu verarbeiten. Es ist wie mit dem Sehen. Auch die

Verarbeitung der optischen Reize der Sehnerven muß vom Gehirn erlernt werden. Wir erledigen das sozusagen nebenbei, in unserer Kindheit. Aber ein Blinder, der nie gesehen hat, dem wird auch ein plötzlich vorhandenes Augenlicht nicht viel bringen. Sein Gehirn hat Sehen nicht gelernt. Die Datenflut von den Augen würde ihn völlig überfordern. So wäre es mit dir auch. Das ist die ehrliche Antwort. Es tut mir leid. Besseres kann ich dir nicht sagen.«

Er blickte sie an und Nermina sah, er meinte es ehrlich. Er verbarg keine Geheimnisse. *Auch so eine Sache*, dachte sie. Warum erkennen wir Menschen an winzigen Nuancen der Gesichtsmuskeln, ob jemand etwas ehrlich meint oder nicht? Erlernte Information oder Instinkt? Was auch immer, eine gewaltige Leistung des Gehirns. Müssen doch aus optischen und akustischen Informationen Meinungen gebildet werden, die nicht selten über Leben oder Tod entscheiden. Vielleicht nicht heute und jetzt, aber in der Frühgeschichte der Menschheit war es mit Sicherheit so.

»Schade, ich hätte es gerne ausprobiert«, sagte sie.

»Mach dir nichts draus, ich werde dir als Entschädigung etwas anderes zeigen.« Marc berührte eine der Kugeln, und vor den beiden bildete sich eine Art Bildschirm aus den wasserartigen Kugeln. Auf ihm zeigte sich die Kuppel. Nermina war gespannt. Hatte sie mit ihrer Vermutung Recht gehabt, die Kuppel war eine Projektion? Marc berührte eine Reihe von buchstabenartigen Zeichen, und die Kuppel über ihnen erstrahlte hell. Gleichzeitig formten sich aus einer ganzen Reihe von Kugeln zwei Sessel in Liegeposition.

»Leg dich hin, sonst wird es zu anstrengend für den Nacken«, sagte Marc und begab sich zu den Liegen. Nermina tat es ihm gleich, und sie bemerkte, die Liege glich sich ihrem Körper vollkommen an. Selten hatte sie so bequem gelegen. *Wie in Abrahams Schoß*, dachte sie, und es schoß ihr durch den Kopf, wie recht sie mit diesem Gedanken vielleicht haben konnte. Waren die Außerirdischen vielleicht die Väter der Menschen?

Die Liegen schwebten ein wenig in die Höhe. Die junge Frau bemerkte, ihre Liege nahm eine andere Position ein als die von Marc. Kaum jedoch wandte sie ihren Blick zur einen Seite der Kuppel, bemerkte sie, woran das lag. Marc hatte einfach eine andere Art zu sehen, einen anderen Blick sozusagen. Irgendwie wußten die Liegen das. Jedesmal, wenn Nermina ihren Winkel veränderte, nahm auch das schwebende Etwas unter ihr eine neue Position ein. Auf diese Art und Weise wurde gewährleistet, daß jeder stets die optimale Betrachtungsposition hatte. *Eine erstaunliche Technik*, dachte Nermina.

»Jetzt zeige ich dir zunächst einen Ablauf der Geschichte von der Entwicklung der Mondraketen. Wir haben durch unser System auch Zugriff auf interne Informationen. Die Menschen der damaligen Zeit verschwendeten keine Gedanken darauf, ihre Rechner zu schützen. Sie wären auch zu primitiv gewesen, das wirklich effizient bewerkstelligen zu können. Sieh zu.«

Marc berührte eine weitere Kugel in seiner Nähe, und Nermina sah Bilder aus dem letzten Jahrhundert in der Kuppel auftauchen.

Es war eine Dokumentation, zusammengeschnitten wie ein Film, der von der Erde hätte stammen können. Doch sie hörte keine Stimmen. Vielmehr wurde der »Ton« direkt in ihr Bewußtsein übertragen. So zumindest erschien es ihr, sie »hörte« sowohl die Worte des Erzählers als auch der Beteiligten. Interessanterweise in ihrer Sprache. Es ging eine Weile um den Aufbau der Raketen, das Training für die Astronauten und die ersten Flüge zum Mond, ohne jedoch, daß dort jemand landete.

»Jetzt paß auf«, sagte Marc plötzlich.

Das Bild zeigte den Start von Apollo 11, der Mondrakete. Eine ganze Weile zogen sich die Flugaufnahmen hin, bis zu der Stelle, an der das Landefahrzeug vom Mutterschiff ablegte.

Marc deutete in die Kuppel. »Das Landefahrzeug hat zwar abgelegt, den Mond allerdings nur umkreist. Wie die Raumschiffe der vorherigen Missionen. Die wirklichen Aufnahmen stammen aus einem TV Studio in der Wüste des amerikanischen Bundesstaates Texas. Hier haben sie ein paar deutliche Fehler gemacht. Wir haben die terrestrische Übertragung der »Mondlandung« angezapft. Sieh genau hin.«

Nermina konnte es nicht fassen. Was Marc erzählte, war der größte Betrug der Geschichte. Wie wollte er das beweisen, mit ein paar Aufnahmen? Das konnten die Außerirdischen genauso gut manipuliert haben. Über ihr waren die ersten Schritte von Neil Amstrong auf dem Mond zu sehen.

»Wir haben die Aufnahmen auch noch in besserer Qualität, sie wurden erst vor der Ausstrahlung verschlechtert, um den Eindruck der Entfernung zu unterstützen.« Marc berührte eine der Kugeln, und sofort wurde das Bild deutlich klarer.

Nun waren die beiden Astronauten deutlich zu erkennen. An ihren Anzügen hingen dünne Schnüre, die wie Stahlseile aussahen. Offensichtlich dienten sie dazu, den Schwebeeffekt zu produzieren. Im Hintergrund war es schwarz, der Weltraum bestand vermutlich aus Stoff oder angestrichener Pappe. Der gewichtigste Punkt waren jedoch die Schatten. Jeder Astronaut hatte mindestens zwei. Sie waren schwach aber doch deutlich sichtbar.

»Woher stammen die Schatten?«, wollte sie wissen. »Von Scheinwerfern?«

»Genau«, antwortete Marc. »Sie haben es einfach beleuchtet, und die Verschlechterung der Übertragung zum Fernsehzuschauer ließ das ebenso verschwinden wie die dünnen Seile. Aber noch etwas ist wichtig. Schau in den Hintergrund. Die Landefähre hat natürlich einen mächtigen Schub gehabt, immerhin mußte sie das Fahrzeug abbremsen. Laut eurer NASA wurde das Triebwerk kurz vor der Landung abgestellt. Selbst dann hätte die Staubwolke, die aus dem angeblichen Fenster der Fähre sichtbar war, Spuren auf dem Mondboden hinterlassen müssen. Jeder kennt diese Bilder. Du hast es selbst vorhin festgestellt. Man trifft nicht einfach auf der Mondoberfläche auf und steht. Vielmehr hüpft man ein paarmal, bevor man zur Ruhe kommt. Die Fähre hätte auch hüpfen müssen, zumindest leicht, was zu Abdrücken hätte führen müssen. Nichts von alledem ist der Fall.«

»Das ist unglaublich«, murmelte Nermina.

»Noch eines, vielleicht das wichtigste Argument«, fuhr Marc fort. »Wir hätten es mit unseren Instrumenten beobachten müssen. Schließlich waren wir hier. Doch nichts tat sich. Wir sahen das Landefahrzeug im Orbit, jedoch keine Landung. Es tut mir leid, Nermina, aber Apollo 11 war nicht das erste Mondfahrzeug. Es war ein, wie sagt ihr, politisches Rennen.«

»Kann es nicht sein«, sie machte eine Gedankenpause, »ihr habt es ebenso manipuliert? Ich kann jetzt keinen Grund angeben, aber es ist doch möglich. Alle diese Aufnahmen können genauso gut von euch mit Stahlseilen versehen worden sein.« Nermina war noch immer nicht bereit, den größten Betrug an der Menschheitsgeschichte zu glauben.

Marc drehte seine Liege zu Nermina herum. »Natürlich ist uns das möglich, aber warum sollten wir es tun? Damit ich dir das heute zeigen kann? Wohl kaum.« sagte er. »Außerdem, schau dir die Bücher der damaligen Zeit an, sie verbergen noch nicht einmal, was ich dir gezeigt habe. Selbst diese Mühe haben sie sich nicht gegeben. Die Astronauten haben zwei Schatten, die Fähre keine Staubaufwirbelung, teilweise haben Fähre und Mond unterschiedliche Schatten, das ist nun ganz und gar unmöglich. Die Sonne scheint aus einer Richtung, immer, das gilt auch für Dinge auf Bildern aus dem Weltraum. Warum sollten wir all diese Sachen fälschen?«

»Ich weiß es nicht«, entgegnete die Frau von der Erde, verzog fragend das Gesicht und zuckte mit den Schultern.

»Ich auch nicht«, antwortete Marc. »Es würde keinen Sinn machen. Nur um ein paar Erdbewohnern, die vielleicht irgendwann diese Station besuchen, eine Lüge aufzutischen? Nein, wirklich nicht, der Aufwand wäre zu hoch.«

Marc drehte sich mit seiner Liege zu ihr um. »Es ist so geschehen. Wenn du magst, können wir gerne an die Landestelle gehen, es ist nur ziemlich langweilig, weil dort nichts zu sehen ist. Eine traurige Sache für die Astronauten, haben sie sich doch für etwas feiern lassen, was nie passiert ist.«

Nermina blieb still und dachte nach. Wieviele Entdeckungen mochte es noch gegeben haben, die gar nicht stattfanden? »Gab es jemals Menschen auf dem Mond?«

Marc sah sie von seiner Liege aus an. »Ja, aber später. Nach dem Beinahe-Unglück von Apollo 13 hat man es mit Apollo 14 geschafft. Ganz nebenbei, es war eine wirklich großartige Leistung, hält man sich die damalige Technik vor Augen.«

Nermina blieb still in ihrer Liege aus Wasser liegen und betrachtete die Kuppel. Dort waren die anderen Mondmissionen zu sehen, Apollo 12 gefälscht, Apollo 13 fast verunglückt, und erst Apollo 14 war wirklich auf dem Mond.

Niemals durfte die Menschheit davon erfahren. Jetzt wußte sie, was Marc damit meinte, als er ihr sagte, sie könne nichts von dem Erlebten jemals jemandem erzählen. Es würde die Menschheit in ein tiefes Zerwürfnis mit sich selbst stürzen. So eine Lüge war nicht einfach zu verkraften. Wie wirklich ist die Wirklichkeit? Eine Frage, mit deren Antwort sie gerade schmerzhaft konfrontiert wurde. Die Wirklichkeit war eine Ansammlung von Täuschungen, von der Natur hervorgerufen, absichtlich oder einfach, weil es nun mal so war, oder vom Menschen, weil er seinen eigenen Interessen nachging, ohne sich um die Belange anderer zu kümmern. Alles in allem ein trauriger Gedanke.

»Ich bin frustriert«, sagte sie.

Marc antwortete nicht gleich, weil er noch damit beschäftigt war, den Kugeln neue Befehle zu geben. Dann aber fragte er: »Warum? Weil du die Wahrheit über die Mondlandung gesehen hast?«

Nermina seufzte und atmete tief ein. »Nein, weil ich erkennen muß, daß nichts von meiner subjektiv wahrgenommenen Wirklichkeit tatsächlich real ist. Es sind Täuschungen meiner Gedanken, meines Sehens, meines Empfindens. Ich bin unvollkommen, weil ich nicht Realität von Täuschung zu trennen vermag. Das zu erkennen, frustriert.«

»Ist es wirklich so?«, wollte Marc wissen. »Ist es nicht Aufgabe der Philosophen und Wissenschaftler, gemeinsam diese Täuschungen aufzudecken und in klare Fakten umzusetzen? Hat man nicht auch schon Dinge gefunden, die unbestreitbar real sind, die *wirklich* sind? Zumindest, wenn du so willst, *gültig* für unsere jeweilige Spezies?«

»So?«, fragte Nermina beinahe streitlustig. »Dann nenn mir mal eine. Alles was ich bisher gesehen habe, ließ mich einsehen, daß nichts real ist, woran ich bisher glaubte.«

»Ich gebe zu, ich kann dir keine nennen« sagte Marc nur.

Nermina lächelte. »Siehst du, wie schon auf der Uni, du kannst es mir nicht sagen.«

Marc sah sie an. »Real ist, zum Beispiel, der Apfel fällt für uns vom Baum. Zumindest für uns. Aber warum empfinden wir es so? Das ist bis heute in seinen Details eine ungeklärte Frage. Natürlich ist es die Schwerkraft, das gilt für die Erde genauso wie für unseren Planeten. Was aber genau in allen Details die Schwerkraft ist und was sie ausmacht, das wissen wir genausowenig wie ihr. Wir alle forschen immer noch daran. Es hat, wie schon gesagt, etwas mit der Raumkrümmung zu tun. Tatsächlich gesehen, fällt der Apfel noch nicht einmal vom Baum, es kann auch die Erde sein, die sich auf ihn zubewegt, das hatten wir schon in der Universität besprochen. Wir können uns die Effekte, die wir kennen, besser zunutze machen als ihr, aber wir sind ebenfalls damit beschäftigt die elementaren Eigenschaften der Schwerkraft zu verstehen. Aber die genaue Betrachtung würde heute zu weit führen. Laß uns das später wieder aufgreifen.«

Nermina sah ein, Marc hatte Recht. Es gab tatsächlich viele Dinge, die man schon erkannt hatte, leider warfen sie alle nur neue Fragen auf, die es nun zu beantworten galt.

»Ich will dir Wege zeigen, die Fragen zu stellen, die wirklich wichtig sind. Damit kannst du Großes leisten.« Marc betätigte eine Kugel, und die beiden Liegen bewegten sich auf den Boden zu. Er stand auf, und Nermina tat es ihm gleich. Sie sagte nichts. In ihr herrschte eine tiefe Nachdenklichkeit.

»Komm, ich will dir eine neue Frage stellen, und wir werden weiterreisen«, sagte Marc. »Vorausgesetzt, du hast Lust.«

Und ob Nermina Lust hatte. Jetzt war sie auf den Geschmack gekommen. Dieser Außerirdische konnte ihr Dinge zeigen, von denen sie in ihren kühnsten Hoffnungen nicht zu träumen gewagt hatte. Doch ihre irdische Herkunft forderte ihren Tribut.

»Ich bin müde« sagte sie. »Ich möchte schlafen, es war ein langer und aufregender Tag. Können wir hier bleiben?« Der Gedanke, eine Nacht auf dem Mond zu verbringen, faszinierte sie.

»Kein Problem«, antwortete Marc. »Ich weiß, ihr Menschen benötigt Schlaf, übrigens ebenso wie wir, nur wir brauchen weniger. Im Vergleich zu euren Tagen sind unsere länger. Du wolltest doch sowieso die ehemaligen Mannschaftsquartiere sehen. Dort kannst du schlafen. Komm mit.«

Marc ging auf das große Eingangstor zu, das sich sofort öffnete. Nermina folgte ihm. Nach ein paar Metern auf dem Gang durchschritten sie eine der vorhin verschlossenen Türen. Dahinter lag eine Schlafkabine. An den Seiten des Raumes befanden sich zwei Liegen, in der Mitte ein kleiner Tisch mit seltsam anmutenden farbigen Flächen.

Marc klappte eine Art Wandschrank herunter und zog Bettzeug heraus. »Manche Dinge sind einfach. Auch wir verwenden Decken, um die Körperwärme zu halten. Jeder Organismus schaltet in der Ruhephase einen Schritt zurück und benötigt daher einen zusätzlichen Wärmeschutz. Nimm die Decke und mach es dir bequem. Hier auf dem Tisch kannst du mittels der Schaltflächen die Helligkeit regulieren oder«, er betätigte eines der Schaltsymbole, »einen Sternenhimmel an die Decke projizieren.«

Die Decke wurde quasi durchsichtig und die Sterne erschienen über ihr. Heller als sie sie je über dem See gesehen hatte. *Ja*, dachte sie, so wollte sie einschlafen.

»Kann ich mich irgendwo waschen?«, wollte sie wissen. »Wir Menschen tun das nach dem Aufstehen.«

Marc verwies auf eine Kabine im hinteren Teil des Raumes. »Dort drüben, aber wundere dich nicht, es funktioniert ohne Wasser. Wasser ist auf dem Mond nur zum Aufbereiten der Speisen und für Getränke vorhanden. Auch unser Organismus ist wasserbasierend, so wie die meisten im Universum. Deswegen haben wir auch einen gewissen Vorrat. Waschen in deinem Sinne ist jedoch nicht nötig. Der Computer hat während deines Aufenthaltes hier deine DNA Struktur gescannt und kann Abfallprodukte deines Körpers aussortieren, wenn du dich dort hineinstellst. Gleiches gilt für deine Kleidung.

Sie wird separat gereinigt. Bitte lege sie vor oder nach deinem Reinigungsvorgang in die Kabine.«

»Und das funktioniert?«, wollte Nermina wissen.

»Na ja, es sollte. Der Reinigungsvorgang trennt die Abfallprodukte deines Körpers ab und recycled sie. Übrig bleibt dein Körper, ohne Abfallprodukte, also Schweiß oder ähnliches.« Er hatte einen verschmitzten Gesichtsausdruck.

Die junge Frau blickte den Außerirdischen skeptisch an. »Es sollte? Was passiert, wenn es nicht funktioniert? Wenn mein Metabolismus zu fremdartig für eure Computer ist? Vielleicht nimmt er dann mehr weg, als mir lieb ist, und ich bin danach ein Klumpen Fleisch?« Es war ihr gar nicht wohl bei dem Gedanken.

Marc lächelte immer noch spitzbübisch. »Ich muß zugeben, ich bin noch nicht sehr gut im Scherzen. Im Ernst, es wird funktionieren. Keine Sorge. Schlaf jetzt, gehe in die Kabine, wenn du wach wirst, wird alles bestens sein.« Er begab sich zur Tür und drehte sich noch einmal um. »Gute Nacht.«

»Gleichfalls«, meinte sie, obwohl sie sich nicht sicher war, ob er tatsächlich schlafen ging. Es waren einfach zu viele Fragen in ihrem Gehirn, und für heute war es genug. Sie wollte nicht noch eine weitere stellen. Egal, was er machte. Nachdem sich die Tür geschlossen hatte, zog sie ihre Kleidung bis auf das T-Shirt aus, regelte am Tisch die Helligkeit herunter, kroch unter die Decke und blickte in den Sternenhimmel über ihr. *Mein Gott*, dachte sie, *du bist auf dem Mond*. Es war unfaßbar und plötzlich erfaßte sie ein Gefühl der Einsamkeit. Würde sie je auf die Erde zurückkehren? Obwohl es in einem gewissen Sinne wie ein Hotelzimmer wirkte, war sie sich doch ihres Aufenthaltsortes bewußt. Alles brach über sie herein, und sie vermißte plötzlich ihre Eltern, ihre Freundin, ihre Heimat, die Erde. Tränen traten in ihre Augen, und sie wollte am liebsten in ihrem eigenen Bett liegen.

Marc, dachte sie, *beschützt du mich? Mute mir nicht zuviel zu. Ich will meine Erde wiedersehen.* Sie blickte noch eine Weile zu den Sternen hinauf, dann schloß sie die Augen und schlief ein.

6.

Als Nermina erwachte, wußte sie nicht, ob es Tag oder Nacht war. Immer noch leuchteten die Sterne über ihr. Sie lag eine Weile im Bett und betrachtete die glitzernden Gestirne. Das All erschien ihr nun heller als vorhin, was aber vermutlich einfach daran lag, daß sich ihre Augen an die Dunkelheit gewöhnt hatten. Noch etwas schlaftrunken richtete sie sich auf, und sofort wurde ihr die Situation wieder ins Gedächtnis zurückgerufen. Sie befand sich auf dem Mond. Es war kein Traum sondern Wirklichkeit. Sie fröstelte bei dem Gedanken. Was ihr vor ein paar Stunden noch fast normal erschien, ließ nun eine gewisse Angst in ihr emporsteigen. Doch sie bezwang dieses Gefühl und beschloß, die kommende Zeit zu bewältigen, was immer sie auch bringen mochte.

Die junge Frau erhob sich und schaltete am Tisch die Beleuchtung des Raumes ein. Gegenüber lag die von Marc beschriebene Kabine, und sie betrachtete sie mit einem gewissen Argwohn. Sollte sie sich wirklich zum Waschen dort hineinbegeben? Nur um sicher zu gehen, zog sie sich vollständig aus und legte zunächst ihre Kleider in den kleinen *Duschraum* hinein. Dann beobachtete sie genau, was geschah. Nachdem die Tür geschlossen war, umhüllte ein bläuliches Licht die Kleidungsstücke, und eine Art Scanstrahl tastete sie ab. So schnell es begonnen hatte, war es auch schon wieder vorüber. Die Tür sprang von selbst einen Spalt auf. Nermina griff hinein und nahm die Kleidung an sich. Sie fühlte sich weich und sauber an. Sie roch daran. Nichts, kein Körperduft, nichts Fremdartiges, alles schien in Ordnung zu sein.

Soweit so gut. Nun war es an ihr, die Kabine zu betreten. Sie nahm allen Mut zusammen und vertraute auf Marcs Worte. Die Tür schloß sich, und das blaue Licht erschien. Ein leichtes Kribbeln legte sich um ihren Körper, das sich noch verstärkte, als der Scanstrahl erschien. Instinktiv schloß sie die Augen und hörte plötzlich die Tür aufspringen. Es war schon wieder vorbei. Ohne sich dessen wirklich bewußt zu sein, tastete sie ihren Körper ab. Alles schien an seinem Platz zu sein, und sie spürte auch innerlich keine Veränderungen. Nermina verließ die Kabine. Tatsächlich, es war kein Wasser im Spiel gewesen, und doch fühlte sie sich erfrischt und sauber. *Eine erstaunliche Technologie*, dachte sie. Rasch zog sie sich an und trat auf den Gang hinaus. Nach ein paar Schritten erreichte sie das große Tor, das sich bereitwillig öffnete.

Marc lag in einer der Wasserliegen und beschäftigte sich mit den Kugeln. Seine Erscheinung war menschlich, er mußte gespürt haben, sie würde den Raum betreten. Nermina nahm gerade noch wahr, wie sich seine Tentakel in Hände zurückverwandelten.

»Guten Morgen«, sagte sie und sah auf die Uhr. War es Morgen? Ja, sie hatte fast zehn Stunden geschlafen.

»Guten Morgen«, entgegnete Marc. »Wie geht es dir?«

»Gut, ich habe wunderbar geschlafen und sogar eure Dusche hat funktioniert.« Sie schmunzelte.

Marc sah sie prüfend an. »Stimmt, ich hatte allerdings auch nichts anderes erwartet. Ich bin zwar kein Experte für Frauen des Planeten Erde, aber es sieht aus, als wäre alles an seinem Platz.«

»Es ist, keine Sorge«, entgegnete sie aufmunternd. »Nur nebenbei bemerkt, ich bin mir meiner Situation heute bewußter als gestern. Wenn du deine Gestalt annehmen möchtest, um besser arbeiten zu können, tu dir keinen Zwang an.« Sie sagte es so leichtfertig, als ob sie es täglich mit den verschiedensten Sorten von Außerirdischen zu tun hatte.

Marc wußte es besser. Alles zu seiner Zeit. Nur kein Lebewesen überfordern. Das führte in eine Sackgasse. »Nein, meine normale Gestalt nehme ich erst an, wenn ich sicher bin, dich nicht zu ängstigen«, sagte er. »Allerdings, es wäre bequemer, wenn ich *meine* Hände verwenden könnte.« Ein Versuch!

Nermina sah ihm fest in die Augen. »Nur zu, ich habe die Tentakel sowieso schon gesehen. Was machst du gerade?« Mit der Frage wich sie der Situation ein wenig aus. Sie wollte seine Hände oder Tentakel auch für sich selbst als etwas Normales ansehen. Genau betrachtet, war es ja auch normal. Er war ein anderes Lebewesen, hatte eine andere Gestalt und folglich auch andere Hände. Daran mußte sie sich gewöhnen, und es war ihr wichtig, Marc nicht länger als Menschen zu sehen sondern als das, was er war.

Marc konzentrierte sich einen Augenblick, und die menschlichen Hände verwandelten sich zurück in die Tentakel seiner natürlichen Gestalt. Für Nermina waren es trotzdem Hände, zumindest in einer gewissen Weise. Die »Finger« waren länger und zahlreicher als bei Menschen, und sie schienen sich auch nach Bedarf zu bilden. Je nachdem ob eine oder mehrere Kugeln berührt werden sollten, wuchsen Tentakel oder verschwanden.

»Danke«, sagte Marc. »So ist es deutlich einfacher. Ich arbeite gerade an unserer nächsten Station. Erinnerst du dich, ich wollte dir einen Teil der für dich erlebbaren Wirklichkeit zeigen. Wir werden eine gewaltige Reise machen, eine Reise, die du in deinem ganzen Leben nicht vergessen wirst. Genau das ist ihr Zweck. Für dich und für mich.«

»Ich bin dabei«, entgegnete sie voller Tatendrang. »Doch bevor wir die Reise antreten, habe ich eine Bitte.«

»Nur zu, was kann ich für dich tun?«, antwortete er.

Nermina sah seine *Hände* an und sagte: »Faß mich an. Ich möchte deine wahren Hände spüren.«

Der Außerirdische sah etwas verwundert drein. »Meinst du wirklich, das ist eine gute Idee?«

»Ich glaube schon. Wir Menschen machen einen großen Unterschied zwischen Dingen, die wir sehen und Dingen, die wir anfassen. Die Berührung ist eine sehr persönliche Erfahrung, sie läßt uns eine innere Beziehung zu den berührten Dingen oder Wesen herstellen. Ein Beispiel: Über Gegenstände der Geschichte zu lesen, ist nichts im Vergleich dazu, die Mauern einer alten Burg zu berühren.

Ich will dich spüren, Marc. So wie du bist, nicht verwandelt.«

Marc kam einen Schritt näher. »Wenn du es so willst. Bitte tritt zurück, wenn es dir zuviel wird.« Er streckte seine Tentakel aus und berührte Nerminas Gesicht. Sie schloß die Augen. Ganz sanft streichelte er ihre Haut, und sie wich nicht zurück. Ganz im Gegenteil, sie genoß seine Berührungen. Die Tentakel fühlten sich wunderbar weich an. Sie verschmolzen fast mit ihr. Noch nie zuvor hatte Nermina eine derart intensive Berührung gespürt. Es elektrisierte sie förmlich. Die Tentakel wanderten von ihrer Stirn über die Augen, streichelten ihre Nase, berührten die Lippen und schlangen sich um die Ohren. Nermina gab sich seinen Berührungen hin, ließ sich fallen.

Nach einer Weile zog er die *Hände* zurück und sah sie an. »War das in Ordnung?«, fragte er vorsichtig. Ihm war ihre Hingabe nicht entgangen.

»Ja«, entgegnete sie langsam, und öffnete ihre mit glücklichen Tränen gefüllten Augen. »Das war mehr als in Ordnung. Huhh.« Sie atmete hörbar aus. »Ich habe dich gespürt, nicht ein Trugbild, dich alleine. Es war wunderbar.«

Er überlegte zwar, inwieweit sie sein Innerstes tatsächlich erfassen konnte, vermied es aber danach zu fragen.

»Dann war es gut.« Marc machte eine kleine Gedankenpause, und sagte dann leise: »Laß mich nun unsere Reise vorbereiten.«

Sie nickte wortlos, noch immer in Gedanken versunken. Alles drehte sich. Was war das gewesen? Definitiv war es mehr als nur eine Berührung zweier Hände. Nermina zwang sich, ihre Aufmerksamkeit wieder der kommenden Reise zu widmen. Aber diese Berührungen hatten etwas in ihr verändert. Sie war nur nicht in der Lage zu sagen, was es war.

Marc bewegte seine Tentakel auf die Kugeln zu und berührte einige. »Meine Aufgabe besteht darin, dich auf kommende Ereignisse vorzubereiten. Dir die Welt so zu zeigen, wie sie wirklich aussieht. Zumindest in den Grenzen, in denen du sie verstehen kannst.«

»Kann ich sie denn nicht gänzlich verstehen?«, wollte Nermina wissen. »Hat Philosophie denn nicht immer noch etwas mit dem Verständnis der Welt zu tun?«

»Natürlich, doch du wirst nicht alles verstehen können. Sei mir nicht böse, doch dazu ist euer Geist nicht in der Lage. Selbst unser Verständnis reicht dafür nicht aus. Das alleine versteht der Schöpfer.«

Nermina schaute ihn verwundert an. Der Schöpfer? War eine so hoch entwickelte Kreatur wie Marc gläubig?

»Was meinst du mit Schöpfer?«, wollte sie wissen.

»Es liegt doch auf der Hand«, meinte Marc. »Das Universum, die Welt, alles was uns umgibt, der Urknall, das alles können wir erforschen, doch können wir es gänzlich verstehen? Nimm ein Sonnensystem wie dieses. Planeten kreisen um eine Sonne. OK. Sonnen bilden Galaxien. OK. Galaxien bilden Haufen. OK. Haufen bilden Wolken. Spätestens hier wird es schwierig. Wir reden von Millionen von Lichtjahren Distanz. Zudem«, er drehte seinen Wassersessel etwas mehr in ihre Richtung, »wir reden von den verschiedenen Formen der Universen.«

»Universen?«, unterbrach sie.

»Ja, Universen.« Marc blickte zur Kuppel. »Es gibt kleine Universen, auf mikroskopischer Ebene. Sie sind von extrem kurzer Dauer. Andere dehnen sich so schnell aus, daß die Gravitation in ihnen nicht richtig zur Geltung kommt, sich folglich keine Sonnen bilden und damit auch keine Planetensysteme. Dann gibt es extrem große, die schnell wieder in sich zusammenstürzen, sie haben andere physikalische Eigenschaften, können kein Leben tragen. Und es gibt welche, die das können, doch sie sind getrennt von den unsrigen.«

»Inwiefern getrennt?« Nermina war dies neu, und die kleinen Universen kümmerten sie im Augenblick wenig. Die großen waren interessanter. Vom Urknall hatte sie schon oft gelesen, doch sie wagte es gar nicht, die Frage zu stellen, was davor gewesen war. Marc mochte ihre Gedanken gespürt haben.

Er machte eine ausschweifende Armbewegung. »Vor dem Urknall war einfach nichts. Es haben weder Zeit noch Raum existiert, somit auch nichts anderes. Zumindest nicht in unserem Sinne. Neueste Forschungen weisen darauf hin, es gibt eventuell eine Möglichkeit vor den Urknall zurückzuschauen. Wissenschaftlich gesehen. Doch das ist zur Zeit reine Theorie. Tatsache ist, der Urknall hat stattgefunden. Sonst wären wir nicht hier. Hast du schon einmal etwas von Branen gehört?«

Nermina schüttelte den Kopf. »Von was?«

»Von Branen«, sagte Marc. »Kannst du dir vorstellen, daß verschiedene Universen parallel zueinander existieren?«

»Mit verschiedenen Welten?«

»Ja, mit allem was dazugehört.«

»Schwer. Wo ist der Platz dafür?«

Marc schwieg einen Moment. »Eine gute Frage. Wo ist der Platz dafür? Das meinte ich vorhin mit Schöpfer. Es gibt etwas, was hinter all dem steht. Wir können es erforschen, vielleicht verstehen, doch es nie erschaffen. Der Platz ist des Schöpfers Platz.«

»Wir nennen das Religion«, sagte sie langsam. Nermina wirkte gedankenverloren. So, als ob sie kurz in die Welt des Glaubens eintauchte. Und vielleicht tat sie das auch. Sie war sich selbst nicht ganz sicher.

»Es ist eine logische Konsequenz. Irgendwann ist der Punkt erreicht, an dem die Gesetze der Physik und der Chemie nicht mehr gelten. An dem wir alle nicht wirklich weiterkommen. Man spricht dann von einer Singularität. Einem Ort, an dem keines unserer Gesetze mehr gilt.«

Marc erhob sich, und die Wasserliege trennte sich sofort in viele einzelne Kugeln auf. Nermina fragte sich, ob die Liege selbst mit Marcs Körper kommunizierte, wenn er darauf lag. Oder mit ihrem?

»Was liegt hinter der Singularität? Oder darum herum?«, wollte sie wissen.

»Nichts«, antwortete er. »Zumindest nichts, was wir je erfassen könnten. Darum herum liegen zum Beispiel Universen. Wie bei einem Schwarzen Loch. Außerhalb sind wir, das Innere können wir nur mit Hilfe mathematischer Modelle sehen. Es ist eine unüberwindliche Grenze.«

»Warte.« Nermina schüttelte den Kopf. »Nichts ist auch etwas. Irgendwodrin muß das Universum schweben. Wenn es eine Grenze gibt, gibt es auch etwas auf der anderen Seite. Du hast mir schon beschrieben, warum es eine Grenze gibt. Erinnerst du dich?«

»Natürlich«, sagte Marc. »Auf der anderen Seite ist das Nichts. Akzeptiere bitte einfach, daß es das gibt. Nichts ist nichts. Zumindest in unserem Sinne. Wir werden vermutlich nie erfahren, wie das Nichts beschaffen ist. Zumindest denke ich persönlich, wir werden es nie erfahren.«

Er schwieg einen Moment nachdenklich, bevor er weitersprach. »So komisch es klingt, darin können Universen existieren. Bevor wir jedoch zu dem sehr schwierig zu verstehenden Punkt der nebeneinander existierenden Universen auf Branen kommen, wollen wir erst einen anderen Schritt gehen. Ich möchte dich mit auf eine Reise nehmen, die eigentlich nicht möglich ist.«

Sie lachte. »Jetzt hätte ich fast gesagt – wie immer – dabei kennen wir uns doch erst ein paar Tage. Wenn es nicht möglich ist, wie machst du es dann?«

»Nun, wir setzen Technik ein. Technik, die es uns gestattet, die physikalischen Gesetze auszunutzen, nicht sie zu umgehen. Niemand kann die Gesetze der Physik umgehen oder sie ausschalten.« Marc berührte eine der schwebenden Kugeln, die sofort ihre Farbe änderte und in Richtung auf die Monitorwand zuschwebte.

»Aber du umgehst doch schon die Physik, wenn du mich Zuhause absetzt, nur wenige Tage nachdem wir abgeflogen sind. Währenddessen haben wir vermutlich etliche Lichtjahre zurückgelegt, Dinge, die nach unserer Physik nicht möglich sind.« Sie schaute ihn herausfordernd an.

»Nein, keineswegs«, erwiderte er. »Alles, was ich mache, ist, meine, besser gesagt die Technik meiner Gesellschaft, einzusetzen. Stell es dir so vor: Was hätte wohl ein Mensch gesagt, dem du vor 300 Erdenjahren erklärt hättest, du würdest in ein *Flugzeug* steigen, in 10.000 m Höhe gemütlich Kaffee trinken, essen, schlafen und einen Film ansehen und schon nach sieben Stunden in Amerika ankommen?«

Sie wußte, worauf er hinauswollte, und er hatte Recht. »Ich verstehe. Er hätte mich für verrückt gehalten, weil niemand sich ein Flugzeug hat vorstellen können. Die physikalischen Gesetze waren vielleicht sogar schon einigen Menschen in Ansätzen bekannt, oder sie hatten eine vage Vermutung diesbezüglich. Einen Airbus A380 hätten sie sich natürlich nicht ausmalen können.«

Er nickte. »Siehst du, man muß die Dinge nur ins richtige Verhältnis setzen. Ist der Katze bekannt, daß es andere Katzen in Australien gibt? Nein. Wer hätte sich vor 50 Jahren einen normalen PC vorstellen können? Niemand. Man hielt es für technisch nicht machbar. Witzig dabei ist eine kleine Anekdote, die wir aufgefangen haben. In euren 50er Jahren ging man davon aus, daß sechs Computer für ein Land wie die USA zur Bewältigung der Verwaltung ausreichen würden. Wohlgemerkt, sechs Computer der damaligen Art. Steinzeit, nach heutigen Maßstäben.«

Nermina mußte lächeln. »Von solchen Beispielen gibt es mehr als genug. Fehleinschätzungen sind eine Spezialität der Menschen.«

Marc ging hinüber zu dem großen Pult. »Laß mich ein paar Einstellungen vornehmen, und dann erkläre ich dir, was ich dir zeigen möchte.«

»Spann mich nicht so auf die Folter.«

»Wie bitte?« Er sah sie mit einem seltsamen Ausdruck auf dem Gesicht an.

Nermina warf den Kopf etwas zurück, um ihr Haar aus dem Gesicht zu schütteln. »Man sagt das so bei uns, wenn jemand einen anderen mit Absicht neugierig macht. Ich will sagen, du sollst mir einfach erklären, was du vorhast.«

Der Außerirdische nickte langsam, sagte aber nichts. Auf der Monitorwand veränderten sich die Bilder, und es wurden eine ganze Menge fremdartiger Grafiken sichtbar. Dann verschwand das Bild der Sterne von der Kuppel. Marc arbeitete konzentriert, und Nermina beschloß, ihn nicht weiter zu stören. Sie war ungeduldig, wußte aber, sie hatte sich zu beherrschen. Ein paar Augenblicke später erschien ein gewaltiges Bild in der Kuppel. Es zeigte eine Halle, eine sehr große Halle. Sie schien mit einem seltsam schimmernden Material beschichtet zu sein, es war ähnlich wie in den Gängen der Mondstation. In der Mitte stand eine Art Kubus, dessen Außenhaut fluktuierte. Ständig wechselte die Farbe, und offensichtlich hatte das Farbenspiel etwas mit Marcs Arbeiten zu tun.

»Was ist das?«, wollte sie wissen.

Marc drehte sich nun herum. »Hast du eine Vorstellung von der Größe des Universums?«

»Ich denke schon«, sagte die junge Frau.

Der Mann am Pult sah sie an. »Nein«, entgegnete er »hast du nicht. Nicht im Entferntesten. Niemand hat das, bis er es nicht gesehen hat. Wir machen eine kleine Reise, nein«, er korrigierte sich, »eine sehr große Reise. Das dort ist ein Raumschiff. Ein ganz besonderes, und darin werden wir fliegen.«

Nermina starrte auf die Kuppel. »Können wir nicht mit unseren Raumanzügen reisen? Mit der Technik, die uns auch auf den Mond gebracht hat? Wozu nun ein Raumschiff?«

Marc lächelte, und seine außerirdische Hand verwandelte sich, fast nebenbei, in eine menschliche zurück. Die junge Frau beobachtete diesen Vorgang und schmunzelte. Er hatte immer noch Bedenken. Sie war aber längst an einem Punkt angelangt, an dem sie begriff, wen sie vor sich hatte, und sagte nichts dazu. Er würde es irgendwann lassen und sich auch in seiner wahren Gestalt ihr gegenüber zeigen.

»Die Technik, die uns hierher brachte, eignet sich nicht dazu, das zu sehen, was ich dir zeigen möchte. Man braucht einen festeren Punkt, von dem aus man sehen kann. Das ist wichtig für die psychische Seite eines Lebewesens. Wir wollen nicht an einen bestimmten Ort reisen, vielmehr durch das Universum selbst. Wenn wir das nur in den Raumanzügen machen würden, nun, es gäbe vermutlich eine Panikattacke, weil man sich ohne etwas um einen herum schrecklich alleine fühlt. Wir wollen uns dort bewegen, nicht einfach irgendwo ankommen. Deswegen das Raumschiff.

Laß mich dazu ein kleines Gedankenexperiment anstellen. Wir sprachen von der Größe des Weltalls. Wie du mittlerweile weißt, können wir in Nullzeit Entfernungen überbrücken. Nach eurem Kenntnisstand ist dies unmöglich, aber wie du siehst, seid ihr nicht der Mittelpunkt des Universums und somit auch nicht die fortgeschrittenste Rasse.«

Nermina war etwas verlegen. Er hatte natürlich Recht, aber das war ihr sowieso schon vorher klar gewesen.

»Wie groß ist deine Galaxie?«, wollte Marc wissen.

Sie dachte kurz nach. »Nun, sehr groß, einige Milliarden Sonnen vermutlich. In Lichtjahren kann ich es nicht ausdrücken, sorry.«

»Rund 200 Milliarden Sonnen, um einigermaßen genau zu sein. Ich will dir zeigen, was dies in der Praxis bedeutet. Stell dir vor, du würdest meine Technik verwenden und in jeder Stunde eine Sonne und, sofern vorhanden, deren Sonnensystem erforschen können. Ein Arbeitstag hat acht Stunden, und demnach sind das 40 Sonnensysteme in der Woche. Nehmen wir weiter an, du würdest ein normales Menschenleben lang arbeiten, so hättest du im Laufe deines Lebens rund 100.000 Sonnen erforscht. Klingt viel, nicht wahr?«

»Worauf willst du hinaus?«, fragte sie neugierig.

»Auf die schiere Größe. Selbst nach diesem großartigen Arbeitseinsatz hättest du erst 0,00005 Prozent deiner Galaxis erforscht. Macht es das etwas deutlicher?«

Nermina schluckte und ließ die Worte auf sich wirken. Es stimmte, das Universum war im wahrsten Sinne des Wortes unvorstellbar groß. Wenn er ein Raumschiff zum Einsatz brachte, hatte er mehr vor, als nur Sonnen zu besuchen. Aber was konnte noch phantastischer sein? Sie setzte sich auf eine der Wasserliegen. Plötzlich hatte sie wieder dieses Gefühl, von all den Eindrücken überwältigt zu werden.

»Nicht so schnell bitte«, bat sie ihn. »Mir schwirrt der Kopf.«

»Kann ich nicht feststellen«, bemerkte er lakonisch.

Sie lächelte. Verstand er es wirklich nicht, oder wollte er nur die Situation auflockern? *Mein Gott*, dachte sie, *ich sitze auf dem Mond und bin auf dem Weg, eine Reise durch das Universum zu machen. Soll das sein? Ist es richtig? Kann ich das?*

»Was hast du vor? Genau, meine ich. Was passiert? Muß ich vor irgendwas Angst haben? Verzeih mir, aber all diese Dinge gehen so schnell, ich kann und will keine Überraschungen erleben. Das alles bringt mich an meine Grenzen, und glaub es mir oder nicht, die Grenze ist nicht weit, und meine Haut ist dünn. Einen Augenblick denke ich, es ist alles OK und normal, im nächsten könnte ich anfangen zu zittern und will nur noch heim. Verstehst du das?« Nermina sah ihn direkt an. Wie in einem Gedankenblitz verstand sie jetzt, warum er sich ihr nicht vollständig zeigte. Er hatte einfach die größere Erfahrung in solchen Dingen. Er wußte, ihre *Haut war dünn.*

Marc schwieg und berührte eine der in seiner Nähe schwebenden Kugeln, die sofort ihre Farbe änderte und Kurs auf die Wand nahm. Einen Augenblick später verschwand sie dort.

»Laß mich das noch einmal nachvollziehen«, bat sie. »Du sagst, bei einem 40jährigen Arbeitseinsatz hätten wir mit dieser Methode, die euch ja zur Verfügung steht, nur 0,00005 Prozent unserer Galaxis erforscht. Ist das richtig?«

»Ja«, antwortete er.

»Stammt ihr auch aus dieser Galaxis?«

»Ja.«

»Und wie habt ihr dann uns gefunden? Wie habt ihr andere Rassen gefunden?« Es schien ihr absurd. Einerseits dauerte es ewig, auch nur einen winzigen Teil der Galaxis erforschen zu können, anderseits konnte Marcs Rasse relativ problemlos fremde Lebensformen finden. Es machte keinen Sinn. Oder doch? War sie nur einmal mehr ihrer eigenen beschränkten Sichtweise erlegen?

»Nun«, begann er, »stell dir folgendes vor. Du hast erlebt, wie wir in Nullzeit auf den Mond kommen. Es ist nicht 100 prozentig exakt Nullzeit. Es dauert genau genommen ein paar Atomschwingungen. Das ist aber zu vernachlässigen. Stell dir weiter vor, wir verwenden nicht nur einen Raumfahrer sondern Millionen von Sonden. So wie ihr Millionen von Autos baut, Millionen Webseiten habt oder Millionen von Menschen, die Informationen austauschen. Ein Mensch alleine kann nicht das Wissen der Menschheit besitzen. Millionen können es schon. Wenn man nun Millionen von Sonden hat, dann erhöhen sich die Prozente rapide. Diese Sonden sind überall im Universum plaziert. Finden sie ein Signal, welches auf neues Leben hinweist, senden sie es durch die Technologie der Raumzeit-Verkrümmung zurück zu unserem Planeten. Das ist prinzipiell keine physikalisch unmögliche Sache, selbst eure Wissenschaftler denken über solche Technik nach. Wir können es eben nur bereits technisch umsetzen. Haben wir entschieden, ein solcher Kontakt ist lohnenswert, schicken wir ein Team los, um dies zu untersuchen. So fanden wir euch.«

Nermina war fasziniert. Es klang so einfach. Und es machte zudem Sinn. Klar, einer alleine konnte es nicht, Millionen schon. Auf der Erde funktionierte es nach dem gleichen Muster. Keiner konnte alleine ein Auto bauen, hunderte von Menschen in einer Fabrik jedoch bauten jeden Tag Tausende Autos zusammen. Sie merkte gerade wie beschränkt der Horizont der Menschheit war. Natürlich beschäftigten sich einige brillante Wissenschaftler mit dieser Thematik, aber der Großteil der Weltbevölkerung sah Soap Operas. Was für eine Verschwendung. Würde sie eines Tages dazu beitragen, diesen Zustand zu ändern? War dies der Grund, warum Marc sie mit auf diese Reise nahm?

»Wann fliegen wir los?«, wollte sie wissen und war erstaunt über ihren eigenen Mut.

»Wann immer du bereit bist.« Marc nahm noch ein paar Einstellungen an den Kugeln vor und erhob sich von seiner Liege.

Sie war schneller auf den Beinen. »Laß uns gehen«, sagte sie und begab sich in Richtung auf das große Tor des Raumes. Marc folgte ihr, und sie verließen das Kontrollzentrum. Schweigend wanderten sie die Gänge entlang, bis sie zu einer Tür gelangten, hinter der eine Art Aufzug lag. Sie traten ein, und zu ihrer Überraschung bewegte er sich nicht nur vertikal sondern auch horizontal. Immer, wenn er die Richtung änderte, verspürte sie ein mulmiges Gefühl im Magen.

»Huhhh, das fühlt sich seltsam an. Wohin fahren wir?«, wollte sie wissen.

Der Außerirdische lächelte ihr kurz zu und überwachte eine Kontrolltafel an der Seite der Kabine. Er antwortete: »Zu der großen Halle mit dem Raumschiff. Sie liegt etwas abseits der Station und ist ebenfalls in den Felsen eingelassen.«

Nermina hörte seine Worte wie durch eine Art Nebel in ihren Gedanken. Es war so unwirklich. Vor ein paar Tagen noch war ihr Leben ganz normal verlaufen, sie ging zur Uni, lag am See auf der Wiese, ging mit Freunden feiern, lernen und Spaß haben. Nichts unterschied sie von anderen jungen Erwachsenen ihres Alters. Nun stand sie in einem horizontal fahrenden Lift auf dem Mond im Begriff, eine Reise zu unternehmen, von der die berühmtesten Wissenschaftler der Erde nur zu träumen wagten. Würde sie je zurückkehren? Konnte das Raumschiff verunglücken? Raumfahrt war gefährlich, zumindest in ihrem Zeitalter. Wie oft schon kamen Astronauten nicht zurück zu ihren Familien? Würde sie ihre Familie je wiedersehen? *Nein*, dachte sie, *es ist mein Zeitalter, aber nicht meine Technologie. Marcs Zeitgenossen waren viel weiter, sie konnten Dinge, die wir Menschen nicht können. Ich bin sicher.*

7

Einige Augenblicke später betraten Nermina und Marc die große Halle in deren Mitte das Raumschiff stand. Es war gewaltig, bestimmt achtzig Meter lang und mehr als zwanzig Meter breit. Seine Form erinnerte Nermina in gewisser Weise an eine Zigarre, auf der Oberseite befand sich eine sanfte Wölbung. Die Rückseite, zumindest hielt Nermina es für eine solche, wurde geprägt von einer deutlichen Ausbuchtung. Die Außenhaut war gleichmäßig, und alles wirkte sehr real. Vermutlich auch durch die Gebrauchsspuren, die an verschiedenen Stellen in Form von Verfärbungen sichtbar waren. Nermina fragte sich, woher diese rühren konnten. Schließlich war der Weltraum luftleer und bot somit keinen Widerstand. Konnte das Schiff in die Atmosphäre eines Planeten eindringen? Es hatte den Anschein. Langsam gingen sie auf das Schiff zu, und Marc schien den Zustand mit den Augen zu inspizieren. Ein Eingang war nicht zu erkennen. Das Schiff stand auf drei Füßen und es hatte den Eindruck, als würde es seit einer Ewigkeit auf neue Reisende warten.

»Das ist es?«, wollte Nermina wissen, als ob es einer Bestätigung bedurft hätte.

»Ja«, antwortete Marc »das ist es. Eine sehr weit entwickelte Form unserer Schiffe, gebaut, um interstellare Reisen zu unternehmen.«

Er bewegte sich um das Schiff herum, und Nermina beobachtete, wie eine Kugel sich aus dem Schiffskörper löste. Marc berührte sie und nach ein paar Sekunden begann sich an der Unterseite eine Öffnung zu formen. Langsam fuhr eine waagrechte Metallschicht heraus, die sich sofort in eine Treppe umformte. An der Oberseite der Treppe glitt eine Wand zur Seite und gab einen Eingang frei. Marc ging darauf zu und bestieg die Treppe. Vorsichtig, als ob sie in dem Metall einsinken könnte, folgte ihm Nermina.

Das Innere des Schiffes war weniger spektakulär, als sie es sich vorgestellt hatte. Es glich ein wenig der Station. Wasserkugeln flogen durch die Räume, und an den Wänden befanden sich fremdartige, rechteckige Konturen, die entfernt an Monitoren erinnerten. Nachdem sie Marc für einen kurzen Moment einen Gang entlang gefolgt war, gelangten sie beide in eine Art Kommandozentrale. Von hier aus führten verschiedene Gänge weiter in den Innenbereich. Mehr war nicht zu erkennen.

»Bleiben wir die ganze Zeit über hier?«, wollte die junge Frau wissen.

Marc drehte den Kopf, antwortete aber nicht sofort. Zunächst schien er zu sehr mit verschiedenen Kugeln beschäftigt. »Nein, hier initiiere ich nur die Startsequenz, danach begeben wir uns in die Kuppel. Schon vergessen, ich wollte dir eine Reise zeigen. Bis dahin - mach es dir bequem.«

Leichter gesagt als getan, dachte sie und sah sich um. Nirgends waren irgendwelche Sitzgelegenheiten zu sehen. Marc beachtete sie nicht, er war zu sehr mit der Kommunikation und der Kommandovergabe beschäftigt. Unwillkürlich dachte Nermina an die bequemen Wasserliegen in der Station. So etwas könnte sie jetzt gebrauchen. Plötzlich verformte sich die Luft, und eine der Liegen bildete sich sanft schwebend vor ihr. Sie riß die Augen auf. Hatte sie nicht gerade an eine solche Liege gedacht? »Nein, nein, nein«, murmelte sie. Das konnte nur ein Zufall sein. Oder doch? Sie hegte einen Verdacht. Reagierte das Schiff etwa auf ihre Gedanken? Wie war das möglich? Sie war ein menschliches Wesen, das Schiff wäre mit ihrer Biologie, also auch ihrem Gehirn, gar nicht vertraut. Sie war doch gerade erst an Bord gekommen. Oder waren schon vor ihr Menschen an Bord des Raumschiffes gewesen? Wieder einmal übermannte sie eine Welle von Fragen, und sie hatte das Gefühl, all diesem hier nicht Herr werden zu können. Einen Schritt zurücktretend schluckte sie schwer herunter, zwang sich aber gleich darauf, dieser Frage durch ein einfaches Experiment nachzugehen.

Nermina drehte sich herum und schaute die Wand an. Konzentriert dachte sie an die Liege und wie sie sich um sie herum wieder vor ihr aufbauen würde. Ohne den Kopf zu wenden, sah sie in den Augenwinkeln die Liege herangleiten, bis sie genau vor ihr zum Stehen kam.

»Wow«, entfuhr es ihr, vielleicht ein wenig zu laut. Marc drehte sich erschrocken herum.

»Was ist?«, wollte er wissen. Nermina stand neben der Wasserliege und war immer noch völlig fasziniert. Langsam nahm sie darauf Platz, als ob sie Angst hätte, die Liege würde ihre Festigkeit verlieren.

»Ich habe nur gerade festgestellt, daß dieses Schiff auf meine Gedanken reagiert. Als du sagtest, ich solle es mir bequem machen, wußte ich nicht wo und dachte an die Liegen in der Station. Prompt bildete sich eine direkt vor mir. Als ich meine Vermutung testete und die Liege tatsächlich meinen Gedanken folgte, war ich eben erstaunt. Das war alles. Wir Menschen sagen in solchen Augenblicken gerne WOW.« Sie legte sich auf die Liege.

»Entschuldigung, ich hätte es dir sagen sollen«, entgegnete Marc. » Dieses Schiff scannt automatisch die Gehirne aller Passagiere, um deren Gedanken in Befehle umsetzen zu können. Du wirst vielleicht erstaunt sein, aber Gedankenmuster lassen sich, wenn man es einmal beherrscht, wesentlich einfacher erkennen und umsetzen als alle möglichen Sprachen. Das, was gesprochen wird, klingt unterschiedlich, der Wille dahinter ist immer gleich. Du willst Wasser? Egal in welcher Sprache du es ausdrückst, dein Wunsch ist gedanklich gesehen genau der gleiche wie meiner. Auf diese Weise ersparen wir uns die Spracherkennung der verschiedenen Spezies und damit eine Menge Probleme. Jeder kann dem Schiff auf diese Weise seine Wünsche ganz einfach mitteilen.«

Nermina dachte an eine erhöhte Position, und sofort bewegte sich die Liege in angemessener Weise nach oben. Sanft, nicht zu schnell blieb sie in einer bestimmten Höhe stehen, ohne an die Decke zu stoßen. »Ein erstaunliches Werk dieses Schiff.«

Marc lächelte. »Vergiß nie, es ist ein Mittel zum Zweck, ein Werkzeug. Natürlich ist deine Befehlsgewalt begrenzt, allerdings nur solange ein Mitglied unserer Rasse an Bord ist. Gäbe es einen Notfall, und niemand außer dir könnte dieses Schiff steuern, würde es automatisch komplett auf dich reagieren.«

»Klar, wenn du nicht kannst, denke ich HEIM und wo lande ich, auf deinem Planeten. Klasse Vorstellung.« Ihr war gar nicht wohl bei dem Gedanken. Um sich abzulenken, machte sie von ihrer Liege aus eine einladende Armbewegung. »Wann starten wir?«, wollte sie wissen.

»Bald«, entgegnete er und wandte sich wieder seinen Kugeln zu. »Sehr bald.«

Tief unten im Bauch des Schiffes begann nun die außerirdische Technik, ihre Arbeit aufzunehmen. Generatoren gaben Energie frei, Kugeln aus Wasser begannen zu glühen, sich in Spulen zu verwandeln, nur um kurz darauf als Verbindungsglied zu den Wänden Kontakt aufzunehmen. Andere transportierten sichtbar pulsierende Informationen. Pure Energie bahnte sich ihren kontrollierten Weg. Es war eine sanfte Form der Arbeit, nirgends war die Kraft zu vermuten, die sich hinter all dem verbarg. Und es mußte eine gewaltige Kraft sein, denn sie würde Nermina und Marc schon bald an das andere Ende des Universums katapultieren.

Oben im Kommandoraum lag die junge Frau auf ihrer Liege und beobachtete den Fremden bei der Arbeit. Plötzlich nahm sie ein unterschwelliges Grollen im Bauch des Schiffes wahr. Etwas unruhig blickte sie nach unten, doch es hatte sich optisch nichts geändert. Sie lauschte. *Nein*, dachte sie, *ich kann es nicht hören*. Doch es war eindeutig, irgend etwas hatte sich geändert. Machtvoll geändert. Das Schiff war bereit.

Marc schien seine Arbeit an den Kugeln just in diesem Augenblick beendet zu haben. »Komm«, forderte er sie auf, »laß uns den Start ansehen.« Er ging auf die Tür zu, und ohne daß sie daran gedacht hatte, bewegte sich ihre Liege in eine Position, von der aus sie bequem absteigen konnte. *Na ja*, dachte sie innerlich schmunzelnd, *vielleicht hat Marc das übernommen*. Ein verlegenes Lächeln konnte sie nicht unterdrücken, sie mochte ihn, er war, wie man auf der Erde sagen würde, ein Gentleman. Kurz bevor sie die Kommandozentrale verließ, blickte sie sich noch einmal um. Gerade noch rechtzeitig, um das Auflösen ihrer Liege zu beobachten. Wirklich, eine erstaunliche Technologie.

Wenige Augenblicke später standen sie unter der großen Wölbung, die von innen noch viel gewaltiger wirkte als von außen. Über ihr war das Dach der Halle zu sehen.

»Wieso ist es durchsichtig?«, wollte sie wissen. »Vorhin hatte es noch eine ganz normale Außenfarbe.«

»Wir verändern die Beschaffenheit des Materials in gewissen Grenzen nach unseren Bedürfnissen. Stell es dir wie eine LCD Anzeige eurer Taschenrechner vor. Strom fließt und sie ist durchsichtig, der Strom geht weg und sie wird schwarz. Zumindest so ungefähr funktioniert das hier auch.«

Langsam öffnete sich das Dach der Halle und gab den dahinterliegenden Weltraum frei. Die Sterne funkelten in ungeahnter Schönheit. Hier oben war alles so klar, so eindeutig. Nermina sah fasziniert nach oben. Plötzlich merkte sie eine leichte Veränderung, das Schiff hatte sich vom Boden gelöst und schwebte nun dem auseinandergleitenden Dach entgegen. Gleichzeitig schienen die Wände der Kuppel sich unten zu verlängern, als ob die ganze Kuppel weiter aus dem Raumschiff herausgeschoben würde. Als das Schiff den Hallenrand passierte, bot die Kuppel einen einhundertachtzig Grad Rundumblick. Es war faszinierend. Das Schiff beschleunigte, und schon bald waren sie hoch über der Mondoberfläche. In ganz weiter Ferne konnte Nermina die leuchtend blaue Erde erkennen. Ihre Heimat. Doch diesmal kamen ihr keine Zweifel. Ja, sie würde dort wieder leben, es war nur ein Ausflug. Allerdings ein ganz besonderer. Von hier aus betrachtet wurde ihr klar, auf was für einem Staubkorn sie lebte. Am Sternenhimmel war nun die Milchstraße deutlich zu erkennen. Das Band zog sich etwas zerrissen von einem Ende des Horizontes zum anderen. Die Zweidimensionalität, die sie auf der Erde erlebte, verlor sich. Hier oben bekam der Weltraum plötzlich Tiefe, und es stockte ihr bei dem Anblick ein wenig der Atem.

Marc unterbrach sie in ihrem Gedanken. »Möchtest du eure Planeten aus der Nähe sehen?«, fragte er. »Wir können, wie sagt ihr immer, eine Runde um den Block drehen.«

»Da fragst du noch?«, erwiderte sie erfreut. »Ich habe in den Nachrichten die Berichte von den Planetensonden mitverfolgt. Um ehrlich zu sein, damals hat es mich nicht sonderlich interessiert. Auch Science-fiction war nie wirklich mein Hobby. Ich hab mich für eine Weile aus anderen Gründen dafür interessiert. Aber hier oben ist das völlig anders. Nun weiß ich, ich kann es mit eigenen Augen sehen. Ja, bitte, laß uns eine Runde drehen. Ich möchte insbesondere den Mars und den Saturn sehen.

Marc berührte ein paar Kugeln, die sich plötzlich in der Kuppel gebildet hatten. »Gerne, Mars finde ich nicht sonderlich interessant, aber Saturn ist einfach wunderschön. Ich mag Ringplaneten. Aber warte bis wir erst die riesigen Gasnebel außerhalb des Sonnensystems sehen.«

Das Raumschiff schlug einen neuen Kurs ein, und nur ein paar Minuten später sah Nermina den Mars im Dunkel des Alls auftauchen. Sie erkannte ihn an seiner typischen roten Farbe.

»Gibt es Leben dort?«, wollte sie wissen.

»Ja, aber das werdet ihr auch bald herausfinden. Eure Sonden sind bestens dafür geeignet. Unter der Oberfläche gibt es gewaltige Wasservorkommen und dort existieren Bakterien und eine spezielle Form der Algen. Sie haben eine Gemeinsamkeit entwickelt, die es sonst nirgends in eurem Sonnensystem gibt.«

Nermina lauschte gespannt. »Welche?«, wollte sie wissen.

»Es gibt zwei Arten von Algen, die in einer Symbiose leben. Photosynthese ist eine dir bekannte Form der Energieumwandlung?« Er sah sie fragend an.

Nermina nickte.

»Nun, die eine Art Algen produziert Licht, indem sie die im Wasser enthaltenen Mineralien in Nahrung umwandelt, dazu wird ein spezielles Enzym verwendet. Dieses wird von der anderen Algenart, die Photosynthese betreibt, um zu wachsen, produziert. So gedeihen beide seit Hunderttausenden von Jahren.« Marc bemerkte ihren etwas enttäuschten Gesichtsausdruck. »Was hast Du erwartet?«, fragte er. »Unterirdische Städte der Marsbewohner?«

»Na ja«, begann sie etwas verlegen, »vielleicht. Es ist schon ein Wunder, daß solche Dinge passieren, wie Leben sich entwickelt...«

»... aber etwas mehr hätte es schon sein können.« beendete er schmunzelnd den Satz. Auf seinen Lippen war ein deutliches Lächeln zu erkennen. »Du bist schon weiter als deine Mitbewohner auf der Erde. Sei gewiß, wenn sie diese Seen entdecken und die dort lebenden Algen, es wird die Welt verändern. Deine Welt. Zum ersten Mal wird der Beweis erbracht sein, daß Gott überall ist. Nicht der Mensch ist die Krone der Schöpfung, die Schöpfung ist allgegenwärtig. Viele deiner philosophischen Gedanken werden über den Haufen geworfen werden. Warte nur ein paar Jahre, und du wirst es erleben.«

Nermina blickte etwas verlegen zu Boden. Warum mußte dieser Außerirdische immer Recht haben. Natürlich hatte er Recht. Bloß, wer konnte es ihr verdenken, so zu reagieren. Immerhin hatte sie schon auf dem Mond gestanden, ja sogar geschlafen und stand nun in einem Raumschiff. Da waren ein paar Algen nicht viel. Andererseits ist es, sie lächelte, wird es die größte Entdeckung der Menschheitsgeschichte sein.

»Natürlich, verzeih, ich bin wohl schon zu sehr auf deiner Linie. Wenn ich all das betrachte«, sie machte eine ausladende Armbewegung »macht es das ein wenig schwierig, die Verhältnisse zu wahren.« Um vom Thema abzulenken zeigte sie auf die Marsoberfläche. »Schau, dort ist eindeutig Erosion zu erkennen.«

Das Schiff schwebte in einer niedrigen Umlaufbahn, und die Gebirgszüge waren eindeutig zu erkennen.

»Ich weiß. Trotzdem, magst du weiterfliegen?«, fragte Marc. »Wir haben noch einen weiten Weg vor uns.«

»Ja, natürlich, ich könnte zwar Tage hier verbringen, aber du hast Recht.« Sie blickte dem Mars hinterher, als das Schiff in eine neue Bahn einschwenkte. *Komisch*, dachte sie, *warum spüre ich nichts von der Beschleunigung?*

Das Dunkel des Alls umfing sie. Da draußen waren nun nichts als Sterne zu sehen. Doch je länger sie zuschaute, desto heller wurde ein bestimmter Stern. Nein, erkannte sie, es war kein Stern, es war ein Planet. Das Schiff näherte sich schnell und bald füllten die Ringe um den Saturn ihr Blickfeld. Wie konnte Marcs Raumschiff so eine gewaltige Entfernung so schnell überbrücken? Schon schwenkte das Schiff in eine weite Bahn um den Planeten ein, und Nermina bewunderte die phantastischen Ringe. Sie schimmerten in den verschiedensten Farben und waren schöner, als all die

Fotos auf der Erde sie jemals haben erscheinen lassen. Majestätisch schwebte der Planet vor ihnen. Die Ruhe im All war überwältigend. Nur tief unten im Schiff summten leise die Motoren. Einige der Ringe waren grünlich, andere bläulich, wieder andere einfach grau. Es waren scheinbar hunderte. Jeder einzelne war erkennbar vom anderen getrennt. Nermina kämpfte mit den Tränen. Etwas so Schönes hatte sie in ihrem Leben noch nicht gesehen. Das Schiff schwebte an einem der Ringe dicht vorbei, und sie konnte sogar einzelne Eisbrocken erkennen, aus denen der Ring bestand.

»Na«, wollte Marc wissen, »ist das nichts? Sind sie nicht wunderbar?«

Nermina schluckte schwer, und fast versagte ihr die Stimme. »Ja«, hauchte sie, »sie sind atemberaubend. Ehrlich, im wahrsten Sinne des Wortes.«

Still verblieben sie, während das Schiff um den Saturn herumflog. Plötzlich wurde ein kleines Objekt sichtbar. Es schwebte langsam auf einer engeren Umlaufbahn.

»Dort«, rief Nermina aufgeregt, »was ist das? Kannst du uns da näher heranbringen? Ich möchte das sehen.«

Marc schloß kurz die Augen und vor ihm bildete sich eine Kugel aus Wasser. Er berührte sie und sofort schwenkte das Raumschiff auf einen neuen Kurs. Es näherte sich dem kleinen Objekt. Die Kugel blieb in der Zentrale schweben.

Nermina starrte in den Himmel. »Das ist eine Sonde von der Erde, mein Gott, das ist Cassini. Ich habe die Fotos in den Zeitungen gesehen. Wir, ich meine die Menschen, haben sie hier rausgeschickt.« Sie wirkte fröhlich, selbst hier draußen etwas von ihrem Heimatplaneten entdeckt zu haben. »Können wir näher herangehen?«

»Lieber nicht«, erwiderte Marc. »Wenn wir das tun, könnte es sein, daß die Sonde ein Foto von uns schießt. Sie tun das ständig.« Er grinste. »Wir wollen doch die Wissenschaftler auf der Erde nicht verwirren. Wie sähe es aus, wenn auf ihren Bildern plötzlich ein fremdes Raumschiff auftauchen würde?«

Nermina lächelte durchtrieben und sagte: »Vielleicht wäre es ja der Gag an der Sache. Wir könnten die Kuppel genau auf die Kamera ausrichten, hineinschauen und kräftig grinsen.« Sie lachte über ihren eigenen Gedanken.

»Klar und wenn du heimkommst, steht dein Bild in allen Zeitungen. Jeder wird sich fragen, wer die Außerirdische auf den Bildern ist. Laß es dir gesagt sein, nicht von eurem Planeten zu stammen, ist keine leichte Aufgabe, wenn man sich dort bewegt.«

Sie nickte verständnisvoll. »Klar, du hast Recht. Laß uns weiterfliegen.«

Marc gab einen neuen Kurs in die vor ihm schwebende Kugel ein, und bald war der Saturn aus ihrem Blickfeld verschwunden. Den Jupiter erkannten sie in einiger Entfernung. Er war der König der Planeten. Seine gewaltige Masse verlieh ihm eine gewisse Macht. Fast konnte sie spüren, wie er das Sonnensystem beherrschte. Ohne den Jupiter gäbe es kein Leben auf der Erde, das wußte sie. Er lenkte die Meteoriten von ihrem Heimatplaneten ab, er bestimmte die Struktur des Systems, er war der kleine Bruder der Sonne. Nermina blickte ihm nach, während sie immer weiter in das Dunkel des Alls vorstießen.

»Beantworte mir eine Frage. Warum spüre ich keine Beschleunigung? Normalerweise müßte ich platt an der Wand kleben, meine Atome so dünn wie eine Tapete. Doch nichts von alldem. Ich weiß nicht, ob wir schon Lichtgeschwindigkeit fliegen, aber schnell ist es in jedem Falle. Wie geht das?« Nermina sah ihn fragend an, wandte aber doch den Blick schnell wieder dem faszinierenden Weltraum zu.

Marc begann in der Kuppel herumzugehen. Offensichtlich überlegte er, wie er es Nermina am besten erklären konnte. Nach einigen Sekunden des Schweigens drehte er sich zu ihr um. Sie starrte nach wie vor in den Himmel. »Ich höre dir zu«, sagte sie, »wir Frauen können mehrere Dinge gleichzeitig. Ich kann Fernsehen schauen und gleichzeitig mit meiner besten Freundin telefonieren. Frauen sind so.« Sie konnte ein verschmitztes Lächeln ebensowenig unterdrücken wie er seine Verwunderung. Trotzdem ließ er zwei Liegen im Raum erscheinen.

»Setz dich, auch wenn du Dinge gleichzeitig kannst, du solltest entspannt zuhören, denn die Erklärung ist nicht einfach.«

Sie tat, wie er es wünschte und kletterte auf die Liege. Ihr Blick wanderte kurz zu ihm, voller Erwartung und Spannung. Auch er setzte sich. Würde sie es verstehen? Immerhin war sie keine Wissenschaftlerin, sondern angehende Philosophin.

»Es hat wie so oft etwas mit der Sicht der Dinge zu tun«, begann er. »Erinnerst du dich, *die richtigen Fragen stellen*, hatte ich dir einmal gesagt. Deine Frage ist berechtigt. Du beginnst, die Normalität zu hinterfragen. Die Tatsache, daß wir nicht an der Wand kleben, hat natürlich einen Grund. Für dich ist die Situation jetzt normal, du bewegst dich wie auf deinem Heimatplaneten und solltest doch eigentlich schweben und an der Rückwand der Kuppel plattgedrückt kleben. Sich in diesem Moment eine so gewichtige Frage zu stellen, ist gut.«

Darüber hatte sie nicht nachgedacht. Es stimmte, schon zu sehr hatte sie den Aufenthalt im Weltraum für sich als Realität angenommen. Schließlich war alles so normal. Warum fiel ihr jetzt ausgerechnet diese Frage ein? In einer gewissen Weise war sie über sich selbst erstaunt.

»Ganz am Anfang unserer Reise, am Strand des Sees, hatte ich dir etwas von der Unschärferelation erzählt. Von Geschichten, die parallel zueinander existieren. Das kleine Gerät suchte diese Geschichten und deren Wahrscheinlichkeit heraus und transferierte uns zum Mond.«

Sie nickte.

»Hier ist es ähnlich, nur kommt eine weitere Sache hinzu. Das Universum versucht, ein energetisches Gleichgewicht herzustellen, immer und überall.«

Nermina hörte gespannt zu. »Wie meinst du das?«, wollte sie wissen.

»Ganz einfach, das Universum gleicht Zustände aus. Sonnen werden erzeugt, sie verbrennen, strahlen ihre Energie ab. Diese verteilt sich über das Universum. Ganz am Ende aller Zeit herrschen ausgeglichene Verhältnisse. Tote Sterne stehen in einem dunklen Raum still. Gravitation hat auch etwas mit Energie zu tun. Masse bestimmt ihre Kraft. Masse ist gleich Energie, und wenn sich im Universum Masse bewegt, dann geht das mit energetischen Verschiebungen einher. Nun kann man Energie weder erzeugen noch vernichten. Das gilt für das gesamte Universum.«

»Aber wir erzeugen doch Energie«, warf sie ein.

»Nein, tun wir nicht, wir verwandeln nur eine Form in die andere. Wir verbrennen Dinge und erzeugen damit aus Masse zum Beispiel Hitze. Wir nutzen natürliche Strahlung, wir nutzen die Bewegung der Wellen unserer Meere. Aber all diese Energie ist schon vorhanden, wir erzeugen sie nicht neu. Und wir vernichten sie auch nicht.«

»Aber wie kann dann am Schluß ein toter Zustand herrschen? Das verstehe ich nicht. Alle Energie wäre doch dann vernichtet.«

»Nein, alle Energie hätte sich nur gleichmäßig verteilt. Überall die gleiche Menge. Es gibt nichts mehr zum Umwandeln, alles steht still, weil keine Energie des Universums mehr in unterschiedlicher Konzentration existiert. Es herrscht an allen Punkten die gleiche Temperatur. Es ist wie beim Wetter, es existiert, weil es Temperaturunterschiede gibt. Hervorgerufen durch die Sonne. Nimm die Sonne weg, und nach einer Zeit gefriert die Erde zu einem ewigen Eisball, auf dem es an allen Stellen gleich kalt ist. Laß alle Sonnen ausbrennen und ihre Energie von Körpern absorbieren, diese kühlen ab, und sie bleiben irgendwann auch stehen, beziehungsweise schließen sich mit anderen, größeren Körpern zusammen, so lange bis auch deren Bewegung zum Stillstand kommt, weil in ihrer Umgebung nichts mehr ist. Das ist das Ziel des Universums. Das Gesetz der Thermodynamik.«

Nermina starrte auf den vorbeiziehenden Sternenhimmel. »Eine beängstigende Vorstellung«, murmelte sie. Unruhig rutschte sie auf ihrer Liege hin und her.

»Na ja, es ist noch ziemlich lange hin. Das werden wir beide nicht mehr erleben.« Er schmunzelte. »Aber laß uns auf deine Frage zurückkommen, warum wir nichts von der Beschleunigung spüren. Halten wir fest, Zustände versuchen sich auszugleichen. Diesen Effekt machen wir uns zunutze. Wenn wir uns in einer Richtung bewegen, müßten wir eigentlich an die Wand gedrückt werden, wenn wir uns nicht selber in gleichem Maße beschleunigen. Das tun wir nicht. Also könnten wir ein Feld erzeugen, welches die gleiche Gegenenergie zu unserer Bewegung aufbaut. Selbstverständlich nur im Inneren des Schiffes, sonst würde es ja stehenbleiben. Aber das würde eine ungeheure Energie erfordern, die gleiche, die wir aufbringen müssen, um das Schiff zu bewegen. Das wäre Verschwendung und auch ein sehr großer technischer Aufwand.« Marc machte eine Gedankenpause.

»Ich habe sowas mal im Fernsehen gesehen. Es war in einer Science-Fiction Serie. Keine besonders tolle, aber sie machten es ähnlich.« Nermina war gespannt, welche Lösung Marc nun wieder parat hatte. Diese außerirdischen Wesen waren wirklich sehr weit entwickelt. Das mußte man ihnen lassen. Wenn man sich dagegen die Menschen vorstellte, alles, was sie im Kopf hatten, war ihre Wirtschaft. Klappte die nicht, schossen sie sich gegenseitig über den Haufen. Krieg als Mittel zum Zweck. Schade eigentlich. Würde ihre Rasse jemals soweit kommen?

Der Mann von einem anderen Planeten sah sie vielsagend an. Hatte er ihre Gedanken gelesen? Nein, er hatte versprochen, es nicht zu tun. Sie lächelte zurück. Vielleicht hatte er ihre Worte gespürt, das wäre ja dann nicht Absicht gewesen, überlegte sie ein wenig amüsiert. »Erzähl weiter, wie habt ihr es gemacht?«

»Wir borgen uns Energie und leiten sie in das Innere dieses Schiffes. Gewissermaßen haben wir auch ein Feld, aber wir bauen es nicht mit eigener Energie auf.«

Er drehte sich kurz herum und deutete zum Himmel. Draußen war in einiger Entfernung ein Planet zu erkennen. »Entschuldige, kurze Unterbrechung. Das ist Pluto, ehemals euer kleinster Planet. Ich fand es übrigens nie richtig, ihm den Planetenstatus abzuerkennen. Wir sind jetzt rund 5.906.380.000 Kilometer von der Sonne entfernt. Pluto besitzt einen Mond, Charon, und der hat nur einen Radius von 1.151 km. Damit ist er kleiner als sieben andere Monde in diesem System.«

Fasziniert beobachtete Nermina den vorbeiziehenden Himmelskörper. Niemals würde ein anderer Mensch Pluto so nahe kommen. Er schimmerte weißgrau. Seine Oberfläche war komplett gefroren. Kein Wunder bei der Entfernung von der Sonne. Die junge Frau drehte ihre Liege ein wenig und suchte nach ihrem Heimatstern. Von hier draußen war er nicht mehr als hell leuchtender Planet zu erkennen, er war nur noch ein etwas hellerer Punkt unter vielen anderen. Ganz kurz zog es ihr den Magen zusammen. Sie waren alleine hier draußen. Es war eine gute Idee gewesen, das Schiff zu nehmen. Im Raumanzug wäre sie vermutlich verrückt geworden. Es war schon so beklemmend genug.

»Alles OK?«, wollte Marc wissen.

»Ja, alles in Ordnung. Ich mußte nur grad darüber nachdenken, wie weit wir von zuhause weg sind. Das macht mir immer noch ein paar mulmige Gedanken, zumindest ab und zu.« Sie wandte sich wieder Marc zu, wobei sie trotzdem ihren Blick nicht vom Himmel abwenden konnte.

»Es relativiert sich erfahrungsgemäß sowieso, wenn du erst einmal von der Schönheit des Universums gefangen genommen wirst.« meinte er.

»Das bin ich doch jetzt schon.« Sie machte eine ausladende Armbewegung.

Jetzt mußte Marc kurz lachen. »Du hast doch noch gar nichts gesehen. Bevor wir aber beschleunigen, möchte ich dir noch die Geschichte von unserem Ausgleichsfeld fertig erzählen. Es ist gar nicht so schwer zu verstehen. Ich muß nur ein wenig ausholen.«

»Das sagst du«, lachte sie.

Marc schmunzelte ein wenig verlegen. Natürlich war seine Rasse den Menschen weit überlegen. Trotzdem, diese junge Frau war nicht dumm, sie hatte den richtigen Ansatz der Gedanken.

»Wir borgen uns also die Energie«, sagte er »doch woher? Hast du schon einmal was von dunkler Materie gehört? Schwarze Energie nennen es andere.«

Sie nickte. »Ja, das ging vor einiger Zeit durch die Presse. Man hat festgestellt, das Universum würde wesentlich mehr Masse benötigen als wir sehen, um sich so verhalten zu können, wie es sich verhält.«

Über die Kuppel zog der Weltraum hinweg. Noch immer waren sie innerhalb des Sonnensystems. Doch bald würde die Heliopause kommen, die Grenze an der der Einfluß der Sonne schwindet. Das Raumschiff flog schnell, zumindest für irdische Verhältnisse, aber das war noch nichts im Vergleich zu dem, was noch kommen sollte. Nermina fragte sich, ob sie sich schon mit Lichtgeschwindigkeit bewegten, beschloß aber, diese Frage etwas zurückzustellen. Immer eines nach dem anderen.

Marc ging nun langsamer durch die Kuppel. Er schien nachzudenken. »Ich versuche es mal so zu erklären: Ja, unser Universum besitzt mehr Masse als wir sehen. Daher die Theorie der dunklen Materie. Doch es geht auch anders. Einige eurer Wissenschaftler sind auch schon auf dem richtigen gedanklichen Weg. Sagen dir Strings etwas?«

Sie schüttelte den Kopf.

»Nun, stell dir ein paar Billardkugeln vor. Du hast zwei Stück, und du schießt sie von der gleichen Seite aus schräg aufeinander. Was passiert?«

»Sie würden voneinander abprallen«, sagte Nermina.

Marc machte eine ausladende Bewegung mit den Armen. »Stimmt, sie würden so«, er zeigte den Weg in der Luft, »wieder auseinanderfliegen. Sie nehmen eine neue Richtung ein. Jetzt stell dir das mit Teilchen vor. Du kennst Elementarteilchen?«

»Ja.« antwortete sie knapp. Ihr war nicht ganz klar, was er ihr sagen wollte. Kam jetzt ein Vortrag in theoretischer Physik? Das konnte ja heiter werden. Physik hatte sie schon in der Schule reichlich wenig interessiert. Sie beobachtete Marc genau. Schweigsam blickte er in den schwarzen Himmel, als ob er abwarten wollte, bis sie mit ihren Gedanken fertig war.

»Ich muß hier ein wenig ausholen, das hatte ich schon gesagt. Keine Angst, ich werde versuchen, es so einfach wie möglich zu machen. Kein ermüdender Vortrag, versprochen.«

»Du liest doch meine Gedanken.« Sie versuchte einen ärgerlichen Eindruck zu machen, aber ganz schien es ihr nicht zu gelingen.

Marc drehte sich herum und blickte ihr direkt in die Augen. »Nein, nicht bewußt, aber ich bin in dieser Hinsicht ein sehr sensitives Wesen. Wenn du

Angst hast oder deine Gedanken Kapriolen schlagen, du unsicher bist, all das spüre ich. Ob ich will oder nicht, es ist so. Bitte verzeih mir, aber ich kann es nicht ändern.«

Wieder einmal wurde ihr bewußt, der Mann, der vor ihr stand und wie ein Mensch in seinen mittleren Jahren aussah, war kein Mensch. Er war ein Wesen von einem fremden Planeten, mit anderen Fähigkeiten ausgestattet und auch sensitiv völlig verschieden von ihr. Sie blickte verlegen zu Boden und sagte: »Ist OK, ich bin immer nur verwirrt, wenn das passiert. Tut mir leid, ich wollte dir nicht böse sein. Mach einfach weiter, erzähl mir von den Teilchen. Ein bißchen was verstehe ich davon schon.«

»Gut, danke für dein Verständnis. Also, wo waren wir, bei den Elementarteilchen? Wenn sich also nun zwei davon treffen, ein Elektron und sein Anti-Teilchen, das Positron, wie die Billardkugeln...«

»Was ist ein Positron?«, unterbrach sie.

»Ganz einfach, das Elektron ist negativ geladen, das Positron hat die gleichen Eigenschaften, nur ist es positiv, das ist alles.«

»Anti-Materie?«

»In einem gewissen Sinne, ja. Aber es ist nichts Außergewöhnliches und auch auf euer Erde schon seit Jahrzehnten bekannt. Was passiert, wenn diese beiden Teilchen aufeinandertreffen?«

»Na ja, nach allem, was ich bisher gehört habe, würden sie sich vernichten?« Sie blickte ihn fragend an.

Marc strahlte über das ganze Gesicht. »Hey, auch wenn du angehende Philosophin bist, so schlecht bist du als angehende Wissenschaftlerin auch nicht. Stimmt, sie erzeugen einen Energieblitz, auch Photon genannt. Doch dann passiert etwas Seltsames.«

Nermina lauschte gespannt. In der Schule hätte sie nicht im Traum daran gedacht, daß Physik so spannend sein konnte, auch wenn ihr die Verbindung zu ihrer Frage, warum sie nicht an der Wand des Raumschiffes klebten, noch nicht klar war. Aber das würde noch kommen, dessen war sie sich sicher.

Marc fuhr fort. »Das Photon setzt seine Energie kurz frei und erzeugt dabei ein weiteres Elektron-Positron Paar. Dieses allerdings setzt seinen Weg auf neuen Bahnen fort, genau wie die Billardkugeln.«

»OK, hab ich begriffen«, sagte sie. »Aber was hat das mit meiner Frage zu tun?«

»Warte, dazu kommen wir noch. Ich will ja erklären, wie wir uns Energie *borgen*, damit wir nicht an der Rückwand des Schiffes kleben. Stell dir nun vor, diese Teilchenbewegungen sind keine Momentaufnahme sondern finden ständig statt, kontinuierlich, immer. Sie bilden dabei einen String. Das kann man sich als Weg vorstellen, den diese Teilchen nach der Kollision nehmen. Wenn du dir vorstellst, sie schwingen dabei ähnlich wie die Saite einer Gitarre, die ist, oberflächlich betrachtet, eindimensional, sie hat nur Länge. Dann kommen wir zu dem entscheidenden Punkt.«

Draußen zogen die Sterne langsam vorbei. Sie waren nun auf dem Weg in den interstellaren Raum. Das Sonnensystem lag hinter ihnen, und Nermina, so sehr sie den Ausführungen von Marc lauschte, war fasziniert von der Schönheit des Weltraums.

»Es ist wunderbar, ich weiß«, sagte er, und es schien ihr, als schweiften seine Gedanken kurz in eine andere Welt ab. »Was glaubst du, warum ich diese Aufgabe so liebe?« Er lächelte vielsagend. »Doch laß uns kurz zu den Strings zurückkommen. Die Schwingungen, die diese Strings haben, stellen sich in unserer Welt letztendlich als Teilchen dar, als die Elemente, die wir kennen. Wir *sehen* es so. Wie du vielleicht weißt, spielen uns unsere Sinne manchmal einen Streich. Sie lassen uns die Welt so sehen und empfinden, wie es für uns gut ist. Das muß nicht heißen, die Welt ist auch so. Strings mit einer anderen Schwingung sind also einfach ein anderes Teilchen. Da unsere Welten, deine wie meine, daraus bestehen, kann man sagen, unsere Welten sind ein Abbild der Strings. Strings sind die Basis der Welt. Sie sind die Bühne, auf der die Welt stattfindet.«

»Wow«, sagte sie. Es war ihr zwar ein wenig zu hoch, aber so grundsätzlich hatte sie es verstanden. Strings schwangen in Frequenzen, und da Energie gleich Masse war, hatten Strings eine direkte Verbindung zur Materie. Daraus bestand sie immerhin genauso wie alles andere.

»Erzähl weiter«, meinte sie. Irgendwie begann es ihr Spaß zu machen trotz der ausführlichen Erklärung. Dabei war die Ursprungsfrage doch recht einfacher Natur gewesen. Sie lächelte in sich hinein. Marc hatte Recht, es war nicht immer nur eine Sicht der Dinge. Nur wenn man die Welt aus einem anderen Blickwinkel sah, konnte man das ganze Bild begreifen.

»Es ist faszinierend, das stelle ich auch immer wieder fest, und ich mache das nicht zum ersten Mal«, setzte Marc wieder an. »Wir hatten gesagt, ein String ist eindimensional, nur Länge. Eindimensionale Strings sind aber nur ein Teil einer ganzen Reihe von Objekten. Es gibt auch mehrdimensionale Strings. Aus ihnen besteht unsere Sicht der Welt. Wir erkennen vier Dimensionen, Höhe, Breite, Länge und Zeit. Es gibt noch mehr, aber wir beschränken uns auf diese. Stell dir nochmal die Ausgangssituation vor, zwei entgegengesetzte Teilchen treffen aufeinander und fliegen in anderer Richtung wieder voneinander fort. Dies muß nicht nur eindimensional geschehen. Sie können sich ja in verschiedenen Dimensionen fortbewegen. So wie im Raum halt möglich. Was wir hier sehen, nennt man eine Bran, genauer gesagt, eine p-Bran. P steht hierbei für die Dimensionen, p=1 ist eindimensional, p=2 zweidimensional und so weiter. Eine Bran ist also gewissermaßen der Hintergrund, auf dem wir leben. War das nun zuviel oder geht es noch?«

Nermina seufzte. »Na ja, einfach ist es nicht, zumindest nicht für ein Mädchen vom Land. Vergiß nicht, ich habe bisher an einem See in einem kleinen Dorf gelebt und von all diesen Dingen nur eine sehr geringe Ahnung.

Was nicht heißen soll, daß ich dumm bin.« Ihre Augen loderten herausfordernd.

»Wie solltest du auch davon Kenntnis haben, es hat dich ja nicht berührt«, pflichtete er ihr bei. »Doch nun hast du mir eine Frage gestellt, und die ist nun mal nicht einfach mit einem technischen Trick zu erklären. Natürlich hätte ich auch sagen können, *ist halt so*, aber da du sehr intelligent bist, hätte dir eine solche Antwort vermutlich auch nicht genügt.«

»Nein«, antwortete sie. »Hätte sie nicht.«

»OK, dann kommen wir jetzt nach dieser Einführung zur Beantwortung deiner Ursprungsfrage. Und danach geben wir dann ein wenig Gas, OK?« Er lächelte sie an. »Schließlich sind wir hier, um eine ganz außergewöhnliche Reise durch unser Universum zu machen. Ich merke schon, deine Sicht der Philosophie ändert sich. Du stellst einfache Fragen und läßt dich auf wissenschaftliche Antworten ein.« Er freute sich, hatte er doch einen weiteren Pluspunkt bei ihr erreichen können.

Sie lächelte zurück, er hatte mal wieder Recht. Warum zum Teufel mußte er eigentlich immer Recht haben? Vielleicht war das ein Privileg der Außerirdischen, schmunzelte sie innerlich.

»Paß auf«, sagte er. »Die Branen haben einen entscheidenden Punkt. Alle Kräfte, wie zum Beispiel die elektrische Kraft oder die Materie, sind auf unsere Bran beschränkt. Nicht so die Gravitation. Nehmen wir an, es gibt eine Bran ganz in unserer Nähe, die Gravitation kann sie durchdringen. Das ist im Übrigen auch auf eurer Welt bereits durch Experimente bewiesen. Man kann es nachlesen. Wenn nun die Gravitation die Branen durchdringt, erkennen wir Effekte, die uns zunächst unlogisch erscheinen. Uns fehlt Masse, du weißt ja, Masse gleich Energie, Energie gleich Gravitation, diese würde in einem anderen Universum, gewissermaßen in einem Schattenuniversum, aufkommen. Gleichzeitig würde uns diese Schattenbran scheinbar Gravitation wegnehmen. Das ist der Grund dafür, warum ihr das Universum so seht, als ob Masse fehlt. Es fehlt im übergeordneten Sinne keine Masse. Sie fehlt nur in eurem eigenen Universum. Nicht im Gesamtwerk. Genausogut kann die Schattenbran eurem Universum in einer Wechselwirkung Gravitation, also Energie, zuführen. Dadurch funktioniert das gesamte Universum. Auf einer höheren Ebene gleicht es sich aus. Alles, was wir machen, ist diesen Effekt zu nutzen. Was wir an Energie aufwenden, um dieses Schiff zu beschleunigen, leihen wir uns bei der Schattenbran und gleichen damit im Inneren des Schiffes die Beschleunigung aus. Klingt einfach und ist es auch, man muß nur drauf kommen.«

Nermina begann auch durch die Kuppel zu wandern. Branen, Energiedifferenzen, Gravitation. Sie begriff, ihre Fragen hatten zuweilen Hintergründe, die sie als Mensch nur schwer verstehen konnte. Ein wenig überfordert fühlte sie sich schon. Gleichzeitig war es faszinierend, von diesem Außerirdischen etwas darüber zu erfahren.

Marc verschaffte sich über die schwebenden Kugeln Zugang zu den Kontrollen des Schiffes, und wenige Augenblicke später sah Nermina die Sterne schneller vorbeiziehen. Offensichtlich hatte das Schiff beschleunigt. Die von der Erde bekannten Sternenkonstellationen begannen schnell zu verschwinden. Bilder, die sie seit ihrer Kindheit am Sternenhimmel in klaren Seenächten beobachtet hatte, lösten sich einfach auf. In der Ferne sah sie einen wunderschönen Nebel herankommen. Schnell wurde er größer, und das Schiff zog in einer sanften Kurve daran vorüber.

»Der Orion Nebel, wie ihr ihn nennt.« erklärte Marc. »Ein wirklich schönes Gebilde. Wie so viele«, fügte er leise hinzu. »Rund 1.000 Lichtjahre von der Erde entfernt. In seinem Inneren befinden sich junge Sterne, die im Umkreis von zehn Lichtjahren das begleitende Gas erleuchten.«

Der jungen Philosophin hatte es mittlerweile die Sprache verschlagen. Mit weit offenen Augen starrte sie der Schönheit des Nebels hinterher, als sie daran vorbeizogen und er langsam im Raum entschwand. 1.000 Lichtjahre, ihr wurde klar, sie war der erste Mensch, der diese Wunder aus nächster Nähe betrachten durfte. Sie fühlte eine große Dankbarkeit gegenüber Marc in sich aufsteigen. War es nicht richtig und wertvoll, sich der Wunder der Welt mit banalen Fragen anzunehmen? Langsam begriff sie, warum ihr Professor Geldermann das Buch gegeben hatte. Es ging um den Weg, nicht um die Erkenntnis als solche. Etwas weiter entfernt beobachtete sie ein neues Gasgebilde, den »Pferdekopfnebel«. Sie kannte dieses Bild. Seine typische Staubwolke hob sich gegen das leuchtende Sauerstoffgas so ab, wie sie es von Fotos kannte. Doch hier war er dreidimensional. Ein grandioser Anblick, der sich gegen das Schwarz abhob. Das Gas verteilte sich in vielen Schichten, und jede leuchtete in einem eigenen, glühenden Rot. Nebel und Gaswolken schienen sich weitläufig in der Galaxis zu verteilen. Sie war verwundert über ihre eigene Ruhe. Da starben Sonnen, mit ihnen vielleicht Zivilisationen, ganze Regionen, an anderer Stelle wurden neue geschaffen. Sie stand nur hier und beobachtete das alles als Außenstehende. Marc stand ganz nah bei ihr, und gemeinsam blickten sie in den schwarzen Himmel und seine Milliarden Sterne. Ein weiterer Nebel zog an ihnen vorüber.

»Diese Nebel sind ganz besondere Gebilde«, erklärte Marc. »Wenn sie jung sind, umgibt sie zuweilen noch das Gas, aus dem sich die Sterne in ihrem Inneren einst bildeten. Ich persönlich liebe diese Farbenspiele. Insbesondere das Rot.«

»Siehst du denn Rot genauso wie ich?«, wollte sie wissen.

»Prinzipiell ja, vielleicht ist mein Empfinden etwas anders, aber wenn wir beide von Rot sprechen, meinen wir das gleiche Spektrum. Unsere Spezies sind weniger weit auseinander als du vielleicht denkst.«

»Sag mal«, begann Nermina die Stille zu unterbrechen. »Wir fliegen doch mittlerweile mit Überlichtgeschwindigkeit, oder?«

»Ja.« sagte Marc.

»Ich will jetzt gar nicht wissen, wie das geht.« Sie hatte die vorherige Erklärung noch nicht ganz verdaut, war aber in einem Punkt doch neugierig. Hoffentlich war die Antwort darauf nicht so kompliziert. »Wenn wir mit höherer Geschwindigkeit als der des Lichtes fliegen, warum sehen wir dann etwas? Die Lichtstrahlen, die auf uns zukommen, das kann ich nachvollziehen, die empfangen wir, aber wir schauen ja auch zurück. Diese Lichtstrahlen dürften uns doch gar nicht mehr erreichen.«

»Gute Frage«, sagte Marc. »aber deine Sicht der Dinge stimmt nicht ganz. Zumindest nicht auf diesem Schiff.« Er schmunzelte ein wenig schelmisch. »Die frontseitigen Lichtstrahlen sind klar. Sie erreichen uns mit Lichtgeschwindigkeit, sind also sichtbar. Die von hinten, also aus unserer Flugbahn kommend, erreichen uns zwar nicht gleich, letztendlich allerdings doch. Nur eben später. Würden wir stehenbleiben, diese Impulse träfen unweigerlich irgendwann auf die Kuppel. Zudem sind wir an den Objekten vorbeigeflogen, das bedeutet, irgendwann waren sie vor uns. Der Computer kennt alle diese Umstände und hat diese Bilder gespeichert. Die Kuppel errechnet die »Sicht«. Teilweise sehen wir die Realität, in anderen Teilen der Darstellung schauen wir auf ein künstliches Bild. Zusammengefügt ergibt dies für uns immer eine homogene Wahrnehmung. Kommt eine zu große Menge an Informationen auf uns zu, fungiert die Kuppel als eine Art Filter. Sie zeigt dann, bevor sie das Bild freigibt, nur jedes dritte, vierte oder fünfte Bild. Wie ein Shutter an einer Filmkamera.«

»Klingt plausibel.« Nermina versuchte an der Kuppel die Übergänge zwischen den realen und den künstlichen Teilen zu entdecken, doch es gelang ihr nicht. Alles, was sie sah, waren gemächlich vorüberziehende Sterne. Ein wirklich gutes System, diese Kuppel, das mußte sie anerkennen. Sie bemerkte, wie sie sich, scheinbar langsam, entlang des Armes der Galaxis weiterbewegten. In Wirklichkeit war es schneller als alles, was sich die Menschheit bisher vorstellen konnte. Das Raumschiff hatte seinen Kurs geändert und flog nun auf das Zentrum der Milchstraße zu. Vor ihr tauchte ein neuer Nebel auf.

»Welcher ist das?«, wollte sie wissen.

»Der Krabbennebel«, antwortete der Außerirdische. »Im Gegensatz zu den vorherigen Kandidaten ist dieser nicht mit einem jungen Stern in der Mitte versehen, sondern stammt aus einer Supernova, der Explosion einer Sonne. In seiner Mitte befindet sich, sozusagen als Rest, ein Pulsar. Das kann man sich wie einen interstellaren Leuchtturm vorstellen. Als der Stern starb, dehnte er sich zunächst auf ein Vielfaches seiner ursprünglichen Größe aus, bevor er sich aufgrund seiner Schwerkraft und Masse zu einem Pulsar zusammenzog. Der Rest dieses Sternes dreht sich nun sehr schnell um seine eigene Achse. Dabei sendet er starke Röntgenstrahlung in eine Richtung aus, eben wie ein Leuchtfeuer.«

»Verstehe« murmelte sie etwas geistesabwesend. Die Sterne zogen nun deutlich sichtbar am Schiff vorbei, und sie erfaßte erstmals wirklich mit ihrem

Verstand, wie schnell sie tatsächlich waren. Langsam erhob sich das Schiff aus der Milchstraße heraus und gab den Blick auf die Milliarden von Sternen frei, aus denen ihre 100.000 Lichtjahre breite Galaxis bestand. Längst war ihre Sonne nicht mehr zu sehen, sie zerstreute sich in den vielen kleinen Punkten, die zu Wolken wurden und sich nun langsam zu einem Arm der Galaxis verdichteten. Die Erde war schon längst nicht mehr zu erkennen. Sie war zu einem Staubkorn in den Weiten des Universums geworden. Nermina schwankte ein wenig und spürte Marcs Arm, der sie sanft auffing.

»Ist etwas nicht in Ordnung?«, fragte er. »Das Schiff dreht sich zwar ab und zu, aber das sollte keine Schwierigkeiten mit deinem Gleichgewichtssinn hervorrufen.«

»Nein, es ist alles in Ordnung. Nur«, sie machte eine Gedankenpause, »es ist eben nicht ganz normal für einen Menschen, sich mal eben so aus seiner Heimatgalaxis zu entfernen.«

Es war ein mächtiges Bild, das sich nun auf der Kuppel zeigte. Die Galaxis drehte sich ganz langsam unter ihnen, und der Kern leuchtete hell in warmen Farben. Dies war ihre Heimat im Universum. Irgendwo dort draußen lag der Ort, an dem sie geboren war, wo ihr geliebter See lag, ihre Freunde lebten, die Familie wohnte. Sie dachte an ihren See, den Strand, die vielen Menschen, die dort zu dieser Zeit ihren Sommer verbrachten. Beleuchtet von einer Sonne, die von hier aus noch nicht einmal mehr sichtbar war. Es war so unwirklich. Die ihr bekannte Realität existierte ja noch, sie war Wirklichkeit. Nur eben sehr, sehr weit weg. Wie oft hatte sie in den Himmel geschaut, gedankenverloren, die Sommerwärme genießend. Manchmal waren Freunde bei ihr, sie redeten, ab und zu sah einer von ihnen eine Sternschnuppe. Dann durfte man sich etwas wünschen. Nie hatte sie sich gewünscht, zu den Sternen zu fliegen. Das alles war ihr suspekt, und Technik oder gar Science-Fiction interessierten sie sowieso nicht. Das Sternbild *Großer Wagen* hatte sie in seinen Bann gezogen, seit sie darunter in der Dunkelheit der Nacht einen wunderschönen Kuß erlebt hatte. Doch wo war der große Wagen nun? Alles hatte sich verändert. Sie, die sich nie eine Reise zu den Sternen gewünscht hatte, war nun der Mensch, der am weitesten von der Erde entfernt war. Hatte all das mit Philosophie zu tun? Langsam begriff sie es: Ja, es hatte, nur auf einer höheren Ebene, als sie sich es je hätte träumen lassen. Ihr kamen die Tränen in die Augen. Es war so wunderschön anzusehen, und doch fühlte sie sich sehr, sehr einsam. Der Weltraum war vielleicht nicht unendlich groß, doch er war zu groß für sie.

»Halt mich«, bat sie Marc.

»Wo?«, fragte er.

»Nimm mich einfach in den Arm. Ich fühle mich so verloren in dieser Weite.« Sie zitterte leicht und hatte das Gefühl, ihr würden gleich die Beine nachgeben.

Marc legte den Arm um sie und hielt sie fest. Sanft schmiegte sie sich an ihn und eine wohlige Wärme breitete sich in ihr aus.

»Du zitterst.« sagte er.

»Ich weiß«, antwortete sie leise, »es geht wieder vorbei.«

Schweigend standen sie unter der Kuppel. In der Ferne wurden die Begleitgalaxien der Milchstraße sichtbar. In einiger Entfernung zogen sie ihre Bahn synchron zu ihrer Heimatgalaxie. Nermina fragte sich, wie viele Zivilisationen dort leben mochten. Im Universum mußte es unzählige bewohnte Planeten geben. Lebewesen, wie sie selbst, mit Partnern, Freunden und Lebensgeschichten.

»Schau«, sagte Marc und zeigte auf eine neue Galaxis. Sie schimmerte in sanftem Blau, und rote Farbsäume zogen sich durch ihre Arme. »Ihr nennt sie Andromeda. Laß uns durch einen der Arme fliegen. Das ist schön.« Eine der Bedienungskugeln bildete sich in der Luft, und der Außerirdische berührte sie. Das Raumschiff schwebte in eine neue Bahn ein und flog nun direkt auf einen der Seitenarme zu. Das Leuchten wurde stärker, und Nermina erkannte bereits erste Details. Sterne und einzelne Nebel begannen sich abzuzeichnen. Es ging ihr nun deutlich besser, und sie fühlte sich wohl in Marcs Arm. *Erstaunlich*, dachte sie, sich über sich selbst wundernd. In diesem Moment war sie froh seine wahre Gestalt nicht zu kennen. Als Mann in menschlicher Gestalt war er jetzt genau richtig. Dieser Außerirdische wußte genau, was er tat, als er ihr verweigerte sich *normal* zu zeigen. Sie spürte seinen sanften Druck an ihrer Hüfte, und fragte sich, was er wohl dabei empfand. Lagen sich die Wesen auf seinem Planeten auch in den Armen? War Zärtlichkeit wichtig für die Bewohner von Marcs Planeten? Irgendwann würde sie ihn vielleicht einmal danach fragen. Aber dafür war es noch zu früh. Vorsichtig löste sie sich aus seinem Arm, und einen Augenblick lang hatte sie das Gefühl, er würde versuchen sie festzuhalten. Aber sein Arm gab nach, und sie mochte sich auch getäuscht haben.

Vor ihr breitete sich nun die Andromeda Galaxie in ihrer vollen Schönheit aus. Millionen Sterne verwoben einander zu einem Geflecht des Lichts, Nebel sponnen farbige Verbindungen. Woher die verschiedenen Farben der Arme kamen, vermochte sie nicht zu sagen, doch sie waren einfach traumhaft. Langsam zog die Galaxie ihre Bahn, und das Raumschiff kam einem der majestätischen Seitenarme näher. Immer deutlicher wurden einzelne Strukturen, und sie erkannte bereits einzelne Nebel sowie ganze Staubhaufen, die an den Rändern hell leuchteten. Von ihnen schienen sich kleine Kugeln zu lösen.

Marc deutete auf diese Regionen, als ob er ihrem Blick gefolgt wäre. »Dort werden neue Sonnen geboren.« sagte er. »Aus den Resten vergangener Sterne, dem umgebenden Gas sowie Staub entstehen Himmelskörper. Vielleicht werden sie eines Tages zum Heimatgestirn einer neuen Zivilisation.«

»Unglaublich«, murmelte sie ergriffen. Mit Sicherheit war auch die Menschheit vor grauer Vorzeit diesem Prozeß entsprungen. Sie persönlich war das Endergebnis. Zumindest eines davon. Man mußte sich das einmal klar machen. Wer heute lebte, hatte unglaubliches Glück. Sie dachte an ihre

Eltern. Hätten sie sich nicht zur richtigen Zeit am richtigen Ort kennengelernt, gäbe es sie, Nermina, nicht. Gleichsam hing ihre Existenz von der richtigen, zeitgenauen Zusammenkunft ihrer Großeltern ab, von deren Eltern und Großeltern und so weiter. In einer Vorlesung an der Universität hatte sie diesen Gang durch die Generationen einmal mitgemacht. Schon nach acht Generationen sind rund 250 Personen direkt an der Entstehung eines heutigen Menschen beteiligt. Acht Generationen sind nicht viel. Zur Zeit von Shakespeare sind es schon rund 16.000 Menschen, und nimmt man die geringe Zahl von 25 Generationen, so hatte der Professor damals gesagt, reden wir schon von gewaltigen 33 Millionen Männern und Frauen, die direkt an der Lebenslinie eines heutigen Menschen, also ihr selbst, beteiligt sind.

Nermina versuchte im Kopf nachzurechnen, wieviele Generationen seit den Römern vergangen sind und daraus eine Zahl der mit ihr direkt verbundenen Menschen zu generieren. Es gelang ihr nicht. Eine Generation wird mit 25 Jahren gerechnet, aber die daraus resultierende Zahl war zu groß. In dieser Rechnung war nur von Eltern die Rede, nicht von anderen Verwandten, das wußte sie. Plötzlich hatte sie eine Idee. Als sie auf der Mondstation das Raumschiff bestiegen, sagte Marc, es würde auch auf sie reagieren. Nun brauchte sie einen simplen Taschenrechner und dachte an eine der Zugangskugeln.

Es dauerte einen Moment länger als bei Marc, aber es bildete sich eine der Kugeln direkt vor ihr. Vorsichtig steckte sie ihren Finger in das wasserartige Gebilde und formulierte im Geist ihre Frage: »Wieviele Menschen sind seit der Römerzeit direkt an meiner Existenz beteiligt?« Es dauerte einen Augenblick, da spürte sie plötzlich einen Gedanken. Es war wie die Antwort auf eine vor geraumer Zeit gestellte Frage. Jeder kennt das, es will einem nicht einfallen und plötzlich – man denkt an etwas völlig anderes – ist es mitten im Kopf. So erging es Nermina in diesem Augenblick. Doch die Zahl in ihrem Hirn erschreckte sie. Mehr als 1.000 Trillionen Wesen sind seit der Römerzeit in ihrer direkten Linie zu finden. Wie konnte das sein? Soviele Menschen konnten doch unmöglich auf der Erde gelebt haben. Da mußte ein Fehler sein. Entweder die Kugel konnte ihr als menschlichem Wesen die Antwort nicht richtig mitteilen, oder es gab eine Komponente, die sich nicht kannte. Sie begann eine neue Frage zu formulieren. »Wie kommt diese Zahl zustande, und bin ich dann nicht mit jedem Menschen irgendwie verwandt?« In ihrem Kopf machte sich schnell die Erkenntnis breit, daß dies tatsächlich der Fall war. Egal, ob man in ein Flugzeug stieg oder in einem Einkaufszentrum unterwegs war, buchstäblich jeder war, genetisch gesehen, in direkter Linie verwandt. Doch es waren nicht immer unterschiedliche Menschen gewesen, die sich paarten. Deswegen benötigte der Weg zu ihr eben keine 1.000 Trillionen Menschen. Oft genug waren es direkte Verwandte, die sich, mangels anderer Gelegenheiten, als Paar vermehrten. Inzest war die Antwort. Das ließ die Zahl der an ihrem Entstehungsprozeß beteiligten Personen natürlich auf einige Millionen schrumpfen. Nermina empfand das allerdings immer noch als sehr viel.

Seit der Geburt der Sonne und dem Entstehen der Erde hatte es bei keinem heutigen Lebewesen in der Vergangenheit eine Unterbrechung gegeben. Alle ihre Vorfahren, seien es die heutigen Menschen, die Neandertaler, Reptilien, Bakterien oder was auch immer, waren zum richtigen Zeitpunkt am richtigen Ort. Man hatte sich gefunden, und keiner von ihnen war vorzeitig aus dem Leben geschieden. In jedem einzelnen Fall wurde die Vermehrung erfolgreich vollzogen, millionenfach. In der Tat, es war ein enormes Glück. Es wurde jedem heutigen Lebewesen auf der Erde gleichermaßen zuteil. Ein paar Generationen konnte sie es in der eigenen Familie zurückverfolgen, aber natürlich nicht ewig. Und doch war der Lauf der Geschichte ihrer selbst lückenlos. Entsprungen ihrer Heimatgalaxie, dem Urknall. Eine Kette von Geburt und Tod seit Anbeginn der Zeit. Ihr kam ein Satz von Plato in den Sinn. Der große Philosoph hatte gesagt. »Das Leben im Universum stirbt, wenn auf den Tod kein Leben folgt.« Wie wahr. Sie wäre heute nicht hier, dieses Universum betrachtend, wären nicht alle ihre Vorfahren irgendwann gestorben. Vermehrung ist nur ein Antrieb, wenn der Tod im Bewußtsein verankert ist. Würden alle ewig leben, gäbe es keinen Fortschritt. Niemand hätte den Antrieb sich fortzupflanzen. Die Natur hatte es schon richtig eingerichtet. Leben gibt es nur, wenn es auch Tod gibt. Nermina überkam noch ein anderer Gedanke. Galt das nur für die Erde? Eigentlich nicht. Galt es aber für das gesamte Universum, war sie dann nicht auch mit Marcs Spezies verwandt? Sie mußte ihn irgendwann einmal danach fragen, zuerst wollte sie jedoch seine wahre Gestalt kennen. In wieweit war er ihrer Rasse ähnlich? Es war ihr klar, es sollte noch eine Weile dauern, bis sie diese Frage stellen konnte. Jenen Schritt zu gehen, bedeutete Vertrauen zu dem jeweils anderen zu haben. Vertrauen, welches sich erst noch aufbauen mußte. Von beiden Seiten. Zwar waren die Motive und Hintergründe unterschiedlich, am Ergebnis änderten sie jedoch nichts. Der Tag würde kommen.

Sie waren nun der Andromeda Galaxie ganz nahe und die ersten Sterne, flogen an ihnen vorüber. Kurz darauf tauchten sie in den Arm ein. Nermina fragte sich, auf wieviele bewohnte Systeme sie gerade herabblickte. Ob diese wohl auch Raumfahrt betrieben? Waren sie eventuell genauso weit wie ihre eigene Spezies? Oder soweit wie Marcs? Sie wollte nicht länger in der Kuppel herumwandern und dachte an eine der Wasserliegen. Fast sofort fing die Luft neben ihr an, sich zu verformen, und bildete eine der Ruhestätten aus. Dankbar legte Nermina sich nieder. Der Eindruck, den diese Reise auf sie machte, war gewaltig. Sie war in gewisser Weise müde, obwohl sie in der vorigen Nacht gut geschlafen hatte. Doch geistige Anstrengung machte auch schläfrig. Gleichzeitig war der Himmel so faszinierend, ihr Adrenalin wies vermutlich Höchstwerte auf. So starrte sie weiter in die schwarze Nacht hinaus, Abertausende von Sternen der Andromeda Galaxie in ihrem Blickfeld.

Das Raumschiff war schnell unterwegs, schneller als sie es sich je hätte vorstellen können. Ein wenig beschlich sie noch einmal die Frage, wie dies möglich war. Sie beschloß jedoch, Marc nicht danach zu fragen. Irgendwann vielleicht, nicht jedoch jetzt, es wäre zuviel.

»Es nagt an dir.« sagte er plötzlich.

»Was?«, antwortete sie.

Marc drehte sich zu ihr um. »Wie es möglich, ist diese enormen Geschwindigkeiten zu entwickeln.«

Sie lächelte ihn müde an. »Ja, aber ich glaube nicht, ich wäre heute noch in der Lage, die Antwort noch zu begreifen. Wie lange sind wir unterwegs?«

»Rund vier Stunden, nach eurer Zeitrechnung.«

Ihr fiel auf, daß sie heute morgen ein Frühstück verpaßt hatte. Vielleicht war das mit ein Grund für ihre Müdigkeit.

»Gibt es etwas zu essen hier an Bord?«, wollte sie wissen. »Wir haben — nein - ich habe noch nichts gegessen und deswegen fürchterlichen Hunger.«

»Oh, Entschuldigung, daran habe ich wirklich nicht gedacht. Wenn es etwas gibt, was dich stört oder was ich nicht beachte, woran ich nicht denke, sag es mir. Ich bin ein sehr vergeßliches Wesen. Das hat nicht direkt etwas mit meiner Spezies zu tun, vielmehr mit mir selbst. Ich bin so. Was magst du essen, ich kann alles bereitstellen lassen? Wir benötigen sowieso eine Weile, bis wir in die nächste interessante Region kommen, da können wir auch ruhig frühstücken gehen.« Marc wirkte etwas verlegen.

Das gefiel ihr. Er war, wie sollte sie es klassifizieren, irgendwie süß, wenn er sich für Versäumnisse entschuldigte. Es waren ja menschliche Bedürfnisse, die sie einforderte, sie konnte noch nicht einmal erwarten, daß ein Außerirdischer sie verstand. Eines wollte sie trotzdem noch wissen.

»Wieso brauchen wir eine Weile? Wir können doch so schnell fliegen wie wir wollen.«

Marc bewegte sich auf die Tür zu. »Fast. Das Schiff kann sich sehr schnell bewegen, der Antrieb arbeitet aber nicht nach dem gleichen Prinzip wie die Raumanzüge. Es braucht Zeit, geht nicht von Ort zu Ort direkt. Genau dazu wurde dieses Schiff gebaut, man hat die Gelegenheit, Dinge zu betrachten. In Nullzeit wäre das Unsinn. Beobachtungen machen Sinn. Deswegen fliegen wir jetzt durch leeren Raum. Ich werde das Schiff anweisen, uns mitzuteilen, wenn wir wieder in die nächste interessante Region kommen.«

»Gut, ich nehme das mal so hin, aber verlaß dich darauf, ich will es irgendwann noch wissen, wie das funktioniert.« Sie lächelte und stieg von ihrer Liege herunter. Ein Frühstück würde ihr jetzt sicher guttun.

8

Wenig später waren sie in einem kleinen Raum, der offensichtlich als Gemeinschaftsraum genutzt wurde. Marc stand an einer Wand mit einer rechteckigen Öffnung, die sie an einen Mikrowellenherd erinnerte.

»Was magst du?«, fragte er.

»Habt ihr hier an Bord irdische Küche?«, wollte sie wissen. »Oder muß ich mich frühzeitig an die Gepflogenheiten deiner Heimat gewöhnen?«

Marc mußte lachen. »Nein«, sagte er, »ich habe vor dieser Reise natürlich deine Kost einprogrammiert. Es ist eine Art Synthesizer, er kann mit Hilfe von verschiedenen Grundsubstanzen jede Speise herstellen, deren Zusammensetzung er kennt. Ähnlich den Cola-Automaten deiner Heimat. Diese mischen Wasser mit dem Getränkesirup. Wir machen es genauso, nur haben wir eben ein paar mehr *Zutaten*. Selbstverständlich steht es dir frei, auch meine Rezepte zu probieren. Sie schmecken nicht schlecht.«

Marc unterließ es, den sehr komplizierten Mechanismus der Nahrungserzeugung genauer zu erklären. Der Synthesizer baute die verschiedenen Inhaltsstoffe eines Gerichtes auf subatomarer Ebene zusammen. Die jeweiligen Spezies, die Marc im Laufe der Zeit kontaktiert hatte, besaßen sehr unterschiedliche Anforderungen. Ein jedes war im Laufe seiner evolutionären Entwicklung mit anderen Elementen in Berührung gekommen. War für den Menschen ein gewisses Maß an Eisen für den Blutkreislauf wichtig, es wird gebraucht um den Sauerstoffträger Hämoglobin aufzubauen, galt dies nicht zwangsläufig auch für Lebewesen, die diese Funktion mit Hilfe von Kupfer vollbrachten. Die Lebensnotwendigkeiten des einen bedeuteten Gift für den anderen. Umso wichtiger war es, den Synthesizer sorgsam zu programmieren.

»Was eßt ihr denn so?« Nermina war einen Augenblick lang versucht, das Angebot anzunehmen.

»Nun, es ist eine Mischung aus verschiedenen Gemüsesorten, Fleischarten und ähnlichen Dingen. Unser Planet unterscheidet sich vielleicht in den Formen und Farben der Dinge, aber unter anderem die Tatsache, daß wir beide miteinander kommunizieren können, belegt, so verschieden sind wir nicht. Es gibt Lebensformen, deren Speisen würden wir beide nicht einmal essen können, geschweige denn verdauen. Aber wir beide sind, wie sagt man bei euch, halbwegs kompatibel.«

Nermina dachte nach. »Gut, ich möchte ein Naturjoghurt mit Cornflakes, ein bißchen Frucht dabei, Milch und obendrauf ein wenig Honig. Außerdem such du mir etwas von eurer Welt aus. Ich verlasse mich auf dich und probiere es einfach mal.«

Marc berührte eine Wasserkugel, die sich jetzt neben dem mikrowellenartigen Gerät gebildet hatte. Einige Augenblicke später öffnete er die Tür und entnahm der Maschine einen Teller mit Nerminas Joghurt. Es dauerte nicht lange, bis zwei weitere Teller auf dem Tisch standen. Einer für ihn, ein anderer für Nermina.

»Probiere solange es warm ist«, meinte er. »Es schmeckt nicht kalt.«

Nermina sah ihn kurz an und nahm die neben dem Teller liegende Gabel. Das Joghurt ließ sie erst einmal stehen. Das Gericht von Marcs Heimat sah nicht schlecht aus, verschiedene Stücke in unterschiedlichen Farben. Ob es Fleisch oder Gemüse war, vermochte sie nicht zu beurteilen. Sie spießte einige Teile auf, zögerte aber, sie in den Mund zu stecken.

»Du bist sicher, daß die Dinger für mich nicht giftig sind?«, fragte sie etwas unsicher.

»Todsicher«, antwortete er mit gespielt finsterer Miene und konnte sich gleich darauf ein Grinsen nicht verkneifen. »Nein, im Ernst, mir ist durchaus klar, unsere Biologie unterscheidet sich von der euren. Der Synthesizer filtert alle Elemente, mit denen dein Metabolismus nicht vertraut ist, heraus. Für jedes Lebewesen, egal auf welchem Planeten, gelten die gleichen Gesetze. Dazu zählt die Verträglichkeit von chemischen Substanzen. Im Laufe der Evolution ist dein Organismus mit vielen Verbindungen in Berührung gekommen, mit anderen nicht. Nimm Natrium, ein Element welches in Verbindung mit Wasser sehr heftige Explosionen hervorruft. Chlor, ein weiteres Element, ist in reiner Form für euch giftig. Die Verbindung jedoch, Natriumchlorid nehmt ihr als Kochsalz auf. Ihr benötigt es in gewisser Menge zum Überleben. Gegenüber Elementen, die für eure Entwicklung keine Rolle spielten, Plutonium zum Beispiel, besitzt ihr null Toleranz. Es ist tödlich, wobei die Dosis keine Rolle spielt. Mit Quecksilber verhält es sich ähnlich. Auf anderen Planeten genießen die Lebewesen das Quecksilber als Delikatesse. Jeder ist verschieden. Der Computer weiß das. Keine Sorge, ich bin – wie sagte ich – todsicher.«

»Na prima.« Ihr Lächeln wirkte etwas verkrampft, aber sie nahm allen Mut zusammen und steckte die außerirdische Speise in den Mund. Nermina, dachte sie, du bist der erste Mensch, der so etwas probiert. Ein Gericht, nicht von der Erde. Etwas, was vor dir noch nie ein Mensch gegessen hat. Sie versuchte den Geschmack zuzuordnen. Vom Biß her wirkte es wie gebratene Paprika, aber der Geschmack war ganz und gar fremdartig. Es war geradezu phantastisch. Vermutlich wurden Gewürze verwendet, diese Kombination zu erzeugen. Noch nie zuvor hatte sie ein derart intensives Geschmackserlebnis gehabt. Es mußten ätherische Öle im Spiel sein, weil ihr das Essen sofort in die Nase zog. Tief atmete sie ein und sog die Luft in ihre Lungen.

»Ist etwas nicht in Ordnung?«, fragte Marc. »Diese Speise sollte dir keine Schwierigkeiten bereiten.«

»Nein, nein, es ist alles OK. Nur«, sie konnte es kaum beschreiben, »es ist ein so überwältigendes Gefühl, es ist einfach irre. Wie macht ihr das? Ist es das Fleisch oder Gemüse selbst oder sind es Gewürze?«

»Es ist ein Gemüse, es wächst auf baumartigen Pflanzen. Ungefähr so«, er machte eine Handbewegung und zeigte die Höhe vom Boden aus, »hoch.

Gewürze, wie ihr sie verwendet, kennen wir nicht direkt. Alle Geschmacksstoffe sind in den jeweiligen Zutaten enthalten, wir mischen sie und erhalten so das Ergebnis. Schmeckt es dir denn?«

»Sehr sogar, es ist wie«, sie machte eine Gedankenpause, »hmm, keine Ahnung. 'Out of this World' würde ich sagen.«

Nun mußten sie beide lachen. Nermina aß ihre Portion der außerirdischen Speise und machte sich dann über ihr Joghurt her. Sie mochte es, wenn die Cornflakes schon ein wenig weich waren. Im Gegensatz zu der außerirdischen Speise wirkte es jedoch fast schon ein wenig fad. Trotzdem, es erinnerte sie an Zuhause, und alleine deswegen war es gut.

»Ich habe eine Frage«, begann sie zwischen zwei Löffeln. Marc war mit seinem Essen beschäftigt, es schien verschiedene Fleischsorten, Gemüse und eine Soße zu vereinen. Dunkel in der Farbe sah es fast wie ein irdisches Essen aus. Doch Nermina wußte es besser. Was Marc mit sichtlichem Appetit verspeiste, hatte noch nie ein Mensch an seinem Gaumen verspürt.

»Zu dem Essen?«, meine er.

»Nein, zum Urknall.«

Der Außerirdische legte seine Gabel weg. »Schieß los, was möchtest du wissen. Nur eines vorweg, wir wissen auch nicht alles.«

»Wenn es einen Urknall gab, einen Moment, in dem alles entstand, aus dem wir heute bestehen und durch das wir gerade hindurchfliegen. Was war vorher da?« Nermina war sich der Tragweite ihrer Frage sehr wohl bewußt und gewillt, eine längere wissenschaftliche Erklärung auf sich zu nehmen.

»Nichts«, antwortete Marc simpel. »Es war nichts da, keine Zeit, kein Raum, keine Gesetze.«

»Das kann nicht sein, irgendwodrinnen muß die Singularität schließlich existiert haben. Wenn sie auch noch so klein ist, meinetwegen unendlich klein, das Universum muß sich in irgend etwas ausbreiten.« Die junge Frau von der Erde wollte sich mit »Nichts« einfach nicht zufrieden geben.

Marc dachte einen Augenblick nach. »Du stellst hier mehr eine philosophische Frage als eine wissenschaftliche. Unsere Wissenschaftler haben auch schon eine Reihe von Überlegungen zu diesem Thema angestellt. Was das »Nichts« angeht, man kann es nur erahnen. Tatsache ist, aus dem »Nichts« kann ein »Etwas« hervorgehen, unser Universum. Wir existieren, das ist der einfache Beweis. Es kann sein, wir sind ein Teil eines viel größeren Universums, in diesem Falle wäre unser »Nichts« vielleicht eine Ableitung aus einer anderen Dimension. Es kann sein, wir pulsieren. Ein Universum expandiert bis zu einem gewissen Punkt, dann zieht es sich wieder zusammen, wird zu einer Singularität, welche irgendwann wieder zu expandieren beginnt. Ein ewiger Kreislauf. Eines ist sicher, wir sind nur ein Teil von vielen Universen. Universen, die alle andere Voraussetzungen erfüllen. Unseres ist für uns sichtbar einfach deswegen, weil wir in ihm unsere Grundlage des

Lebens finden. Das heißt nicht, daß andere Universen nicht Grundlage für andersartiges Leben sein können.

Nimm die simplen Grundsätze, kurz nach dem Urknall entstanden die Gesetze, die wir heute kennen. Schwerkraft, elektrische Kraft, Gravitation. Wasserstoff zum Beispiel verwandelt sich zu sieben Tausendstel Prozent in Energie, wenn es zu Helium umgewandelt wird. Wären es nur 0,006 Prozent, würden die Prozesse die wir beobachten, nicht mehr in dieser Weise stattfinden. Es wäre zuwenig Energie im Raum. Wären es 0,008 Prozent, würden die Prozesse zu schnell und zu intensiv ablaufen. Wasserstoff wäre komplett verbrannt, bevor schwerere Elemente, aus denen wir bestehen, hätten entstehen können. Wie schon erwähnt, wir beobachten das Universum, unser Weltall, so wie wir es tun, weil es das einzige Universum ist, das uns hervorgebracht hat und welches wir ansatzweise verstehen.«

Nermina hatte ihm aufmerksam zugehört. Diesmal hatte sie ihn auf der richtigen Ebene erwischt. Es kamen keine technischen Erklärungen, er war auf ihrem Gebiet. »Glaubst du, wir können diese Zusammenhänge jemals verstehen?«

»In einem gewissen Maß. Was vor dem Universum existierte und darüber hinaus, entzieht sich bisher unserer Kenntnis. Es gibt Modellrechnungen, die einen Einblick in das *Vorher* erlauben, aber es resultieren daraus nur vage Vorstellungen. Ein *Nichts* ohne Gesetze ist für uns nicht vorstellbar. Dazu ist unser Kopf nicht gebaut. Schon rein biologisch nicht, weil all unsere Vorstellung in letzter Konsequenz auf Erfahrung beruht. Erfahrungen, die wir im Sinne der Entwicklungsgeschichte nicht gemacht haben, können wir natürlich nicht in Vorstellungen umsetzen. Das Universum ist sozusagen die verständliche Form des Unverständlichen, eine Übersetzung. Ein kluger Mensch hat es einmal so formuliert: »Unser Universum ist ungewöhnlicher, als wir es uns vorstellen, es ist allerdings noch ungewöhnlicher, als wir es uns überhaupt vorstellen können.« Damit hatte er zweifelsohne Recht. Wir haben, jede Spezies für sich, gelernt, damit umzugehen. Es birgt genug Möglichkeiten.«

»Das muß ich zugeben. Immerhin bedienen wir uns für unsere Reisen ja auch verschiedener Geschichten innerhalb unseres Universums. So hast du es zumindest erklärt. Das alleine ist seltsam genug«, warf sie dazwischen.

»Das ist etwas anderes. Wir operieren innerhalb der Gesetze unseres Raumes. Wir haben gelernt, sie zu nutzen, das ist alles. So wie ihr gelernt habt zu fliegen.« Marc stand auf, um sich noch etwas zu essen zu holen.

»Wir machen ein einfaches Gedankenexperiment.« sagte er, während er am Synthesizer stand. »Am Ende eures 19. Jahrhunderts dachte man, es gäbe nicht mehr viel Neues zu entdecken. Die Chemie, die Geologie, die Physik, alle hatten bereits die scheinbar wichtigen Fragen beantwortet. Es ist wie so oft, die Wissenschaft besitzt plötzlich wenige weiße Flecken, Gebiete, auf denen noch kaum etwas zu erwarten ist. Doch dann kommt jemand, der hat eine neue Idee, der wagt ein ungewöhnliches Experiment, und plötzlich ist wieder alles offen. So war es zum Beispiel mit dem Alter der Erde, deines Heimatplaneten. Es gab eine Menge Erkenntnisse, doch sie paßten in einem Punkt nicht zusammen. Man hatte die Fossilien entdeckt, selbst die Dinosaurier waren gefunden und zum Teil sogar richtig katalogisiert. Nur wollten sie nicht zum Alter der Erde passen. Der Planet, so dachte man, war einfach nicht so alt, wie er hätte sein müssen, um alle Fossilien wirklich einordnen zu können. Warum die Erde nicht so alt sein konnte, war leicht zu ersehen. Die Sonne selbst konnte, anhand der damals gängigen Vorstellung, nicht das gewünschte Alter erreichen, die Erde für die notwendigen Zeiträume am Leben zu erhalten.«

Nermina hatte ihr Joghurt aufgegessen und sah ihm zu, wie er eine der Wasserkugeln berührte. Wenig später erschien hinter der Klappe eine neue Speise. Diesmal schien es Früchten zu ähneln. Es hatte eine rosige Farbe mit einigen gelben Flecken. Die Stücke waren mundgerecht auf dem Teller verteilt. Marc fuhr mit seiner Erklärung fort, während er den Teller in der Hand hielt.

»Das lag einfach daran, man kannte den Kernbrennstoff, die atomare Verschmelzung nicht. Ohne diese fundamentale Erkenntnis wollte das Alter der Sonne nicht passen. Mit all den zu dieser Zeit bekannten Brennstoffen hätte die Sonne nie ausreichend lange brennen können, um das benötigte Alter der Erde zu gewährleisten. Ein Dilemma. Lange Zeit ging man einfach nicht darauf ein. Man behalf sich damit, die Dinge zu sortieren, ohne sie wirklich richtig einordnen zu können. Das änderte sich mit einem Franzosen namens Henri Becquerel. Er hatte versehentlich eine Schachtel mit Uransalzen auf eine Fotoplatte gelegt. Als er sie später verwenden wollte, war sie auf wundersame Weise bereits belichtet. Offensichtlich strahlte das Salz etwas aus, was diese Platte geschwärzt hatte. Eine fundamentale Entdeckung. Becquerel ließ eine Dame namens Marie Curie, eine Doktorandin, die gerade aus Polen eingewandert war, weitere Untersuchungen anstellen. Es stellte sich heraus, Uransalz hatte die Eigenschaft, Materie in Energie umzuwandeln. Ganz alleine, naturgemäß sozusagen. Ein gewisser Prozentsatz der Masse bestimmter Steine verwandelte sich ganz von selbst in reine Energie, ohne daß sich an dem Gestein äußerlich etwas änderte. Sie taufte diese Eigenschaft auf den Namen »Radioaktivität«. Wie wir heute wissen, Madame Curie war sich dessen leider nicht bewußt, eine für die Gesundheit jedes Lebewesens sehr gefährliche Eigenschaft. Aber diese neue Wissenschaft eröffnete auch viele erstaunliche Gebiete der Forschung.«

Nermina lauschte gespannt. Sie hatte all diese Namen schon gehört, war aber mit der dahinterliegenden Geschichte nicht recht vertraut. Der Außerirdische stand noch neben dem Synthesizer.

»Entschuldigung, ich will es gerne weiterhören - nur - kann ich auch noch etwas haben?«, fragte sie.

»Kein Problem, was magst du?«

Sie lächelte von einem Ohr zum anderen. »Wie vorhin - sag du es mir. Ich möchte noch eine Speise von euch probieren. Der erste Versuch schmeckte verdammt gut. Aber paß auf die Elemente auf, ich habe keine Lust auf Bauchschmerzen.«

Der Außerirdische wirkte ein wenig verwirrt. Diese Erdenfrau war die erste, die sich auf das Probieren der Kost seines Heimatplaneten einließ. Vor ihr waren alle Spezies lieber bei den auf ihren Planeten vertrauten Speisen geblieben.

»Wie du meinst, ich versuche etwas Schmackhaftes zu finden. Nicht heiß, würde ich meinen.«

Nermina schüttelte den Kopf. »Vergiß nicht, wir essen zum Beispiel heiße Eier oder Würste. Es geht schon. Auf der anderen Seite, ich weiß nicht, wie ihr es macht. Es ist wie alles nur eine Reihe von Gewohnheiten. Such einfach was aus, was ihr normalerweise frühstückt, ich will sehen und schmecken, wie es bei euch zugeht.«

Marc steckte seinen Finger in eine der Kugeln, und sofort begann sich im Synthesizer etwas zu regen. Nach wenigen Augenblicken erschien eine Speise, die sich wiederum komplett von der seinen unterschied. Er reichte Nermina den Teller und wartete gespannt auf die Reaktion. Die junge Frau roch daran und versuchte anhand der rosigen und orangenen Farben auf den Geschmack zu schließen. Doch es war seltsam, es roch nach nichts. Speisen müssen normalerweise riechen, weil der Mensch einen Großteil des Geschmacks über den Geruchssinn abwickelt. *Kein Geruch, wenig Geschmack, so lautete die Regel*, dachte Nermina. Vorsichtig steckte sie ihre Gabel in die Mischung aus Stücken und einer Art Püree. Der Geschmack traf sie völlig unvorbereitet. Hatte sie erwartet, eine relativ lasche Erfahrung zu machen, wurde sie nun eines Besseren belehrt. Ihre Nervenenden in der Zunge registrierten eine unglaubliche Fülle von wunderbaren Ingredienzen. Es war, als ob erst ihr Speichel diese Explosion der Eindrücke hervorrief. Sie verzog das Gesicht.

»Schmeckt es nicht?«, erkundigte sich Marc erstaunt.

»Ob es schmeckt? Es ist phantastisch.« Sie brachte die Worte nur undeutlich hervor, weil in ihrem Mund eine nicht enden wollende Symphonie des Geschmacks stattfand.

Marc lächelte erleichtert. »Ich dachte schon, ich hätte etwas falsch gemacht. An was denkst du?«

»An nichts Bestimmtes, warum?«

»Versuche mal, dir eine exotische Inselwelt vorzustellen.«

Nermina tat, wie ihr geheißen, und plötzlich erlebte sie die nächste Überraschung. Der Geschmack des Gerichtes änderte sich. Nun glaubte sie, eine variantenreiche Mischung karibischer Früchte auf dem Teller zu haben.«

»Wie ist das möglich?«, wollte sie erstaunt wissen und genoß jeden Bissen.

»Wir nennen es, na ja, Wunschgemüse wäre ein passender Ausdruck. Es richtet sich nach unserer Stimmung, schmeckt je nach vorhandener Emotion anders. Die Reizstoffe stimulieren direkt das Gehirn und setzen dort um, was gerade in der Vorstellung existiert. Deswegen sollte man auch nur in positiver Stimmung sein, wenn man es genießt. Wir lieben es, allerdings nur, wenn wir gute Laune haben, sonst schmeckt es verständlicherweise fürchterlich.« Er lächelte verschmitzt. Nermina gewann den Eindruck, er hatte eine negative Erfahrung mit diesem Gemüse bereits gemacht.

Die angehende Philosophin versuchte bei jeder Gabel, an etwas anderes zu denken und war restlos begeistert. Innerhalb von Minuten war der Teller leer und sie satt. Einmal mehr mußte sie einsehen, ihr Horizont war noch viel zu begrenzt. Philosophie mußte die undenkbaren Dinge einschließen. Das Unmögliche als Möglichkeit in Erwägung ziehen. Davon war sie noch meilenweit entfernt, solange sie solche Überraschungen erlebte.

»Ein tolles Zeug, das will ich morgen wieder.«

»Man darf nicht zuviel davon essen, es macht ein wenig süchtig.« Marc grinste über das ganze Gesicht. Hatte er doch die richtige Wahl getroffen.

»Keine Angst, ich will nicht nur dieses ausprobieren. Euer Speisezettel hat auf jeden Fall viel zu bieten.« Nermina lehnte sich entspannt zurück. Das hatte sie jetzt gebraucht. Einzig ein Getränk fehlte noch, sie hatte Durst.

»Darf ich es auch probieren?«, fragte sie und war schon auf dem Weg zum Synthesizer.

»Nur zu, versuch es einfach.«

Sie probierte es mit einem kleinen Glas Wasser, welches auch prompt erschien. Nachdem sie dieses geleert hatte, folgte eine Tasse Tee sowie ein Glas Orangensaft. Sie hatte den Eindruck, die Kugeln reagierten nun schneller auf sie. Vielleicht *gewöhnte* sich das System langsam an die Kommunikation mit einem Menschen. Tee und Orangensaft nahm sie mit an den Tisch.

»Jetzt kann ich mich wenigstens ernähren, auch wenn du nicht da bist.« Sie grinste über ihren Tassenrand hinweg, während sie langsam den heißen Tee trank. Doch die Vorstellung, ohne Marc auskommen zu müssen, behagte ihr nicht direkt. Sie mochte diesen Außerirdischen, ob als männlichen Vertreter ihrer Gattung oder generell, das vermochte sie noch nicht klar zu sagen. Sie sah ihn an: »Erzähl weiter.« bat sie.

»OK, nun, die Arbeiten von Marie Curie brachten erstaunliche Erkenntnisse. Mit dem Uran war zum ersten Mal eine natürliche Substanz gefunden worden, die selbständig Materie in Energie umwandeln konnte. Bei Berechnungen zeigte sich, es könnte das lange gesuchte Element sein, welches die Erdwärme hinreichend erklärte. Man kannte die Wärme, die aus der Tiefe kam, hatte jedoch bisher keine Erklärung dafür. Doch es barg noch viel mehr. Sagt dir die Halbwertszeit etwas?«

»Ja, es beschreibt die Dauer, die radioaktives Material benötigt, um zur Hälfte zu zerfallen, sich von Uran zum Beispiel in Blei zu verwandeln.« Das hatte sie auf der Schule in Physik gelernt. Nermina war stolz auf sich, ein

Augenblick mehr, in dem sie nicht total unwissend diesem Außerirdischen gegenüber stand.

»Genau«, entgegnete Marc. »Man konnte nun berechnen, anhand von Material, das man gefunden hatte, die Erde mußte mindestens 700 Millionen Jahre alt sein. Dies war weit mehr als jede bisherige Annahme und erklärte viele Funde aus der Paläontologie. Dazu muß man wissen, alle Materialien besitzen die Halbwertszeit. Man ging zu dieser Zeit davon aus, die Erde könne nicht älter als rund 90 Millionen Jahre sein. Natürlich war man noch weit von der effektiven Wahrheit entfernt, aber die Wissenschaftler dieser Zeit befanden sich auf dem richtigen Weg. Plötzlich verflüchtigten sich viele der weißen Flecken wie von selbst. Die Wissenschaft hatte neue Gebiete, auf denen sie forschen konnte. Und noch etwas kam hinzu. Mit dem Entdecken dieser Tatsache, der Radioaktivität, begannen Wissenschaftler in aller Welt neue Experimentalfelder aufzutun. Plötzlich begann die Idee der Atome wieder neuen Sinn zu ergeben. Ein Mann namens Einstein entwickelte in eurer Welt einen grandiosen Gedanken. Auf der Basis der Energieumwandlung erdachte er seine geniale Formel $e=mc^2$. Energie ist gleich Masse mal dem Quadrat der Lichtgeschwindigkeit. In jedem Stück Masse steckte eine ungeheure Menge Energie. Diese Erkenntnis ist gültig, in eurer Welt wie in meiner. Sie führte ihn zu einer Theorie, welche als Relativitätstheorie bekannt ist. Die Resultate, die Einstein hervorbrachte, waren von elementarer Bedeutung für eine Vielzahl von Dingen des täglichen Lebens. Euer Fernsehen wäre ohne Einstein nicht möglich gewesen. Es waren die Gedanken eines einfachen Mannes, die die Welt veränderten. Ist dir klar, worauf ich hinaus will?«

Die junge Frau hatte eine gewisse Ahnung. »Du willst mir sagen, nichts ist endgültig, jede neue Idee birgt die Möglichkeit, neue Forschung zu betreiben, neue Dinge zu entwickeln.«

Marc nickte. »Hat das nicht auch etwas mit Philosophie zu tun? Sind es nicht die Dinge, die bisher für undenkbar gehalten wurden, die nun plötzlich in einem ganz neuen Licht erscheinen? Haben nicht Plato und Kant in die gleiche Richtung gedacht? Jeder auf seine Weise? Das Undenkbare für möglich zu halten? Sich über die alltäglichen Dinge des Lebens gewundert? Sie alle taten das.«

Sie schaute ihn stumm an. Immer mehr wurde ihr auf dieser Reise klar, warum ihr der Professor das Buch über Naturwissenschaft gegeben hatte. Es hatte eine ganze Menge mit Philosophie zu tun. Wenn sie jemals ernsthaft auf diesem Gebiet tätig sein wollte, kam sie um die Wissenschaft nicht herum. Die Fragen der Philosophie waren ebenso die Fragen der Wissenschaft.

»Ist das auf eurer Welt ebenso passiert?«, erkundigte sie sich.

»Natürlich«, antwortete er. »Es passiert auf jeder Welt, auf der die Lebewesen anfangen, über sich selbst und ihre Welt nachzudenken. Und sie kommen auch alle zu ähnlichen Ergebnissen. Bestimmte Gesetze gelten in jeder Region gleichermaßen.

»Was gibt es heute noch für weiße Flecken in unserer Welt? Also Dinge, auf die wir noch nicht gekommen sind?« Sie war nun richtig neugierig geworden und hatte für einen Moment vergessen, daß sie sich Milliarden Kilometer von ihrer Heimatwelt entfernt befand und durch den interstellaren Raum jagte.

»Das kann ich dir zwar sagen, aber ich darf es nicht. Es würde eine Einmischung in eure Welt bedeuten, die zu sehr unvorhergesehenen Dingen führen kann.«

»Inwiefern? Du nimmst mich mit auf eine Mondstation, zeigst mir Geräte, die wir noch nicht mal im Ansatz erdacht haben und läßt mich an das Ende des Universums fliegen.« Nermina klang etwas ärgerlich, was Marcs Aufmerksamkeit nicht entging.

Sanft versuchte er eine Erklärung. »Die Dinge, die ich dir zeige, sind letztendlich nichts weiter als eine Weiterentwicklung eurer Gedanken. Weltraumfahrt betreibt ihr seit vielen Jahrzehnten. Die Sache mit den verschiedenen Geschichten innerhalb eines Universum, den Branen, all das habt ihr bereits in der gegenwärtigen Forschung. Es ist nichts wirklich Neues. Wenn du wieder daheim bist, nimm dir ein Buch von Stephen Hawking und du wirst entdecken, er hat ebenso philosophische Gedanken wie wissenschaftliche. Dieser Mann versucht nachzuweisen, was für viele als revolutionär gilt. Und er hat in vielen Bereichen Recht. Natürlich wird es noch viele Jahre dauern, bis man es wirklich in Form von Technik umsetzen kann, aber er ist auf dem richtigen Weg. Wir *haben* diese Erkenntnisse bereits umgesetzt. Deswegen kann ich mit dir diese Reise unternehmen. Das ist aber auch schon das ganze Geheimnis. Hätte man euren Gebrüdern Wright ein modernes Jetflugzeug gezeigt, sie würden es sicher im Grundsatz verstanden haben. Selbst wenn die Technologie des Düsenantriebs sie verwundert hätte, Fliegen folgt einem einfachen Prinzip. Man muß nur darauf kommen. Genau wie auf die Grundsätze der interstellaren Reisen, der Nutzung von Branen, Gravitation und vieler anderer Dinge. Hier benötigen wir ebenso maßgebende Erkenntnisse wie Basisinformationen im Bereich Materialforschung. Für die Bauweise dieser Schiffe zum Beispiel. Sind aber diese Probleme einmal gelöst, ist es kein Problem mehr. Oder machst du dir etwa Gedanken über den technischen Aufbau eines Flügels, wenn du mit einem Jet in den Urlaub fliegst?«

Sie mußte lächeln. »Nein, du hast Recht, ich mache mir Gedanken, wann der Kaffee endlich kommt. »

»Siehst du, ich mache mir keine Gedanken, wie dieses Raumschiff funktioniert. Ich weiß es im Grundsatz, ansonsten benutze ich es. Wie wir alle mit jedem Gegenstand unserer Umgebung. In jeder Welt gibt es Tausende Beispiele für die Nutzung von Erkenntnissen. Jemand kommt auf die richtige Idee, andere setzen sie um. Wieder andere benutzen sie einfach. Aber ich kann dir nicht sagen, wohin ihr denken müßt. Das darf ich nicht. Sicher haben wir noch einige Dinge in unserer Wissenschaft gefunden, auf die ihr noch nicht gekommen seid, das wird aber irgendwann stattfinden. Es findet immer statt. Würde ich dir sagen, wonach ihr suchen müßt, würde ich bestimmte Dinge vorausnehmen und damit die Geschichte auf eurem Planeten verändern. Das darf ich nicht. Weiße Flecken gibt es nur eine Zeitlang, und ihr seid in einem Punkt schon sehr weit gekommen.«

»In welchem?«

»Ihr habt erkannt, daß weiße Flecken auf der Landkarte der Forschung nicht wirklich existieren. Es ist Aufgabe der Philosophen und der Wissenschaftler gleichermaßen, in immer neue Richtungen zu denken. Diese Richtungen führen zu neuen Erkenntnissen. Niemand auf eurer Welt glaubt heute noch ernsthaft daran, die Welt hätte nichts Neues mehr zu bieten. Es ist eine Frage der neuen Ideen, der Dinge, an die noch niemand zuvor gedacht hat.«

Nermina runzelte die Stirn. »Ist das der Grund, warum du mich mit auf diese Reise genommen hast? Werde ich Ideen haben, meine noch nicht vorhandenen Kinder, meine Enkelkinder eventuell?«

»Vielleicht«, antwortete er geheimnisvoll.

Plötzlich bildeten sich um sie herum einige der Kugeln, Marc bediente sie in gewohnter Weise.

»Es ist Zeit.« Er stand auf. »Die nächste Station unserer Reise ist nah. Laß uns in die Kuppel gehen.«

Sie stellten die leeren Teller in eine dafür vorgesehene Öffnung der Wand, und Nermina folgte ihm auf dem Weg zu der großen Beobachtungsstation. Wenig später standen sie wieder unter einem gigantischen Sternenhimmel. Galaxien breiteten sich vor ihr aus wie Sterne über ihrem See. Eine war ganz besonders schön, sie drehte sich langsam um ihre Achse.

»Die Whirlpool Galaxie, wie ihr sie nennt.«, meinte Marc. »Ein wunderschönes Gebilde. Wir bewegen uns jetzt auf den nächsten Super-Cluster zu. Hunderte Spiralgalaxien, die sich zusammengeballt haben. Doch es kommt noch besser, warte es ab.»

Die junge Frau stand in der Kuppel und war sprachlos. Langsam zog das Raumschiff an der Whirlpool Galaxie vorbei, die bläulichen Arme besaßen eine atemberaubende Kraft. Dann traten sie wieder in den vermeintlich leeren Raum ein. Vor ihr zeigte sich nun eine ganze Reihe von Galaxien, die zusammen den zuvor benannten Galaxienhaufen bildeten. Sie flogen von der Längsseite in den Haufen hinein. Es war völlig dreidimensional. Obwohl sie mit einer Geschwindigkeit flogen, die sich jenseits von Nerminas Vorstellungskraft bewegte, sie dachte nicht einen Moment darüber nach. Der Blick aus der Kuppel war einfach zu phänomenal. Millionen, nein, Milliarden von Sternen zogen an ihr vorbei, unzählige Zivilisationen mochten von diesen Sternen beleuchtet werden. Die reine Tatsache, potentiell so viele Lebewesen unter sich zu sehen, überforderte sie in gewisser Weise. Sie genoß einfach den Ausblick. Vor ihr schienen sich all die Milchstraßensysteme gleichermaßen zu verschieben, und das Schiff tauchte in eine Schleife ein, die sie näher an das Zentrum des Clusters heranführte.

»Mein Gott, wie ist das möglich?«, hauchte sie ergriffen und meinte die gigantische Ansammlung von Galaxien, die sich vor ihnen ausbreitete.

Marc trat einen Schritt näher an sie heran. »Möchtest du in den Arm genommen werden?« Er hatte schon beim letzten Mal verspürt, daß der körperliche Kontakt sie beruhigte.

Sie drehte sich zu ihm um, ein wenig verwundert und zugleich erleichtert. Sie wäre nicht von selbst auf die Idee gekommen, aber ihr behagte der Gedanke.

»Ja bitte«, sagte sie.

»Ich kann es dir erklären, aber es ist nicht leicht.« sagte er und legte den Arm um sie. Sanft schmiegte sie sich an ihn, die leuchtenden Sterne über sich.

»Bitte versuch es. Aber nicht zuviele wissenschaftliche Formeln, ich verstehe sie doch nicht.«

»Gut, ich gebe mein Bestes. Sag mir, wenn ich dich überfordere, OK?«

»In Ordnung.« Ihre Stimme war angesichts des gigantischen Ausblicks nur mehr ein Flüstern.

Marc sprach leise, aber doch bestimmt. Der Eindruck der vorbeischwebenden Galaxien verfehlte auch bei ihm seine Wirkung nicht. Er hatte diesen Ausblick zuvor schon ein paar Mal gesehen, es faszinierte ihn jedoch immer wieder. Das Universum war ein seltsames Refugium. Zu groß und zu wunderbar, es je begreifen zu können, zu gegenwärtig, es zu ignorieren. »Im sichtbaren Universum zählen wir rund 140 Milliarden Galaxien, jede bestehend aus rund 200 Milliarden Sonnen. Eine unvorstellbar große Menge an Sternen. Und doch macht es Sinn. Sie ballen sich zusammen, sie tragen Leben, und sie sind alle in einer oder der anderen Art und Weise mit unseren jeweiligen Heimatsternen verbunden. Nicht ein einziges Gesetz auf deiner und meiner Welt liegt nicht dem Universum zugrunde. Es gibt nichts außerhalb. Viele Gesetze haben wir gefunden, doch je mehr wir finden, desto häufiger stellen sich neue, noch kompliziertere Fragen. Bleiben wir zunächst einmal bei den großen Dingen, die du hier über dir siehst. Sie gehorchen Gesetzen, die sich grundlegend von den Gesetzen unterscheiden, die für die kleinen Dinge der Welt gelten.«

Langsam bewegten sie sich aus dem Super-Cluster heraus, und die letzten Galaxien zogen am Schiff vorbei. Interstellarer Raum breitete sich in seiner scheinbar unendlichen Leere vor ihnen aus. Doch in der Ferne war bereits eine neue Ansammlung zu erkennen. Je näher sie kamen, desto klarer wurde Nermina, sie hatte erst den Anfang gesehen. Eine Weile standen sie schweigend in der Kuppel. Der nächste Cluster begann das Bild zu füllen. Bald war die Kuppel erleuchtet von Hunderten Galaxien, mehr als sie je zuvor gesehen hatte.

»Diese Anhäufung enthält mehr als eintausend Systeme, der größte Cluster und die gewichtigste Zusammenballung von Materie im Umkreis von 100

Millionen Lichtjahren. Das ist unser Ziel, der Virgo-Cluster, im Zentrum eine gewaltige runde Galaxie. Dort halten wir an.«

»Willst du damit sagen, wir sind 100 Millionen Lichtjahre von der Erde entfernt?«

»Ja«, entgegnete Marc. »Jedenfalls so ungefähr. Genau kann ich es dir nicht sagen, aber wenn du willst, projiziere ich eine genaue Angabe.«

»Nein, ist schon OK.« Ihre Stimme wurde brüchig. Plötzlich traten ihr Tränen in die Augen. Sie begann zu weinen.

Erschrocken drehte Marc sie zu sich herum und blickte ihr in die Augen. Hatte er es übertrieben? War er mit dieser Reise zu weit gegangen? Die ganze Zeit über hatte er den Eindruck gewonnen, diese Erdenfrau konnte so leicht nichts erschüttern. Doch als er sie nun vor sich sah, kam ihm die Erkenntnis, es könnte ein Schritt zuviel gewesen sein.

»Ist es zuviel?«, erkundigte er sich vorsichtig.

Nermina schaute in den Sternenhimmel, die wunderschöne Kugelgalaxie nahm nun fast schon die ganze Kuppel ein. Das Raumschiff verlangsamte seine Fahrt. Unzählige Sterne erleuchteten ihr nun von Tränen überströmtes Gesicht.

»Ja, es ist zuviel. Mein Gott, Marc, ich bin eine kleine Frau von der Erde, ein Nichts in diesem Universum. Vergiß das nicht. Meine Familie ist weiter entfernt, als ich es mir auch nur vorstellen kann. Ja, Marc, es wird mir nun mit aller Wucht bewußt, es ist im Augenblick zuviel. Ich kann nicht mehr. Bitte mach etwas dagegen. Mir ist klar, du kannst mich nicht einfach zurückbringen, aber ich fühle mich so alleine.«

»Du bist nicht alleine.« erwiderte er mit aller Zärtlichkeit, die seine Stimme aufzubringen vermochte. »Ich bin bei dir.«

Neben Nermina bildete sich eine der Wasserliegen, sie bot Platz für zwei. Marc bedeutete ihr, sich niederzulegen. Vorsichtig nahm er neben ihr Platz, immer bemüht, ihr gleichzeitig nah aber nicht zu nah zu sein. Nermina dachte an einen Urlaub mit ihren Eltern. Sie waren auf dem Weg zurück von einem Restaurant. Plötzlich sah sie eine Katze am Wegesrand und instinktiv nahm dieses Tier ihre ganze Aufmerksamkeit ein. Sie kniete nieder und begann die niedliche Kreatur zu streicheln. Unbemerkt hatten ihre Eltern bereits die nächste Straße überquert und waren um eine Ecke gebogen. Die Katze verschwand hinter einer Hecke und Nermina, ein kleines Mädchen, das sie war, folgte ihr. Innerhalb weniger Minuten befand sie sich in einem großen Garten. Hohe Bäume umsäumten die in der Dunkelheit gerade noch erkennbaren Blumenbeete. Die Katze schien mit ihr zu spielen. Immer wieder ließ sie sich streicheln, lief dann davon, nur um sich erneut anfassen zu lassen. Nermina liebte das Spiel. Plötzlich jedoch tauchte die Katze nicht mehr auf. Offensichtlich gehörte sie zu dem majestätischen Haus und war darin verschwunden. Nermina war alleine in dem weitläufigen Garten. Von einem auf den anderen Moment wirkten die dunklen Bäume sehr bedrohlich. Sie war vielleicht elf Jahre alt, genau wußte sie es nicht mehr. Das Haus warf einen langen Schatten im Mondlicht, und über ihr leuchteten die Sterne. Um sie herum tauchten wie aus dem Nichts alle möglichen Geräusche der Nacht auf. Sie hatte Angst. Wo waren die Eltern? Sie kauerte sich an eine Mauer und weinte bitterlich. Sie war so alleine. Nach einer Weile hörte sie wie durch einen Nebel die Stimme ihres Vaters. Sofort stand sie auf und begann auch laut zu schreien. »Papa, wo bist du? Ich bin hier, komm her, komm her. Papa«. Wieder überkamen sie die Tränen, und sie bemerkte kaum, daß ihr Vater bereits durch die Hecke getreten war und sie in den Arm nahm. »Alles OK, Nermina«, sagte er. »Alles OK, ich bin bei dir. Keine Sorge, es ist alles in Ordnung. Schau, es ist alles wie immer, der Mond scheint und die Sterne leuchten über dir. Du bist nicht alleine. Du bist nie alleine. Was immer ist, ich bin bei dir.« Er wartete, bis sie sich ein wenig beruhigt hatte und streichelte sie sanft. »Komm laß uns gehen.« Er nahm sie bei der Hand, und die Einsamkeit hatte in dieser Nacht ein Ende. Die Tränen trockneten.

»Du bist nicht alleine«, wiederholte Marc, ohne den Zusammenhang zu begreifen, die Worte des Vaters. »Schau die Sterne an, laß den Augenblick auf dich wirken.« Die Stimme des Mannes an ihrer Seite riß sie aus ihren Gedanken. Sie schluckte. Der Himmel über ihr breitete sich nun mit Milliarden Sternen vor ihr aus. Es war wie ein Teppich aus Licht und Farben. Langsam sammelte sich die junge Frau wieder. Ihr war klar, sie war nicht aus Zufall hier, es hatte einen Grund, Marc war nicht *einfach so* auf sie gekommen. Insofern durfte sie ihn auch nicht enttäuschen. Ihr Schluchzen wurde schwächer bis sie sich schließlich die letzten Tränen aus den Augen wischte. Die über ihr in atemberaubender Schönheit liegende Galaxie gewann wieder die Oberhand.

Ich bin stark, sagte sie sich, ich will es wissen, und er wird mich auch zurück an meinen See bringen. Immerhin hat er das versprochen. Sie atmete schwer und sagte: »Erklär es mir weiter. Dann komme ich vielleicht auf einen anderen Gedanken.«

Marc war sich unsicher, sollte er mit den phantastischen Hintergründen fortfahren? Er machte einen Versuch.

»Nun gut«, begann er. »Du hattest gefragt, wie all dies möglich ist. Dazu muß man erst einmal versuchen zu verstehen, wie es zusammenhängt. Seit den Anfängen des Denkens, auf jeder Welt, fragen sich die Lebewesen diese entscheidende Frage. Vielleicht ist es die wichtigste Frage von allen. Wie ist das möglich? Auf eurer Welt war es der schon erwähnte Einstein, der dieser Erkenntnis einen entscheidenden Schritt näher kam. Er fand einen wichtigen Zusammenhang. Neben ihm gab es natürlich noch andere, aber darauf kommen wir später. Einstein erkannte, wir leben nicht nur in drei Dimensionen. Die Zeit spielt eine gewichtige Rolle. Sie ist als eine weitere Dimension anzusehen. Zeit ist ebenso wie Raum manipulierbar, sonst zum Beispiel wären wir nicht hier.«

Nermina fragte sich gerade, ob die Geschichte sie in dieser Tiefe interessierte, entschloß sich aber, noch eine Weile zuzuhören. Es war nicht uninteressant, aber doch sehr weit von ihrem ursprünglichen Studiengebiet entfernt. Es klang in einer gewissen Weise wie Science-Fiction, und das war nun wirklich nicht ihr Gebiet. Auf der anderen Seite, sie war nun einmal hier, zusammen mit einem Außerirdischen. Tausende Wissenschaftler würden ihr letztes Hemd für diese Gelegenheit geben. In gewisser Weise wäre es der Menschheit gegenüber unfair, würde sie nun einfach aufstehen und gehen.

Marc fuhr fort. »Die Zeit ist kein statisches Ding, das einfach voranschreitet. Unser Geist ist nicht in der Lage, es zu erfassen, aber die Zeit hat eine Form, sie ist untrennbar mit den anderen Dimensionen verwoben. Was auch immer wir tun, wo und wie schnell wir uns auch bewegen, es hat etwas mit Zeit zu tun. Wir bewegen uns in der Zeit, genauso wie in den anderen drei Dimensionen. Zeit läßt sich dehnen und schrumpfen, je nach Betrachtungsort sieht sie anders aus. Begründet auf ihrem Zusammenhang mit dem Raum nennt man sie auch Raumzeit. Sie ist vor allen Dingen der Grund für den Zusammenhalt des Universums. Gravitation ist dir bekannt?«

»Ja«, sagte sie leise. Nun klang es nicht mehr wie die Erfindung des Autors eines Romans. Angesichts ihrer unglaublichen Reise begann Marcs Erklärung in ihrem Kopf einen Platz zu finden.

»Stell dir vor, die Zeit ist wie eine Gummidecke.« Er wußte, diese Metapher machte die Raumzeit den meisten Lebewesen einigermaßen klar. »Auf dieser Decke liegen Kugeln, die Sonnen, Galaxien und Planeten. Körper, die Masse besitzen. Sie verursachen eine Delle auf der Gummidecke. Je nach verfügbarer Masse tiefer oder weniger tief. Rollt man nun eine Kugel in die Nähe der nächstgrößeren Kugel, wird ihr Weg abgelenkt. Ihr Weg in der Raumzeit ändert sich. Sie schwenkt auf die Bahn der massereicheren Kugel ein. Diesen Effekt nennt man Krümmung der Raumzeit. Gravitation ist sozusagen nichts anderes als ein Abfallprodukt der Raum-Zeit-Krümmung. Nebenbei bemerkt, das ist der Effekt, den wir gelernt haben zu nutzen. Wir können die Raumzeit manipulieren, wir nutzen die Dellen ganz gezielt aus, formen sie nach unseren Bedürfnissen und gelangen so zu Orten, die ohne diese Möglichkeit niemals zu erreichen wären. In der Raumzeit spricht man nicht von einem Weg von A nach B im Sinne einer Entfernung, sondern von dem Weg von einem Ereignis zum anderen.«

»Bedeutet das, Gravitation, also die Anziehungskraft, ist nur unsere Sichtweise der Raumkrümmung?«

»Ja, so könnte man es sagen. Auf dieser Basis funktioniert das Universum. Alle Dinge, die du siehst, hängen direkt damit zusammen. Licht gehört ebenso dazu. Dieser Super-Cluster, in dem wir uns befinden, besitzt eine gigantische Masse, er krümmt das Licht gewaltig. Von der Erde aus wirkt er wie eine Linse. Eine Graviatationslinse. Wir sehen die Dinge nicht wie sie sind, es ist alles eine Illusion. Durch diese Verzerrung des Raumes sind Galaxien von der Erde aus sichtbar, die normalerweise nie zu sehen wären. Dieser Cluster wirkt wie ein Vergrößerungsglas. Die Sterne über deinem See sind in Wirklichkeit nicht nur oft an anderen Orten, sie sind in vielen Fällen auch bereits verloschen. Andere würdest du erst in Millionen Jahren sehen, sie sind zwar schon existent, nur hat ihr Licht die Erde noch lange nicht erreicht. Nichts, was du siehst, entspricht der Wirklichkeit.«

Nermina drehte sich ein wenig in seinem Arm und seufzte. »Was macht das Universum für einen Sinn, wenn alles für die darin lebenden Individuen nur eine Illusion ist?«

»Ganz einfach, es läßt sie existieren. Ohne eine geballte Menge scheinbarer Wirklichkeit würden wir alle verrückt. Unser Leben wäre nicht möglich, weil wir keine Orientierungspunkte hätten. Nimm dein Auge. Würdest du das ganze Spektrum der Radiowellen auf einmal sehen können, wie solltest du wissen, was gut und was schlecht für dich ist? Wie solltest du den Weg erkennen, den du gehst. Es wäre schlicht ein, wie es in moderner irdischer Sprache heißt, »Overkill« an Information. Nein, jedes Wesen erkennt genau, was es erkennen soll. Insekten sehen andere Farben, ich sehe andere Spektren, und doch, für jede Spezies macht es auf ihre eigene Weise Sinn. Die Natur ist zwar ein lausiger Baumeister, aber es funktioniert.«

Nun setzte sich die junge Frau auf. Ein wenig empört schaute sie ihn an. »Wieso ist die Natur ein lausiger Baumeister? Hat sie nicht alle diese Wunder erschaffen? Wozu zeigst du mir all diese Dinge, nur um sie kurz darauf zu negieren? Ich bin zwar kein Kirchgänger, aber an einen Gott glaube ich schon in irgendeiner Form. Ich weiß nicht, ob dir es genauso geht, aber ich kann mir nicht vorstellen, all dies ist Mist?«

Sie deutete auf die wunderschöne Kugelgalaxie über sich. Majestätisch drehte sie sich langsam um ihre Achse, während das Schiff immer tiefer in Richtung auf das Zentrum eintauchte. Die Geschwindigkeit war nun deutlich niedriger geworden. Einzelne Sonnen wurden erkennbar, nicht jedoch Planeten. Nermina war sich sicher, es gab derer genug, aber sie waren schlicht zu klein, um sie von dieser Position aus sehen zu können. Genau hatte sie noch im Kopf, wie schnell sich die Erde am Anfang ihrer Reise in den Weiten des Alls verloren hatte.

»Erklär mir das. Was meinst du mit lausig?«

Der Außerirdische lächelte verschmitzt. Erstaunlich, wie schnell er in der Lage war, die menschlichen Gewohnheiten anzunehmen. Oder war das auch nur eine Sache, sie zu beruhigen? Sie von seiner wahren Natur abzulenken? War es überhaupt schnelle Auffassungsgabe? Vielleicht beobachtete er die Menschen schon jahrelang.

»Ich gebe zu«, sagte er, es ist eine provokative Aussage. Zu Gott kommen wir später, ich möchte dir nur zunächst einen Blick für die wirklichen Zusammenhänge eröffnen. Stell dir vor, du lebst auf einem Planeten auf dessen Oberfläche Diwasserstoffoxid als vorherrschendes Molekül existiert. Es hat eine enorme Dichte, es zerdrückt dich, wenn du mit ihm in größerer Menge in Berührung kommst, es erstickt dich, weil du es nicht atmen kannst, es ist hart wie Stein, wenn du darauf aufschlägst. Zudem ist es in Verbindung mit Mineralien von tödlicher Natur, zumindest für dich, und in Kombination mit anderen Elementen brauen sich daraus ätzende Säuren zusammen, sie zerfressen jede organische Substanz, inklusive dir selbst. Je nach Zustand verbrennt es dich, oder du erfrierst bei der kleinsten Berührung. Würdest du einen Planeten besuchen wollen, auf dem ein solches Molekül die entscheidende Rolle spielt?«

»Klingt nicht besonders einladend«, sagte sie. »Sprichst du von deiner Heimatwelt?«

»Nein, von deiner. Denk nach, Diwasserstoffoxid ist simpel und einfach Wasser.«

Er hatte sie erwischt. Ein anderer Name, ein paar furchterregende Beschreibungen, und schon erschien die Erde nicht mehr lebenswert. Wie so oft zuvor hatte sie sich in die Irre führen lassen. Doch es war nicht Marc, der sie fehlleitete, es war ihre Sichtweise der Dinge. Warum nur konnte er sie immer wieder so aufs Glatteis führen? In ihrem Studium hatten alle Professoren doch immer wieder darauf hingewiesen, die Philosophie sollte sich von den üblichen Betrachtungsarten der Welt trennen und die zwar normalen, aber doch abstrakten Fragen stellen.

»Du bist gemein.« Sie klang ein wenig erbost, war es aber nicht wirklich.

»Bin ich das? Ich will dir erklären, warum die Natur ein lausiger Konstrukteur ist, und alles, was ich mache ist, dich zunächst daran zu erinnern, in welcher Welt du lebst. Deine Welt ist ebenso wie die meine voll von solchen Dingen. Egal in welche Richtung du blickst, du findest sie überall. Wir sollten uns dieser Tatsache bewußt sein, wenn wir weiter über den Bauplan aller Dinge nachdenken. Was machst du, wenn du eine neue Idee entwickelst?«

Das Schiff bog in eine sanfte Schleife ein und zog langsam seine Bahn entlang der Außenbezirke der Galaxie. Interessanterweise befanden sich auf ihrem Weg erstaunlich wenige Nebel. »Ich prüfe, ob sie schon jemand vor mir entwickelt hat. Wenn nicht, schreibe ich sie auf, wenn doch, verwende ich sie.«

»Sehr gut. Nun hast du die Idee in Form einer Zeichnung, eines Planes oder wie auch immer entwickelt und aufgezeichnet. Was machst du, wenn du genau diese Idee erneut benötigst?«

Wollte er sie für dumm verkaufen? Die Antwort lag doch auf der Hand. Gerade in den letzten Minuten hatte sie allerdings gelernt, sie mußte vorsichtig sein. So einfach, wie die Welt schien, war sie nicht. »Ich hole sie erneut hervor und verwende sie wieder, zumindest wenn sie einigermaßen auf die Situation paßt.«

»Gut, was machst du, wenn sie nicht direkt auf die Gegebenheiten anwendbar ist?« Marc setzte sich auf der Liege ein wenig zurecht und schaute ihr direkt in die Augen. Nein, er musterte ihr Gesicht. Es war ihr nicht unangenehm, doch es irritierte sie ein wenig. Die hell leuchtenden Sterne schimmerten in der Kuppel, und es schien ihr, als gehöre der Mann mehr zum Weltraum als zu ihr. Nun, in einer gewissen Weise – vielleicht war das auch so. Er wußte so viel mehr als sie.

»Ich entwickle die Idee weiter, bis sie wieder paßt«, sagte sie.

»Völlig korrekt, jeder macht das. Alles andere ist Zeitverschwendung. Einzig die Natur macht es nicht. Alleine die Augen wurden auf deinem Planeten mehr als fünfzigmal unabhängig voneinander erschaffen. In den verschiedensten Formen aber jedes Mal von Grund auf neu. Die Anzahl der Augenentwicklungen im gesamten Universum läßt sich noch nicht einmal schätzen. Und das ist nur ein Beispiel. Warum?«

Sie sah ihn fragend an und wartete.

»Ganz einfach, Zeit hat keine Größe, und die Natur geht nach einer völlig anderen Logik vor als es alle Lebewesen im Universum tun. Für eine Spezies mit einer beschränkten Wirkungsspanne spielt es eine enorme Rolle, Dinge zeitlich zu optimieren. In der Natur werden Entwicklungen jeweils bis zum passenden Moment vorangetrieben. Ob sie dann optimal sind oder nicht, hat keine Bedeutung, sie sind richtig für den Moment. Vielleicht geht es besser, aber das ist egal. Die Wunder, die wir sehen und erleben sind keine Wunder im eigentlichen Sinne, sie sind zweckgebunden. Vielleicht gibt es bessere Elemente als den äußerst aggressiven und giftigen Sauerstoff, aber er war der Grundstoff der Stunde, er war halt da, und dabei ist es für euch wie für uns bisher geblieben. Das ist in unserem Sinne völlig ineffektiv und aus der Sicht eines Lebewesens ist dies eine lausige Art, Sachen zu konstruieren. Verstehst du worauf ich hinaus will?«

Nermina dachte einen Augenblick über seine Worte nach und antwortete dann leise: »Ich glaube schon. Bei allen Dingen, die wir in unserer Welt sehen, sollten wir nicht immer unsere eigene Betrachtungsweise als hundertprozentig gegeben annehmen.«

»Richtig, die sogenannten Wunder der Natur sind in Wirklichkeit gar keine so großen Besonderheiten, sie sind einfach eine Lösung, die sich aus den momentanen Gegebenheiten ergibt. Sie erscheinen uns nur so phantastisch, weil wir in direkter Linie davon profitieren.«

Ein Gedanke schoß ihr durch den Kopf. »Dann sind wir selbst auf unserem Planeten auch nicht die »Krone der Schöpfung«.« Es war mehr eine Erkenntnis als eine Frage.

»Mit Sicherheit nicht, eure Spezies hat sich entwickelt, weil es, begründet auf der Kette der Evolutionsereignisse, gar nicht anders ging. So fehlerhaft ihr auch seid, es war zum Zeitpunkt X gut genug, und deswegen gibt es euch. Im Übrigen, wir sind nach dem gleichen Prinzip aufgebaut. Auch an unseren Körpern gäbe es viel zu verbessern aber wozu? Sie leben ja. In einer sehr fernen Zukunft wird es weder euch noch uns in der gegenwärtigen Form geben. Entweder wir sterben einfach aus, oder wir entwickeln uns derart weiter, daß ein Außenstehender in ein paar Millionen Jahren dich als heutige Person kaum noch mit der dann lebenden Spezies vergleichen würde.«

»Kann es sein, daß wir gar nicht so weit voneinander entfernt sind?«

»Das kann nicht nur sein, es ist so. Unser Planet sieht anders aus, wir essen andere Dinge, benötigen ein paar andere Grundstoffe, aber wir basieren prinzipiell auf den gleichen Strukturen. Wohlgemerkt, unsere beiden Spezies. Dabei sind wir wie ihr nur ein unbedeutender Seitenarm der Entwicklung, keineswegs das Ziel. Damit sind wir bei Gott.«

Nun wird es spannend, dachte Nermina. Gott hatte in ihrem Leben zwar nie eine große Rolle gespielt, obwohl sie Katholikin war, ganz ohne einen Glauben kam auch sie jedoch nicht aus. Ihre Eltern fügten sich mehr der allgemeinen sozialen Situation, gingen in die Kirche und lebten die Feiertage. Sie konnte mit diesen, von einem Buch und Priestern vorgegebenen Dingen wenig anfangen. Jedesmal, wenn sie in den vergangen Jahren mit einem strenggläubigen Menschen ins Gespräch kam, endete es in einem Streit. Glaubensregeln gegen Evolution und Philosophie. Die Regeln der Kirche mochten vor Hunderten von Jahren ihre Gültigkeit besessen haben, heute war es anders. Die Welt hatte sich weit von Gott, oder zumindest von der Kirche, entfernt. Zuviele Beispiele widersprachen der Bibelmeinung. Auf der anderen Seite, Glauben war ein essentieller Bestandteil jeder Gesellschaft, niemand kam wirklich ohne aus. Das zeigten die Millionen von Menschen, die sich zu großen Happenings zusammenfanden, wann immer ein »Kirchenoberhaupt« zugegen war. Obwohl, sie hatte oft den Eindruck, es ging bei solchen Veranstaltungen mehr um die Party als um Glaubensgrundsätze. Aber das mochte eine subjektive Einschätzung sein. Tatsache war, Glauben erfüllte überall auf ihrer Welt einen einfachen Zweck, man fühlte sich nicht alleine.

Marc stand auf und begann in der Kuppel umherzuwandern. Sie folgte seinen Bewegungen. Irgendwie erschienen sie ihr sehr geschmeidig. Lag es an seiner nichtmenschlichen Herkunft? Oder sah sie ihn nur einfach so? Sie wußte es nicht.

»Was hatte Gott im Sinn?«, fragte er. »Wenn man überhaupt von einem übernatürlichen Wesen ausgeht, es ging sicherlich nicht um uns. Die Natur im gesamten Universum zeigt, es gibt weitaus erfolgreichere Lebewesen. Auf jeder Welt. Erfolg zeichnet sich nicht durch Raumschiffe aus, sondern alleine durch Langlebigkeit. Auf eurem Planeten gab es zum Beispiel eine Art, die verbrachte rund 300 Millionen Jahre in den Meeren bevor sie ausstarb, die Trillobiten. Das ist Erfolg. Der Mensch bringt es in seiner gegenwärtigen Form gerade mal auf ca. 100.000 Jahre. Wir existieren etwas mehr als 150.000 Jahre eurer Zeitrechnung, auch nicht gerade viel.«

»Aber die Trillobiten waren vergleichsweise primitive Lebewesen«, warf sie ein.

»Was ist primitiv?« Marc drehte sich zu ihr herum.

Unsicher sah sie ihn an. Sie hatte einen Verdacht, was er ihr sagen wollte, wartete jedoch ab.

»Primitiv ist doch kein Ausdruck, welcher sich nach den Künsten der Wissenschaft richtet. Wenn wir Gott annehmen, dann besteht sein Bestreben doch im Erhalt des Lebens. Egal wann, egal wo im Universum. Das Leben besitzt eine erstaunliche Eigenschaft. Je komplizierter es ist, desto schneller stirbt es aus. Das dürfte für unser beider Spezies in gleicher Weise gelten. All diese Galaxien«, er deutete auf den gewaltigen Sternenhimmel, der sich an der Kuppel zeigte, dienen nur einem Zweck. Sie sollen Leben beherbergen. In welcher Form auch immer. Bakterien zum Beispiel werden noch existieren, wenn wir beide mitsamt unserer Zivilisation längst untergegangen sind. Nein, Gott hat andere Gedanken im Sinn, als uns als das Ziel seiner Bestrebungen anzusehen. Das mag uns schwer verständlich erscheinen, die Tatsachen sprechen jedoch eine eindeutige Sprache. Erfolgreiches Leben ist bestrebt - sozusagen - möglichst wenig aufzufallen, sich extrem langsam zu entwickeln, wenn überhaupt. All die Technik, all das Wissen, es spielt im Gesamtzusammenhang eine eher untergeordnete Rolle. Das Bakterium hat keine Ahnung von physikalischen Abläufen, aber es existiert. Ohne Bakterien gäbe es uns nicht, wir sind in gewissem Sinne Abfallprodukte, weit entwickelte zwar, aber doch nur ein kleines Beiwerk.«

Nermina starrte in den Sternenhimmel. So hatte sie es noch nie betrachtet. Es war ein ernüchternder Gedanke, doch sie mußte sich selbst eingestehen, Marc hatte Recht. Insofern war jeder Gottglaube im irdischen Sinne irrwitzig. Die Reise begann, eine neue Dimension in ihr zu eröffnen. Leben strebte nicht nach Entwicklung alleine, es strebte nach Vollkommenheit. Vollkommen war, was lange überlebte. Dazu gehörten die Menschen mit Sicherheit nicht.

Plötzlich bildeten sich in der Kuppel die Wasserkugeln. Erst waren es einige wenige, doch ihre Zahl erhöhte sich rapide. Nermina sah sich überrascht um. Sie waren anders als sonst, schimmerten in einer bedrohlich violetten Farbe und schwirrten hektisch durch den Raum. Mit einer atemberaubenden Geschwindigkeit, die sie ihm in seiner menschlichen Form nie zugetraut hätte, sprang Marc auf die Kugeln zu. Seine Hände hatten sich in Tentakel verwandelt. Er griff nach vielen der Wassergebilde gleichzeitig. Es nützte nichts.

Eine Sekunde später brach buchstäblich die Hölle los. Es krachte ohrenbetäubend. In der Kuppel klaffte ein riesiges Loch, durch das schnell die Luft aus dem Saal entwich. Sie nahm noch den gewaltigen Luftstrom wahr, der sie von ihrer Liege in Richtung Weltall saugte, und sie sah Marc, der sich von einem Augenblick zum anderen verwandelte, offensichtlich bemüht, das Loch zu schließen. Seine Tentakel befanden sich überall im Raum, Wasserkugeln erschienen und verschwanden, verbanden sich mit den Tentakeln. Voller Angst schrie sie auf, versuchte sich irgendwo festzuhalten, ohne Erfolg. Das All zerrte mit unbarmherziger Kraft an ihr. Es gab keine Möglichkeit sich zu retten, der Raum war leer bis auf die Kugeln und viele Trümmerteile. Doch sie boten keinen Halt. Unaufhaltsam kam die Decke der

Kuppel auf sie zu, dahinter nichts als das tödliche Vakuum des Weltraums. Plötzlich wurde es um sie herum dunkel. Sie schrie noch immer, doch der Schall schien sich nicht mehr fortzupflanzen. Es blieb still. Still um sie herum, still im Universum.

9.

Es war bereits nach elf, als bei Professor Joshua Geldermann das Telefon klingelte und ihn weckte. Da er es nicht direkt neben seinem Bett stehen hatte, ignorierte er es im ersten Augenblick. Doch das Klingeln war hartnäckig. Seine Frau wälzte sich neben ihm im Bett. Geldermann lauschte eine Weile, beschloß aber dann aufzustehen, ging in sein Arbeitszimmer und hob ab. Nichts, nur ein Tuten. *Mist,* dachte er, *jemand hat sich verwählt.* Gerade als er zurück auf dem Weg in sein Bett war, klingelte es erneut. Diesmal war der Philosophieprofessor schneller.

»Ja«, sprach er etwas verärgert in den Hörer. Dann lauschte er gespannt.

»Bist du verrückt, es ist nach elf, ich liege schon im Bett.« Lange Sekunden vergingen als Geldermann stirnrunzelnd durch die Dunkelheit des Raumes starrte. »Hat das nicht bis morgen Zeit?« Seine Miene verfinsterte sich noch ein wenig mehr, aber er gab sich geschlagen. »Meinetwegen – ja – ich komme. Aber wehe es ist nichts Wichtiges.« Der Anrufer schien es eilig zu haben. Geldermann resignierte. »Ja, ist ja gut, ich bin in zwanzig Minuten da.« Er legte auf.

Schnell zog er sich etwas an und ging in die Garage. Geldermann wohnte nicht direkt in der großen Stadt, sein Haus lag in einem Vorort. Ein paar Minuten später fuhr er auf die Autobahn, die, vorbei an einer Raffinerie, im Randgebiet der Stadt mündete. An der großen U-Bahn Station fuhr er rechts auf die Stadttangente und ordnete sich in die Spur ein, die ihn in das Zentrum führte. Um diese Zeit war nicht mehr viel los, und der Verkehr machte keine Probleme. Rund zehn Minuten später bog er auf das Gelände der Universität ein und stellte das Auto auf seinem persönlichen Parkplatz ab. Geldermann stieg aus, betätigte den Verschlußmechanismus, das Auto ließ kurz die Blinker aufleuchten und blieb dann im Dunkeln stehen. An der Tür des *Geologischen Institutes* zog er seine Karte durch den Identifikationsschlitz, und ein Klicken signalisierte ihm, die Tür war offen. Gespannt lief er durch die leere Eingangshalle, in Richtung auf den Laborflügel. Was in aller Welt war so wichtig, daß man ihn nachts aus dem Bett holte.

Vor der Tür des Labors 273 blieb er stehen und klopfte. Es dauerte keine fünf Sekunden und ein untersetzter Mann öffnete.

»Danke, daß du kommen konntest.«

Franz Königshofer war Mitte Fünfzig, hatte dichtes graues Haar und einen Schnauzbart. Sein Hemd war zerknittert, der Schlips heruntergezogen. Dies stand im Gegensatz zu seiner Arbeit. Im Laufe der Jahre hatte er sich einen hervorragenden Ruf als Geologe an der Universität erarbeitet. Er galt als genau und gab einem Problem niemals nach. Seine Studenten stöhnten zuweilen unter dem gewaltigen Arbeitsaufwand, den er ihnen bei Forschungsprojekten aufbürdete. Joshua Geldermann trat in das Labor. Alles war aufgeräumt, wie immer. So kannte er Königshofer, akkurat bis in die

Zehenspitzen, solange es seine Arbeit anging und nicht sich selbst. Das Licht war gedämpft und alle Geräte ausgeschaltet bis auf einen Computer am Ende des Raumes.

»Schließ die Tür ab«, forderte Königshofer.

»Warum?«, wollte Geldermann wissen, tat aber wie ihm geheißen. »Franz, was ist los, warum holst du mich zu nachtschlafender Zeit aus dem Bett? Was willst du? Warum diese Geheimniskrämerei?«

Der Mann mit der leicht dicklichen Figur setzte sich vor seinen Computer. Geldermann und er kannten sich seit einer Ewigkeit, auch wenn sie grundsätzlich unterschiedliche Studiengänge bedienten. Königshofer war an der Universität als gutmütiger Pedant bekannt. Er forderte von seinen Studenten oder Kollegen totale Hingabe. Die Forschungsarbeit war der Inhalt seines Lebens. Wer diesem Ziel nicht folgte, war für ihn uninteressant. Vor vielen Jahren hatten sie zusammen Evolutionsbiologie studiert, bevor Geldermann in die Philosophie und Königshofer in die Geologie wechselte. Seitdem hatten sie in fachlicher Hinsicht zwar täglich nicht mehr allzuviel gemeinsam, waren aber trotzdem Freunde geblieben. Immer wieder trafen sie sich nach Feierabend, um Forschungsergebnisse bei einem Glas Wein zu diskutieren. Zeitweise ergaben sich dadurch in den jeweilig eigenen Gebieten neue Erkenntnisse.

»Joshua, du erinnerst dich an den Stein, den du mir heute nachmittag zur Untersuchung gegeben hattest?« Königshofers Stimme klang aufgeregt. »Ist die Tür zu?«

»Ja, verdammt, sie ist zu, ich habe sie abgeschlossen.« Der Professor klang nun wirklich verärgert. »Franz, was ist?«

»Ich kenne diesen Stein«, begann der Geologe.

»Was heißt, du kennst ihn? Es ist bloß ein Stein.«

Auf dem Computerbildschirm zeigte sich nun der Stein Geldermanns in einer dreidimensionalen Abbildung.

»Nein, es ist nicht nur ein Stein. Schau her.«

Geldermann beugte sich etwas näher an den Bildschirm heran, konnte aber nichts Besonderes erkennen.

»Du weißt, ich interessiere mich in meiner Freizeit für Exo-Geologie. Die Lehre von Meteoriten. Woher hast du den Stein?«

»Mein Gott, Franz, spann mich nicht so sehr auf die Folter, ich habe ihn heute von einem Gasthörer bekommen. Er meinte, ich solle ihn untersuchen lassen. Es war ein seltsamer Kauz, der zusammen mit einer Studentin nach der Veranstaltung vor dem Vorlesungsraum stand. Die Diskussion in der Vorlesung war sehr interessant, und er brachte einige wichtige Argumente ein, das war alles.«

Königshofer rief schweigend eine Internetseite der NASA auf und zeigte Geldermann ein Bild, welches vom Marsroboter *Spirit* aufgenommen wurde. Geldermann erstarrte.

»Willst du mich auf den Arm nehmen?«

»Nein, ich wünschte, es wäre so.« Er griff in eine Schachtel und reichte dem Professor den Stein. »Schau dir die Vorderseite an, dort ist ein abgeschliffener Kreis zu erkennen.«

Tatsächlich, der Kreis glich dem auf dem Bildschirm der NASA Seite wie ein Ei dem anderen.

»Das ist nicht möglich«, murmelte er.

Königshofer holte tief Luft. »Doch, Joshua, es ist das, was du denkst. Dort hat der Roboter eine Untersuchung mit einem Mösbauer Spektrometer vorgenommen. Sieh.« Er rief eine weitere Seite auf und vergrößerte das Bild. Deutlich waren die Spuren des Schleifinstrumentes zu erkennen.

Geldermann betrachtete den Stein, der Geologe hatte Recht, die runde Stelle war ihm am Morgen gar nicht aufgefallen.

»Halt, jetzt mal ernsthaft. Willst du allen Ernstes sagen...«

»Ja, Joshua, dieser Stein lag bis vor kurzem auf dem Mars. Das Bild ist eindeutig. Der Stein, den du in der Hand hältst, stammt vom roten Planeten. Ich habe zudem einige Untersuchungen vorgenommen, das Material stammt eindeutig nicht von der Erde. Wie auch immer du da rangekommen bist, es ist vom Mars.« Königshofers Stimme schwankte.

»Das ist doch nicht möglich«, sagte Geldermann erneut.

»Wie willst du es erklären?«

»Keine Ahnung, ich kann es nicht. Alles, was ich weiß, ist, der Mann war in seinen Vierzigern, mittelgroß, normale Gesichtszüge, unauffällig und kam einige Zeit nach Beginn der Vorlesung in den Raum. Bald danach begann er mit einigen provozierenden Bemerkungen, die Diskussion zu führen. Es war ja nicht einmal schlecht. Wir sprachen über Gott, das Universum und, ja, wenn man es im Nachhinein betrachtet, er machte immer wieder Aussagen, als ob er nicht von dieser Welt stammen würde. Ich nahm ihn zuweilen damit auf den Arm. Aber woher hätte ich wissen sollen... Nein, das kann nicht sein.« Geldermann war sichtlich aufgeregt.

Der Geologe wandte sich seinem Computer zu und begann, die gewonnenen Daten zu verschlüsseln. »Bevor wir nicht mehr darüber wissen, bleibt diese Sache unter uns. Niemand darf davon erfahren. Wir würden als völlige Idioten dastehen, könnten wir es nicht eindeutig beweisen.«

»Was brauchst du noch?«, fragte der Philosophieprofessor. »Du hast das Bild, den Stein und deine Ergebnisse.«

»Den Mann, der dir diesen Stein geschenkt hat, er kann es erklären.«

»Er meinte, ich sollte ihn bei Gelegenheit mal untersuchen lassen, und ich würde verstehen. Es klang beiläufig. So ganz langsam beginne ich zu verstehen. Aber selbst wenn - sollte ich ihn noch einmal wiedersehen, was soll ich ihn denn fragen? Hallo Herr Außerirdischer, von welchem Planeten kommen Sie? Das ist doch absurd.«

Geldermann reichte den Stein zurück an Königshofer. »Schließ ihn ein, ich versuche mehr darüber zu erfahren, aber das geht erst morgen. Ich werde die Studentin ausfindig machen. Vor einigen Tagen habe ich ihr ein Buch geliehen, und ihre Adresse steht mit Sicherheit in meinen Notizen. Ich schreibe mir solche Dinge immer auf.«

»Was meinst du mit *verstehen*?«, wollte der Geologe wissen. Er schaltete den Computer aus und packte den Stein in einen großen Umschlag. Anschließend ging er in einen Nebenraum und verstaute den wertvollen Gegenstand in seinem persönlichen Schreibtisch.

Geldermann war verunsichert. Er dachte noch einmal an den heutigen Vormittag zurück. An all die Anspielungen bezüglich fremder Sterne und außerirdischer Personen. Sollte es die Wahrheit sein? War dieses Mann tatsächlich nicht auf der Erde geboren? »Hatte ich es tatsächlich mit jemandem zu tun, der nicht von dieser Welt kommt? Es scheint so, als sollte ich genau dies denken.«

»Keine Ahnung, Joshua, sicher ist, dieser Stein kommt vom Mars. Wir beide wissen das. Finde heraus, wie das möglich ist. Es gibt keine normale Erklärung für das, was in meinem Schreibtisch liegt.«

»Können wir unauffällig die NASA kontaktieren und sie bitten, ein weiteres Foto des Steines, der auf der Internetseite abgebildet ist, zu machen? Wäre dies möglich, könnten wir sichergehen, daß er noch dort liegt und dies hier auf der Erde eine Zufallskopie ist.«

Königshofer seufzte. »Fehlanzeige, der Roboter ist mittlerweile einige Meilen von dieser Stelle entfernt. Niemals würden sie ihn zurückschicken. Und selbst, wenn es möglich wäre und der Stein dort nicht mehr liegt, was glaubst du würden sie uns sagen?«

»Sie würden es leugnen, garantiert. Gleichzeitig käme eine ganze Delegation von Amerikanern hierher, und sie würden uns ausfragen, warum wir genau diese Frage gestellt hätten.«

»Exakt«, antwortete Königshofer.

Professor Geldermann sah ein, es gab nur eine Möglichkeit, der Sache auf den Grund zu gehen. Er mußte den geheimnisvollen Mann ausfindig machen. Nur der Fremde konnte erklären, woher der Stein stammt. Nein, es ging nicht einmal darum, woher der Stein stammte, es ging darum, warum er hier auf der Erde war und warum Geldermann ihn bekommen hatte.

Nicht in seinen kühnsten Träumen hätte der Professor sich ausmalen können, auf welche Weise Marc den Stein auf die Erde gebracht hatte. In der Nacht, als er Nermina am See verabschiedete, war er zwar in die alte Seehütte zurückgekehrt, die er für seine Reisen verwendete und wo er unter altem Schilf seine Ausrüstungsgegenstände versteckt hatte, allerdings war er nicht in die Mondstation zurückgekehrt, um zu schlafen. Statt dessen transferierte er sich in seinem Raumanzug auf den Mars. Dort sammelte er einige Steine ein, sich sehr wohl bewußt, daß diese auf der Erde einem interessierten

Personenkreis bekannt waren. Er *wollte* den Hinweis. Nermina war die ausgesuchte Person, aber sie konnte sich als Fehlschlag erweisen. Marc ließ sich auf allen Reisen immer eine Hintertür offen. Auf diesem Planeten war es der Philosophieprofessor. Seit Monaten beobachtete er beide. Sie hatten die gleichen Einstellungen zum Leben, auch wenn Nermina sich dessen nicht so sehr bewußt war. Würde sich die junge Frau weigern, sein Angebot wahrzunehmen, er hätte ohne zu zögern Geldermann kontaktiert. Ihr Lebensverlauf war jedoch der vielversprechendere, deswegen war sie die erste Wahl. Außerdem waren junge Vertreter der jeweiligen Spezies offener für Abenteuer. Und es war ein Abenteuer, worauf sich die kontaktierte Person einließ. Aber er wollte die Information seiner Anwesenheit einer zweiten Person mitteilen, mit Hilfe des Steines. Tags darauf ergab sich die Gelegenheit, ihn weiterzugeben und damit den Prozeß des Fragenstellens einzuleiten.

»Franz, ich bin müde.« Geldermann gähnte, es war mittlerweile nach Mitternacht. »Laß uns morgen weitermachen. Ich checke die Studentin, vielleicht weiß sie etwas.«

»Ist gut, aber denk dran, zu niemandem ein Wort.« Der Geologe klang besorgt.

»Versprochen, mir ist schon klar, was das alles bedeutet. Ich weiß nur noch nicht warum. Es muß ihm klar gewesen sein, wir würden es herausfinden.«

»Mit Sicherheit, niemand liefert so einen eindeutigen Hinweis ohne eine Absicht zu haben. Nur welche, das ist die Frage?«

Die beiden Männer verließen schweigend das Labor und verabschiedeten sich in der großen Halle.

»Mach´s gut, Franz. Ich rufe dich morgen an, sobald ich etwas herausgefunden habe.« Geldermann schüttelte die Hand des Freundes und ging Richtung Parkplatz. Königshofer begab sich zu der nahegelegenen Bushaltestelle. Er fuhr immer mit öffentlichen Verkehrsmitteln, innerhalb der Stadt war es einfacher. Heute hatte er den wissenschaftlichen Fund seines Lebens gemacht, es war ihm nur nicht klar, wie er ihn nutzen konnte. Sollte er die ESA oder die NASA anrufen? Er verwarf den Gedanken, das würde zum gegenwärtigen Zeitpunkt keinen Sinn machen und nur eine Menge neugieriger Leute anziehen. Warte ab, was Joshua herausbekommt, sagte er sich.

Ein paar Minuten später stieg Geldermann in sein Auto und war bald darauf wieder auf der Autobahn. Nachdenklich fuhr er zurück zu seinem Haus. In der Ferne drehten sich die Windräder des Energiesparprogrammes, welches sich das Land vor einiger Zeit auferlegt hatte. Er blickte hinauf zu den Sternen. Warum dies alles? Weil er ein paar richtige Gedanken hatte? Weil er die Menschheit mit seinen Vorlesungen weiterbrachte? Ein sehr seltsamer Gedanke. Diese Nacht tat er kein Auge zu, zu sehr war er mit anderen Planeten beschäftigt. Gleich am nächsten Morgen würde er die Studentin anrufen und mit ihr sprechen. Es mußte eine vernünftige Erklärung für dieses Geschenk geben. Gleichzeitig hatte er jedoch Angst vor der Antwort.

*

Es war früh am Morgen, als Geldermann aufstand. Um sieben Uhr konnte er noch niemanden anrufen, und so machte er sich erst einmal einen Kaffee. Schweigend saß er am Tisch und ließ den vergangenen Abend Revue passieren. Es paßte auf der einen Seite zusammen, andererseits war es zu phantastisch, überhaupt darüber nachzudenken. Außerirdische auf seinem Planeten, welch verrückte Idee. Jeder hatte den Gedanken, einmal einen zu treffen, aber man war sich auch der Tatsache bewußt, es würde niemals passieren. Nun war es doch geschehen. Er wußte es. Doch was sollte er mit dieser Information anfangen? Niemand würde ihm glauben.

Nachdem er sich angezogen hatte, fuhr er in die Universität. Bis zu seiner ersten Vorlesung war es noch eine Weile Zeit, und kurz nach neun beschloß er, die Eltern von Nermina anzurufen. Den Namen der jungen Studentin hatte er mittlerweile seinen Notizen entnommen, die Telefonnummer war nicht weiter schwierig zu finden. Er griff zum Telefon und wählte die Nummer. Nach kurzer Zeit meldete sich jemand.

»Guten Morgen, hier ist Joshua Geldermann«, meldete er sich. »ich bin der Philosophieprofessor ihrer Tochter Nermina, und ich hätte sie gerne gesprochen.«

Am anderen Ende der Leitung erklärte Nerminas Vater, sie würde ein paar Tage bei einer Freundin wohnen, weil sie frühe Vorlesungen hätte.

»Können sie mir die Telefonnummer geben? Ich habe ihr ein Buch geliehen, und ich brauche es dringend zurück.« Geldermann wußte, die Lüge war nicht besonders gut, aber es war das Beste was ihm einfiel. Schnell griff er zu einem Stift und notierte die Nummer.

»Vielen Dank, damit haben sie mir sehr geholfen.« Er lauschte einen Moment. »Nein, es gibt keine Probleme, ich muß nur in dem Buch etwas nachschlagen, das ist alles. Vielen Dank.«

Er legte auf, froh, das Gespräch beenden zu können. Etwas nervös wählte er die Nummer von Juliette, Nerminas Freundin. Es tutete eine Weile im Hörer, bis die Frau am anderen Ende abhob. Offensichtlich hatte er sie aus dem Schlaf geholt. Sie meldete sich müde.

»Hallo, hier ist Professor Geldermann. Ich möchte gerne Nermina sprechen.«

»Sie ist nicht da«, vernahm er der Stimme am anderen Ende der Leitung

»Irgendeine Idee, wann sie wiederkommt?«, wollte er wissen. »Sie hat ein Buch von mir, und ich brauche es dringend zurück.«

Juliette wußte nicht genau, was sie antworten sollte. Nermina hatte sie zwar bezüglich ihrer Abwesenheit instruiert, ihr aber nicht die Hintergründe genannt. Geldermann spürte das Zögern.

»Juliette, ich glaube Nermina ist nicht bei ihnen. Sie hat keine frühen Vorlesungen. Ich denke vielmehr, sie befindet sich eventuell in Gefahr. Daher bitte ich Sie, mir alles über ihren Verbleib zu erzählen.« Sofort bereute er, den Gefahrenmoment ausgesprochen zu haben.

»Ich weiß es nicht, Herr Professor. Sie hat sich gestern mit einem Mann am See getroffen, sie meinte, er wäre nett, und ich solle mir keine Sorgen machen. Das zumindest teilte sie mir am Handy mit. Was ist los? Was ist mit ihr?« Die Stimme der Freundin am Telefon klang nun ernsthaft besorgt.

Der Professor war sich ebenso unsicher. Was sollte er sagen? Viel Wahrheit hatte er nicht zu bieten. Er legte so viel Zuversicht in seine Stimme, wie er konnte. »Vermutlich ist ihr nicht wirklich etwas passiert, Gefahr war das falsche Wort, Entschuldigung.«

»Aber sie sprachen doch von Gefahr.«

»Ja, aber es kann sich genausogut um nichts handeln, ich möchte nur sicher gehen.« Er wollte sie beruhigen. »Wo am See trafen sie sich?«

»Am Strand, bei den Schilffeldern.« Juliette hatte Angst um ihre Freundin. Die Felder waren groß und boten genügend Verstecke, um jemandem etwas anzutun. »Was wollen Sie tun?«

»Nun, ich werde mich am See etwas umsehen.«

»Rufen Sie mich an, wenn sie etwas gefunden haben?

»Mache ich«, versprach er, nicht sicher, ob er dieses Versprechen halten konnte.

»Danke, das ist nett. Soll ich Ihnen helfen?«

»Nein, das ist nicht nötig«, sagte der Professor schnell. Juliette konnte er bei seiner Suche nicht gebrauchen, es konnte heikel werden und je weniger Personen von der Ankunft eines fremdem Wesens auf der Erde wußten, desto besser. »Ich will mich ja nur ein wenig umsehen, und ich melde mich bei Ihnen, keine Sorge.«

»Gut, dann warte ich auf Ihren Anruf.«

»Bis bald, Juliette und vielen Dank.« Geldermann legte auf. Nachdenklich blickte er auf den Hörer und versuchte sich vorzustellen, was Nermina nachts in den Schilffeldern des Sees machte. Es gelang ihm nicht. Er mußte selbst nachsehen. Vielleicht gab es einen Hinweis. Als nächstes standen einige Vorlesungen auf seinem Dienstplan, und er absolvierte sie bis in den frühen Nachmittag hinein. War er sonst mit seinem ganzen Herzen bei jeder einzelnen Veranstaltung, heute kreisten seine Gedanken ausschließlich um die verworrene Situation mit dem Außerirdischen. Er machte Fehler in den Schlußfolgerungen, die er aus den Äußerungen der Studenten zog, und einmal mußte er sich von einem jungen Mann sogar darauf hinweisen lassen. Es war nicht sein Tag, nicht, bis er das Seeufer abgesucht hatte.

Kurz nach drei machte er sich auf den Weg. Er fuhr die siebzig Kilometer bis zum See und parkte sein Auto auf dem großen Platz vor den Strandbädern. Nachdem Geldermann ein Ticket zum Besuch des Strandes gelöst hatte, machte er sich zwischen all den badenden Touristen auf die Suche. Langsam ging er den Kiesstrand auf und ab, immer in der Hoffnung einen Hinweis auf Nerminas Verschwinden zu entdecken. Doch dort lag nichts, keine Tasche, kein Kleidungsstück, nichts. Er versuchte, sich in die Situation des Außerirdischen hineinzuversetzen. Mit einem Raumschiff war er vermutlich nicht gekommen, das hätte in der Nacht zuviel Aufmerksamkeit erregt. Wie aber dann, es mußte eine andere Möglichkeit geben? Ein Versteck, einen Ort, an dem er unbemerkt auftauchen und verschwinden konnte.

Das Schilf, sagte er sich, *du mußt im Schilf suchen*. Angestrengt ließ er seinen Blick langsam über die Strandpromenade wandern. An den Rändern wuchs Schilf in beträchtlichen Mengen. Er wußte, die Anwohner des Sees bauten das Schilf industriell ab. Aus dem Naturmaterial baute man Dächer, flocht von Einrichtungsgegenständen bis hin zu Körben alles, was die Phantasie hergab.

Dann auf einmal sah er sie, die alte Hütte. Halb verdeckt lag sie am Rande des einen Strandabschnittes. Sie machte den Eindruck, als würde sie schon seit vielen Jahren nicht mehr benutzt. Das mußte es sein. So unauffällig wie möglich schlenderte er darauf zu. Keiner der Besucher des Strandbades nahm von dem Mann im Anzug Notiz. Sie badeten, sonnten sich, und einige gaben sich der Kunst des Kite-Surfens hin, fegten, an ihren Drachen hängend, über das Wasser. Zu seiner Verwunderung war die Tür der Hütte nicht verschlossen, und er trat ein. Ein modriger Geruch schlug ihm entgegen. Innen war es fast dunkel, nur durch einige Ritzen des löchrigen Daches drang ein wenig Sonnenlicht. Geldermann sah sich um. Die Hütte war leer, in der Ecke lag ein Haufen altes, zum Teil verfaultes Schilf. Enttäuscht wandte sich der Professor wieder zur Tür. Doch etwas sagte ihm, er war auf der richtigen Fährte. Er stand im Türrahmen und versuchte, sich den Außerirdischen vorzustellen. Sollte er von hier aus tatsächlich operieren? Langsam und mit Bedacht ging er auf den Schilfhaufen in der Ecke der Hütte zu. Es war der einzige Ort für ein Versteck. Er war zwar nicht von einem fremden Planeten, aber wenn er etwas zu verstecken hätte, er würde es dort tun. Mit den Händen räumte er vorsichtig das Schilf beiseite. Schicht für Schicht arbeitete er sich immer weiter durch das alte Blätterwerk. Plötzlich ertastete er einen harten Gegenstand. Schnell zog er einige weitere Pflanzen beiseite und erblickte dann eine graue Kiste von der Größe eines Aktenkoffers. Sie wirkte, als würde sie nicht hierher gehören. Was würde passieren, wenn er sie anhob? Geldermann überlegte. *Was auch immer das ist, du wirst es nie herausfinden, wenn du jetzt gehst*, sagte er sich. Er nahm all seinen Mut zusammen und holte die Kiste aus ihrem Versteck. Nichts geschah. Sie war nicht sonderlich schwer, und er konnte sie problemlos tragen.

Geldermann ging zurück zur Tür und öffnete sie einen Spalt. Draußen hatte sich nichts verändert, kein Mensch achtete auf ihn. So natürlich wie möglich trat er aus der Hütte in das grelle Sonnenlicht. Im ersten Augenblick blendete es ihn, und mit zusammengekniffenen Augen trat er hinaus auf den Strand. Binnen weniger Minuten hatte er sein Auto erreicht und legte die Kiste auf den Beifahrersitz. Er atmete tief durch und bemerkte erst jetzt, wie sehr er schwitzte. Sein Hemd war klatschnaß. *Was für eine verrückte Situation*, dachte er. Vermutlich enthielt die Kiste nichts weiter als ein paar alte Kleidungsstücke. Auf der anderen Seite, er sah sie sich genau an, sie wirkte nicht alt. Die Farbe war weder abgeplatzt noch verrottet. Unsicher blickte er durch die Scheiben seines Wagens. Auf dem Parkplatz schlenderten einige junge Leute in Richtung auf die nahegelegene Bar zu. Joshua, du leidest unter Verfolgungswahn, sagte er zu sich selbst. Er ließ den Motor an und fuhr auf die von Bäumen gesäumte Straße zurück, die ihn schnell in die Weingebiete führte, die an den See grenzten. Er griff zu seinem Handy und wählte Königshofers Nummer. Nach ein paar Sekunden hob der Geologe ab.

»Franz, ich bin es, Joshua. Ich habe etwas gefunden, eine Kiste, und ich möchte sie im Labor untersuchen. Kannst du in einer Stunde dort sein?«

»Kein Problem, brauchen wir etwas Spezielles?«, wollte Königshofer wissen.

»Ich weiß nicht, vielleicht etwas, womit wir hineinschauen können ohne sie zu öffnen.«

Es dauerte einen Moment, dann sagte Königshofer: »Ich besorge ein Ultraschallgerät, bring du nur die Kiste heil hierher. Ich erwarte dich unten auf dem Parkplatz.«

»Ja, ich hoffe nicht, sie wird unterwegs explodieren.« Zum ersten Mal an diesem Tag mußte er grinsen. »Wenn doch, schreib auf meinen Grabstein *Tod durch Aliens*.«

»Witzbold«, tönte es aus der Leitung. »Ich erwarte dich in einer Stunde.« Es klickte in der Leitung, als Königshofer das Gespräch beendete.

Geldermann legte auf. Schweigend fuhr er zurück zur Universität.

*

Sechzig Minuten später bog der dunkelgrüne Mercedes des Professors auf den Parkplatz der Universität ein. Die Sonne senkte sich bereits und warf ein goldenes Licht auf die Bäume des Geländes. Vor dem Gebäude stand ein erwartungsvoller Franz Königshofer. Geldermann stellte den Wagen ab, nahm die Kiste vorsichtig vom Beifahrersitz und stieg aus. Mit ein wenig Geschick balancierte er den wichtigen Fund in der Waagrechten, richtete gleichzeitig den Infrarotschlüssel auf die Fahrertür. Er wartete, bis die Schließanlage des Fahrzeuges einrastete und ging dann auf die von Königshofer bereits geöffnete Tür zu.

»Da bin ich nun aber mächtig gespannt«, murmelte der Geologe, als sein Kollege ihn passierte.

»Was glaubst du, wie es mir geht? Nur, wir müssen vorsichtig sein, sehr vorsichtig.«

Gemeinsam folgten sie dem langen Gang zu Königshofers Labor. Um diese Zeit waren nur noch wenige Menschen im Gebäude. Es war schon nach sechs, lange Schatten legten sich über die Fenster der einzelnen Universitätsinstitute. Bald würde es dunkel sein. Irgendwie schien die kommende Nacht die beiden Männer zu beruhigen, sie fühlten sich sicherer, wenn niemand mehr plötzlich zur Tür hereinstürzte. Nach einer weiteren Biegung standen sie vor Königshofers Räumen. Der Professor fummelte nach einem Schlüssel, den er in seiner rechten Jackentasche verborgen hatte. Dann schloß er auf, und die Freunde verschwanden im Inneren des Labors. In der Mitte war ein großer Tisch unter einer hellen Lampe aufgebaut. Königshofer half Geldermann den Kasten abzustellen, eilte dann zur Tür zurück und schloß wieder ab. Obwohl der Weg vom Parkplatz zum Labor nur kurz war, beide schwitzten. Es würde eine Weile dauern, bis sie sich wieder normal fühlen konnten. Die Klimaanlage surrte leise.

»Was nun?«, fragte Geldermann. »Wollen wir es einfach aufmachen? Es könnte ja auch nur etwas ganz Harmloses sein.«

»Oder auch nicht«, entgegnete sein Gegenüber. »Weißt du, Joshua, was wir hier machen, ist eigentlich völlig irre. Was ist, wenn das Ding hier einfach explodiert und dabei die ganze Stadt auslöscht?«

»So schlimm wird es schon nicht werden.«

»Wer sagt dir das?«

Geldermann sah den Kasten einen Moment an. Dann antwortete er leise und bedächtig: »Ein wenig Menschenkenntnis, Logik, und, na ja, nenn es Gottvertrauen. Warum sollte ein Außerirdischer eine Bombe im Schilf lagern? Einen solchen Eindruck machte mir der Hörer heute morgen auch nicht. Warum schenkt er mir den Stein? Nein, Franz, dieser Mann wußte genau, was er tat, und vielleicht wollte er auch, daß wir diesen Kasten finden. Ansonsten können wir einfach nur hoffen. Komm, laß uns den Ultraschall anwerfen.«

»Menschenkenntnis! Das ich nicht lache«, brummte Königshofer. »Außerirdischenkenntnis würde besser passen.« Auf der einen Seite war er zum Zerreißen gespannt, auf der anderen auch besorgt. Wer nicht wagt, der nicht gewinnt, sagte er sich und bestrich die Außenseite der Kiste mit Resonanzgel. Es war notwendig, um ein besseres Bild zu bekommen. Dann stellte er die Intensität des Gerätes auf die niedrigste Stufe und bewegte den Sensorkopf langsam auf den oberen Rand der Kiste zu. Auf dem Bildschirm war noch nichts zu sehen.

Geldermanns Blick wanderte angespannt zwischen Tastkopf und Monitor hin und her. Plötzlich durchbrach er die Stille und rief: »Dort, beweg ihn ein bißchen zurück, ja, so.«

Auf dem Schirm zeichneten sich die Umrisse eines rechteckigen Gegenstandes sowie einer größeren aber nicht näher definierbaren Masse ab.

»Versuche das schärfer zu kriegen.«

»Geht nicht ohne die Intensität zu erhöhen. Soll ich?«

Geldermann nickte, wenn bisher nichts passiert war, warum sollte es jetzt der Fall sein.

Königshofer schaltete auf die nächste Stufe und strich über die Mitte der Kiste. Die Umrisse wurden kräftiger, lieferten aber keine neuen Erkenntnisse. Mehr als die beiden Gegenstände im Inneren der Kiste war nicht zu erkennen.

»Joshua, was auch immer das ist, wir haben nur eine Wahl. Entweder wir brechen die Sache an dieser Stelle ab, oder wir öffnen das Ding. So sehen wir gar nichts.«

Der Professor der Philosophie nickte langsam. »Du hast Recht, laß es uns aufmachen. Besonders gefährlich sieht es nicht aus.«

»Bist du sicher?«, wollte Königshofer wissen.

»Was heißt sicher? Natürlich bin ich nicht sicher, es ist alles eine Vermutung.«

Die Kiste hatte keine Schnallen oder sichtbaren Verschlüsse, jedoch einen Spalt am oberen Ende. Der Geologieprofessor holte einen Schraubenzieher und begann langsam, den Deckel zu öffnen. Die Luft im Labor war fast zum Zerschneiden. Geldermann bemerkte einige Schweißtropfen, die sich auf seiner Stirn sammelten und dann langsam zur Nase rollten. Ärgerlich wischte er sie weg. Dann hob sich die Oberseite der Kiste an, und die beiden Freunde warfen einen ersten Blick auf das Innere.

10.

Nermina hatte aufgehört zu schreien. Immer noch befand sie sich in völliger Dunkelheit. Wo war sie? Was war passiert? Marc hatte doch gesagt, es wäre alles sicher. War sie immer noch in dem Raumschiff? Plötzlich vernahm sie Marcs Stimme in ihrem Kopf.

»Nermina, bist du noch da? Ich bin es, Marc.«

»Ja«, antwortete sie, zitternd und doch dankbar für diese Worte. »Ich habe Angst. Was ist passiert?«

Marcs Stimme zögerte, aber wurde dann fest. »Ich weiß es noch nicht. Du befindest dich in meinem Inneren. Hab keine Angst, du bist sicher. Aber es ist wichtig, daß wir in den nächsten Minuten eng zusammenarbeiten, vertrau mir.«

Nermina hörte ihm zu, doch sie war nicht wirklich bei ihm. »Ja«, sagte sie. Ihre Stimme war immer noch brüchig. Natürlich sollte sie keine Angst haben, man sagt das immer. Fakt war, sie hatte enorme Angst. Angst vor dem unendlichen Weltraum, der nur wenige Meter hinter der Wand auf sie wartete.

»Was du willst, werde ich machen. Verlaß dich auf mich«, sagte sie in Gedanken.

»Gut, hör jetzt sehr genau zu. Ich möchte, daß du folgendes tust. Vor dir wird sich, wenn du bereit bist, eine Öffnung auftun. Geh hindurch und öffne die vor dir liegende Tür. Es ist der Ausgang der Kuppel. Halte sie offen, bis ich hindurch bin, drehe dich auf die linke Seite. Dort wirst du eine der Wasserkugeln sehen. Denke ganz fest an das Schließen der Tür. Du wirst einen enormen Luftzug spüren, drücke dich an die Wand. Ich folge dir. Meine Gestalt schützt dich, bis ich durch die Tür bin. In den letzten Sekunden aber bin ich auf dich angewiesen. Du mußt die Tür schließen, wenn du mich im Inneren des angrenzenden Raumes siehst. Gib den Befehl an die Wasserkugel. Wie gesagt, hab keine Angst, auch nicht vor mir, ich werde allerdings keine irdische Gestalt haben. Ich kann sie erst wieder annehmen, wenn die Tür geschlossen ist.«

»OK«, stammelte die junge Frau, nicht sicher, ob sie der Aufgabe gewachsen war. »Was ist, wenn ich versage?«

Sofort verspürte sie Marcs Gedanken. »Dann werde ich sterben, und du bist auf dich alleine gestellt.«

Es herrschte Stille.

Kein besonders verlockender Gedanke, sagte sie zu sich selbst. Einige Augenblicke lang sammelte sie sich. Dann war sie bereit.

»OK, jetzt«, sagte sie.

Vor ihr öffnete sich ein Spalt in der Dunkelheit, und sie schlüpfte schnell hindurch. Eine Sekunde später befand sie sich wieder im Vorraum der Kuppel. Überall lagen Trümmer herum, die Wand war teilweise weggerissen. Sie drehte sich schnell auf die linke Seite, so wie Marc es verlangt hatte. Vor ihr schwebte eine der Kugeln. Doch sie schimmerte milchig, nicht in dem klaren Wasserblau, das sie zuvor gesehen hatte. Dann ging alles sehr schnell. Marc schoß durch die Tür, und im gleichen Augenblick schien ein Sturm durch den Raum zu wehen. Zum ersten Mal sah sie Marc in seiner vermutlich wahren Gestalt. Sein Körper war riesig. Am oberen Ende befand sich der Kopf, er schien sehr weich zu sein. Die restlichen Körperteile waren langgezogen, es waren Beine zu erkennen, die sich nun mit aller Kraft vom Boden der Kuppel abzustoßen schienen. Die Arme hielten sich am Türrahmen fest, während der Luftzug an ihrer beider Körper zog. Nermina beobachtete die Situation sehr genau. Kurz nachdem Marc durch die Tür hindurch gekommen war, schwebte sein Körper mitten im Raum. Sie richtete ihren Blick auf die Kugel: *Schließen, schließen, schließen,* dachte sie intensiv, und die Tür folgte ihren Anweisungen. Augenblicklich hörte der Luftstrom auf. Sie blickte auf den Außerirdischen, der sich nun langsam in seine irdische Gestalt zurückverwandelte. Nermina wußte in diesem Moment nicht genau, ob sie Angst oder Bewunderung empfinden sollte. *Nein,* dachte sie, *Angst muß ich nicht haben, auch wenn er sehr fremdartig ist. Schließlich hat er mir gerade das Leben gerettet.* Stück für Stück bildeten sich menschliche Gliedmaßen, der Kopf verzerrte sich kurz und wurde dann zu dem gewohnten Antlitz, die Tentakel verwandelten sich in Hände und Füße. Schließlich stand er wieder als irdischer Mann vor ihr. Die junge Frau musterte ihn eingehend. Irgendwie hatte sein natürlicher Körper auch seinen Reiz. Sie konnte nicht verhehlen, sie wollte ihn wieder in seiner normalen Form sehen. Vielleicht nicht jetzt – aber bald.

»Es tut mir unendlich leid, Nermina. Ich weiß noch nicht, wie das passieren konnte. Normalerweise ist dieses Schiff einhundert Prozent sicher. Irgend etwas Außergewöhnliches hat sich ereignet. Etwas, was wir bei aller Technologie nicht vorausahnen konnten. Ich muß es erst herausfinden, aber ich denke, wir haben ein sehr ernstes Problem.«

»Wie ernst«, wollte sie wissen. »Gefährdet es unsere Reise? Gefährdet es uns?«

Marc dachte einen Moment nach und blickte in die sie umgebende Trümmerlandschaft. »Beides«, sagte er. »Das Schiff funktioniert nicht. Normalerweise sind wir eine Einheit, überall schweben Kugeln, du hast das ja gesehen. Schau dich um, keine Kugeln, keine Einheit, keine Kontrolle.«

Es stimmte, wo waren die Kugeln? Der ganze Korridor wirkte verlassen. Sie schüttelte sich innerlich. Wie hatte sie sich nur auf dieses Abenteuer einlassen können?

»Aber eine war doch direkt vor mir, als ich durch die Tür kam.«

Sie schaute in die Richtung, in der die Kugel noch vor kurzer Zeit schwebte. Auch sie hatte sich mittlerweile aufgelöst.

Marc seufzte. »Die eine habe ich nur unter großen Schwierigkeiten aufrufen können. Es hat mich viel Kraft gekostet.«

»Und sie war milchig«, warf sie dazwischen.

»Ja, das bedeutet, sie hatte nicht den vollen Kontakt zum Schiff, Zugriff nur auf Teilbereiche, in diesem Falle auf die Tür.« Marc setzte sich in

Bewegung. »Laß uns auf die Brücke gehen, ich muß herausfinden, was da los ist.«

Sie bahnten sich einen Weg durch die Trümmer und öffneten mit den Händen die am anderen Ende des Korridors gelegene Tür. Keine Kugel war erschienen, ihnen den Weg zu bereiten. Nichts öffnete sich automatisch. Nermina beschlich das Gefühl, die Lage war weitaus ernster, als Marc es zugeben wollte. Die folgenden Gänge waren frei von Trümmern, was auch immer es war, es schien nur die Kuppel getroffen zu haben. Doch das normalerweise konstante Licht schien ein wenig zu flackern, es waberte unmerklich. Nach einigen Minuten erreichten sie die Tür der Brücke. Marc konzentrierte sich, und plötzlich öffnete sie sich einen Spalt. Mehr war nicht zu machen. Mit den Fingerspitzen zogen sie die Tür zur Seite, bis sie schließlich hindurch schlüpfen konnten. Es bot sich ihnen ein trostloses Bild. Nichts von der Betriebsamkeit der vergangenen Stunden war zu spüren. Keine Kugeln schwebten durch den Raum. Die große Konsole an der gegenüberliegenden Seite des Raumes war förmlich tot, nur wenige Anzeigen leuchteten schwach.

Nermina sah Marc fragend an. Was hatte all das zu bedeuten? Der Außerirdische ging zu einem Seitenteil der Konsole, und seine Hand bildete die Nermina bekannten Tentakel aus. Vorsichtig legte er sie in verschiedene, kaum erkennbare, in die Frontseite eingelassene Mulden. Er senkte den Kopf, und es schien, als sei er intensiv in Gedanken versunken. Nermina beobachtete ihn genau und wußte doch, sie konnte nichts tun. Es war Marcs Sache. Plötzlich regte sich etwas in der fremdartigen Technik. Einige der Anzeigen gewannen an Kraft, und es löste sich gleich darauf eine Kugel aus der Wand. Ohne Umwege schwebte sie auf Marc zu. Mit neuer Hoffnung beobachtete Nermina eine noch vor wenigen Stunden selbstverständliche Tatsache. Die Kugel war klar und durchsichtig. Ihr Leuchten schien nicht so vehement wie zuvor zu sein, doch sie war eindeutig nicht milchig. Marc löste eine Hand von der Konsole und berührte die Kugel mit einer sanften Bewegung. Immer noch war er höchst konzentriert, seine Augen schlossen sich. Die gelartige Substanz floß um seine Hand herum. Er schien eins mit der Kugel, vielleicht sogar mit dem ganzen Schiff zu sein. Wer konnte das wissen, fragte sich Nermina.

Sie stand in der Nähe der Wand, hielt sich aber von der Konsole ein wenig fern. Irgendwie hatte sie Angst, sie könnte Marcs Kontakt stören. Er schien sie überhaupt nicht wahrzunehmen. Die junge Frau beobachtete jede seiner Regungen. Wie grazil er sein konnte. Fast wirkte es zärtlich. Nermina wünschte sich, von diesen Tentakeln einmal genauso berührt zu werden. Doch so schnell wie dieser Gedanke gekommen war, so schnell verwarf sie ihn auch wieder. Ihre persönlichen Vorstellungen standen hier nun wirklich nicht zur Debatte. Sie ärgerte sich über sich selbst. Wie könnte sie nur so egoistisch sein, in dieser Situation den Wunsch nach Zärtlichkeit zu verspüren? Doch vielleicht war es genau das. Sie brauchte Wärme. Die Havarie des Schiffes begann sie zu überfordern. Aber es war nicht die Zeit dafür, das wußte sie. Überleben war nur möglich, wenn sie Marc seiner Arbeit überließ. Er würde sie beide retten, dessen war sie sich sicher.

Die Kugel schimmerte schwach, und Marc zog langsam seinen Finger aus der wasserartigen Masse heraus. Sofort machte sich das Gebilde zurück auf den Weg zur Konsole und verschwand kurz darauf in einem offensichtlich vorbestimmten Teil der Wand. Nach wie vor faszinierte es Nermina, wie einfach die Dinge hier an Bord des Schiffes von einem Zustand in den anderen wechselten. Es schien, als würde das ganze Schiff fließen. Irgendwie hing alles zusammen. Sie dachte einen kurzen Moment darüber nach, wie weit sie sich von der Erde entfernt befanden. Was hatte Marc gesagt? 100 Millionen Lichtjahre? Diese Zahl war so irreal. Sie machte keinen Sinn. Auf der anderen Seite ließ sie den Gedanken der Entfernung auch nicht wirklich an sich heran. Er würde ihren Geist überfordern. Insgeheim wünschte sie sich an ihren Strand zurück. Aber konnte sie Marc alleine lassen? Selbst wenn sie einfach hätte gehen können, sie würde ihn nicht hier auf dem havarierten Schiff zurücklassen wollen. Nein, dazu mochte sie ihn zu sehr. Er war ihr auf eine ganz spezielle Weise ans Herz gewachsen. Nermina beobachtete ihn. Noch immer war er mit der Konsole beschäftigt. Wieder löste sich eine Kugel, und er berührte sie mit der schon vorher zutage getretenen Zärtlichkeit. Die Kugel änderte ihre Farbe leicht, während sie mit Marc kommunizierte. *Was tauschen sie wohl aus,* dachte die junge Frau von der Erde. Irgendwie fühlte sie sich in einem gewissen Sinne fehl am Platze. Natürlich, er hatte sie auf diese Reise mitgenommen. Es war, warum auch immer, seine Aufgabe, ihr all diese Wunder zu zeigen. Aber nun stand sie hier, weit entfernt von allem, was sie kannte und beobachtete einen Außerirdischen, der mit Kugeln Gedanken austauschte. Angst kroch in ihr hoch. Was würde sein, käme sie nicht wieder zurück in ihr Dorf? Wie weit war die Zeit fortgeschritten? Er hatte ja gesagt, sie würden in ein paar Stunden oder auch Tagen zurück sein. Stimmte das noch? War vielleicht auch der Zeitfluß durch die Beschädigung des Schiffes aus den Fugen geraten? Hatte man ihr Verschwinden auf der Erde schon bemerkt? Sie schloß die Augen und bemerkte die Tränen, die ihr warm über das Gesicht rannen. Instinktiv drehte sie sich um. Marc sollte sie nicht in diesem Zustand sehen, er war zu sehr damit beschäftigt, ihrer beide Leben zu retten. Doch sie konnte ihre Gefühle nicht richtig unter Kontrolle bringen. Darauf bedacht, kein Geräusch zu machen, strengte sie sich an, die Tränen versiegen zu lassen.

Plötzlich fühlte sie Marcs Arme. Er umschlang sie und zog sanft ihren Körper an sich heran. Ohne sie herumzudrehen gab er ihr das Gefühl der vollkommenen Geborgenheit.

»Nermina, nicht weinen. Ich habe bereits eine Vorstellung, was passiert ist. Wir werden nicht hier draußen sterben.« Er spürte, wie sie zitterte. Tränen tropften auf seine menschliche Haut.

Es brach aus ihr heraus. Sie drehte sich um und sah ihn mit roten Augen an. »Ich habe Angst, Marc. Ich habe fürchterliche Angst. Ich will hier nicht sterben. Was kannst du tun? Kann ich helfen? Werden wir zurückkehren können? Mein Gott, es war eine bescheuerte Idee, mit auf diese Reise zu gehen.«

»Nein, das war es nicht«, erwiderte er. »Niemand hat das vorhersehen können. Noch einmal«, er sah sie eindringlich an, »wir werden hier nicht sterben.« Sanft nahm er ihren Kopf in beide Hände. Fast hatte sie das Gefühl, als würden die Tentakel sie berühren. Er war unendlich zärtlich. »Nermina, ich brauche deine Hilfe. Es wird Zeit brauchen, aber ich denke, ich kann das Schiff reparieren. Dann kehren wir zurück, und alles wird sein wie vorher. Mit dem Unterschied, daß du eine Erfahrung gemacht hast, die dich dein Leben lang begleitet. Keine Angst, wir werden nicht zurückbleiben. Zusammen finden wir den Weg auf die Erde. Wohlgemerkt, zusammen. Alleine kann ich es nicht.«

Wollte er sie jetzt nur in Sicherheit wiegen, ihr eine unsinnige Aufgabe zuteilen, damit sie beschäftigt war? »Was meinst du mit – ich soll dir helfen? Ich habe keine Ahnung von deinem Schiff, woher soll ich wissen, was zu tun ist?«

Marc ließ ihren Kopf los und schaute ihr in die Augen. Der Blick fesselte sie förmlich, und einen Moment fragte sie sich, ob es sich wieder mal um einen Trick handelte, sie zu manipulieren.

»Schau,« begann er. »Zunächst werde ich dir erklären, was meiner Ansicht nach passiert ist, dann machen wir uns auf den Weg und reparieren das Schiff. Das kann ich, wenn du die grundsätzliche Überwachung übernimmst.«

»Ich? Ich kann das nicht.« Fast hätte sich ihre Stimme überschlagen. »Ich weiß doch gar nicht, wie das geht. Schon gar nicht, wenn die Hälfte von alldem nicht funktioniert.«

»Keine Sorge, ich erkläre es dir auf dem Weg. Mach dir keine Gedanken, du bekommst das hin. Du bist clever, hast eine schnelle Auffassungsgabe und kannst die Situation jeweils richtig erfassen. Mehr brauchst du nicht.«

Sie wischte sich die Feuchtigkeit aus den Augen, und Marc ließ sie los. »Gut, dann erkläre es mir. Was ist passiert, und was müssen wir tun.« Nermina hatte ihre Zuversicht ein wenig zurückgewonnen. Irgendwie schwankten ihre Gemütszustände auf dieser Reise ständig von einem Extrem zum anderen. So kannte sie sich gar nicht. Normalerweise war sie ein ziemlich ausgeglichener Mensch. Aber hier draußen war alles anders. Sie wischte die letzte Träne aus ihren Augen.

Marc drehte sich herum und setzte sich halb auf eine der Konsolen. »Ich habe es noch nicht hundertprozentig exakt herausgefunden, aber so wie es aussieht, passierte Folgendes.«

Nermina setzte sich, in Ermangelung einer Wasserliege, auf den Boden der Kommandozentrale und hörte zu.

»Schieß los«, sagte sie

Er sah sie einen Moment lang nachdenklich an, und begann dann mit seiner Erklärung.

»Sagt dir die auf eurer Welt als Allgemeine Relativitätstheorie bekannte Theorie etwas? Ein Mann namens Albert Einstein hat sie entwickelt. Bei uns gab es ein ähnliches Genie, prinzipiell ist sie richtig und überall im Universum gültig.« Er schaute sie an...

Nermina schüttelte den Kopf. »Nicht direkt, ich habe mal davon in der Schule gehört, aber ich muß zugeben, ich könnte es jetzt nicht beschreiben.«

»Nun gut, dann will ich sehr einfach versuchen, es zu erklären, es hat nämlich direkt mit unserem Unfall zu tun.« Marc dachte einen Moment nach. »Das Universum ist nicht zufällig. Es scheint nur so. Euer Einstein hatte das Problem der Zufälligkeit erkannt, und es paßte ihm überhaupt nicht.«

»Gott würfelt nicht«, warf die junge Frau ein. Den Satz hatte sie schon mehrfach gehört.

»Stimmt, so sagte er das.« Marc hielt einen kurzen Moment inne. »Einstein hatte eine Grundeinsicht in seiner Theorie. Raum und Zeit sind nicht Hintergrund alles Physikalischen, also all der Dinge, die wir kennen, sondern sie spielen selbst im Spiel mit. Sie sind nicht Bühne, sie hängen davon ab, wieviel Materie oder Energie an einem Ort X konzentriert sind.«

Obwohl Physik nicht gerade Nerminas Stärke war, lauschte sie gespannt. Irgendwie hatte all das sie gefangen.

Marc stand auf und wanderte erneut durch den Raum. Dabei setzte seine Erklärung fort. »Ihr beginnt gerade darüber nachzudenken, wir sind hier schon einen Schritt weiter. Wir wissen, es stimmt. Wenn man die Unabhängigkeit der Dinge von einem Raum-Zeit Hintergrund annimmt, kommt man zu einem einfachen Ergebnis. Der Hintergrund existiert nicht. Alles was wir kennen, der Raum, in dem wir gerade jetzt schweben, wir selbst, alle Materie, alle Energie besteht aus kleinsten Einheiten. Ihr bezeichnet sie als Planck-Länge, ca.10^{-33} Zentimeter groß.«

Nermina sah ihn an. »Das klingt verdammt klein«

»Es *ist* verdammt klein«, lächelte er sie an. Obwohl er nun hinter ihr stand, hatte sie das Gefühl, er wäre permanent direkt in ihrem Kopf. Vielleicht war er das auch. Sie lächelte ein wenig in sich hinein, ließ sich aber nichts anmerken.

»Alles Räumliche ist gewissermaßen gerastert. Es besteht aus diesen kleinsten Einheiten« fuhr er fort. »Wie lang ein Lineal mißt, wieviel Zeit vergeht, es hängt davon ab, wo im Universum wieviel Masse oder Energie vorhanden ist. Alles besteht aus einzelnen Pixeln mit Größe der Plancklänge, wie ein Bild.«

Nermina schwirrte der Kopf. Sie war keine Naturwissenschaftlerin. »Was willst du mir damit sagen? Ich kenne mich mit diesen Dingen nicht aus.«

Marc kam um sie herum und schaute sie direkt an. »Nimm es philosophisch, wir fragen die altbekannte Frage. Wie ist die Welt beschaffen? Was macht sie aus?«, antwortete er.

»Ich weiß selber, was diese Frage bedeutet«, antwortete sie ein wenig schnippisch. Sofort tat es ihr jedoch wieder leid. Sie lächelte ihn an. Immerhin gab Marc sich alle Mühe, ihr die Welt, ihren Unfall und auch alles sonst auf dieser Reise so einfach wie möglich zu erklären. Sie hatte kein Recht ihn so anzufahren. Doch sie konnte nun mal mit diesen Erklärungen über die

Beschaffenheit des Raumes wenig anfangen. Es überforderte sie. Immer wenn sie etwas derartiges erlebte, neigte sie dazu, den andern Menschen, in diesem Falle war es nicht mal einer, anzugiften. Es war ein Ausweg aus der Situation. Trotzdem hatte sie das Gefühl, sich entschuldigen zu wollen. »Es tut mir leid«, sagte sie. »Ich wollte dich nicht verärgern. Erzähl weiter, ich werde versuchen, dir zu folgen.« Sie senkte etwas verlegen den Kopf.

Marc tat, als hätte er die vorherige Bemerkung gar nicht so negativ aufgefaßt wie Nermina den Eindruck hatte. Ob es tatsächlich so war, blieb dahingestellt. »Nein, ist schon in Ordnung, ich weiß ja selbst oft nicht, was ich dir zumuten kann und was nicht. Vielleicht war es ein wenig viel auf einmal. Auf der anderen Seite komme ich ohne eine gewisse Basis nicht aus, will ich dir den Unfall erklären. Das mußt du zugeben, du wolltest es ja hören.«

»Aber was hat das mit Planck-Längen zu tun?«, wollte sie wissen. »Kannst du es nicht einfach auf den Punkt bringen? Womit sind wir denn nun zusammengestoßen?«

»Mit nichts«, sagte er einfach und schwieg.

»Ah, mit nichts. Klingt einleuchtend.« Nermina sah ihn fragend an. Er schaute zurück und setzte sich vor ihr auf den Boden.

Plötzlich mußte sie lachen. Der Außerirdische war leicht verwirrt. Doch Nermina lehnte sich entspannt zurück. Die Anspannung der letzten Minuten begann von ihr abzufallen. »OK., OK, OK, ich hab verstanden. Wir stoßen mit nichts zusammen, und warum das so schwere Schäden verursacht, kann ich nicht verstehen, solange ich den Hintergrund nicht kenne. Richtig?«

»So könnte man es sehen«, antwortete er gelassen.

»Gut, dann vergiß einfach alle Bemerkungen und Vereinfachungen eines kleinen, dummen Erdenmädchens und erklär es mir nochmal. Ich bin auch ruhig und unterbreche nur, wenn ich etwas wirklich nicht verstehe.« Sie lächelte ihn mit einem entwaffnenden Charme an, sich nicht sicher, ob dies bei einem Außerirdischen Wirkung zeigen würde.

Marc grinste. »Das klingt sehr vernünftig. Schon vergessen, wir sind auf dieser Reise, damit du verstehst, warum Naturwissenschaft so wichtig für deine Philosophie ist. Ich möchte sogar soweit gehen zu sagen, es ist wichtig für dein Leben. Die Frage, die ich gerade versucht habe zu beantworten, ist die wichtigste Frage überhaupt. Gestellt seit Jahrtausenden von allen Gelehrten, nicht nur auf deiner Welt. So ganz langsam kommen wir dahinter. Also hör zu.«

Sie nickte. Das Licht in der Kommandozentrale schimmerte in einem sanften Blau und Nermina hatte den Eindruck, alles sei nicht mehr ganz so schlimm wie vorher. Es schien sich zu beruhigen.

»Eine Frage habe ich noch, bevor du fortfährst. Kann es sein, daß das Schiff sich, ich weiß nicht, wie ich es besser ausdrücken soll, erholt. Das Licht scheint mir stabiler, ebenso wie die Anzeigen dort an den Konsolen.« Sie deutete auf die Wand.

»Ja«, Marc drehte sich kurz in Richtung Wand um. »Das Schiff ist in der Lage, sich in einem gewissen Maße selbst zu reparieren. Leider nicht gut genug, um alle Schäden auszugleichen. Dazu komme ich gleich.«

Nermina schwieg.

»Also«, setzte er an, »wir waren bei einem Bild des Universums mit Pixeln von der Größe einer Planck-Länge. Stell dir vor, alle Pixel hängen miteinander zusammen, das klingt normal, oder?«

Die junge Frau sah ihn an und nickte.

»Unser Bild ist dreidimensional, zumindest was unsere Wahrnehmung angeht. Was passiert, wenn das Bild ein Loch bekommt? Was würdest du als Betrachterin versuchen?«

»Na ja, ich würde probieren, das fehlende Teil zu ersetzen. Wenn es mir mit Hilfe von Werkzeugen nicht gelänge, würde ich es mir einfach denken.« Nermina hoffte, eine befriedigende Antwort gegeben zu haben.

Marc starrte einen Augenblick in die Luft, als ob er die Antwort in sich verarbeiten wollte. »Stimmt, man versucht, das fehlende Teil zu ersetzen. Schau Dir das an.«

Direkt vor ihm bildete sich eine der Wasserkugeln. Mark berührte sie sanft, und das Wasser umschloß seinen Finger. Nermina beobachtete den Vorgang mit Erleichterung. Offensichtlich fiel es dem Außerirdischen nicht mehr so schwer, mit dem Schiff in Verbindung zu treten. Das war gut und ließ Hoffnung in ihr aufkeimen. Zwischen ihnen bildete sich nun aus der Wasserkugel heraus eine Struktur aus verschiedenfarbigen Polyedern, also Vielecken. Manche waren klein, andere groß. Alle waren an irgendeiner Seite miteinander verbunden. Das Gebilde war halb durchsichtig, drehte sich und veränderte langsam seine Form. Lange Flächen wurden kürzer, kurze dehnten sich aus. Man hatte den Eindruck, als schwebe ein lebendes Etwas vor einem. Nermina fand es wunderschön und konnte ihren Blick nicht abwenden. In gewisser Weise erinnerte es sie an ein Feuer, obwohl es beileibe nicht so aussah. Aber ähnlich den Flammen, strahlte es etwas Faszinierendes aus. Ständig gab es neue Bereiche, die man verfolgen konnte.

»Was ist das?«, wollte sie wissen.

»Das ist Quantenschaum«, antwortete Marc. »Eine extreme Vergrößerung des Räumlichen. Jeder Polyeder hat eine Planck-Länge, und du siehst, der Schaum ist unterschiedlich dicht. Mal hat er Längen und große Polyeder, mal sind sie ganz klein. Das liegt an der verschiedenen Konzentration von Energie beziehungsweise Materie an den bestimmten Stellen. Das bedeutet, an diesen Stellen vergeht die Zeit unterschiedlich, Längen sind nicht identisch, selbst die Geschwindigkeit des Lichts kann nicht exakt vorhergesagt werden. Kurz, in einem gewissen Sinne herrscht auf dieser Ebene ein gewaltiges Chaos. Aus diesem Schaum besteht alles, was wir kennen und sind. Es ist unser Bild. Es ist«, er machte eine Gedankenpause, »"wir".«

Nermina starrte das Gebilde an und blickte dann auf ihre Hand. Konnte es sein? Sie selbst bestand aus diesem *Schaum*? Langsam wanderte ihr Blick durch den Raum. Alles was sie sah, versuchte sie sich in Form dieses Schaumes vorzustellen. Es gelang ihr halbwegs. Der Mensch besitzt viel Phantasie. Allerdings, ging es an den leeren Weltraum, versagte ihre Vorstellungskraft. Der Weltraum war ja schon leer. Wie konnte er dann aus etwas bestehen. Marc schien diese Frage zu spüren. Er holte tief Luft, und Nermina blickte ihn wieder an.

»Ich weiß, es ist schwer. Den Raum muß man versuchen, sich nicht als leer vorzustellen sondern wie ein Gebilde aus, hmm, vielleicht Gelee. Leer, aber irgendwie doch nicht. Ein Etwas, was zumindest aus Geometrie besteht. Immerhin ist er lang, breit und hoch. Jetzt kommen wir zum entscheidenden Punkt. Was ist uns passiert?«

»Ja, genau, darum geht es ja«, sagte die junge Frau.

»Wenn ich den ersten Analysen des Schiffes Glauben schenken kann, gab es einen Riß in diesem Schaum. Gewissermaßen einen Riß im Raum-Zeit-Gefüge.«

»Aber wie kann Raum reißen? Was tritt an die Stelle der Fläche, die vorher mit dem Schaum bedeckt war?« Hatte sie es sich vor ein paar Minuten noch in einem begrenzten Maße vorstellen können, so war dieses Bild des reißenden Quantenschaumes nun gänzlich abstrakt.

Marc stand auf und betrachtete das Gefüge eindringlich. Langsam und nachdenklich sprach er weiter. »Wie und warum der Raum gerissen ist, kann ich dir nicht erklären. Was an die Stelle tritt, ist allerdings verständlich. Nichts, ganz einfach nichts.«

»Nichts? Wie meinst du das? Was ist nichts?« Nermina verstand gar nichts mehr.

»Nichts ist nichts. Keine Zeit, keine Geometrie, keine Energie, keine Materie, eben das Nichts. Um jetzt auf unsere vorherige Überlegung des Bildes zurückzukommen - wenn ein Teil des Bildes fehlt, versucht man, es zu füllen. Unser Schiff war sozusagen zum falschen Zeitpunkt am falschen Ort. Der Teil der Kuppel und der angrenzenden Räume, der mit dem Nichts in Berührung kam, seine Materie und alles, was damit verbunden war, wurde zum Auffüllen des Nichts verwendet. Dabei zerriß die Kuppel, weil binnen einer unvorstellbar kleinen Zeitspanne große Mengen Materie gebraucht wurden. Der Sog aus dem Nichts war so stark, selbst Teile der intelligenten Steuerungselemente wurden hinweggerafft. Das erklärt, warum ich mit dem Schiff zunächst nicht vernünftig in Verbindung treten konnte.«

Nermina lehnte sich etwas vor und blickte Marc an. »Und warum funktioniert es jetzt wieder?«

Das Gebilde aus Quantenschaum begann sich wieder in eine Wasserkugel zurück zu verwandeln. Langsam schwebte sie auf die Konsole an der Wand zu. Eine weitere Kugel löste sich daraus und verband sich mit der ersten. Es war komisch, und es fiel Nermina erst jetzt auf. Obwohl die Kugeln verschmolzen, wurden sie nicht größer. Sie veränderten lediglich die Art in der sie schimmerten.

»Das Schiff kann sich selbst reparieren, zumindest in einem gewissen Rahmen. Es gleicht einem lebenden Körper. Wenn du dich verletzt, bilden sich neue Zellen, die die zerstörten ersetzen. Die Wunde schließt sich.« Marc warf einen Blick hinüber zu der Konsole und beobachtete zufrieden die Kugel, die davor schwebte.

»Na dann ist ja alles bestens«, sagte Nermina. »Wir brauchen nur abzuwarten, bis das Schiff vollständig *geheilt* ist und fliegen dann weiter.«

Der Außerirdische schüttelte den Kopf. »Leider ist es nicht so einfach. Die interne Kommunikation repariert sich selbst, sie ist das vitale Element, deswegen wurde bei der Konstruktion des Schiffes darauf größter Wert gelegt. Ganze Teile einer Kuppel, wie zum Beispiel die nun zerstörte Außenhaut, kann man nur reparieren, indem man sie hier an Bord nachbaut und dann einsetzt. Es gibt einen Raum in der hinteren Sektion, dort kann man große Teile zur Reparatur von einem Replikator erzeugen lassen.«

»Ah«, meinte sie, »ein Replikator. Ich muß jetzt nicht wirklich verstehen was das ist.«

»Nein«, Marc lächelte sie an. »Stell es dir einfach wie unsere Nahrungssysteme vor. Nur kommt eben kein Essen, sondern ein Teil dabei heraus.«

Hätte Nermina das Ausmaß des Schadens von außen sehen können, wäre sie vermutlich erschrocken. Vor dem gewaltigen Hintergrund des Virgo-Clusters schwebte das winzige Schiff und in seiner geschwungenen Oberfläche klaffte ein häßliches, gezacktes Loch.

»Wie willst du die neuen Teile anbringen? Mußt du dafür hinaus in den Weltraum? Man könnte doch die Raumanzüge verwenden, die wir auf dem Mond hatten. Sowas gibt es doch sicher hier auch.«

»Ja«, sagte Marc, »die gibt es. Doch sie helfen mir nur wenig, da sie keinen Antrieb haben. Ich kann mich im Weltraum damit nur aufhalten, nicht aber bewegen. Schon gar keine großen Teile umherschieben. Eine falsche Bewegung und ich verschwinde auf Nimmerwiedersehen in den Tiefen des Alls.«

Die Zuversicht der Philosophiestudentin bekam einen herben Dämpfer. »Können wir nicht so weiterfliegen?«, wollte sie wissen.

»Fliegen schon, aber nicht mit den Geschwindigkeiten, die wir brauchen, um zur Erde zurückzukehren. Immerhin müssen wir mehr als 100 Millionen Lichtjahre überbrücken. Die Belastungen wären zu groß, es würde uns alleine bei dem Versuch zerreißen.«

»Na klasse«, sagte sie und stand auf. »Was willst du nun machen?«

Marc begann sich bereits an der Konsole mit den nun in größerer Zahl erscheinenden Kugeln zu beschäftigen. »Wir müssen einen Ort finden, an dem ich die Reparatur durchführen kann, einen Planeten.«

»Oh, dann ist es ja ganz einfach, wir suchen uns eine zweite Erde, landen, und du machst deine Arbeiten.« Einen gewissen Sarkasmus konnte sie nicht unterdrücken.

»Es gibt eine Menge Planeten im Universum, viel mehr als ihr auf der Erde bereits entdeckt habt.« Marc drehte sich herum und eine Art Miniabbild des Virgo-Clusters erschien in der Mitte des Raumes. Langsam vergrößerte sich ein Ausschnitt nach dem anderen, und einzelne Sonnen kamen in das Bild.

Nermina betrachtete es mit einer gewissen Faszination. Langsam begann sie, um das Bild herum zu wandern. »Was sehen wir hier?«, wollte sie wissen.

Marc antwortete nicht sofort. »Ich versuche Bereiche abzugrenzen, in denen Planeten zu finden sein könnten. Es würde nicht viel nutzen, einen Gasplaneten zu finden, dessen Schwerkraft uns zerquetschen würde. Die Datenbank des Schiffes hat durch Sonden gewonnene Informationen über verschiedene Bereiche dieses Raumgebietes. Sonst hätten wir auch nicht hierher fliegen können. Ohne, um es so zu sagen, Karte geht gar nichts.«

Nermina nickte. »Wie findest du Planeten?«

Die im Raum schwebende Sternenkarte drehte sich und zeigte in immer schnellerer Folge neue Bereiche. Es war fast so, als söge Marc die Bilder in sich auf.

»Mikrogravitation ist der Schlüssel. Immer, wenn ein Planet um eine Sonne kreist, gibt es minimale Abweichungen im Licht dieser Sonne. Die Strahlen werden von der Masse des Planeten abgelenkt. Je kleiner die Abweichungen, desto kleiner der Planet. Genau danach suche ich.«

»Wie lange wird das dauern?«, wollte sie wissen. Tief in ihrem Inneren verspürte sie Hunger. Obwohl es der heiklen Situation nicht angemessen schien, fragte sie: «Ich möchte gerne etwas essen.«

Marc wand den Blick von der Sternenkarte ab, die sofort aufhörte sich zu drehen. »Oh, entschuldige, das habe ich völlig vergessen. Ja, du kannst in den Speisesaal gehen und dir etwas machen. Der Weg dorthin ist in Ordnung.«

»Soll ich dir etwas mitbringen?«, wollte sie wissen.

»Nein danke, ich brauche nichts, ich muß hier weiterarbeiten.«

»OK, kein Problem, ich bin gleich wieder da.«

Marc sah ihr einen Augenblick nach, als sie sich umdrehte und mit sanften Schritten den Raum verließ. Plötzlich war er alleine. Die Sternenkarte begann sich erneut zu drehen. Doch so ganz konnte er sich nicht konzentrieren. Etwas war anders, und er fragte sich, was es wohl sein möge. Ihre Gegenwart war ihm angenehm, angenehmer als er sich selbst zugestehen wollte. Instinktiv hoffte er, sie würde bald zurückkommen. Dann sammelte er seine Gedanken und wandte sich wieder der Karte zu. Ab und zu warf er einen Blick auf die Tür. Doch sie blieb verschlossen. *Nein*, dachte er. Es konnte nicht sein, und es durfte nicht sein.

∗

Nermina ging durch die leeren Korridore und fand bald die Abzweigung zu den Quartieren. Hier sah alles normal aus. Als sie vor der Kantine stand, öffnete sich die Tür lautlos. Sie trat ein. Ihr war nicht nach besonderen Speisen außerirdischer Natur zumute, sie wollte etwas Normales. Ein paar Klöße mit einem guten Stück Fleisch. Langsam näherte sie sich dem Nahrungssynthesizer. Intensiv dachte sie an eine der Wasserkugeln, da sie sich nicht sofort von selbst bildete. Sie wunderte sich über ihre eigene

Verhaltensweise. Obwohl sie erst wenige Tage auf dem Schiff war, ging sie wie selbstverständlich mit der fremden Technik um. Waren es wirklich schon Tage? Sie dachte kurz nach. Die Zeit verschwamm, und sie schüttelte ein wenig den Kopf. Wie auch immer, sie konnte es jetzt nicht ändern. Nach ein paar Augenblicken flirrte die Luft neben dem Gerät und formte sich zu einem glasartigen Ball. Nermina steckte ihren Zeigefinger hinein, stellte sich einen Teller voller Speisen aus ihrer Heimat vor. Es dauerte nicht lange und der Syntheziser begann zu summen. Entspannt betrachtete Nermina das Ergebnis auf dem Teller, nachdem sie die Tür des Gerätes geöffnet hatte. Neben einer Art Rinderbraten lagen helle Klöße in einer braunen Soße. Sie nahm den Teller und setzte sich an einen Tisch. Es schmeckte nicht schlecht, erinnerte sie an die Speisen, die sie aus ihrem Dorf kannte. Nur daß das Haus ihrer Eltern einhundert Millionen Lichtjahre entfernt war. Worauf hatte sie sich nur eingelassen? Eigentlich wollte sie doch nur etwas über die Verbindung von Naturwissenschaft und Philosophie lernen. Und der Mann am Ufer des Sees hatte ihr ein verlockendes Angebot gemacht. Nun saß sie hier, in der Mitte des tiefen Alls und erlebte das größte Abenteuer ihres Lebens. Sie hoffte nur, sie würde es auch überleben.

11.

Im Inneren der Kiste befanden sich nicht zwei, sondern drei Gegenstände. Der eine erinnerte Geldermann ein wenig an seinen PDA, einen dieser modernen Apparate, die man heutzutage für die Verwaltung von Terminen einsetzt. Das andere Gerät war eine Art Rucksack, es führten verschiedene Drähte und Schläuche, wenn man es denn so nennen konnte, zu einem größeren Teil in der Mitte. Nebenan lag noch ein kleiner, geleeartiger Ball. Er schimmerte in seinem Inneren ähnlich einem Opal. Offensichtlich war er von dem Ultraschallsensor nicht erfaßt worden.

»Was ist das?«, fragte Geldermann seinen Freund.

»Woher soll ich das wissen?« Königshofer zucke mit den Schultern. »Auf jeden Fall würde ich es nicht anfassen, vielleicht hat es Sensoren und explodiert, wenn wir es berühren.«

Ratlos standen sie vor der geöffneten Kiste und dachten nach. Es mußte eine Möglichkeit geben, herauszufinden, was es mit den Gegenständen auf sich hatte. Geldermann stand auf, ging zu einem Schrank und holte sich ein paar Latexhandschuhe. Dann griff er in eine Schachtel, suchte eine kleine Pipette heraus und beugte sich wieder über die Kiste.

»Was in Gottes Namen hast du vor?«, wollte der Geologe wissen.

»Wenn wir nur davorstehen, erreichen wir gar nichts. Ich will die Geräte untersuchen, und eine Probe der Masse entnehmen. Vielleicht gibt uns das neue Hinweise. Hast du ein Mikroskop hier?« Geldermann schaute sich um, konnte aber das gesuchte Gerät nicht entdecken.

Königshofer stieß einen langen Seufzer aus. »Ja«, sagte er. »Im Nebenraum gibt es ein Rasterelektronenmikroskop. Das können wir verwenden. Aber sei vorsichtig, wir wissen nicht, womit wir es zu tun haben. Vielleicht ist es eine gute Idee, es auch in ein Massenspektrometer zu stecken, dann bekommen wir eine Vorstellung davon, woraus es besteht.«

»Ja, das ist tatsächlich eine gute Idee. Laß mich die Probe nehmen.« Geldermann zog sich die Handschuhe an, beugte sich herunter und führte die Pipette ganz vorsichtig an den in der Kiste liegenden Geleeball heran. Dabei stützte er sich mit der Hand am Rand der Kiste ab. Trotzdem konnte er ein leichtes Zittern nicht verhindern. *Mist*, dachte er, *Joshua, sei nicht so aufgeregt.* Er drückte den Gummiball an der Spitze der Pipette zusammen und führte sie langsam in die Masse ein. Es dauerte nicht lange bis das Instrument zu einem Drittel gefüllt war. Hatte er eben eine Sinnestäuschung oder war sein Eindruck des Geschehens echt? Die Masse schien bei der Entnahme gezuckt zu haben. Nein, das konnte nicht sein. Oder doch? Sorgsam zog Geldermann die Pipette aus dem Geleeball heraus und betrachtete das Ergebnis. Er schüttelte den Kopf. Genau wie die seltsame Substanz schimmerte das Innere der Pipette in einem sanftem Blau. Der Ball lag wie vorher ruhig in der fremden Kiste.

»So«, sagte er, »das wäre geschafft. Laß uns das Zeug untersuchen!«

Königshofer nickte und machte sich auf den Weg zum Nebenraum. Das Rasterelektronenmikroskop war ein, im Verhältnis zu normalen Mikroskopen, gewaltiger Apparat. Geldermann spritzte einen Teil der gewonnenen Masse auf den Objektträger und schob ihn in den unteren Teil des Mikroskops. Gespannt blickten die beiden Wissenschaftler auf den Monitor, der ihnen einen ersten Blick auf die Substanz gewähren sollte. Königshofer betätigte ein paar Schalter und die fremdartige Masse wurde mit etwas Goldstaub bedampft. Nur so konnte man die Elektronen zur Vergrößerung nutzen. Schließlich war Strom im Spiel, und der mußte eine leitfähige Oberfläche vorfinden. Als Geldermann das erste Bild auf dem Monitor sah, hielt er den Atem an. Die eben noch flächige Substanz hatte sich wieder zu einem kleinen Ball geformt. Das alleine war schon verwunderlich, doch es sollte noch seltsamer kommen. Bevor Geldermann und Königshofer die genaue Struktur der Substanz erkennen konnten, hob der winzig kleine Ball, umgeben vom Goldstaub, vom Objektträger ab und schwebte ca. zwei Millimeter oberhalb des Glases. Soetwas hatten die beiden Wissenschaftler noch nie gesehen. Königshofer drehte sich herum und betätigte einen Regler. Der Elektronenfluß ließ nach und sofort sank das Bällchen zurück auf den gläsernen Träger. Es war nun nur noch unscharf zu erkennen, weil durch den mangelnden Strom der Kontrast fehlte. Alleine das sanfte Leuchten blieb.

»Hast du das gesehen?«, fragte Königshofer aufgeregt.

Geldermann holte tief Luft. »Ja, und ich weiß ehrlich gesagt nicht, was ich damit anfangen soll. Es schimmert, egal in welcher Konzentration es vorliegt. Sobald man Energie zuführt, fängt es an zu schweben. Was zum Teufel ist das?«

»Soll ich den Strom nochmal aufdrehen?« Der Geologe sah ihn fragend an.

»Mach das, ich bin gespannt, was passiert«, antwortete Geldermann

Königshofer betätigte ein paar Schalter, und der Elektronenfluß erhöhte sich wieder. Sofort wurde das Bild auf dem Monitor schärfer. Wie von Geldermann erwartet, begann die Kugel erneut zu schweben. Die beiden Freunde betrachteten die Oberfläche. Sie war glatt und zeigte doch eine gewisse Wellenform. Das Gebilde auf dem Schirm fluktuierte, als ob es aus Wasser bestehen würde.

»Dreh ein bißchen weiter auf«, forderte Geldermann. »Aber nur eine Nuance.«

Königshofer tat wie ihm geheißen, und betätigte ganz vorsichtig den Regler für die Elektronenzufuhr. Sofort begann das Objekt unter dem Mikroskop sich zu bewegen. Es schien, als reichte seine Kraft nicht aus, dem Gerät zu entfliehen, aber es zuckte in eine ganz bestimmte Richtung – zur Tür des angrenzenden Raumes. Offensichtlich tendierte der kleine Ball zu der größeren Kugel in der Kiste.

»Erstaunlich«, entfuhr es Geldermann. Er betrachtete das Bild auf dem Monitor. Die Oberfläche des Objektes war schlicht glatt, von seinem Inneren war nichts zu erkennen.

»Soweit zu diesem Thema. Viel haben wir nicht rausgekriegt.« Königshofer drehte den Elektronenfluß zurück und die Kugel senkte sich wieder auf den Objektträger.

»Was sollen wir noch machen?« Geldermann seufzte. Irgendwie kamen sie nicht weiter. Er dachte nach. Mit diesen sonderbaren Teilen aus der Kiste war im Augenblick nicht viel anzufangen, es sei denn... ihm kam ein Gedanke.

Königshofer hatte mittlerweile den Objektträger aus dem Mikroskop entfernt und hielt ihn Geldermann hin. »Nimm, ich würde sagen, wir fügen es dem Rest wieder hinzu. Wer weiß, wozu es noch in der Lage ist. So wie es aussah, tendiert es zu dem Rest der Kugel. Ich will nicht abwarten, bis es sich seinen Weg gewaltsam sucht. Es war in einem Stück, und vielleicht sollte es das auch bleiben.«

Geldermann nickte zustimmend. »Bevor wir das allerdings machen, will ich es noch in das Massenspektrometer stecken. Wenn wir schon nichts erkennen, vielleicht können wir wenigstens feststellen, woraus es besteht.« Er legte den Objektträger auf den Tisch, nahm seine Pipette und drehte sich zu einem anderen Gerät in dem Raum um. Zunächst schaltete er den unter dem Tisch stehenden Computer an und die beiden Gelehrten warteten einen Moment, bis der Rechner bereit war. Dann spritzte er einen kleinen Teil der geleeartigen Masse in eine dafür vorgesehene Röhre. Er wartete ab, bis das Gerät mit der Verarbeitung begann. Es summte leise, und die Augen der beiden Männer klebten förmlich am Monitor. Nach einer Weile zeichneten sich die ersten Kurven auf dem Schirm ab. Geldermann stieß einen leisen Pfiff aus.

»Organisch, ist das zu fassen.« Er studierte die einzelnen Werte.

Sein Kollege betrachtete stumm den Monitor.

»Schau dir das an«, sagte Geldermann. »Alles, was wir auch finden würden, wenn wir ein Stück Haut von uns durch den Apparat jagen würden. Ich kann dir nicht sagen, was es ist, aber wenn ich das vorherige Verhalten in Betracht ziehe, würde ich sagen – es lebt«.

Die Worte hingen wie Blei in der Luft des Labors. Vor dem Hintergrund der bisherigen Tatsachen, dem vermeintlichen Außerirdischen in der Universität, dem Stein vom Mars, dem Verschwinden des Mädchens und dem seltsamen Verhalten der Masse unter dem Mikroskop, ganz zu schweigen von den Geräten in der Kiste, war dies eine gewaltige Aussage. Königshofer sah Geldermann an.

»Laß es uns zurückbringen, Joshua. Ich habe da kein gutes Gefühl.«

»Du hast Recht. Aber eine Option haben wir noch.« Vielsagend nahm Geldermann das Röhrchen an sich, und die beiden Freunde kehrten in den Nebenraum zurück. Der Professor hielt den Glasbehälter vor den immer noch in der Kiste liegenden schimmernden Ball und kippte es. Sofort floß die in dem Glasröhrchen befindliche Flüssigkeit auf den Ball und ging in ihm auf. Gleiches geschah mit der Masse auf dem Objektträger. Erstaunlich war, der Goldüberzug blieb auf dem Glasplättchen zurück. Geldermann drehte ihn ein wenig, so daß Königshofer es erkennen konnte und schüttelte den Kopf.

»Was jetzt?«, wollte der Geologe wissen. »Ich bin mit meinem Latein am Ende.«

Der Professor mußte lachen. »Als ob du in Latein je die große Leuchte gewesen wärst.«

»Sehr witzig«, meinte Königshofer und konnte sich dennoch ein Schmunzeln nicht verkneifen.

»Ich will dir was sagen.« Geldermann machte eine lange Atempause. »Wir sind Wissenschaftler geworden, weil wir den Dingen dieser Welt auf den Grund gehen wollten.«

Königshofer nickte, wußte aber nicht, worauf sein Freund hinaus wollte.

»Das bedeutet, wir müssen auch manchmal Mut beweisen. Du steigst in Vulkane hinunter, um mehr über deren Innenleben zu erfahren, andere forschen an Medikamenten und testen sie im Selbstversuch.«

»Worauf willst du hinaus«, fragte Königshofer unsicher.

»Ganz einfach«, sagte Geldermann und zog sich die Latexhandschuhe aus. »Es mag verrückt klingen, und möglicherweise ist es das auch, aber ich will den Geleeball anfassen. Ich will wissen, ob es lebt, ich will wissen, was es damit auf sich hat. Die Natur hat uns Sinnesorgane geschenkt, damit wir die Dinge dieser Welt erfahren können, also werde ich diesen Ball berühren.«

Sein Freund blickte ihn erschrocken an. »Bist du verrückt? Du hast gesagt, es sei organisch. Das bedeutet, es kann auch giftig sein.«

»Ja, das kann es«, gab Geldermann zu bedenken. »Jedoch, das Massenspektrometer hat keine giftigen Substanzen ausgespuckt. Also was soll's. Wir werden nie herausbekommen, was es ist, wenn wir es nicht mit allen Methoden versuchen. Nenn es menschliche Erfahrung, die Nutzung unserer ganz normalen Sinnesorgane. Gefahr gehört dazu – und wenn ich ganz ehrlich bin, es reizt mich. Vor langer Zeit habe ich diesen Beruf ergriffen, um Forschung zu betreiben. Forschung sicher im Sinne der Philosophie, aber es hat für mich immer auch etwas mit Naturwissenschaft zu tun gehabt.«

»Warum bist du dann nicht Physiker oder Chemiker geworden?«, wollte Königshofer wissen.

Etwas beschämt gab Geldermann zu: »Weil ich nicht rechnen kann. In Mathematik war ich schon immer der völlige Versager. Das braucht man nun mal in diesen Disziplinen.«

»Stimmt«, erwiderte der Geologe schmunzelnd, wohl wissend, daß sein Freund gerade mal die Prozentrechnung vernünftig beherrschte. »Aber was ist, wenn du daran stirbst?«

Der Philosophieprofessor beugte sich über die Kiste. »Ich glaube nicht, daß ich sterben könnte. Vielmehr denke ich, bei all diesen Dingen hier drin handelt es sich um Gebrauchsgegenstände. Fremdartig, sicher, aber nichts Besonderes. Derjenige, der dies in der Hütte aufbewahrt hat, benutzt diese Dinge. Also benutzen wir sie doch auch. Laß es mich zuerst mit dem Ball versuchen«.

Königshofer sah ein, es hatte keinen Sinn, den Freund von diesem Versuch abzuhalten. Er setzte sich auf einen Hocker neben dem Tisch und sah zu, wie Geldermann seinen Zeigefinger langsam auf den in der Kiste befindlichen Geleeball zubewegte. Doch noch bevor der Philosophieprofessor seine Hand vollständig in der Kiste hatte geschah etwas Seltsames. Der Ball bewegte sich aus der Kiste heraus und schwebte ca. einen halben Meter vor Geldermanns Gesicht. Der Professor hielt die Luft an. Es schien, als warte der Ball auf etwas.

»Was soll das?«, flüsterte Königshofer vor Anspannung.

Geldermann hörte ihn nicht. Langsam bewegte er seinen Finger auf die Kugel zu und berührte sie sanft. Sofort legte sich die Gelmasse um seine Haut, und er erlebte die Überraschung seines Lebens. Die Reaktion war so heftig, daß er sich setzen mußte. Schnell schob ihm Königshofer einen Stuhl unter.

»Wow.« Geldermann blickte ein wenig ins Leere und holte langsam sehr tief Luft.

»Was ist«, wollte sein Freund ungeduldig wissen.

»Laß mich«, entfuhr es Geldermann leise und fast abwesend. »Ich erkläre es dir gleich, aber es ist unfaßbar. Ich sehe Dinge, sehr, sehr seltsame Dinge.« Er schwieg wieder.

Der Geologe betrachtete ihn mit einer Mischung aus Faszination und Argwohn. Geldermann hatte sich auf seinem Stuhl entspannt zurückgelehnt und hielt die Augen geschlossen. Es schien Königshofer, als sei sein Kollege in eine andere Welt eingetaucht, fern von der Realität des Labors. Ungeduldig rutschte er auf seinem Stuhl hin und her. Die Kugel veränderte ihr Leuchten von Zeit zu Zeit, und all dies verlieh dem Raum, zusammen mit dem mittlerweile von außen durch die geschlossenen Jalousien fallendem Licht der Laternen, ein gespenstisches Aussehen.

»Joshua«, sagte er leise. Doch der Philosophieprofessor antwortete nicht. Fast bewegungslos hielt er den Finger in der vor ihm schwebenden Kugel.

Königshofer wartete. Minuten verstrichen, es waren viele. Dann endlich zog Geldermann seinen Finger aus der Kugel heraus, die sich sofort in die Kiste zurückbewegte. Es schien dem Geologen, als sei eine Ewigkeit vergangen. Er sah auf die Uhr. Tatsächlich, es war schon nach Mitternacht. Die Stunden verging wie im Fluge. Über all die Experimente hatte er die Zeit völlig aus den Augen verloren.

»Joshua, was ist?«, wollte er wissen. Doch bevor Geldermann antworten konnte, mußte er sich erst einen Moment erholen. Zu vielfältig waren die Eindrücke gewesen.

»Franz, warte einen Moment, bitte. Ich muß mich erst sammeln.« Er machte eine lange Pause, bevor er fortfuhr. »Ich glaube, ich habe es verstanden. Zumindest zum Teil.«

»Was? Was zum Teufel hast du verstanden? Klär mich endlich auf, ich platze vor Neugier« Königshofer klang ein wenig ärgerlich.

Geldermann sah ihn an. »Hast du ein Bier?«, wollte er wissen.

»Klar, drüben im Kühlschrank«

Der Philosoph stand auf und holte sich eine Flasche des kühlen Getränks. Nachdem er sie geöffnet und einen Schluck getrunken hatte, fühlte er sich besser. Er sah auf die Flasche. »Ahh, Gösser, ich liebe es.«

»Wir wollen doch nicht über die Vorzüge von Biersorten reden. Erzähl mir, was du gesehen hast.« Königshofer konnte es kaum abwarten. Ihm war nicht nach Bier zumute, er wollte hören, worum es ging.

»Also gut, ich will es versuchen«, sagte Geldermann und stellte die Flasche auf den Tisch. »Diese Masse ist ein Kommunikationsinstrument. Oder zumindest etwas Ähnliches. Sie verarbeitet Gedanken, ich konnte mit ihr in Kontakt treten. Sie nimmt meine Fragen auf, verarbeitet sie und läßt die Antworten in meinem Kopf entstehen. Eines ist sicher, sie ist nicht schädlich, ungesund oder gar tödlich. Es scheint, als würde sie sich auf denjenigen einstellen, mit dem sie in Kontakt steht. Und noch eines ist glasklar, sie stammt nicht von dieser Welt. Ganz und gar nicht von dieser Welt.«

Er schüttelte den Kopf und kniff die Augen zusammen. Sein Kollege sollte die Feuchtigkeit, die sich in seinen Augen gebildet hatte, nicht sehen. Zu überwältigt war er von dem eben Erlebten. Der Professor trank einen Schluck aus der Flasche. Die Luft hing wie Blei im Labor. Königshofer lauschte aufmerksam.

Geldermanns Stimme wurde leiser. »Ich glaube nicht, daß Nermina sich in einer akuten Gefahr befindet. Hundertprozentig sicher bin ich mir natürlich nicht. Franz, diese Dinge in der Kiste, ich habe jetzt eine Ahnung, wozu sie gut sind.«

»Spuck's aus, spann mich nicht auf die Folter«, sagte Königshofer.

Geldermann holte tief Luft: »Es gibt Möglichkeiten, die Raum- und Zeitgrenze, die wir hier auf der Erde kennen, zu überwinden. Das kleine Gerät dient dazu, Geschichten zu finden. Frag mich jetzt nicht, welche Geschichten, soweit bin ich nicht gekommen. Nur weiß ich, unsere Realität ist nicht einmalig. Das andere Teil hat etwas mit einem Energiefeld zu tun. Es sieht so aus, als ob man es für sich selbst verwenden kann. Wie das genau funktioniert, gedenke ich auszuprobieren.«

»Du bist verrückt.«, entfuhr es Königshofer erneut. »Was willst du tun?«

Geldermann griff in die Kiste und holte das kleine Gerät heraus, wog es in der Hand und betrachtete sein Äußeres.

»Weiterhin habe ich während des Kontaktes mit der Kugel zwei Dinge gesehen, die ich absolut noch nicht zuordnen kann.«

»Und was war das?« Königshofer stand nun auf, ging zum Kühlschrank und holte sich auch ein Bier. Diese Nacht schien noch lange zu dauern.

»Ich sah den Mond. Allerdings nicht, wie wir ihn kennen, sondern als ob ich auf seiner Oberfläche stünde. Mein Blick fiel auf eine große Felswand. Was das zu bedeuten hat, wie gesagt, keine Ahnung.«

»Du sprachst noch von einer zweiten Sache«, sagte Königshofer.

»Ja, das war das Bild von Nermina. Weswegen ich sagte, ich glaube nicht, sie sei in unmittelbarer Gefahr. Nermina befand sich in einem Raum und aß.

Frag mich jetzt nicht wo und warum, sie saß einfach an einem Tisch und hatte einen Teller vor sich. Allerdings hatte ich nicht den Eindruck sie sei alleine. Nicht, daß jemand in diesem Raum saß, nein, es war einfach nur ein Gefühl. Sie ist in Begleitung unseres außerirdischen Freundes.«

»Dem Typ aus der Vorlesung?«

»Genau dem. Etwas ist generell in Ordnung und gleichzeitig nicht in Ordnung. Während ich mit der Kugel Kontakt hatte, wurde ich diese Gedanken nie ganz los. Vielleicht wollte mir die Kugel auch genau dies mitteilen, daß etwas nicht ganz stimmt.« Geldermann trank einen weiteren großen Schluck aus der Flasche. Während er Königshofer von dem Kontakt mit der Kugel berichtete, merkte er, wie viele Unsicherheiten in seinem Vortrag steckten.

»Was meinst du damit?«, entfuhr es dem Freund.

»Ich weiß nicht, es gibt ein Problem.«

»Was meinst du, wo sie ist? Vielleicht können wir sie aufsuchen und versuchen, ihr zu helfen?«

»Nein, das glaube ich nicht, Franz«, Geldermann blickte in den Raum hinein. »Ich glaube sie ist sehr, ja eher extrem weit weg. Sie befindet sich nicht auf diesem Planeten.«

Königshofer schnappte nach Luft. »Joshua, weißt du, was du da sagst?«

»Ja Franz, und wenn ich ehrlich bin, behagt es mir gar nicht.«

»Was können wir tun?« Der Geologe blickte mit leeren Augen in den Raum. Obwohl Nermina nicht seine Studentin war, empfand er doch Mitgefühl. Die Situation geriet etwas außer Kontrolle. Zuerst war es nur eine Anfrage seines Freundes Joshua, und nun befand er sich mitten in einem Abenteuer. Eine junge Frau war verschwunden, es hatte etwas mit einem offensichtlich nicht von der Erde stammenden Mann zu tun, und sein Freund teilte ihm zu allem Überfluß mit, Nermina wäre weit weg von der Erde und hätte ein wie auch immer geartetes Problem. Wie sollten sie helfen? Gab es überhaupt Hilfe? Eines war ihm klar, wenn überhaupt etwas getan werden konnte, erforderte es Mut. Ihren gemeinsamen Mut.

Geldermann dachte nach. »Ich werde zunächst die anderen Geräte untersuchen. Sie haben ja mit dieser Sache irgend etwas zu tun. Dann kann ich versuchen, erneut mit der Kugel in Verbindung zu treten. Vielleicht erfahren wir auf diese Weise mehr über die Verwendung der Geräte. Wenn dies gelingt, könnten wir eventuell helfen. Vorausgesetzt, wir finden heraus, was Nermina überhaupt für ein Problem hat. In jedem Falle brauche ich deine Hilfe, Franz. Ich weiß nicht, was passieren wird, und du mußt auf mich aufpassen.«

»Du kannst dich auf mich verlassen«, antwortete Königshofer. »Ich helfe, wo immer ich kann und werde dich nicht einfach verschwinden lassen.« Er grinste seinen Freund voller Zuversicht an. »Laß uns an die Arbeit gehen.«

»Gut,« sagte Geldermann. »Wir beginnen mit dem kleinen Gerät. Ich denke, es hat wenig Sinn, es unter ein Mikroskop zu legen, es ist ein Computer, soviel ist klar. Was er macht, müssen wir herausfinden.«

»Gut, ich bin bei dir.«

Geldermann nahm das kleine Gerät aus der Kiste und betrachtete es von allen Seiten. Es schien nichts Auffälliges daran zu sein. Auf der Vorderseite befanden sich ein paar Tasten, sie ähnelten entfernt an ein Mobiltelefon. Im oberen Teil war eine Anzeige zu erkennen. Zumindest vermutete dies der Professor. Sie war dunkel.

»Wie setzt man das Ding in Betrieb?, fragte er seinen Freund.

»Keine Ahnung, ist irgendeine der Tasten anders als die anderen?« Königshofer schaute das Gerät genau an, dann deutete er auf eines der Felder. »Die hier, schau mal. Sie ist etwas größer als die anderen, und sie ist über allen angeordnet.«

»Soll ich sie drücken?«

»Was sonst, in diesem Zustand ist mit dem Ding ja nichts anzufangen.«

Der Philosophieprofessor nahm all seinen Mut zusammen und berührte mit dem Zeigefinger das obere Feld auf der Tastatur. Sofort flammte eine ganze Reihe von Anzeigen mit fremdartigen Symbolen auf. Erschrocken drückte er die Taste erneut und die Anzeigen verloschen. Er holte tief Luft.

»Wow, was war das?«

Der Geologe brauchte einen Augenblick, bevor er antworten konnte. Auch er hatte sich trotz der erwarteten Inbetriebnahme des Gerätes erschrocken. Mit einer Handbewegung, die eine gewisse Souveränität ausdrücken sollte, sagte er: »Was hast du erwartet. Der Anschalter offensichtlich. Nur sagt mir die Schrift nichts.«

»Mir auch nicht, wie sollte sie auch, sie ist nicht für Menschen gemacht. Unser Freund kann sie sicher lesen. Aber ich habe eine Idee.« Geldermann sah wieder in die Kiste. Dort lag die sanft schimmernde Kugel. »Wie wäre es...«, begann er und plötzlich hob die Kugel vom Kistenboden ab und schwebte auf ihn zu.

Königshofer blickte die schwebende Masse mit aufgerissenen Augen an. »Was soll das nun wieder?«

»Es scheint zu reichen, an sie zu denken«, antwortete Geldermann. »Meine Gedanken bezogen sich darauf, ob die Kugel uns vielleicht helfen könnte. Prompt hob das Ding ab. Franz, ich glaube, so langsam kommen wir der Sache näher. Es ist klar, die Kugel ist eine Art Kommunikationsinstrument. Etwas wie ein Computer, nur viel weiter fortgeschritten. Ich werde nun meinen Finger da reinstecken und an das Gerät denken. Wenn ich Glück habe, bekommen wir heraus, was das Ding macht und wie es zu bedienen ist.«

»Wenn du meinst«, murmelte Franz Königshofer ein wenig ratlos. Er war nicht ganz überzeugt von der Sache, sah aber keine andere Möglichkeit. Mut, Franz, Mut, sagte er sich.

Geldermann blickte zunächst auf das kleine Gerät in seiner Hand und dann auf die Kugel. Langsam führte er seinen Zeigefinger in die schwebende Masse ein. Es dauerte einen Augenblick und seine Augen weiteten sich. Das entging seinem Freund nicht.

»Joshua, alles OK?«

»Ja«, flüsterte Geldermann. »Du wirst nicht glauben, was ich hier gerade erlebe.« Er verstummte und sah auf den Computer in seiner Hand. Plötzlich schaltete er das Gerät wieder ein, und seine Finger bedienten verschiedene der fremdartigen Tasten. Der Professor schien die Anzeigen genau im Blick zu haben. Der Apparat stellte in unterschiedlichen Farben seltsam anmutende Kurven und gerade Linien dar, Geldermann wählte eine der Kurven aus und sofort veränderte sich das Display erneut. Kurz darauf zog er seinen Finger aus der Kugel heraus, die sich sofort wieder in die Kiste zurückbewegte. Anschließend schaltete er das Gerät aus und legte es auf den Tisch. Nun war es Zeit, einen Schluck aus der Bierflasche zu nehmen.

»Franz, das wirst du mir nicht glauben«, begann er. »Ich habe verstanden, was die kleine Kiste macht. Es ist, wie sagt man so schön, der Hammer.«

Königshofer schien an den Lippen seines Freundes zu kleben, sagte aber nichts.

»Dieser Computer dient dazu, Personen und Gegenstände von einem Ort an einen anderen zu transportieren.«

Der Geologe grinste. »Na ja, es sieht nicht gerade aus wie ein Bus, aber vielleicht ist es ja doch einer, nur eben außerirdisch.«

»Laß den Quatsch«, sagte sein Gegenüber. »Ich meine es ernst.«

»Schon gut. Erzähl schon, Joshua. Ich bin auch ruhig.«

»Gut so.« Jetzt war es an Geldermann zu grinsen. »Also, es handelt sich bei diesem kleinen Apparat um einen Geschichtenfinder?«

»Einen was?« Königshofer war verwirrt. Wie konnte man Geschichten finden?

»Laß es mich kurz umreißen. Ich führe diese Diskussion immer mit meinen Studenten. Die alten wie die neuen Philosophen haben sich immer gefragt ‚Wie wahr ist unsere Welt?‘. Die Antwort, zumindest aus naturwissenschaftlicher Sicht, ist einfach. Sie ist so wahr wie wir sie erleben. Aber das heißt nicht, es könne nicht auch andere Wahrheiten geben. Die Quantentheorie lehrt uns, es gibt viel mehr Wahrscheinlichkeiten, als wir glauben. Nichts von dem, was wir erleben, ist einmalig. In einem gewissen Sinne sind viele Dinge wahr und nicht wahr zugleich.«

Königshofer lauschte gespannt. Als Geologe hatte er mit den Naturwissenschaften im Bereich der Physik nur wenig zu tun. Sein Freund war da gänzlich anders gelagert. Er war nicht nur Professor für Philosophie, er war im Inneren seines Herzens auch Naturwissenschaftler. Nicht nur aus diesem Grunde verband er oft die eine mit der anderen Wissenschaft.

Geldermann fuhr fort. »Es gibt eine sehr spannende Theorie dazu, *Vielweltentheorie* heißt sie. Was wahr ist und was nicht, entscheiden wir als Betrachter. Die Betrachtung einer Sache genügt, sie wahr werden zu lassen. Was das genau bedeutet, kannst du in jedem Physikbuch nachlesen, in dem es um Quantenmechanik geht. Tatsache ist, so glauben zumindest viele Physiker, daß es eine unendlich große Zahl von parallel existierenden Wirklichkeiten gibt. Dieses kleine Gerät hier hilft dabei, die, und das ist das Phantastische daran, *gewünschte* Wahrheit zu finden. Es schaut für uns und entscheidet für uns. Frag mich aber bitte nicht, wie es das macht.«

»Wow, jetzt hab ich zwar nur wenig verstanden, aber das bißchen war schon erstaunlich. Das hast du alles von der Kugel?«

Geldermann nickte.

»Was können wir nun damit anfangen?«

»Ich bin mir noch nicht sicher, aber es scheint so, als könnte uns dieses Gerät an bestimmte Orte transportieren. Das hat mit den Anzeigen auf dem Display zu tun, du hast sie gesehen. Sie stellen die Geschichten dar, in denen wir, nach den Gesetzen der Wahrscheinlichkeit, an diesen Orten sein würden.«

»Ja«, hauchte Königshofer ergriffen. Ganz langsam begann ihm die Bedeutung des Fundes in der Kiste klar zu werden. Was auch immer sie damit anfangen würden, es würde außergewöhnlich werden.

»Nun, mit Hilfe der Kugel werde ich versuchen, mehr über das andere Gerät herauszufinden. Es muß da einen Zusammenhang geben. Vielleicht können wir auf diese Weise Nermina helfen.«

Er griff nach dem größeren Teil in der Kiste, es ähnelte sehr einem Rucksack. Kurz entschlossen schnallte er es sich auf den Rücken und schaute erneut auf die Kugel. Wie erwartet, schwebte sie auf ihn zu. Geldermann steckte seinen Zeigefinger hinein und schloß die Augen. Auf diese Art konnte er sich besser konzentrieren.

»Franz,« sagte er plötzlich.

Königshofer schrak auf. »Ja, Joshua, ich bin hier.«

»Geh an die Rückseite des Rucksacks. Dort ist ein zentraler Schalter. Du kannst ihn leicht finden. Leg ihn um.«

Sein Freund ging um ihn herum und sah den Schalter sofort. Er ähnelte eher einem großen Knopf, außerdem war es der einzige. »Soll ich?«, fragte er unsicher.

»Ja bitte, ich weiß, was passieren wird.« Geldermann atmete ruhig. »Zumindest hoffe ich, daß ich es weiß.« Er grinste zuversichtlich.

»Gut, wie du willst.« Er machte eine kurze Pause. »Achtung, jetzt.« Königshofer drückte den Kopf an dem Rucksack tief hinein.

Für einen kurzen Augenblick wurde Geldermann von einem Energieschimmer eingehüllt, dann war alles wieder normal.

»Alles OK?«, wollte sein Freund wissen.

»Alles bestens«, antwortete Geldermann. »Komm, wir machen ein paar Experimente. Wenn das stimmt, was die Kugel mir mitteilt, dann ist das ein erstaunlicher Apparat.« Er zog seinen Finger aus dem geleeartigen Gebilde. Die Kugel blieb diesmal aber in der Mitte des Raumes schweben, als ob sie auf etwas wartete. Geldermann achtete in diesem Augenblick nicht darauf. Er ging zum Waschbecken in der Ecke des Labors.

»Komm«, forderte er seinen Freund auf, »schütte mir Wasser ins Gesicht.«

»Bist du irre? Warum sollte ich das tun? Nachher muß ich deine Sachen wieder saubermachen.«

»Franz, würde ich dich danach fragen, wenn ich nicht etwas Bestimmtes damit bezwecken würde? Komm schon, du solltest mich kennen.«

Königshofer seufzte. »Du hast ja recht. Also paß auf.« Er nahm einen Becher und füllte ihn mit Wasser, setzte an und schüttete ihn Geldermann direkt ins Gesicht. Dieser zuckte kurz, grinste aber dann über das ganze Gesicht. Er war komplett trocken, das Wasser bildete eine Pfütze auf dem Boden des Labors.

»Na, was hab ich dir gesagt? Ich wußte das.«

Königshofer betrachtete die Wasserlake am Boden. »Gut, wenn du das wußtest, dann kannst du die Schweinerei auch wieder saubermachen.« Er grinste und warf den Lappen, der neben dem Waschbecken hing, auf den Boden. Mit dem Fuß wischte Geldermann das Wasser auf.

»Was ist das?«, wollte der Geologe wissen, während der Lappen sich unter den Füßen seines Freundes langsam vollsaugte.

»Ein Raumanzug aus Energie«, antwortete der Philosophieprofessor. »Nichts kann ihn durchdringen. Soweit ich es klar sehe, bereitet er Sauerstoff auf, schützt vor Umwelteinflüssen und sorgt schlicht und einfach dafür, daß sein Träger am Leben bleibt. Komm, laß uns noch was ausprobieren. Mir schwebt da etwas ganz Besonderes vor.«

»Was?«, wollte sein Freund wissen. Doch Geldermann war schon auf dem Weg zur Tür.

»Ich will in die Druckkammer. Wir haben doch eine im dritten Stock.«

»Ja, natürlich, aber...« Königshofer beeilte sich, seinem Freund zu folgen. Er eilte durch die Tür und fluchte leise, als sich der Schlüssel nicht sofort in das Schloß hineinstecken ließ. Immerhin mußte er abschließen, zu viel stand auf dem Labortisch herum. Sein Freund war bereits auf dem Weg zur Treppe.

»Was hast Du vor?«, fragte er keuchend, als sie beide durch die Tür zum medizinischen Labor schritten. Die Universität besaß für den Bereich der Medikamentenforschung eine kleine Druckkammer, in der Probanden nach der Einnahme bestimmter neuer Arzneimittel getestet wurden. Dazu erhöhte oder senkte man den Außendruck unter kontrollierten Bedingungen und konnte die Meßwerte für Studien heranziehen. Der Sinn des Ganzen war leicht einsehbar. Schließlich wollte niemand Gesundheitsrisiken hinnehmen, nur weil er eine Pille gegen Kreislaufprobleme geschluckt hatte und anschließend in ein Flugzeug gestiegen war.

»Ganz einfach, Franz«, sagte Geldermann und öffnete die Kammer. »Ich möchte testen, ob dieser Energieanzug auch vor Druckverlust schützt. Wie weit kannst du den Druck eigentlich runterdrehen?«

»Na ja, bis ganz zum Vakuum geht es nicht, das braucht man hier nicht. Aber es geht zumindest soweit runter, daß dir schon ganz schön die Puste ausgeht. Wir können theoretisch locker 20.000 Meter Höhe simulieren, so hat es mir mal einer der Mediziner erzählt. Das reicht für jeden Flug. Aber sei gewiß, dabei würdest du ersticken. Die Sicherheitsschaltung greift bei rund 10.000 Metern, sollte einmal etwas schiefgehen, und vielleicht der anwesende Techniker einen Herzanfall während des Versuches erleiden. Danach fährt die

Maschine den Druck sofort auf ein normales Maß von rund 1.000 Metern herauf. Die Obergrenze hat man nur, weil man ab und zu auch Substanzen oder Werkstoffe darin testet.«

Geldermann nahm in einem der bequemen Sessel innerhalb der Kammer Platz. »Kannst du die Sicherheitsschaltung umgehen? Ich will das Maximum.«

Königshofer blickte den Freund entsetzt an. »Bist du verrückt. Wenn dabei etwas schiefgeht, ich kann den Druck nicht schnell genug wieder rauffahren. Das würde eine Implosion ergeben. Ich kann nicht schlicht Luft hineinblasen. Die 20 Kilometer sind ein technischer Wert, nicht für Menschen gedacht. Dein Blut würde anfangen zu kochen, sollte dein Anzug versagen.«

»Das hab ich nicht gefragt«, sagte Geldermann etwas angespannt. »Ich wollte wissen, ob du es umgehen kannst.«

Der Geologe zuckte etwas hilflos mit den Schultern. »Keine Ahnung. Ich mach den Steuerungscomputer an, dann schau ich mal.«

»Franz«, versuchte Geldermann den Freund zu beruhigen. »Dieser Anzug ist, so denke ich zumindest, für den Einsatz in jeglicher Umgebung gemacht, also auch einer drucklosen. Du nimmst den Druck ja langsam herunter. Geht es mir schlecht, wirst du das schon weit vor den 20.000 Metern merken, dann brechen wir ab und das war es. Mach dir keine Sorgen.«

»Ich versuch´s«, antwortete Königshofer und machte sich an dem Computer zu schaffen. Während der Philosophieprofessor gemütlich eine Zeitung las, flammten auf dem Monitor die verschiedensten Grafiken und Zahlenreihen auf. Nach rund zehn Minuten hatte Königshofer es geschafft. Grinsend kann er auf Geldermann zu.

»Du hast Glück, daß ich mich mit Windows auskenne und es sehr löchrig ist«, grinste er.

Geldermann hob den Kopf. »Erzähl«, sagte er.

»Die Sicherheitsschaltung benötigt ein Paßwort. Man kann sie nicht einfach umgehen. Der Programmierer war aber offensichtlich etwas schlampig. Ich habe den Wert für den Einsatz der Sicherheitsschaltung einfach in der Registry verändert, das war's.«

»Das muß ich jetzt nicht verstehen«, grinste nun auch Geldermann.

»Nein!«, kam der lakonische Kommentar. »Schließlich begreife ich auch nicht, was du von Quantenmechanik erzählst. Aber dafür sind wir ja Freunde, jeder ergänzt den anderen.«

Geldermann nickte und legte die Zeitung weg. »Dann wollen wir mal. Schließ die Tür und paß gut auf mich auf.«

Königshofer tat wie ihm geheißen, drehte die große Kurbel am Eingang zur Kammer, bis die rote Lampe über der Tür von Grün auf Rot umsprang. Von nun an konnte er seinen Kollegen nur noch auf einem Fernsehmonitor sehen und seine Stimme aus der Interkomanlage hören.

»Geht's dir gut?«, wollte er wissen und sprach dabei in sein Mikrofon neben dem Computer. Seine Augen ließen Geldermann nicht aus den Augen.

»Alles OK«, kam die Stimme aus dem Lautsprecher.

»Gut, ich drehe dann runter. Wir gehen zunächst auf 5.000 Meter.«

Die Motoren der Vakuumpumpe begannen, unter der Kammer zu summen und saugten die Luft aus dem rund drei Quadratmeter großen Behältnis. Geldermann atmete ruhig weiter. Er schien nichts von der Druckveränderung zu merken. Kurz darauf stoppte Königshofer den Prozeß.

»Alles klar?«, wollte er wissen.

»Ja, ich merke nichts. Mach weiter«, sagte sein Freund zur im Inneren angebrachten Fernsehkamera.

»Gut, wir gehen auf 8.000 Meter. Das ist dann die verträgliche Grenze. Danach haben wir ein Problem, wenn etwas danebengeht.«

»Ich weiß, das sagtest du bereits. Komm schon, ich will heute nochmal ins Bett.« Geldermann grinste in die Kamera, stand auf und machte eine paar Bewegungen, als ob er seine Gesundheit unter Beweis stellen wollte.

Die nächste Grenze war binnen zwei Minuten erreicht. Der Professor im Inneren der Kapsel ließ sich nichts anmerken. Nach einem erneuten kurzen Austausch über die Risiken erhöhte Königshofer den Wert auf 15.000 Meter, und weitere zwei Minuten später stand das Display des Computerbildschirms auf 20.000. Königshofer standen die Schweißperlen auf der Stirn, während Geldermann seinen Freund mit mehr oder weniger spaßigen Bemerkungen zu zerstreuen suchte. Schließlich war es genug, und der Geologe ließ wieder Luft in die Kammer strömen. Rund eine halbe Stunde nach dem Beginn des Versuchs öffnete ein sehr froher Franz Königshofer die große Tür und entließ seinen Freund aus dem freiwilligen Gefängnis.

»Franz, das ist es. Dieses Ding ist für alle Einsätze konzipiert, wo auch immer du hingehen willst. Das wird unser nächster Versuch.« Geldermann kletterte aus der Kapsel. »Wir müssen der Sache weiter auf den Grund gehen.«

»Sei mir nicht bös, Joshua. Laß uns das morgen machen. Ich werde langsam müde, und wenn ich müde bin kann ich mich nicht konzentrieren.«

Geldermann sah auf die Uhr. Franz hatte Recht, es war schon weit nach zwei in der Früh. »OK, ich geb es zu. Wir schließen die Kiste in den Tresor und treffen uns morgen um zehn Uhr wieder. Hast du Vorlesungen?«

»Nein, erst am Nachmittag. Die muß ich nur noch ein wenig vorbereiten. Zuerst müssen wir aber das Ding auf deinem Rücken wieder ausschalten. Wie soll das gehen, wenn nichts den Energieschild durchdringen kann?«

»Ganz einfach, leg den Schalter um, drück ihn. Ich selber komme da nur mit Mühe dran. Sehe ich es richtig, kann man den Schalter immer durch das Energiefeld hindurch betätigen, wenn man ein organisches Wesen ist. Bist du das?«

Königshofer war schon auf dem Weg, den Schalter zu erreichen. »Ja, bist deppert, du solltest doch wissen, daß ich vom Mars stamme.«

Jetzt mußten beide lachen. Der Geologe drückte den Schalter und das Energiefeld verschwand. »Das hat was von Siegfried und seiner verletzlichen Stelle am Rücken«, sagte er.

»Stimmt, die Nibelungensage aus Deutschland«, antwortete Geldermann und nahm den Rucksack ab. »Aber ich bin nicht Siegfried, und du willst mich nicht töten, hoffe ich doch.«

»Keine Angst, dann wäre unser Abenteuer doch zu Ende. Jetzt, wo es anfängt, Spaß zu machen.« Königshofer gähnte. »Trotzdem, laß uns gehen, ich muß ins Bett.«

»Ja, es reicht.« Die beiden Freunde verließen das medizinische Labor, verschlossen die Tür sorgfältig und kehrten zurück in ihre eigenen Räumlichkeiten. Dort schlossen sie die Kiste samt Inhalt in den Wandtresor ein und vergewisserten sich noch einmal, nichts vergessen zu haben. Der Stein vom Mars lag nach wie vor in dem verschlossenen Schreibtisch, und der Computer war in den sensiblen Bereichen verschlüsselt. Alles OK. Morgen würden sie versuchen, dem kleinen Gerät weitere Geheimnisse zu entlocken. Vielleicht war es möglich, damit eine kleine Reise zu unternehmen. Eine Reise, die den Lauf der Geschichte verändern würde.

Als die Professoren den Parkplatz erreichten, lag eine schwüle Luft über der Stadt, die Sommerhitze hielt sich lange zwischen den Häusern. Hoffentlich würde es morgen nicht ganz so warm werden. Sie verabschiedeten sich und fuhren davon. Hinter ihnen lag die Universität im Dunkeln.

Eine Sache hatten sie in all der Aufgeregtheit jedoch nicht beachtet. Im medizinischen Labor waren kleine Videokameras installiert, die jeden Schritt aufzeichneten, aus versicherungstechnischen Gründen, rund um die Uhr. Sollte jemand in der Druckkammer aus Unachtsamkeit zu Schaden kommen, würde die Versicherung wissen wollen warum. Auf den Bändern der Videorecorder schlummerten nun ihre nächtlichen Aktivitäten.

12

Das Schiff schwebte als kleiner Punkt durch die majestätische Kulisse des Virgo Clusters, einer gigantischen Galaxie inmitten eines 100 Millionen Lichtjahre von der Erde entfernten Galaxienhaufens. Es war, als ob man ein Staubkorn durch eine Großstadt oder ein Seepferdchen durch einen Ozean schweben sah. Es verlor sich in der Weite der Sterne. Doch es war nicht ohne Ziel. Vorbei an uralten sowie gerade in der Entstehung befindlichen Sternen, schoß das Schiff mit für irdische Verhältnisse unglaublicher Geschwindigkeit, durch den leeren Raum. Marc hatte durch das Analysieren der Mikrogravitation in dieser Region einen Himmelskörper gefunden, der sich für eine Reparatur des Schiffes eignete. Er beherbergte offensichtlich, so zumindest ergaben es die Messungen, kein intelligentes Leben, jedoch eine Atmosphäre und mehrere große Landmassen inmitten einiger Ozeane. Aufgrund der Beschädigungen konnte das Schiff, obwohl immer noch sehr schnell, nicht mit der gewohnten Geschwindigkeit fliegen. Es würde viele Stunden dauern, den Planeten zu erreichen. Doch es war eine Chance. Im Weltraum konnte Marc das Schiff nicht reparieren. Trotz seines Energieanzuges besaß er damit leider keine Antriebskraft. Große Teile konnte er nicht manövrieren. Jede Bewegung seiner Muskeln hätte ihn sofort in die entgegengesetzte Richtung katapultiert. Das wiederum hätte Nermina in Gefahr gebracht. Er benötigte festen Boden unter den Füßen, um die notwendigen Reparaturen ausführen zu können. Und - es würde Zeit brauchen.

Nach ihrem Essen begab sich Nermina wieder zu Marc in die Kommandozentrale. Er beobachtete die um ihn herum schwebenden Kugeln und kommunizierte mit ihnen, als sie eintrat. Marc war froh, sie wiederzusehen.

»Na, bist du satt?«, versuchte er eine unbeschwerte Stimmung zu verbreiten.

Sie ging auf ihn zu und blickte sich in dem Raum um. Er sah wieder halbwegs normal aus. Die Konsole war intakt, die Kugeln befanden sich in der Luft, und Marc war mittendrin. Einzig die Geschwindigkeit der geleeartigen Kugeln war noch sehr langsam

»Ja, es hat gut geschmeckt.« Es war mehr eine beiläufige Bemerkung als eine Aussage. Es war nicht der Punkt. Sie kam zu der Sache, die sie am meisten beschäftigte. »Marc«, sie holte tief Luft. »ehrlich gesagt, ich bin immer noch sehr durcheinander. Ich kann an nichts anderes denken. Ist das Abenteuer hier zuende? Werden wir wieder heimkommen? Kannst du mir das sagen?« Ihre Worte lagen schwer in der Luft.

Der Außerirdische trennte sich einen Augenblick von seinen Aufgaben. »Nermina«, sagte er. »Glaub mir, all dies lag nicht in meiner Absicht. Ich konnte nicht ahnen, daß wir einen Unfall erleiden. Aber ich verspreche dir, du wirst die Erde wiedersehen. Es mag einen Moment dauern, vielleicht werden sich auch Menschen um dich Sorgen machen, aber das wird nicht von Dauer sein.«

»Ich weiß, es war keine Absicht.« Nermina blickte ihn mit einer Mischung aus Traurigkeit und Sanftheit an. In ihren Augen konnte er deutlich ihre Verzweiflung und die bohrende Frage erkennen. *Wie geht es weiter?*

»Was kann ich tun?«, Marc erwiderte ihren Blick.

Sie drehte sich herum und begann, in der Kommandozentrale auf und ab zu gehen. »Marc, du kannst nichts tun. Als ich eben beim Essen saß, habe ich über Gott nachgedacht. Es ist halt nunmal eine Eigenschaft von uns Menschen, sich an Gott zu wenden, wenn es nicht mehr weitergeht. Aber auch das hat nicht viel geholfen. Entweder wir schaffen es, oder eben nicht. Dann war das mit dem Trip in die Erkenntnis ein Reinfall.«

»Wieso Gott?«, wollte er wissen.

»Weiß nicht, ist eben so. Wir Menschen brauchen eine höhere Gewalt. Vielleicht nur, um sich einfach wohler zu fühlen. Aber ich weiß ja nicht einmal, ob er existiert. Also was soll's.«

Marc sah sie einen Augenblick lang an. »Ich kann dir Gott nicht vorführen oder dich mit ihm bekanntmachen, aber es mag dir helfen, wenn wir ein kleines Experiment machen.«

»Ein Experiment? Wozu, haben wir nicht andere Sorgen?« Sie blickte ihn an.

»Nein, wir haben keine Sorgen, nur etwas Zeit. Ich habe einen Planeten ausfindig gemacht, der sich für die Reparatur eignet. Wir werden viele Stunden brauchen, ihn zu erreichen. Komm, wenn du magst, ich zeig dir was ich meine.«

Marc ging durch die Tür der Kommandozentrale in einen Nebenraum. Nermina hatte nichts Besseres zu tun, also, warum nicht etwas Zeit totschlagen. Sie folgte ihm. Es gefiel ihr sofort, etwas von ihren trübsinnigen Gedanken abgelenkt zu werden, und sie war gespannt, was er wohl vorführen würde. Der Raum ähnelte entfernt einem Labor auf der Erde. Es waren diverse Apparaturen und Instrumente zu erkennen. An der Wand befanden sich verschiedene Monitoren. Auf der gegenüberliegenden Seite konnte sie seltsame Bilder erkennen. Sie stellten wohl verschiedene Experimente oder naturwissenschaftliche Erkenntnisse dar. Was Nermina verwunderte, war, sie waren dreidimensional und bewegten sich je nach Blickwinkel. Interessiert ging sie zu einem der Bilder hin und wanderte davor hin und her. Es war wunderschön und schillerte in den beeindruckendsten Farben.

»Schön, nicht wahr?«, bemerkte Marc.

»Wunderschön«, antwortete sie. »Was stellen sie dar?«

»Wissenschaft im weitesten Sinne. Die Künstler haben zum Beispiel die Struktur der Raumzeit interpretiert und sie in diesem Bild umgesetzt.« Er deutete auf ein Bild links von Nermina. »Oder hier«, Marc holte tief Luft, »ein Wasserstoffatom als Symbol des Lebens im Universum.« Tatsächlich, die junge Frau war fasziniert, es zeigte in konstanter Abwandlung die Entstehung des Universums, beginnend mit einem einzelnen Atom. So etwas hatte sie noch nie gesehen.

»Wow«, staunte sie. »Wie ist das gemacht?«

»Eine Art erweitertes Hologramm«, antwortete er. »Man setzt verschiedene Bestandteile zu einem Ganzen zusammen. Der Künstler malt seine Gedanken mit Hilfe eines Computers. Die Umsetzung erledigt ein Laser.«

»Sowas haben wir nicht«, antwortete sie lächelnd. Ihr war jetzt wieder wohler zumute.

»Noch nicht«, meinte Marc verschmitzt. Irgend etwas in seiner Stimme verriet ihr, es würde nicht mehr lange dauern, bis der Menschheit diese Technik auch zur Verfügung stand.

Mittlerweile hatten sich auch so manche Kugeln im Raum gebildet. Marc streckte ein paar seiner Tentakel in die geleeartigen Massen, sie nahmen Befehle entgegen und verschwanden in der Wand. Auf der einen Seite des Raumes stand ein Schrank. Der Außerirdische ging darauf zu, öffnete die Tür und entnahm einem der Fächer zwei weiße Pappstücke, ein Lineal sowie eine Art Skalpell. Die Gegenstände legte er auf einen Tisch, der sich in der Mitte des Labors befand. In eines der beiden Pappstücke schnitt er mit Hilfe des Lineals zwei schmale senkrechte Schlitze im Abstand von rund 20 Zentimetern hinein. Anschließend bog er einen kleinen Teil der Pappe an der Tischkante um und stellte das Ganze vorsichtig auf den Tisch. Nermina wartete gespannt. Die zweite Pappe - er bog die Unterkante ebenfalls um - plazierte er rund 30 Zentimeter hinter dem ersten Pappstück. Nun standen also zwei Pappen von der Größe einer normalen DIN A4 Seite, die erste mit senkrechten Schlitzen, die zweite quasi als *Bildschirm,* hintereinander auf dem Tisch.

»Was wird das?«, wollte Nermina wissen.

»Du fragtest nach Gott und wo er sei. Ich kann dir das zwar nicht direkt beantworten, will dir aber einen Hinweis auf seine Existenz geben. Dazu machen wir diesen Versuch. Schon vergessen, nicht nur die Naturwissenschaft, auch die Philosophie fragt nach einfachen Beweisen für komplizierte Aufgaben. Einen solchen will ich dir präsentieren.«

»Mit ein paar Pappstücken?« Nermina schaute verwirrt auf den Tisch.

»Jawohl und mit einer bestimmten Form von Licht. Ich zeige dir eines der erstaunlichsten und zugleich einfachsten Experimente der Naturwissenschaft. Man muß dazu sagen, es ist keine Fiktion von meinem Planeten, dieser Versuch wurde schon vor rund 60 Jahren auf der Erde durchgeführt. Er zeigt auch keine Theorie sondern Tatsachen. Alles, was wir nun noch brauchen, ist ein Laser. Ich habe keine solche Apparatur vorrätig, deswegen müssen wir sie vom Schiff herstellen lassen. Das funktioniert wieder ähnlich wie die Lebensmittelherstellung. Komm mit hier rüber.« Er wandte sich einem leeren Glaskasten zu.

Der Behälter stand auf einem etwas erhöhten Podest und war ca. zwei Meter lang, einen Meter breit und einen Meter hoch. Außer einem auf dem Boden angebrachten Gitterrost war er leer. Etwas darüber schwebte an einer

Aufhängung, an der eine Art Schlauch hing, der Deckel. An den Seiten der Abdeckung hingen Drähte herunter, die sich offensichtlich am Boden des Glaskastens in dafür vorgesehene Schlitze einrasten ließen. Marc stellte sich auf die von Nermina abgewandte Seite der Glaskiste, und eine der Kugeln bildete sich direkt vor ihm. Er gab ihr wie üblich seine Befehle, und die Apparatur begann mit einem leichten Sirren zu arbeiten. *Entfernt erinnerte es an das Zirpen von irdischen Zikaden*, dachte Nermina.

»Was wird das?«, erkundigte sie sich voller Staunen.

»Warte es ab, wir bauen uns jetzt den Laser. In den Behälter wird ein spezielles Gas eingelassen, eine Art Trägermaterial, wenn du so willst. Anschließend erfolgt eine sehr zielgenaue Bestrahlung mit einem Gemisch aus Elektronen, Protonen und Neutronen.«

»Die Bestandteile, aus denen Atome zusammengesetzt sind.«

»Genau. Ihr habt auf der Erde schon ähnliche Verfahren mit Kunstharz, mit deren Hilfe ihr Modelle von komplexen Strukturen herstellt. Dieser Apparat arbeitet nach dem gleichen Prinzip, nur ist er viel weiter fortgeschritten. Ich kenne nicht die technischen Details, aber ich kann dir sagen, die Atome und Moleküle für jede Form, die wir hier entstehen lassen wollen, setzen wir einzeln aus den Kernbausteinen zusammen, indem wir sie in das Gas einstrahlen. Es fungiert sozusagen als Leitmedium und dient als Basis für die Struktur.«

Nachdem der Deckel sich vollständig auf den Kasten gesenkt hatte, befestigte Marc die Drähte. Die Versiegelung war luftdicht. Nermina beobachtete, wie ein milchiges Gas in die Kammer einströmte. Bald war sie vollständig gefüllt. Plötzlich erfüllte ein leichtes Grollen den Raum. Aus der Decke fuhren zwei bedrohlich aussehende Strahlenkanonen heraus, die um alle drei Achsen schwenkbar waren und dies auch eindrucksvoll unter Beweis stellten, als sie an ihre vorbestimmte Position fuhren. Instinktiv trat Nermina einen Schritt zurück.

»Keine Angst«, lächelte Marc, »sie tun dir nichts. Du solltest nur nicht mitten in den Strahl treten. Der Teilchenstrom ist zwar schwach, er transportiert lediglich genug Atombausteine, um den gewünschten Gegenstand wachsen zu lassen, ob er aber einem Menschen schaden kann«, er zuckte mit den Schultern, »weiß ich nicht. Außerdem ist er lokal sehr begrenzt. Beobachte den Prozeß! Du wirst erkennen, es bilden sich von innen heraus immer neue Baugruppen. Während sie entstehen, testet der Computer sie auch gleich auf Funktionstüchtigkeit. Es ist ein faszinierendes Schauspiel.«

Es dauerte noch ein paar Sekunden, doch dann begannen die Strahlenkanonen mit ihrer Arbeit. Die einzelnen Ströme der Atombestandteile waren nicht zu erkennen, doch auf dem Gitterrost in der Kiste begann sich eine dünne Schicht Metall zu bilden, während die wuchtigen Kanonen um die Kiste kreisten. Die Servomotoren machten leise Geräusche, passend zu den präzisen Bewegungen. Schon kurze Zeit später hatte der Metallboden eine Struktur, auf die nun erste Kabel aufsetzten. Nermina hatte noch nie etwas Derartiges gesehen. In ihrer Welt fertigte man

Dinge aus vorgefertigten Bestandteilen. Sie einfach so entstehen zu sehen, war unglaublich. Nach und nach bildeten sich immer neue Wände und es schien Nermina, als formten sich Platinen mit elektronischen Bauteilen. Die allerdings waren nicht im Entferntesten mit denen auf der Erde zu vergleichen. Wo auf ihrem Heimatplaneten Chips auf einem Plastikuntergrund saßen, erkannte sie nurmehr Schichten aus verschiedenfarbigen Materialien.

»Was sind das für Schichten?« fragte sie neugierig. »Sind das die elektronischen Bauteile?«

Marc starrte gedankenverloren in die Kiste. Es dauerte einen Moment bis er antwortete. »Ja, wir verwenden das, woran ihr schon eine ganze Weile forscht. Der in unserem Laser zum Einsatz kommende Rechner ist ein Quantencomputer. Er ist schneller, leistungsfähiger und vor allem viel kleiner. Nur so können wir die Schichten so schnell molekular aufbauen.«

»Quantencomputer?« Einmal mehr verstand sie nicht, worauf er hinaus wollte.

»Ihr geht bei der Produktion von Rechnern den ursprünglichen Weg. Man verkleinert Transistoren und andere Bauteile mittels Fotografie, ätzt sie auf eine Siliziumoberfläche und fertig ist der Chip. Wir haben geschafft, woran ihr noch forscht.« Marc ließ eine der Kugeln erscheinen, steckte sanft seinen Finger hinein, und parallel zum Aufbau des Lasers in der Glaskiste erschien eine dreidimensionale Projektion im Raum. Sie zeigte ein seltsames Gebilde.

»Denk dran, ich bin Philosophin, keine Wissenschaftlerin«, grinste sie etwas verschmitzt. Immer mal wieder mußte sie ihn auf den Boden der Tatsachen zurückholen, sonst driftete er in seine theoretischen Erklärungen ab, und das war ihr zuviel.

»Keine Angst, ich werde dich nicht mit Dingen wie *Dekohärenz* oder ähnlichen Fachbegriffen nerven, ein wenig kenne ich dich ja nun schon.« Seine Stimme klang etwas gekränkt, aber Nermina wußte es besser, es war nur gespielt.

»Schieß los«, forderte sie. »Du kannst es ja doch nicht lassen.« Frech schaute sie ihn an.

Als ob Marc die dezente Frotzelei nicht bemerken würde, wandte er sich wieder dem dreidimensionalen Gebilde vor ihnen zu. »Ich mach es kurz!«, versprach er entschieden. »Ein Quantencomputer unterscheidet sich von einem normalen Rechner durch eine einfache Tatsache, sieh her.« Die Erscheinung im Raum stellte ein Oval dar. In ihm schwebten zwei Kugeln, eine rote und eine grüne. Sie tauschten ständig in unregelmäßigen Zeitabständen die Farbe. Das Objekt begann sich langsam zu drehen, als Marc ihm in der Luft einen sanften Stoß gab. Nermina staunte einmal mehr. Im Raum schwebende Objekte ließen sich durch einfaches Anfassen bewegen, dieses Schiff hielt immer wieder neue Überraschungen bereit.

»Dies ist ein normaler Computer, so wie du ihn kennst. Er kennt zwei Zustände, ein und aus. Oder Null und Eins, ganz wie du magst. Das ist die Basis. Der Rest beruht auf Schnelligkeit. Diese wird auf deiner Welt lediglich durch Verkleinerung und bessere Verschaltung der Bauteile erreicht. Nun paß auf, was der Quantencomputer macht.« Marc berührte erneut das schwebende Oval. Plötzlich wurden aus den zwei Kugeln Hunderte. Sie schwirrten in wilder Folge durch das Oval. Von der vorher zu beobachtenden Ordnung konnte keine Rede mehr sein.

»Das soll ein Computer sein?« Fasziniert starrte Nermina auf das seltsame Gebilde in der Luft. In ihren Augen spiegelten sich die wild umhersausenden kleinen Kugeln wider.

»Nein«, antwortete Marc, »es ist nur die Basis. Der Quantencomputer kennt nicht nur zwei Zustände, er kennt viele. Es ist mehr eine Wahrscheinlichkeit als eine feststehende Tatsache.

»Also kein Null und Eins?«

»Nein, der Quantencomputer berechnet alle Werte gleichzeitig, nicht nacheinander. Das macht ihn schneller und effektiver. Seine Arbeitsweise beruht auf den verschiedenen Geschichten des Universums, um es einfach zu sagen. Die wahrscheinlichste wird als Entscheidung herangezogen.«

»So wie bei dem kleinen Gerät vom Strand?«, warf sie ein.

»Fast, der *Geschichtenfinder* vom Strand sucht die Geschichte, die unseren Wünschen entspricht, auch wenn sie nicht die wahrscheinlichste ist. Aber seine Arbeitsweise beruht auf dem gleichen Prinzip.« Marc griff in eine der vor ihm schwebenden Geleekugeln, und das ovale Gebilde verschwand. »Laß uns weiter die Entstehung des Lasers beobachten, es ist faszinierend. Ich wollte dir ja auch nur kurz die Frage beantworten, wie wir jedes gewünschte Gerät so schnell entstehen lassen können.«

»Paßt schon.« Nermina sah ihn kurz herausfordernd an, blickte dann wieder in die Glaskiste, wo schon ein großer Teil des Lasers entstanden war. Mit ihrer letzten Bemerkung konnte Marc so gar nichts anfangen, wertete es aber vom Gefühl her nicht negativ. Er wandte sich wieder der Kiste zu. Das Grundgerüst war gebaut, mittlerweile waren viele Schichten erkennbar. Einige schienen Kabel zu beherbergen, andere wuchsen zu Linsen heran. Es dauerte nicht mehr lange, und die beiden Personen konnten mitverfolgen, wie die letzten Schichten aufgetragen wurden. Als das Gerät fertig war, ließ Marc den Rest des Nebels aus dem Behälter absaugen und entfernte die Drähte. Vorsichtig hob er den Deckel mit Hilfe der Träger an und verstaute ihn unter der Decke.

»Hilfst du mir mal?«, fragte er und beugte sich in die Kiste hinein.

»Wie schwer ist das Ding«, erkundigte sie sich. »Ich kann nicht so schwer heben wie du.«

»Wieso nicht?« Marc schaute sie an und richtete sich wieder auf. »Ist etwas nicht in Ordnung? Der Laser ist nicht schwer, nur zu sperrig, um ihn sicher aus der Kiste zu bekommen. Normalerweise sind wir hier ein Team, heute nicht. Na ja, nicht ganz, wir beide sind das Team. Aber was hast du?«

»Nichts Besonderes, nur können wir Frauen von der Erde eben nicht so schwer heben wie Männer, schon gar nicht wie außerirdische Männer« Nermina grinste und beugte sich über die Kiste. Sie hob den Laser sanft an, er war gar nicht so schwer, wie er aussah. »Das ist OK, ich kann es machen. Komm, laß uns das Ding rüberbringen, du wolltest mir doch was zeigen.«

Er sah sie an. »Wirklich OK?«

»Ja.«

»Gut«, sagte er und beugte sich wieder dem Laser entgegen. Gemeinsam trugen sie ihn auf den Labortisch und bauten ihn vor den beiden Pappstücken auf.

»Das wäre geschafft«, schnaufte Nermina. Es war doch anstrengender gewesen, als sie zunächst dachte. »Nun schieß mal los, was soll der ganze Aufbau? Bitte erspare mir jegliche Technikarien. Die Sache mit dem Quantencomputer war schon hart an der Grenze. Ich stehe nicht so auf technische Details.«

Mark war damit beschäftigt, den Laser in die richtige Position zu bringen. Während er das Gerät justierte, sagte er: »Keine Angst, ich werde es nicht übertreiben. Ein bißchen Technik mußt du dir allerdings gefallen lassen, sonst verstehst du die Tragweite dessen, was ich dir zeigen werde nicht.«

»Von mir aus«, antwortete sie ein wenig gelangweilt. Was das alles mit Gott zu tun haben sollte, blieb ihr bisher verborgen.

Als der Außerirdische mit der Justage fertig war, sah er ihr in die Augen. »Nermina, du wolltest etwas über die Existenz Gottes erfahren. Du wolltest wissen, ob er existiert. Was wir nun machen, wird ihn dir nicht vorführen, aber dich sehr nachdenklich machen, vielleicht sogar zufrieden und glücklich. In jedem Falle bekommst du etwas worüber du, wenn du magst, ein philosophisches Buch schreiben kannst. Nebenbei bemerkt, du wärst nicht die Erste.« Seine Stimme klang sehr ernsthaft und bestimmt.

»OK, ich hab's begriffen, fang an.« Den kleinen Seitenhieb auf ihre Ungeduld und Ablehnung von technischen Einzelheiten hatte sie verstanden.

Das Licht im Raum wurde dunkler, bis nur noch ein paar schwach leuchtende Kugeln und die Apparatur erkennbar waren. Marc zog seinen Finger aus einer der Kugeln und betätigte einen Schalter am Laser. Sofort flammte ein roter, breitgefächerter Strahl auf und beleuchtete die beiden Schlitze auf der vorderen Pappe. Neugierig ging Nermina einen Schritt zur Seite und betrachtete das Abbild, das nun auf der hinteren Pappe zu sehen war. Erstaunt stellte sie fest, es waren keine zwei leuchtenden Streifen zu sehen, sondern ein Muster aus hellen und dunklen Streifen.

Es herrschte noch einen Augenblick Stille, dann erhob Marc die Stimme. »Man nennt das Interferenz, die Überlagerung von Wellen. Je nachdem durch welchen Spalt das Laserlicht fällt, löschen sich die Wellen hinter den Spalten aus oder addieren sich. Wir brauchen deswegen einen Laser, um diesen Effekt zu erzeugen. Er produziert Licht einer ganz bestimmten Wellenlänge, in diesem Falle ein Rot, und es ist ganz leicht phasenverschoben. Das bedeutet, eine Lichtwelle wird kurz nach der anderen erzeugt. All das ist kontrolliert, nicht so durcheinander wie bei einer normalen Lampe.«

»OK, und was ist daran so toll?«, fragte sie etwas verständnislos.

»Paß auf, was passiert, wenn ich einen der Spalte abdecke.« Er hielt seine Hand vor den einen Schlitz und sofort verschwand das Interferenzmuster. Statt dessen sah man nun nur noch einen hellen Strich auf der hintenliegenden Pappe. Gleiches passierte, als Marc den andern Spalt abdeckte. Nahm er die Hand weg, bildete sich sofort wieder die Interferenz.

»Hast du gesehen, es verändert sich, wenn ich in das System eingreife. Licht ist eine Welle, wenn ich ihr nur einen Weg gebe, kann es keine Überlagerung geben. Gebe ich beide Spalte frei, können sich die Wellen überlagern, weil sie zeitlich gesehen leicht unterschiedlich sind. Eine Welle trifft nach oder vor der anderen auf den Spalt, geht hindurch und trifft dahinter wieder mit den Wellen zusammen, die durch den anderen Spalt gegangen sind. Dann addieren sie sich oder löschen sich aus. Wellental trifft auf Wellenberg, und es ergibt null, also Dunkelheit auf der zweiten Pappe, Wellenberg trifft auf Wellenberg, und es wird hell. War das verständlich?«

Sie dachte einen Moment nach, betrachtete den Versuchsaufbau und versuchte sich das Ganze vorzustellen. Es war, wie wenn man mehrere Steine ins Wasser warf, dann konnte man diesen Effekt auch beobachten. »Ja«, sagte sie, »das ist mir so einigermaßen klar.«

»Gut.« Ihr Gegenüber machte ein paar schnelle Einstellungen am Laser. Das Interferenzmuster wurde auf der Pappe sehr viel dunkler, war aber noch erkennbar. »Ich habe jetzt den Laser so eingestellt, daß er nacheinander nur noch ein Photon, das ist ein einzelnes Lichtteilchen, abgibt. Zwar in schneller Folge aber doch immer nur eines pro Zeiteinheit.«

Halt, dachte sie. »Hattest du nicht gerade gesagt, Licht sei eine Welle? Jetzt sprichst du von Teilchen.« Sie war verwirrt.

»Ja, hatte ich«, entgegnete Marc. »Aber das war nur die halbe Wahrheit. Licht ist sowohl Welle als auch Teilchen. Das nennt man *Teilchen-Welle Dualismus*.«

»Ist mir zu kompliziert. Was meinst du damit?«, antwortete sie etwas genervt. Schon wieder kam er mit seinen technischen Details.

»Nermina, ich kann es dir nicht erklären, wenn du es innerlich ablehnst.« Seine Stimme klang nun auch ein wenig vorwurfsvoll. Immerhin gab er sich alle Mühe, sie von der Gefahr und den Schwierigkeiten, in denen sie steckten, abzulenken. Aber es ging nur mit ihrer Hilfe.

»Ach Mist,« fuhr sie ihn an. »Ich kann nichts dafür. Wir sind wer weiß wie viele Lichtjahre von der Erde entfernt, ich weiß nicht ob ich hier draußen sterbe, ob ich meine Eltern und Freunde je wiedersehe und warum ich überhaupt auf die blöde Idee gekommen bin, dir zu folgen. Ich könnte ruhig an meiner Uni sitzen und Kant oder Aristoteles studieren. Was soll die ganze Naturwissenschaft? Alles Quatsch. Sollte ich je wieder heimkommen, reiß ich meinem Professor wegen dem idiotischen Buch den Kopf ab. Hätte er mir das nicht gegeben, säße ich jetzt nicht hier am Ende des Universums.« Sie setzte sich auf den Boden und verbarg den Kopf in ihren Händen. Leise hörte er sie schluchzen.

Er setzte sich und legte den Arm um sie. So ganz genau wußte er mit der Situation nicht umzugehen. Niemand auf seinem Planeten hatte ihn auf eine solche Situation vorbereitet. *Nermina*, begann er seine Gedanken auf sie zu fokussieren. *Ich bin bei dir. Hab keine Angst.* Sie hob den Kopf aus ihren Händen, sah ihm verwundert in die Augen, sagte aber nichts. Zwei Tränen rannen ihr über die Wangen. Marc wischte sie mit zwei seiner Tentakel weg und legte dann die Hand auf ihr dichtes, schwarzes Haar. Sie schmiegte ihren Kopf an seine Brust, und langsam wurde ihr Atem ruhiger. Sie fühlte sich wohl in seinen Armen, er gab ihr Geborgenheit, hier draußen in der Kälte des dunklen Weltalls. Hätte sie das Schiff von außen sehen können, wie es einem Staubkorn gleich durch die Dunkelheit schoß, ihre Tränen wären zurückgekehrt. In der Gesamtheit betrachtet waren sie zwei Lebewesen im Nichts. Alleine zwischen Milliarden von Sonnen. Und doch hatten sie ein Ziel. Ein kleiner Planet, der ihnen die Gelegenheit geben würde, das Schiff zu reparieren.

Sie saßen eine Weile schweigend auf dem Boden bis Nermina erneut ihren Kopf hob. »Marc,« sagte sie, »ich weiß, du willst mir nur die Zeit vertreiben und mich ablenken. Aber du mußt verstehen, ich hab einfach Angst. Die kannst du nicht mit technischen Erklärungen wegreden. Technik ist nicht mein Ding. Das gibt mir nur einmal mehr darüber zu denken, wie verwundbar wir sind. Das ganze tolle Schiff, die Möglichkeiten, die Sicherheit – und doch, ein kleiner Unfall, und schon ist alles zum Teufel. Als ob man bei uns Zuhause den Strom abschaltet. Wir sind hilflos. Wenn du mich ablenken willst, dann mach es mit meinem Thema. Ich will schon wissen, ob Gott existiert, versteh mich da nicht falsch, aber erklär es mir ohne diese ganze Technikverliebtheit.« Sie schmiegte sich noch einmal ganz fest an ihn, als ob sie das Gesagte untermauern wollte und drehte sich dann aus seinen Armen. Er sah sie etwas hilflos an. Irgendwie hatte er es genossen, sie so festzuhalten. Einen Augenblick lang hing er seinen eigenen Gedanken nach. Diese Erdenfrau verwirrte ihn. Etwas stellte sie mit seinen Gedanken an, das er nicht zuordnen konnte.

Nermina war schon aufgestanden und ging wieder zu dem Experiment hinüber. Neben dem Tisch stehend blickte sie ihn sanft an, während er sich erhob. »Danke, daß du mich festgehalten hast, Marc.«, sagte sie mit leiser Stimme. Sie lächelte. »Es hat mir gut getan, in deinen Armen zu liegen.«

»Gern geschehen«, entgegnete er gedankenverloren, als er auf sie zuging. *Nermina, ich weiß nicht was es ist, aber...* die Worte in seinem Kopf brachen ab. Er konnte es nicht einordnen, geschweige denn fassen. Ihr Kopf hob sich, ohne daß ihre Augen ihn ansahen. Er spürte ihre Verwirrung, auch wenn sich keine klaren Worte in ihrem Kopf formten.

»Laß mich einen Moment nachdenken«, begann er. »ich muß mir eine neue Strategie ausdenken, wie ich dir das Experiment mit philosophischen Ansätzen erkläre. Glaub mir, das ist es wert, es ist nicht mehr als der Blick auf Gott.«

Sie lächelte ihn dankbar an und schwieg. Marc starrte auf den Laser und die beiden Pappscheiben. Sah sie es richtig, seine Hautfarbe hatte sich geändert? Er erschien ihr merkwürdig blaß, fast ein wenig orange. Vielleicht brachte das die Konzentration mit sich. Oder sie irrte sich einfach. Hier draußen konnte sie manchmal nicht mehr zwischen Illusion und Wirklichkeit unterscheiden. Verwundert blickte sie ihn an ohne zu starren. Ihre Augen schweiften wahllos durch den Raum, blieben aber immer wieder an ihm hängen. Sie wollte ihn nicht stören. Doch er hatte sie ertappt.

»Ich weiß, daß du mich ansiehst«, murmelte er, blickte jedoch nicht auf. Ein Grinsen konnte er sich trotzdem nicht verkneifen. »Ja, meine Haut verändert sich. Ich denke intensiv nach, da kann ich mich nicht so sehr um die Farbe kümmern.«

»Entschuldigung«, erwiderte sie beschämt und begann langsam im Raum umherzuwandern. *Nur nicht hinsehen*, dachte sie.

»Was ist für dich Gott?«, begann er plötzlich zu reden und hob langsam den Kopf.

Sofort drehte sich Nermina zu ihm um. Die plötzliche Frage riß sie aus ihren Gedanken. »Gott?«, seufzte sie, »ich weiß es nicht so genau. Er ist etwas, was wir nicht fassen können, jemand, der da ist und doch nicht ständig präsent. Nein, warte, er ist ständig präsent. Wie soll ich dir das erklären, er ist es und auch wieder nicht.«

Marc schwieg und ließ sie reden.

Die junge Frau blickte zur Decke, dann wieder zu ihm. »Verdammt, wie soll ich das sagen. Also, er ist sozusagen in unserem Hinterkopf. Wir wissen, er ist da, er gibt uns Halt in Zeiten wie diesen. Wenn es Probleme gibt. Doch er ist auf der anderen Seite nur eine gedankliche Stütze, in einem gewissen Sinne eine Illusion. Weißt du, was ich meine?«

»Nicht ganz«, erwiderte der Außerirdische. »Ich kann mir eine externe Entität vorstellen, so ergeht es mir auch, aber für mich ist sie real, nicht auf mich bezogen, sondern auf das ganze Universum. Ich will dir zeigen, warum sie real ist. Ohne zuviel Physik, versprochen.« Er lächelte sie vielsagend an.

Nermina schwieg einen Moment und dachte über ein bestimmtes Wort in seinem letzten Satz nach, *real*. Das machte sie neugierig. Konnte er ihr wirklich die Existenz Gottes beweisen? »Du hast gewonnen. Erklär es mir – aber bitte – keine Physik.«

»Keine Physik«, bestätigte er und wandte sich dem Laser zu, der immer noch das Interferenzmuster auf der hinteren Pappscheibe produzierte. »Schau dir das an. Wir schießen ein Teilchen, ein Photon, aus dem Laser, und trotzdem erhalten wir dieses Muster. Wie kann das sein? Ein Teilchen müßte sich doch entscheiden, durch welchen Spalt es geht.«

»Keine Ahnung«, erwiderte sie ratlos. Ihr Blick wanderte zwischen dem Laser und der Pappscheibe hin und her. Es war wirklich komisch. Ein einziges Teilchen, ein »Stück Licht« sozusagen, kam aus der Kanone und verhielt sich doch wie zwei oder mehrere Wellen.

»Es ist nicht so schwer. Da sind wir in einem gewissen Sinne beim Plan Gottes. Warum ist Licht, so wie es ist. Ehrlich gesagt, auch wir wissen das nicht. Das Licht tritt als Teilchen aus dem Laser aus. Soviel ist sicher. Dann können wir nicht mehr sagen, welchen Weg es geht. Es kann durch den einen Spalt gehen,« er deutete auf den linken Schlitz, »oder den anderen. Welchen Weg es geht, bestimmt die Wahrscheinlichkeit. Für beide Spalten ist sie gleich. Entweder durch den Linken oder den Rechten. Es baut sich dadurch eine sogenannte Wellenfunktion auf, man kann das berechnen, aber das will ich jetzt nicht. Das Lichtteilchen verhält sich als Welle, solange es sich in der Wahrscheinlichkeit bewegt. Eine Welle erzeugt Interferenzen, das haben wir vorhin gesehen und sehen es auch jetzt, mit dem einzelnen Teilchen. Aber paß auf, was passiert wenn ich anfange, das Ganze zu kontrollieren. Wenn ich die Wahrscheinlichkeit ausschalte und Gewißheit schaffe.«

Er schaltete den Laser aus, nahm ein kleines Gerät von der Größe eines Würfels aus einem Schrank hinter ihm, zog eine kurze Antenne heraus und erzeugte eine Kugel in der Luft. Diese griff er mit seinen Tentakeln und stülpte sie über die Antenne. Dann zeigte er auf einen der Monitoren in der Wand. Der Bildschirm flammte auf und zeigte einen Strich.

»Jetzt ist der Laser aus. Das kleine Ding hier setze ich jetzt an einen der Spalte. Es wird uns sagen, wenn ein Teilchen des Lasers durch den Spalt geht. Wir beobachten sozusagen die Entscheidung des Teilchens. Das kann ich an- und ausschalten. Durch einen der Spalte muß das Teilchen gehen, wenn es durch diesen hier geht«, er zeigte auf den rechten Spalt, »sehen wir es dort auf dem Bildschirm.«

Nermina verfolgte gespannt das Experiment. Noch hatte sie keine Vorstellung, was dies alles mit Gott zu tun haben sollte, aber sie war gewillt, es zu beobachten, ohne dumme Fragen zu stellen. Zumindest war es spannend und - es lenkte sie tatsächlich ab. Marc schaltete den Laser wieder ein. Noch passierte gar nichts, das bekannte Interferenzmuster zeigte sich auf der hinteren Pappscheibe. Nach ein paar kurzen Augenblicken schaltete er den Sensor am rechten Schlitz an, und Nermina glaubte ihren Augen nicht zu trauen. Das Interferenzmuster verschwand. Statt dessen zeigte der Monitor auf der Wand eine ganze Folge von *Durchgängen* einzelner Photonen. Diese wurden kontinuierlich hochgezählt. Auf der Pappscheibe waren nur noch zwei schmale Streifen zu sehen, sie zeugten vom direkten Durchgang des Lichtes durch die Spalte.

»Siehst du, was ich meine?«, fragte Marc aufgeregt. »Es ist ein so einfaches Experiment aber es ist gleichzeitig so faszinierend. Paß auf, ich schalte den Sensor wieder ab.« Er betätigte eine Taste, der Monitor wurde dunkel, und das Interferenzmuster der Wellen zeichnete sich wieder deutlich auf der Pappe ab.

Nermina schluckte. Noch nie hatte sie Wissenschaft so aus der Nähe betrachten können. Ohne direkt zu wissen, worauf Marc nun letztendlich hinaus wollte, war sie doch schwer beeindruckt.

»Was sehe ich da?«, fragte sie ergriffen.

»Ich wage es ja kaum, das Wort in den Mund zu nehmen«, entgegnete er verschmitzt. »Du siehst Effekte der Quantenphysik, der Welt des Kleinsten.«

»Aha«, sagte sie. Es war offensichtlich, daß sie immer noch keinen Bezug zu der eigentlichen Versprechung Marcs, ihr einen Gottesbeweis zu liefern, herstellen konnte.

Ihm war klar, es fehlte noch die Erklärung, aber die hatte er sich bis zum Schluß aufgespart, sozusagen als Knalleffekt. »Mach dir Folgendes bewußt«, begann er. »Die Welt sieht, ohne daß wir hinschauen, anders aus. Schalten wir den Beobachtungssensor ein, verschwindet die Interferenz auf der Pappe, schalten wir ihn aus, erscheint sie wieder. Was machen wir genau, wenn wir hinsehen?«

Sie zuckte mit den Schultern.

»Wir schaffen Fakten. Wir bestimmen wo das Teilchen hindurch geht. Dazu brauchen wir keine zwei Sensoren. Geht das Teilchen nicht durch den Spalt mit dem Sensor, geht es zwangsläufig durch den anderen. Soviel ist sicher. Schalten wir den Sensor aus, können wir nicht mehr sagen, durch welchen Spalt es geht, und das Teilchen verhält sich als Welle, interferiert mit sich selbst und erzeugt das Muster. Du kannst es mit eigenen Augen sehen, es ist kein Spuk. Jetzt kommt der entscheidende Punkt. Die Welt wird real, wenn wir hinsehen, sie beobachten. Dann ist ein Teilchen ein Teilchen, keine Wahrscheinlichkeit. Es befindet sich nicht mehr in einem Zwischenstadium des Virtuellen, es ist da oder nicht da. Wenn wir nicht hinsehen, können wir nicht sagen, ob es da ist oder nicht. Genau genommen kannst du zur Zeit nicht sagen, ob die Erde noch existiert. Du beobachtest sie nicht. Es könnte auch sein, daß ein Meteor sie getroffen hat und der Planet in Tausend Teile zerborsten ist.«

An ihrem Gesicht konnte er ablesen, wie falsch sein letztes Beispiel war. Erschrocken blickte sie ihn an.

»Kein Angst,« beschwichtigte er, »sie ist noch da, ich wollte dir nur vor Augen führen, was Wahrscheinlichkeit bedeutet. Es sehen genügend Leute hin, um die Welt real sein zu lassen, rund sechs Milliarden. Gleiches gilt für den Mond, ebenso für die sichtbaren Sterne. Wie weit ihr auch mit euren Teleskopen schaut, es gibt immer Winkel, die ihr nicht erblickt.«

Nermina hörte aufmerksam zu. Sie starrte abwechselnd auf den Laser und dann auf die Pappscheibe im Hintergrund. »Aber es gibt andere, die entlegene Winkel betrachten, wenn wir es nicht tun«, meinte sie etwas trotzig in Bezug auf die von ihm schon einmal erwähnten Lebewesen im All. Es schien ihm, als wolle sie das eben Gehörte nicht wirklich glauben und suchte nach einem Ausweg.

»Richtig.« Marc begann im Raum umher zu wandern. »Aber auch, wenn es noch soviele intelligente Lebensformen im All gibt, man kann nicht jeden Winkel betrachten. Also würde zwangsläufig, nach den Gesetzen der Quantenphysik, ein Teil der Welt, des Universums, ins Irreale abgleiten. Dieser Teil würde der Realität, wie wir sie kennen, entzogen. Genauso wie die Lichtstreifen verschwinden, wenn wir aufhören, den einen Spalt zu beobachten und sich das Interferenzmuster bildet. Es zeugt deutlich von der Wahrscheinlichkeit, also der Virtualität, der, gewissermaßen, Nichtexistenz der Dinge. Nichtexistenz in unserem Sinne.«

Sie schluckte. Ganz langsam begriff sie, worauf er hinauswollte. »Du meinst also...«, sie war unfähig den Satz zu beenden.

»Ja, du hast es verstanden. Wir würden es merken, an unzähligen Dingen, würde ein Teil des Universums in die Virtualität abgleiten. Schwerkraftverhältnisse verschöben sich, Licht würde anders abgelenkt, wer weiß, was alles passieren würde, kurz - das ganze Universum, so wie wir es kennen, geriete aus den Fugen.«

Nermina kniff die Augen zusammen und schüttelte den Kopf, wie um die Gedanken besser ordnen zu können. Die Einsicht brach wie eine Welle am Strand eines Meeres über sie herein. Langsam hoben sich ihre Lider wieder an. Er ging einen Schritt auf sie zu und schaute ihr in die tiefschwarzen Augen.

»Ja, Nermina, wenn nicht alle Lebewesen dieses Universums an jeden noch so entfernten Winkel dieses Universums schauen können, es aber offensichtlich trotzdem zu jedem Zeitpunkt gleichermaßen existiert...«

»... wer schaut dann hin?«, vervollständigt sie den Satz ergriffen.

»Denk darüber nach«, sagte er leise, »vielleicht hilft es dir.«

13.

Geldermann schlenderte am nächsten Morgen gut gelaunt über den Campus. Es würde wieder ein heißer Tag kommen. In der Nacht war zwar ein kurzes Gewitter niedergegangen, aber das reichte nicht, die Luft wirklich zu kühlen. Statt dessen legte sich langsam die Schwüle über die Stadt. Zum Glück waren die Labors alle mit Klimaanlage ausgestattet. Er beobachtete die Studenten, die quer über den Platz liefen, auf dem Weg zu ihren Vorlesungen. Hätten sie nur eine Ahnung von den Geschehnissen der letzten Nacht, dachte er und grinste ein wenig. Sie würden, ebenso wie er, die Welt mit neuen Augen sehen.

Obwohl er noch lange wach gelegen hatte, um über all das Erlebte nachzudenken, fühlte er sich dennoch frisch und ausgeruht. Der Adrenalinspiegel in seinem Blut tat sein Übriges. Er war aufgeregt. Schon bald würden sie dem kleinen Gerät neue Geheimnisse entreißen. Wie die kommenden Versuche aussehen sollten, war ihm noch nicht ganz klar. Von dem Kontakt mit der geleeartigen Kugel hatte er erfahren, was das Gerät ungefähr macht. Wie sie aber die Verbindung zu dem Rucksack herstellen sollten, die es offensichtlich gab, war ihm schleierhaft. Irgendwie mußten sie es schaffen, die Anzeigen besser zu verstehen. Nur so konnten sie auch Befehle eingeben. Wenn das Gerät tatsächlich parallele Wirklichkeiten finden konnte, wie die Geleekugel implizierte, und den Träger des Rucksackes dorthin transferierte, war es gefährlich, es einfach auf gut Glück zu versuchen. Man würde irgendwo landen und käme nicht mehr zurück in die eigene Welt. Er hielt kurz inne. Was war eigentlich die eigene Welt? Würde man nicht automatisch in einer neuen Welt auch die Erinnerungen aus jener Welt in seinem Kopf haben? Würde man überhaupt feststellen, in einer neuen Welt zu sein? Er schüttelte den Kopf und ging weiter. Es war immer wieder die gleiche Frage: Wie wirklich ist die Wirklichkeit?

Der Professor erreichte den Eingang seines Gebäudes und stieß ihn auf. Sofort umströmte ihn eine deutliche Kühle. Es war nicht kalt, schließlich war man nicht in Amerika, wo man alle Gebäude auf das Niveau eines Kühlschrankes herunterfuhr, es war angenehm. Er ging den langen Gang zu dem Labor entlang, in dem sie letzte Nacht gearbeitet hatten. Am Ende des Korridors standen die Zeiger der großen Uhr auf wenige Minuten nach Zehn. *Die kleine Verspätung wird Franz mir nicht übelnehmen*, dachte er und öffnete die Tür zum Labor. Dort erlebte er eine Überraschung.

Ein nicht sehr glücklich aussehender Franz Königshofer saß vor einer Runde verschiedener Personen. Geldermann erblickte den Leiter der Universität, Josef Ritter, den Fachbereichsleiter, Erwin Moser, er war Königshofers Chef, sowie drei weitere Leute, die er nicht kannte. Auf dem Tisch stand ein transportables Videogerät mit Flachbildschirm.

»Guten Morgen, die Herren«, begrüßte er den Kreis und nickte dabei dem Universitätsleiter kurz zu.

»Guten Morgen, Professor Geldermann«, erwiderte Ritter und kam sofort zur Sache. »Wir möchten mit Ihnen und Professor Königshofer über die vergangene Nacht reden. Nehmen Sie bitte Platz.« Der Universitätsleiter klang gereizt. Normalerweise war er ein sehr umgänglicher Mann, der für neue Ideen immer ein offenes Ohr hatte. Den Chef kehrte er selten heraus. Doch heute war es anders.

Geldermann setzte sich auf einen Stuhl neben Königshofer, und ihm war sofort klar, worum es ging. Etwas angespannt sah er in die Runde. Was hatten sie falsch gemacht? Niemand war ihnen begegnet, keiner konnte sie beobachtet haben. Oder doch? Er wartete und dachte nach. Der Professor war für seine schnelle Auffassungsgabe bekannt, jetzt galt es, die Situation zu erfassen und eine entsprechende Strategie zu entwickeln.

Ritter blickte zu einem der Unbekannten und sagte: »Darf ich vorstellen, Professor Anton Novak, Leiter der medizinischen Abteilung, Herr Kammerer von der Sicherheit sowie Herr Bertlgruber von der Haustechnik. Darf ich um das Video bitten, Herr Bertlgruber.«

Der Angesprochene drückte wortlos eine Taste auf dem neben ihm stehenden Gerät, und der Bildschirm wurde hell. Geldermann und Königshofer sahen sich vor der Druckkammer, und es wurde Geldermann sofort klar, ihr Versuch war aufgezeichnet worden. Zweifellos hatten die anwesenden Herren das gesamte Band gesehen und waren bestens im Bilde.

»Ihnen ist vermutlich nicht bekannt«, begann Ritter erneut, »daß wir in bestimmten Bereichen, in denen es zu Unfällen kommen kann, jede Bewegung aufzeichnen, schon aus versicherungstechnischen Gründen. Letzte Nacht waren sie im Druckkammerlabor und haben einen Versuch angestellt, der eigentlich nicht funktionieren kann. Sie müßten tot sein. Alle versuchsrelevanten Daten wurden aufgezeichnet. Zudem haben Sie, Professor Königshofer, die Sicherheitseinstellungen der Computeranlage umgangen. Das ist eine ernste Sache. Niemand darf hier an der Universität bestehende Vorschriften derart mutwillig zu seinen Gunsten manipulieren. Die Tatsache, daß Sie, Herr Professor Geldermann, noch unter uns weilen ist zwar schön, erschwert das Verstehen der Sachlage jedoch erheblich. Warum wir heute hier sind, ist klar. Wir möchten wissen, was Sie dort getrieben haben und was das für ein Gerät war, welches Sie auf dem Rücken trugen. Dieses möchten wir sehen. Professor Königshofer hat zu diesem Thema bisher keine deutlichen Aussagen machen können oder wollen.« Der Universitätsleiter warf einen kurzen Blick auf den Geologen, lehnte sich zurück und erwartete offensichtlich eine Erklärung.

Geldermanns Verstand arbeitete auf Hochtouren. Zum Glück hatte Königshofer keine Informationen über das kleine Gerät oder den Stein vom Mars geliefert. Sie mußten unter allen Umständen vermeiden, etwas über die wahre Herkunft der Geräte preiszugeben. Er räusperte sich. »Lassen Sie mich zunächst mit einer Entschuldigung beginnen. Zu keinem Zeitpunkt hatten wir die Absicht, die Universität in Gefahr zu bringen oder Sie persönlich zu hintergehen. Wie Sie vielleicht wissen, beschäftige ich mich in meiner Freizeit auch mit anderen Gebieten der Wissenschaft. Dazu zählt, weil mit meinem Beruf verwandt, die Grundlagenforschung im Bereich der Physik.« Geldermann ließ diese Worte wirken und beobachtete die gegenüber sitzenden Herren genau. Sie zeigten keinerlei Regung. Er wußte, bis zu einem gewissen Grad mußte er ihnen reinen Wein einschenken, anders waren die Ergebnisse des Versuchs nicht plausibel zu erklären.

»Ein Freund von mir, er lehrt Quantentheorie und Technik an einer Universität in den USA, bat mich vor kurzem, ein von seinem Fachbereich entwickeltes Gerät unabhängig zu überprüfen. Dabei geht es um steuerbare Magnetfelder. Das Instrument befindet sich noch im Versuchsstadium, und ich weise an dieser Stelle darauf hin, alles was ich hier sage, unterliegt der Geheimhaltung.«

Der Sicherheitsbeamte Kammerer sah ihn plötzlich funkelnd an. Er war Geldermann von Anfang an unsympathisch gewesen. Der schmale Oberlippenbart erinnerte den Professor entfernt an einen Schurken aus billigen Filmen der siebziger Jahre. In einer kubanischen Uniform hätte er noch authentischer gewirkt.

»Was geheim ist und was nicht an dieser Universität, entscheiden nicht Sie. Wenn Sie hier nicht genehmigte Versuche in fremden Fachlabors ohne Wissen der Verantwortlichen durchführen, noch dazu einen Computer hacken, dann sollten Sie hier nicht auftrumpfen.« Kammerers Augen glühten. Man merkte, er hielt sich für wichtig. Vielleicht war er das auch, aber in jedem Falle war er *der Feind*. Geldermann warf ihm einen nichtssagenden Blick zu.

Ritter hob die Hand und versuchte seinen Mitarbeiter zu beruhigen. »Herr Kammerer, ich bitte Sie. Natürlich entscheiden wir das gemeinsam. Professor Geldermann ist doch im Begriff, alles aufzuklären. Lassen sie ihn bitte weiterreden.« Anscheinend hatte der Universitätsleiter schon wieder etwas von seiner Wut verloren. Oder er war einfach taktisch klug. »Bitte fahren Sie fort, Professor. Ich versichere Ihnen, das Gehörte verläßt diesen Raum nicht. Jedoch bin ich mit der bisherigen Erklärung noch nicht zufrieden. Zeigen Sie uns doch das Gerät. Wir möchten sehen, wie es arbeitet.«

Genau das hatte Geldermann befürchtet. Seufzend stand er auf und ging zu dem Tresor hinüber. Während er die Tür öffnete, achtete er sorgfältig darauf, mit seinem Körper die restlichen in dem Wandschrank liegenden Gegenstände zu verbergen. Auf keinen Fall sollten die Anwesenden den kleinen Zusatzapparat oder gar die wasserartige Kugel zu sehen bekommen. Er holte den Rucksack heraus, verschloß den Tresor sorgfältig und stellte das Gerät auf einen seitlich der Stuhlgruppe stehenden Tisch.

»Erwarten Sie bitte von mir keine technische Erklärung, die kann ich Ihnen nicht geben, ich bin kein Techniker. Mein Freund bat mich lediglich, die Funktion dieses Rucksackes zu überprüfen. Die Maschine erzeugt ein magnetisches Feld hoher Stärke, welches sich gezielt um Gegenstände legen läßt. Das Prinzip wurde von meinem Freund auf Basis quantentheoretischer Grundlagen entwickelt und gebaut. Es schirmt alle innerhalb des Feldes liegenden Bereiche von einem Kontakt mit der Außenwelt ab. Gleichzeitig, und das war der Versuch, stellt es die für Lebewesen notwendigen Dinge, wie Atemluft, Druck und Wärme, bereit. Wie gesagt, es ist im Versuchsstadium. Deswegen habe ich es auch auf eigenes Risiko getestet. Franz Königshofer war lediglich bereit, mir zu helfen. Er hatte keine Ahnung von der technischen Funktion des Gerätes. Deswegen kann ich auch hier sagen«, er blickte den Geologen lächelnd an, »daß ich die volle Verantwortung für alles übernehme. Ich habe ihn gebeten, den Computer zu überlisten.«

Josef Ritter stand auf und ging zu dem kleinen Rucksack hinüber. Die anderen taten es ihm gleich, keiner wagte jedoch den außerirdischen Gegenstand zu berühren. Man konnte den Eindruck gewinnen, das Gerät besaß noch jetzt, im ausgeschalteten Zustand, eine gewisse Aura, die man besser nicht durchdringen sollte.

»Können Sie das vorführen?«, fragte Moser, der medizinische Leiter.

»Natürlich«, erwiderte Geldermann und schnallte sich etwas umständlich das Gerät auf den Rücken. Nun galt das Prinzip *Augen zu und durch*, die Herren würden nicht zufrieden sein, bevor sie den Rucksack nicht in Funktion erlebt hatten. Der Professor hoffte, die Sache würde sich dann mit einem Tadel, maximal einem Eintrag in die Personalakte, beilegen lassen. Er ging zu Königshofer hinüber, der immer noch stumm auf seinem Stuhl saß.

»Franz, wärst du so nett«, bat er den Geologen und drehte ihm den Rücken zu. Die anderen konnten nicht sehen, welche Aktion Königshofer vornahm.

»Gerne«, erwiderte Königshofer mit trockener Stimme. Er war zwar nicht überzeugt, Geldermann würde das Richtige tun, sah aber auch keinen anderen Ausweg. Er legte den kleinen Schalter des Gerätes um, und sofort wurde sein Freund von dem aus der letzten Nacht bekannten Energieschimmer umhüllt.

»Das war's?«, fragte Ritter.

»Das war's«, antwortete Joshua Geldermann.

»Und was kommt jetzt, das kann es doch nicht gewesen sein? Sie enthalten uns etwas vor, Professor«, entrüstete sich Kammerer. Wieder war diese ungläubige Wut zu erkennen. Geldermann fragte sich, warum der Sicherheitsbeamte so aufbrauste. Es gab keinen ersichtlichen Grund dafür. War es Neid? Aber warum? Worauf? Ein Mann aus der Sicherheitsabteilung, sollte wissenschaftliche Erkenntnisse eigentlich gar nicht beurteilen können. Schon gar nicht sollte er darauf neidisch sein. Der Professor beschloß, wachsam zu bleiben. Dieser Kammerer würde nicht locker lassen.

»Was haben Sie erwartet, eine Vorführung mit Lasershow? Einen James Bond Film? Oder noch besser, Star Wars?« Nun war es an Geldermann, ärgerlich zu werden. Wer auch immer diese wissenschaftliche Entdeckung gemacht und in dem Gerät auf seinem Rücken umgesetzt hatte, eine solche Leistung verdiente Respekt. Ihn zu erbringen, galt auch für einen einfachen Sicherheitsbeamten. Der Kopf des Professors war hochrot.

»Herr Kammerer, ich sage es nicht noch einmal, beruhigen Sie sich.« Ritter sah ihn mit ernstem Gesicht an. »Ich weiß Ihren Arbeitseifer zu schätzen, aber Professor Geldermann hat bisher alle an ihn gestellten Fragen beantwortet, und auch das Gerät haben wir zu sehen bekommen. Es besteht kein Grund zur Aufregung.«

Der Sicherheitsbeamte blickte zu Boden und blieb still. Doch Geldermann hatte den widerwilligen Blick aufgefangen, der von Kammerers Augen ausging. Es war noch nicht zu Ende, dessen war er sich sicher. Die anderen starrten den Professor nur an. Niemand wagte, eine Frage zu stellen. Es schien, der Professor war unverwundbar. In gewissem Sinne war das sogar richtig.

»Was soll ich jetzt machen?«, fragte Geldermann.

»Zeigen sie uns, wie der Anzug, oder besser, das Energiefeld funktioniert«, sagte Ritter. Er war mächtig gespannt. Langsam kroch die Sonne über den Campus und schien durch die Fenster. Draußen konnte man bereits den zunehmenden Geräuschpegel der Studenten vernehmen. Königshofer stand auf, schloß das Fenster und verdunkelte den Raum, dankbar für ein wenig Bewegung.

»Danke, Franz, das tut gut«, sagte Geldermann und wandte sich dann an den Universitätsleiter. »Herr Ritter, seien Sie so nett und holen Sie ein Glas Wasser. Dann gießen Sie es über mir aus.« Der Professor hoffte, es würde diese Demonstration genügen, die Herren zu befriedigen. Ritter zögerte kurz, schüttelte fast unmerklich den Kopf, ging zum Waschbecken, ließ die kühle Flüssigkeit in ein Glas laufen und stellte sich Geldermann gegenüber.

»Soll ich wirklich?«

»Bitte.«

Ritter hob den Arm und entleerte das Glas über Geldermanns Kopf, genauso wie es Franz Königshofer letzte Nacht getan hatte. Der Professor blieb trocken und lächelte Ritter an. Zum ersten Mal an diesem Morgen hatte er das Gefühl, Herr der Lage zu sein.

»So gern ich an diesem Tag eine Erfrischung gehabt hätte«, sagte er trocken, »durch das Energiefeld wird es verhindert. Genauso verhält es sich mit anderen Dingen, Gasen, Feuer, großen Wassermengen, Druckverlust und so weiter. Dies ist ein sehr effektiver Schutzanzug. Reicht Ihnen das?«

Ritter nickte, schaute in die Runde seiner Mitarbeiter, aber keiner hatte gegen die Meinung des Universitätsleiters etwas einzuwenden. Niemand sagte ein Wort.

»Schalten Sie es ab, Professor, wir haben genug gesehen.« Ritter setzte sich wieder auf seinen Stuhl.

»Franz, hilf mir bitte.« Professor Geldermann drehte dem Kollegen wieder den Rücken zu, so daß Königshofer das Gerät abschalten konnte. Dann nahm er den Rucksack ab. Er ging hinüber zum Tresor, wiederum sorgfältig darauf bedacht, mit seinem Körper das Öffnen der Tür abzudecken, und verstaute das außerirdische Gerät in der Wand. Als er die Tür geschlossen hatte, wandte er sich an die Runde.«

»Sie haben gesehen, meine Herren, es handelt sich bei dieser Maschine nicht um eine Bedrohung der Sicherheit unserer Universität. Wie gesagt, es ist eine Erfindung eines Freundes von mir, welche Professor Königshofer und ich lediglich getestet haben. Wir entschuldigen uns hiermit ausdrücklich bei Ihnen, Herr Professor Novak, für die Unannehmlichkeiten, die wir in Ihrem Labor verursacht haben. Es tut mir leid, ich hätte vorher fragen sollen.«

»Ja, das hätten Sie«, sagte Novak, und Ritter pflichtete ihm durch ein entschiedenes Nicken bei.

Geldermann wandte sich an Ritter. »Was geschieht nun?«

»Wissen Sie, Professor«, begann der Angesprochene, »Sie sind seit vielen Jahren ein angesehenes Mitglied dieser Fakultät. Sie haben einen Fehler gemacht, und das will ich nicht verschweigen. Auf der anderen Seite, wir alle sind Menschen. Für dieses Mal lassen wir es dabei bewenden. Ich werde keinen Eintrag in Ihrer beider Personalakte machen, weil Sie sich in dieser Angelegenheit sehr kooperativ verhalten haben. Aber ich warne Sie, versuchen Sie so etwas nicht noch einmal.«

»Herr Universitätsleiter«, fuhr Kammerer auf. »Dieser Mann hat das Sicherheitssystem umgangen, er hat Universitätseigentum zu seinen eigenen, privaten Zwecken verwendet und – ich bin absolut überzeugt, es ging durchaus eine reale Gefahr für die Universität aus. Das können Sie nicht einfach unter den Tisch kehren.« Der Mann von der Sicherheit sah Ritter mit aggressiven Augen an.

Ritter begriff sofort. »Was wollen Sie damit sagen, Herr Kammerer?«

»Was ich damit sagen will? Ich will sagen, daß ich einen Bericht anfertige und zu den Akten lege. Niemand soll mir nachsagen können, ich hätte nicht aufgepaßt und meinen Job vernachlässigt. Hier vertuscht niemand etwas.« Kammerers Stimme hallte durch den Raum.

»Ich habe nichts anderes von Ihnen erwartet, Herr Kammerer. Wer hat denn gesagt, all dies solle ein Geheimnis bleiben? Morgen früh möchte ich Ihren Bericht auf meinem Schreibtisch sehen.« Der Leiter der Universität nahm dem Sicherheitsbeamten den Wind aus den Segeln.

»Aber haben Sie nicht gerade gesagt...«, erboste sich Kammerer.

»Nein, habe ich nicht«, gab Ritter barsch zurück. »Den Bericht, morgen früh. Ansonsten ist die Sache damit erledigt. Professor«, er drehte den Kopf zu Geldermann, »wenn Sie das nächste Mal etwas testen wollen, sagen Sie vorher Bescheid.«

Er drehte sich zu den anderen herum. »Meine Herren«, der Universitätsleiter erhob sich, »die Sitzung ist geschlossen. Wir wissen, was wir wissen wollten.«

Die anderen Anwesenden standen ebenfalls auf. Ritter verabschiedete sich von den beiden schuldbewußt dreinblickenden Professoren und ging zur Tür. Kurz darauf standen Geldermann und Königshofer alleine im Labor. Der scharfe Blick Kammerers, als er auf die Tür zuging, war Geldermann nicht entgangen.

»Auf diesen Sicherheitsmenschen müssen wir aufpassen, Franz, der ist für meine Begriffe etwas zu eifrig.«

»Da stimme ich dir zu. Wir werden vorsichtig sein.«

»Worauf du dich verlassen kannst. Wir haben Schwein gehabt, weißt du das?«

Königshofer nickte nachdenklich.

»Da es aber offensichtlich nochmal gut gegangen ist, laß uns wieder an unsere Arbeit gehen, wir haben viel zu tun.« Geldermann ging zum Fenster und kontrollierte die Jalousien. Niemand sollte sie noch einmal heimlich beobachten.

»Wie sollen wir vorgehen?«, wollte Königshofer wissen.

»Wir probieren die Geräte weiter aus, was sonst.« Geldermann wandte sich wieder dem Tresor zu. »Schließlich wollen wir hier einem Geheimnis auf die Spur kommen, was weitaus tiefer zu gehen scheint, als wir bisher ahnen.«

»Bist du sicher, wir sollten es hier weiter probieren? Ich meine, wer weiß, wo sie noch überall Kameras postiert haben.« Königshofer wandte den Blick sorgenvoll zur Decke und ließ ihn durch den Raum schweifen.

Während Geldermann sich an der Tür des Tresors zu schaffen machte, dachte er nach. Sein Freund hatte Recht, es war zu gefährlich. Sie hatten beide keine Vorlesungen an diesem Tag und konnten es sich leisten, die Versuche woanders durchzuführen. Warum sich der Gefahr innerhalb der Universität aussetzen. Sie würden zu ihm in das Haus fahren, seine Frau arbeitete den ganzen Tag, und im Arbeitszimmer konnte sie niemand sehen. Der Professor öffnete den Tresor, entnahm ihm die Kiste mit der Wasserkugel, dem kleinen Handgerät sowie den Rucksack. Dann verschloß er die Tür und verdrehte die Kombination.

»Wir machen es, wie du vorgeschlagen hast, hier ist es zu unsicher. Laß uns zu mir fahren, Erika ist den ganzen Tag nicht da, und wir können ungestört experimentieren. Heute abend bringen wir alles zurück und schließen es wieder ein.«

»Gute Idee«, meinte der Geologe und griff nach seinem Aktenkoffer. Geldermann verstaute derweil alle Gegenstände in seiner eigenen Tasche, und sie waren abfahrbereit.

»Alles klar?«, fragte er Königshofer.

»Ja, von mir aus können wir gehen.«

Die beiden Freunde wandten sich zur Tür, schauten unauffällig hinaus, ob einer der ungebetenen Gäste von vorhin auf dem Gang zu sehen war, konnten niemanden sehen und bahnten sich dann zügig ihren Weg durch die Studenten. Draußen brannte die Sonne. Sie erreichten Geldermanns Auto, und einen Moment später reihte sich der schwere Wagen in den morgendlichen Verkehr der großen Stadt ein. Binnen Minuten hatten sie den äußeren Ring erreicht, der sie auf die Südautobahn führen sollte. Die Ferien hatten bereits begonnen, und so war der Verkehr deutlich weniger dicht als zu normalen Zeiten. Als sie den Zubringer erreichten, fühlten sie sich deutlich wohler. Die Klimaanlage hatte die Temperatur auf ein erträgliches Maß gebracht. Beide schwiegen, hingen ihren eigenen Gedanken nach. Was würde der Tag wohl bringen?

Nach einer Weile hatten sie die Vororte passiert und verließen die Autobahn. Geldermann bog in Richtung seines Heimatortes ab. Gemächlich durchfuhren sie die großen Weinanbaugebiete und genossen die Aussicht. Im Sommer war es herrlich hier. Kilometerweit erstreckten sich die Weinstöcke, es würde sicherlich wieder ein guter Jahrgang werden. Die Gegend wurde von der Sonne verwöhnt, es war der ideale Ort, guten Wein anzubauen. Beide waren große Weinliebhaber und kannten sich aus. Sie kauften nur bei ausgewählten Winzern, die den besten Rebensaft herstellten. Alles, was nicht von den Einheimischen getrunken wurde, verkaufte man entweder an Touristen oder exportierte es ins nahe Ausland. Eine ganze Region profitierte auf diese Weise vom fruchtbaren Boden und der vielen Sonne. Nach ein paar Kilometern bog der Professor in eine Seitenstraße am Rande des kleinen Ortes ein und parkte kurz darauf vor seinem Haus.

»Da wären wir«, sagte er und stellte den Motor ab.

Die beiden Professoren stiegen aus und Geldermann verschloß die Türen. Aus dem Kofferraum holte er die beiden Aktentaschen, von denen er eine an Königshofer weitergab.

»Die kannst du ruhig selbst tragen.«

Der Freund nahm den Koffer, seufzte und sagte: »Mir bleibt auch nichts erspart bei der Hitze.«

»Nein«, grinste Geldermann und ging auf die Haustür zu.

Innen war es kühl. Während nachts die Fenster weit geöffnet waren, verschlossen die Geldermanns tagsüber die Läden. So blieb die Wärme des Tagen draußen, und es war erträglich. Vor Jahren hatten sie daran gedacht, eine Klimaanlage anzuschaffen, den Gedanken aber schnell verworfen. Der ständige Wechsel von Kalt und Warm machte krank, sonst nichts. Der Professor breitete den Inhalt seiner Tasche auf dem Schreibtisch seines Arbeitszimmers aus und setzte sich in den großen Sessel aus beigefarbenem Leder. Die Kugel verblieb in der Schachtel. Königshofer griff sich einen Stuhl und nahm vor dem Tisch Platz. Gemeinsam betrachteten sie einen Moment lang die außerirdischen Gegenstände. Die Luft hing schwer im Raum, als ob man sie schneiden könnte. War es Verantwortung, die sie trugen? War es die Tatsache, daß die Dinge auf der mahagonibraunen Oberfläche des Tisches nicht von dieser Welt stammten? Irgendwie hatte die Untersuchung hier in diesem Arbeitszimmer eine andere Qualität als im Labor. Es war näher.

»Was nun?«, wollte Königshofer wissen.

Geldermann griff nach dem kleinen Gerät. »Ich glaube, dies hier ist irgendwie der Schlüssel. Dieses Teil steuert den Rucksack. Es muß einen Weg geben, die fremdartigen Symbole weiter zu entschlüsseln, und ich habe auch schon eine Idee.«

»Was meinst du?«

»Schau her«, flüsterte der Freund. Langsam erhob sich die Kugel aus dem Koffer und begann vor den beiden zu schweben. Obwohl sie es nun schon einige Male gesehen hatten, es ergriff beide immer noch die Ehrfurcht. Ein Etwas, welches auf Gedanken reagierte und anscheinend die Schwerkraft des

Planeten außer Kraft setzte. Geldermann mußte einen Moment lang an die alten griechischen Philosophen denken. Wie oft wohl hatten sie Dinge gesehen, die sie nicht in der Lage waren zu verstehen.

»Sie wird uns helfen«, sagte er. »ich habe zwar nicht wirklich eine Ahnung wie, aber es beschäftigt mich noch eine ganz andere Frage, die vielleicht wichtig sein könnte. Warum ist dieser Koffer hier auf der Erde geblieben? Vielleicht eine Art Notfallequipment oder...« Geldermann ließ den Satz im Raum hängen.

»Oder was?«, wollte Königshofer wissen. Manchmal ging ihm die geheimnisvolle Art seines Kollegen auf die Nerven. Geldermann sprach so oft in Rätseln. *Das mag bei seinen Studenten gut ankommen, nicht aber bei mir*, dachte er sich. Auf der anderen Seite, er kannte ihn nur so. Geldermann war schon immer etwas eitel, er umgab sich gerne mit einer geheimnisvollen Aura, nur um einen Moment später mit der Antwort herauszurücken. Irgendwie liebte er die selbsterzeugte Spannung, eine gewisse Form der eigenen Inszenierung.

»Nun ja, Franz, hast du schon einmal darüber nachgedacht, daß es Absicht gewesen sein könnte?« Nachdenklich betrachtete er die wasserartige Kugel, die wartend vor ihnen in der Luft hing.

»Absicht?« Königshofer runzelte erstaunt die Stirn.

»Ja, Absicht. Was ist, wenn dieser Außerirdische wollte, daß wir die Kiste finden? Warum auch immer. Denk an den Stein. Ihm war klar, wir würden den Ursprung finden – und damit seine Herkunft enträtseln.«

»Was sollte er damit bezwecken?«

»Ich weiß es nicht. Es ist nur eine Überlegung. Mag sein, daß ich spinne.« Geldermann schüttelte den Gedanken ab. »Laß uns weitermachen.«

Doch für Königshofer war das Thema noch nicht vorbei. Es gab ihren Versuchen eine neue Richtung, plötzlich erschien es dem Geologen, als sei all dies kein Zufall. Sollte es tatsächlich so sein, war es ihre Aufgabe, das Geheimnis des Inhaltes der Kiste zu lösen. Vielleicht hing etwas Wichtiges davon ab.

»Vielleicht spinnst du nicht.« Er blickte angestrengt in die Kugel, als ob dort die Lösung verborgen war. »Vielleicht sollen wir mit diesen Utensilien umgehen können. Vielleicht sind wir eine Art *Fall-back-Position*, ein *Rescue Team*. Und vielleicht war genau dies beabsichtigt. Wir müssen das Geheimnis lüften, was auch immer es kostet.«

Geldermann blickte ihn an. »*Rescue Team*? Wen sollten wir retten?«

»Zum Beispiel Nermina. Immerhin ist sie seit zwei Tagen verschwunden. Lange wird ihr Vater sich nicht mehr mit Erklärungen hinhalten lassen und nach ihr zu suchen beginnen. Dann geraten wir mindestens in eine Untersuchung hinein. Die wird in der Universität beginnen, dort haben wir auch nicht gerade einen positiven Eindruck hinterlassen. Man wird auf uns kommen und wissen wollen, was wir damit zu tun haben. Man wird die Maschinen entdecken, und das wird sicherlich nicht so einfach abzubiegen sein wie die Untersuchung heute morgen.«

Daran hatte Geldermann noch nicht gedacht. Er würde sich eine Erklärung für Nerminas Vater ausdenken müssen. Er wußte nicht, ob man diesem Mann reinen Wein einschenken konnte. Er kannte ihn nicht. Auf der anderen Seite, was konnten sie erzählen? Was wußten sie? Im Grunde genommen gar nichts. Nichts, solange sie das Rätsel der Kiste nicht gelöst hatten. Königshofer hatte Recht, lange würde es nicht mehr dauern, bis jemand anfing Fragen zu stellen. Und alle Spuren führten zu ihnen. Das würde mindestens Schwierigkeiten bedeuten.

»Ich stimme dir zu, wir müssen uns beeilen, aus mehreren Gründen. Zum einen kann es sein, daß Nermina in ernsthafter Gefahr schwebt, wobei ich das nicht direkt glaube.«

»Warum nicht?«

»Ich denke, der Außerirdische weiß, was er tut. Meinem Erachten nach ist sie bei ihm, wo auch immer das ist. Aber jemand, der es schaffte, auf diese Erde zu kommen, der schafft es auch, ein junges Mädchen zu beschützen.« Geldermann war sich seiner Worte weniger sicher, als er sie klingen ließ. »Auf der anderen Seite müssen wir uns aus der Schußlinie bringen bevor wir wirklich hineingeraten.

Königshofer spürte die latente Unsicherheit sofort, schließlich kannten sich die beiden seit über 20 Jahren. Er stand auf und begann im Raum umherzuwandern. »Gut, nehmen wir an, sie ist bei ihm. Sollen wir sie finden? Ist es wichtig, mit ihnen Kontakt aufzunehmen? Wenn ja, warum? Wie? Alles Fragen, die wir zum jetzigen Zeitpunkt nicht beantworten können.« Er blieb am Fenstersims stehen und nahm eine der Figuren in die Hand, die zu Dutzenden in Geldermanns Haus vorhanden waren. Seine Frau hatte über die Jahre eine Sammlerleidenschaft entwickelt, die Königshofer nie verstanden hatte. Die Figuren waren weder hübsch noch wertvoll. Gedankenverloren spielte er mit dem kleinen Bauern in seiner Hand.

»Die Antwort liegt in der Kugel und den Maschinen«, sagte der Philosohieprofessor. »Wir müssen genauer herausfinden, was es damit auf sich hat. Und genau damit fangen wir jetzt an. Warum warten?« Er steckte seinen Finger in die Wasserkugel. Königshofer stellte die Figur zurück auf das Fensterbrett, betrachtete noch mit einem flüchtigen Blick den Garten und kehrte dann zu Geldermann an den Tisch zurück. Er wollte in der Nähe seines Freundes sein, sollte etwas Unvorhergesehenes passieren.

Geldermann hatte die Augen geschlossen. Man hätte den Eindruck gewinnen können, als höre er aufmerksam zu, was die Kugel zu sagen hatte. Nach einer Weile nahm er den kleinen Gegenstand in die Hand. Er betätigte mit dem Daumen eine der oberen Tasten, und wie beim letzten Mal flammten die Anzeigen auf. »Franz, ich hab dir doch schon erzählt, was es damit auf sich hat. Dieses Gerät findet Geschichten.«

»Ja, es war etwas verwirrend, aber ich denke, ich kann folgen. Warum?«

»Diesmal habe ich nach einer Verbindung zu dem Rucksack gefragt. Ich beginne, die Anzeigen zu verstehen. Es ist als ob sich die außerirdische Sprache vor meinem geistigen Auge in unsere verwandelt. Es bleibt hängen.

Schau her.« Der Professor drehte das kleine Gerät in Königshofers Richtung. »Dies sind die Positionsangaben.« Das Gerät zeigte eine Reihe von Symbolen. Königshofer verstand nichts. Aufgeregt fuhr Geldermann fort. »Hier, die Angaben in den verschiedenen Achsen, dahinter«, er zog den Finger aus der Kugel und deutete auf die letzte Spalte, »die Angabe des Ortes in Worten. Viele der Positionen kenne ich nicht, eine aber ist deutlich. Diese Nullmarke hier«, er legte den Finger auf eine andere Zeile, »das sind offensichtlich wir. Die Erde. Diese hier«, er zeigte auf eine grün leuchtende Spalte, »scheint nah dran zu sein, die Symbole unterscheiden sich von den anderen, die Werte sind kleiner, und es kann sich meiner Ansicht nach dabei nur um den Mond handeln. Das zumindest glaube ich zu verstehen. Die Kugel ist kein direkter Übersetzer, sie vermittelt mir die Kenntnisse in meinem Kopf.«

Königshofer studierte die Anzeigen eine Weile, und es begann auch für ihn ein wenig Sinn zu machen, selbst wenn er nicht direkt verstand, was die Symbole aussagten. »Wieso der Mond, wieso ist die Anzeige grün? Kannst Du damit auch eine neue Position angeben?«

Geldermann steckte den Finger zurück in die Kugel, konzentrierte sich und legte dann das Gerät auf den Tisch. Eine Weile verharrte er schweigend in dieser Haltung, zog den Finger wieder zurück und stand auf. Er griff nach dem Rucksack und legte ihn sich um.

»Was hast du vor«, erkundigte sich Königshofer. Wie schon oft vorher klang etwas Besorgnis in seiner Stimme mit.

Während Geldermann mit dem Rucksack hantierte, antwortete er: »Was soll ich schon vorhaben, ich will das, was du gerade gefragt hast, ausprobieren. Wenn es eine Verbindung zwischen der Kugel, dem Gerät und dem Rucksack gibt, dann werden wir das nur herausbekommen, indem wir es testen.«

»Wie willst du das anstellen?« Der Geologe half ihm bei der Arretierung des zweiten Schulterriemens.

»Zuerst werde ich die Kugel ganz konkret nach der Aufgabe befragen. Ich möchte wissen, kann ich eine neue Position bestimmen, indem das kleine Gerät eine Geschichte findet, in der ich auf der anderen Seite des Raumes stehe? Wenn ich darauf eine Antwort erhalte, probieren wir es aus. Dann sehen wir weiter.«

»Meinst du wirklich, das ist eine gute Idee?«

»Hast du eine bessere?«

Königshofer schwieg.

»Franz«, beruhigte Geldermann seinen Freund, »mach dir nicht immer solche Sorgen. Wir haben gestern abend eine weitaus gefährlichere Mission ausgeführt. Was die Kugel uns mitteilte, erwies sich als wahr. Warum sollte es diesmal anders sein?«

»Schon OK, du kennst mich doch, ich bin immer lieber etwas vorsichtig.« Der Geologe schwitzte. Kleine Schweißperlen standen auf seiner Stirn, obwohl es kühl im Raum war. Auf der anderen Seite hatte auch ihn die Neugier gepackt. Insgeheim war er froh, daß sein Freund die Führungsrolle übernahm. Er selbst hätte sich all diese Dinge vermutlich nicht zu machen getraut.

»Nimm es mal von der philosophischen Seite«, grinste Geldermann, »was wäre unsere Welt heute, wenn es nicht immer ein paar Männer gegeben hätte, die Fragen stellten? Die neugierig waren auf das, was die Welt zu bieten hatte? Die Experimente unternommen haben, die nächtelang wachblieben, nur um Dinge zu erkunden, die für uns heute selbstverständlich sind?«

»Willst du in die Fußstapfen von Euklidis oder Aristoteles schlüpfen?« Der Geologe schüttelte den Kopf.

»Franz, ich bin Philosoph, oder zumindest lehre ich die Philosophie. Wie kann ich meinen Studenten diese Dinge beibringen, wenn ich nicht selbst auch ein wenig diese Neugier lebe? Die Welt steckt voller Wunder, und eines davon liegt heute hier auf unserem Tisch. Wir müssen es nur ergreifen. Es ist eine von diesen einmaligen Chancen.«

»Du hast ja Recht, ich bin nur vorsichtig. Und ich möchte nicht, daß dir etwas passiert.« Königshofer zog die Augenbrauen hoch und verlieh seinem Gesicht so einen nachdenklichen Ausdruck. Er blickte auf seine Hände, die er im Schoß wie zum Gebet gefaltet hatte. Dabei spielte er mit den Daumen und drehte sie umeinander herum. »Vielleicht hat es auch mit meiner Wissenschaft zu tun, sie handelt bekanntermaßen von toten Gegenständen. Von Steinen und Geröll. Du beschäftigst dich seit jeher mit der lebendigen Welt.«

»Na ja, denk mal nach, so tot sind sie nicht.«

Königshofer hob den Kopf. »Was meinst du? Was ist an einem Stein lebendig?«

»Sind nicht die Kontinente lebendig? Bewegen sie sich nicht seit Äonen auf diesem Planeten? Haben sie nicht das Leben eine Ewigkeit lang beeinflußt? Ja, vielleicht erst möglich gemacht? Erzählen Steine nicht Geschichten von Völkerwanderungen, von Biologie, von Entwicklung generell?«

»Schon, aber...«

»Nichts aber. Steine, Geröll wie du es nennst, ist die Grundlage, auf der wir buchstäblich stehen. Nicht nur wir. Auch unser außerirdischer Freund wird von einem Planeten kommen, auf dem man eine feste Kruste als Grundlage hat. Deine Steine sind weitaus lebendiger, als du zugeben willst.«

Jetzt grinste Königshofer von einem Ohr zum anderen. »Der Philosoph! Ja, ich stimme dir zu, Joshua. Nur ab und zu muß man mich daran erinnern. Wenn man immer nur in Sedimentschichten denkt, verliert man manchmal den Blick für das Wesentliche. Komm, ich bin bei dir«, er richtete sich in seinem Sessel auf, » laß uns anfangen. Du hast mich überzeugt. Außerdem«, er blickte seinen Freund schelmisch an, »bist du es ja, der die Experimente am eigenen Leib durchführt.«

»Stimmt«, bestätigte Geldermann mit einem Anflug von Zufriedenheit in der Stimme. Es war ihm wichtig, daß sein Freund sich nicht unsicher fühlte. Einerseits bestätigte es ihn selbst in seinen Aktionen, andererseits gab es ihm die Sicherheit, die er brauchte. Denn so simpel war es nun doch nicht, sich einfach einem außerirdischen Gerät anzuvertrauen. Er steckte seinen Finger zurück in die Kugel und konzentrierte sich. Nach einigen Minuten nahm er mit der anderen Hand das kleine Gerät und begann die Tasten zu bedienen. Er schien sich schon recht sicher zu fühlen, blickte hin und wieder in die andere Ecke seines Arbeitszimmers und gab dann erneut Daten ein. Königshofer betrachtete die Szenerie schweigend. Schließlich legte Geldermann den Geschichtenfinder auf den Tisch und zog den Finger aus der Kugel. Dieses Mal blieb sie nicht in der Luft hängen, sondern legte sich zurück in die Schachtel. Offensichtlich war ein entscheidender Schritt getan, und ihre Dienste wurden nicht länger benötigt. *Es ist ein seltsames Gebilde*, dachte Geldermann.

»Franz, wärst du so nett, den Rucksack einzuschalten. Ich möchte es probieren. Wenn ich alles nach den Anweisungen der Kugel gemacht habe, dann sollte mich der Geschichtenfinder auf die andere Seite des Raumes transportieren. Ich will das Energiefeld nur um mich wissen, sollte es ein Problem geben. Es wird mich vor Eventualitäten schützen.«

Königshofer hatte bisher kein Wort gesagt, stand nun auf und ging um den Schreibtisch herum. Mit einem energischen Druck betätigte er die Taste des Rucksackes auf Geldermanns Rücken. Der blaue Energieschimmer hüllte seinen Freund einen Moment ein. Danach herrschte Totenstille im Raum. Nur das Atmen der beiden Männer war zu hören. Geldermann nahm das kleine Gerät in die Hand und wählte die unterste Reihe der Koordinatenangaben aus, die er kurz zuvor eingegeben hatte.

»Paß auf, was passiert«, sagte er zu seinem Freund.

Königshofer starrte ihn an. Dann drückte Geldermann beherzt eine der unteren Tasten. Es war, als verschwamm der Raum für einen Bruchteil eines Augenblickes vor Königshofers Augen. Irgendwie war die Situation unwirklich. Konnte man sagen, das Universum wurde sichtbar? Er wußte es nicht. Seine Sinne waren hellwach, und doch konnte er den Moment nicht wirklich erfassen. Fakt war, Geldermann befand sich von einem Augenblick zum andern an der gegenüberliegenden Seite des Raumes, direkt neben der Tür. Königshofer ächzte. Auch wenn er etwas in dieser Richtung erwartet hatte, es mit eigenen Augen zu sehen, war überwältigend.

»Wow«, entfuhr es ihm keuchend.

Einen Moment lang war es das einzige gesprochene Wort. Geldermann stand neben der Tür, genau wie er es einprogrammiert hatte. Er war sprachlos, starrte auf das kleine Gerät in seiner Hand. Mit etwas glasigen Augen warf er einen Blick zu Königshofer hinüber.

»Franz, was ist passiert?«

»Was du erwartet hast. Du warst dort drüben«, er neigte den Kopf zum Schreibtisch, »und fast im gleichen Augenblick warst du dort, wo du jetzt stehst. Einen Moment lang hatte ich das Gefühl, als würde der Raum verschwimmen, dann war alles wieder normal.«

»DU hast es bemerkt?« Geldermann war zutiefst erstaunt. Wie konnte das sein? Wurden alle Lebewesen auf diesem Planeten von einem räumlichen Transfer einer Person berührt? Wenn dem so war, durfte man es überhaupt

riskieren? Würde man nicht die ganze Erde beeinflussen? Auf der anderen
Seite, als der Außerirdische sein Gerät in Betrieb setzte, hatte er persönlich
etwas bemerkt? Er konnte sich nicht erinnern, in den letzten Tagen eine
Besonderheit oder Anomalie in seinem Leben wahrgenommen zu haben.
Also konnte es nicht so schlimm sein. Wessen Geschichte änderte sich? Nur
seine eigene, oder auch die der umliegenden Menschen? Königshofers
Geschichte sicherlich, er war Bestandteil dieser Situation. Somit ging es in
diesem Falle nur die direkt Betroffenen an. Doch inwieweit waren Menschen
von einer Veränderung der Geschichte eines einzelnen betroffen? Eine
wahrhaft philosophische Frage. Würde sich die Erinnerung der Menschen
verändern, wenn man großzügig in die Geschichte eingriff? Waren die
Erinnerungen und damit die Vergangenheiten aller Menschen tatsächlich so
variabel? Wenn man genauer darüber nachdachte, würden sich die
Vergangenheiten aller Menschen auf der Erde anpassen, veränderte man den
Lauf der Geschichte? Man trat einfach in eine neue Welt ein, eine Welt, die in
sich schlüssig war. Gleichzeitig müßte es eine Fülle, ja eine unendliche Anzahl
von in sich funktionierenden Vergangenheiten geben. Jede für sich durch
dieses kleine Gerät abrufbar. Aber wie war das möglich? Es schnürte ihm
einen Augenblick lang die Kehle zu. Trafen all seine auf die Schnelle
getroffenen Überlegungen zu, müßte es eine Geschichte geben, in der der
zweite Weltkrieg gar nicht stattgefunden hatte. Oder eine in der Hitler den
Krieg gewonnen hatte. Alles war relativ zueinander. Geldermann wurde sich
mit der Wucht eines Vorschlaghammers bewußt, welch gefährliches aber auch
nutzbringendes Werkzeug er in der Hand hielt. Auf keinen Fall durfte es
jemals in die falschen Hände geraten. Das wäre eine Katastrophe. Gleichzeitig
schien sich die Frage nach der Erklärung für Nerminas Vater zu erübrigen.
Nermina würde zurückkehren, es würde einfach eine Geschichte geben, in
der sie für die Menschen auf der Erde gar nicht verschwunden war. Mußten
sie sich überhaupt Sorgen machen? Es gab nur einen Punkt, der Sorgen
berechtigt erscheinen ließ. Dies war der Fall, in dem der Apparat des
Außerirdischen defekt war oder zerstört wurde. Dann war es ihm nicht mehr
möglich, von sich aus die Geschichte zu verändern, die richtige Geschichte
wahr werden zu lassen. Damit stellte sich eine neue Frage. Was war real?
Welche Geschichte war die *richtige*? Die, in der Nermina nicht zurückkehrte?
Eine, in der sich alles in Wohlgefallen auflöste und sie nie weg war? Langsam
wurde ihm klar, warum der Außerirdische eine zweite Maschine
zurückgelassen hatte. Es war tatsächlich eine *Back-Up* Version. Sollte er
zurückkehren, könnte er damit die Geschichte geradebiegen. Oder er hoffte,
im Falle seines eigenen Versagens, auf einen Einfluß von außen, zum Beispiel
von Königshofer und ihm, Geldermann, selbst. Doch sollten sie eingreifen?
Nach Nermina suchen? Konnten sie die junge Frau eventuell durch ihre
eigenen Aktionen in Gefahr bringen? Die Menge von Fragen, die aus seinem
eigenen Geist auf ihn herabprasselte, war fast unerträglich. Wie sollten sie die
richtige Entscheidung treffen? Es war unmöglich. Auf jeden Fall beschloß
Geldermann in diesem Augenblick, allen Fragen, die Nerminas Vater haben

könnte, mit einer problemlosen Antwort zu begegnen. Es würde sich zur Not alles geradebiegen lassen. Wichtig war nur, Königshofer und ihn nicht von den Maschinen und der Kugel zu trennen. Was die Realität anging, das war eine andere Sache. Nach den bisherigen Erkenntnissen war die Wirklichkeit ein äußerst fragiles Gebilde. Sie konnte verändert werden, oder zumindest konnte man sich selbst in die gewünschte Realität versetzen. Sollte er den Außerirdischen noch einmal treffen, würde er ihn fragen, welche Version des Lebens die richtige war. Vom philosophischen Standpunkt aus gesehen, wäre dies von extremem Interesse. Gab es überhaupt eine richtige Version? Diese kleine Maschine in seiner Hand stellte die Weltvorstellungen auf den Kopf. Er fragte sich, ob man damit auch in der Lage war, durch die Zeit zu reisen, verschob die Suche nach der Antwort aber wohlwissend auf einen späteren Moment. Sie hätte zur Zeit sein geistiges Fassungsvermögen gesprengt. Seine Gedanken kehrten in die Gegenwart zurück. Königshofer stand immer noch neben dem Schreibtisch und wartete geduldig auf eine Fortsetzung des Satzes.

»Franz, entschuldige, ich mußte kurz erfassen, was hier gerade passiert ist.« Geldermann berichtete seinem Freund von seinen Gedanken. Dieser nickte nachdenklich.

»Da bleibt nur eine Frage: Kann man es rückgängig machen, und ist dann die Geschichte tatsächlich wieder die alte?«

»Ich glaube nicht, Franz. Wir *machen* diese Erfahrung. Vielleicht läßt sich der Ortswechsel umkehren, die erlebte Geschichte aber vermutlich nicht. Sonst würde ja die ganze Sache keinen Sinn machen. Ich vermute, diese Maschine wurde entwickelt, um schnellen Transfer an entlegene Orte zu ermöglichen. Es wäre sinnlos für alle Forschungen, die hiermit«, er wog das kleine Gerät in seiner Hand, »gemacht werden, würde auch die Erinnerung an das Erlebte ausgelöscht.«

Königshofer nickte zustimmend. »Gut, dann sollten wir es probieren. Kannst du dich hierher hinter den Schreibtisch zurücktransferieren?«

»Ich weiß nicht, laß mich fragen.« Wie auf Kommando erhob sich die Wasserkugel aus der Schachtel und schwebte auf Geldermann zu.

»Bei Gelegenheit würde mich interessieren, woher sie die Energie für all die Aktionen bezieht«, bemerkte er beiläufig, bevor der seinen Finger hineinsteckte. Ein paar Minuten später und nach einigen Blicken auf das kleine Gerät hatte er offensichtlich die Antwort. Er zog den Finger heraus, diesmal blieb die Kugel jedoch in seiner Nähe. Als ob es etwas zu beachten gäbe. Schweigend folgten seine Augen dem wasserartigen Gebilde, welches links von ihm in der Luft hing.

»Weißt du, was du machen mußt?«, erkundigte sich Königshofer.

»Ich glaube schon. Es gibt hier so eine Art Rückholtaste, sie versetzt den Benutzer an den Ort, an dem die zuletzt gemachte Aktion begonnen hat. Ich werde sie jetzt drücken, und du beobachtest wieder genau, was passiert.«

»Mache ich«, sagte der Geologe, auf das Äußerste gespannt.

Geldermann drückte die Taste, und beinahe augenblicklich befand er sich wieder hinter dem Schreibtisch. Es war die Aktion, die er erwartet hatte.

»Erstaunlich«, entwich es seinem Mund mit einem bewundernden Flüstern.

Die Anzeige seines letzten Transfers leuchtete nun grün. Die vormals grüne Anzeige schimmerte in einem sanften Orange, genau wie alle anderen über ihr.

»Franz, schau her, erinnerst du dich an die Zeile, die vorher grün war? Nun leuchtet diese hier«, er drehte das Gerät in Königshofers Richtung. »Weißt du, was das bedeutet?«

»Das Gerät speichert eine gewisse Anzahl von Transfers.«

»Genau. Und ich möchte wissen wohin der vorherige Transfer stattgefunden hat. Wir wissen nun, es funktioniert. Also warum sollten wir es nicht ausprobieren?«

»Meinst du wirklich, das ist eine gute Idee?«

»Ja, ich glaube, es wird uns einen wichtigen Hinweis auf den Standort von Nermina geben. Vielleicht erfahren wir, wohin sie gegangen ist.«

Königshofer blickte ihn mit offenen Augen an. Seine Neugier war geweckt. »Joshua, du weißt, das ist gefährlich. Wer weiß, wo du landen wirst, aber ich stimme dir zu. Ob ich dir in einem Notfall helfen kann, ist ungewiß.«

»Ist mir klar. Aber ich will es wissen.« Geldermann betätigte eine Taste und die über der grün leuchtenden Zeile liegenden Koordinaten flammten in einem hellen Gelb auf.

»Was auch geschieht, beobachte es genau. Ich werde die Daten auslösen und sofort die Rückholtaste drücken, versprochen. Dann reden wir weiter.« Er zögerte einen Moment, dann setzte er nach. »Sollte ich nicht zurückkehren, erzähl meiner Frau die ganze Wahrheit, sonst niemandem.«

Es herrschte einen Moment lang Stille im Raum. Der Geologe begriff, diesmal würde es Ernst werden. Sein Freund war im Begriff, eine Reise an einen ihm unbekannten Ort anzutreten, einen Ort, von dem er vielleicht nicht den Weg zurück an seinen Schreibtisch finden würde.

»Mach ich.« Er machte eine kurze Pause, als ob er seine Gedanken erst sammeln müßte. »Joshua.«

»Ja?«

»Bitte sei vorsichtig.«

Der Philosophieprofessor grinste. »Worauf du dich verlassen kannst.« Beherzt drückte er die Taste an dem kleinen Gerät, die den Transfervorgang auslöste.

In gleichen Augenblick war er verschwunden. Professor Franz Königshofer starrte auf die Stelle, an der eben noch sein Freund gestanden hatte. Sie war verlassen. Eine bedrückende Leere breitete sich im Raum aus. Die Wasserkugel schwebte von der Ecke des Raumes, in der sie die ganze Zeit still gehangen hatte, gemächlich auf den Geologen zu, fast als ob sie ihm in Ruhe etwas mitteilen wollte. Etwas wie *mach dir keine Sorgen*. Als die Minuten vergingen, begann sich Königshofer dennoch ernsthafte Gedanken zu machen. Hatte Geldermann nicht gesagt, er wolle sofort die Rückholtaste drücken? Schwer hing die Luft in dem leeren Arbeitszimmer. Was sollte er tun, kehrte Geldermann nicht zurück? Seiner Frau erzählen, sein Freund sei bei einer Reise mit einem außerirdischen Gerät ums Leben gekommen? Der Gedanke erschien ihm grotesk.

Doch er sollte keine Zeit haben, diesen Gedankengang weiter zu verfolgen. Kurz darauf hatte er dieses eigenartige Gefühl, die Luft würde schwirren. So wie beim ersten Transfer. Plötzlich stand Geldermann wieder vor ihm. Er atmete schwer und ließ sich sofort in den Sessel fallen. Augenblicklich war Königshofer bei ihm, nahm das kleine Gerät aus der Hand des Professors und schaltete den Rucksack aus. Geldermann seufzte tief.

»Mein Gott, Joshua, bist du in Ordnung?«

»Ja, Franz, alles bestens. Ich muß mich nur eine Sekunde erholen.« Seine Stimme schwankte vor Erregung. »Es war... wie soll ich sagen...überwältigend.« Geldermann lehnte sich zurück und schloß die Augen.

Der Geologe ließ ihm die Zeit, die offensichtlich notwendig war, doch die alles entscheidende Frage brannte ihm unter den Nägeln. Nach einigen Minuten der Stille öffnete Geldermann die Augen.

Ohne zu zögern fragte Königshofer: »Joshua, wo warst du?« Er konnte seine Aufregung kaum im Zaum halten. Keine Sekunde länger wollte er die Antwort missen.

»Du wirst es nicht glauben, Franz.«

»Was, rück schon raus!«

Geldermann holte tief Luft. Das Erlebte schien ihm den Atem zu rauben, und er kämpfte sichtlich. »Franz, ich war auf dem Mond, unserem Mond. Ich stand auf der Oberfläche, den Staub zu meinen Füßen. In der Ferne war ein Gebirge, eine Felswand. Ich bin ein paar Schritte gegangen, hab den Boden berührt, Steine angefaßt, es war Wirklichkeit, Franz, es war Wirklichkeit. Ich konnte atmen und sah die Erde in der Schwärze des Weltraumes. Mein Gott, Franz, sag mir, daß ich weg war, daß all dies kein Traum ist.«

Königshofer ergriff die Hand seines Freundes und drückte sie zuversichtlich. »Joshua, du warst für ein paar Minuten verschwunden, ich kann dir nicht sagen, wo du warst, aber du warst nicht hier.«

»Nein«, murmelte Geldermann, immer noch völlig überwältigt, »ich war nicht hier. Ich war auf dem Mond. Warum war ich auf dem Mond?« Er unterbrach sich selbst und grübelte. »Weil unser Freund von dort kam. Was auch immer das zu bedeuten hat, es ist wichtig.«

Königshofer schwieg.

»Franz, ich denke, die Antwort auf viele unserer Fragen liegt dort. Ich muß dorthin zurückkehren.«

»Nun ruh dich erstmal aus.«

»Ja, das mache ich, aber ich sage dir, ich muß dorthin zurück.«

14.

Das kleine Schiff schwebte immer noch durch die scheinbare Endlosigkeit der weit entfernten Galaxie. Auf seinem Weg breitete sich ein Nebel aus, der in den wunderschönsten Farben schillerte. Ringe aus heißem Gas, am äußeren Rand in purpurnem Rot, je weiter nach innen dringend, gleißend gelb. Sie umgaben ein zerrissenes Zentrum. Der Nebel war ein Überbleibsel eines längst vergangenen Sternes und strahlte hinaus in die immerwährende Dunkelheit des Alls. Wenn sich ihr Leben dem Ende näherte, blähten sich viele Sonnen zunächst zu einem Roten Riesen auf. Ihre Masse hatte sich durch den Verbrauch von Wasserstoff, dem Lebenselexier aller Sterne, soweit verringert, daß der Druck der nuklearen Explosionen in ihrem Inneren immer weiter zunahm, die eigene Schwerkraft dem nichts mehr entgegenzusetzen hatte und sie letztendlich auseinandertrieb. War der Wasserstoff weitestgehend verbraucht, kamen die Kernreaktionen in einem kritischen Moment zum Erliegen und die Masse schrumpfte wieder zusammen. Dieser Prozeß kam plötzlich. Er ließ den sterbenden Stern kollabieren, er stürzte dann in sich selbst hinein, die immer noch gigantische Masse explodierte in einem Bruchteil einer Sekunde. Unvorstellbare Naturgewalten. Der sterbende Stern stieß die Energie von vielen Millionen Sonnen in einem Augenblick ab. Das Ergebnis waren jede Vorstellungskraft sprengende Mengen interstellaren Gases, die sich heiß brennend im umliegenden Weltraum verteilten. Ein Strudel der Vernichtung, der sich seit Milliarden von Jahren wieder und wieder im Universum abspielte. Hätte ein irdischer Beobachter dieses Schauspiel aus nächster Nähe verfolgen können, er wäre überwältigt gewesen. Der Tod eines Sternes bot, neben aller Schönheit, aber auch gleichzeitig Raum für die Entstehung neuen Lebens, neuer Sterne. Nicht immer kollabierten Sonnen zu Gasnebeln. Je nach Größe wurden aus ihnen Neutronensterne und, im Extremfall, sogar Pulsare oder schwarze Löcher. Erscheinungen, die selbst von den besten Wissenschaftlern nur schwer oder gar nicht zu verstehen waren. Den Wissenschaftlern der Erde, wohlgemerkt. Ob sie anderswo im Universum verstanden wurden, eine kaum zu beantwortende Frage.

Nermina hatte die erste Nacht auf dem Schiff, die zweite im Weltraum verbracht. Wobei, Nacht, Tag, wer konnte das schon genau sagen? Sie ging ins Bett, als sie müde war. Noch lange grübelte sie in ihrer Kabine über das Experiment von Marc nach. Konnte es wirklich so sein? Die Wissenschaft beantwortete, einfach mal so, eine lange gestellte Frage der Theologie? Die nach der Existenz Gottes? Schwer vorstellbar. Doch sie hatte es mit eigenen Augen gesehen. Sollten dann nicht alle Glaubenskriege mit einem Schlag beendet sein? Warum glaubte niemand den Wissenschaftlern? War das ganze Gehabe um Religion zuletzt nicht nur eine Machtfrage? Wollten die Kirchen dieser Welt überhaupt einen Beweis Gottes? Was würde passieren, erklärte man einen Gott für existent? Einen einzigen, nicht *den einen* oder *den anderen*?

Wieviele Gruppen und Sekten auf der Erde würden ihre Existenzberechtigung verlieren? Wieviele "Vertreter Gottes" hätten plötzlich keine Arbeit mehr? Wieviel persönliche Macht und damit auch Geld würden sie verlieren? Nein, jede Kirche, jede Sekte und jede Glaubensgemeinschaft auf ihrem Heimatplaneten würde mit aller Kraft zu verhindern wissen, einen Gott zu beweisen. Dessen war sie sich sicher. Doch sie hatte ihren eigenen Beweis bekommen. Über diesen Gedanken schlief sie schließlich friedlich ein. Der Tag an Bord, mit all seinen Widrigkeiten, hatte sie mitgenommen. Zum Glück war das Schiff wieder soweit intakt, daß sie den Eindruck gewann, sie würde all das wohl überleben.

Als Nermina erwachte und auf ihre Uhr blickte, erschrak sie. Über zehn Stunden hatte sie geschlafen. Rasch trat sie in die sonderbare *Dusche* die, ebenso wie auf der Mondstation, auch hier an Bord vorhanden war. Sie reinigte sich und ihre Kleider und war kurz darauf auf dem Weg in die Kommandozentrale. An einigen Stellen der Gänge waren schillernde Energiewände zu sehen. Offensichtlich verbargen sich dahinter Bereiche des Schiffes, die so schwer beschädigt waren, daß sie besser nicht betreten werden sollten. Als die Türen zur Zentrale lautlos aufglitten und sie in das Herz des Schiffes eintrat, beschäftigte sich Marc gerade mit einigen Wasserkugeln. Er schien ihr Kommen nicht bemerkt zu haben. Wieder sah sie den Außerirdischen in seiner komplett wahren Gestalt. War es tatsächlich seine wahre Gestalt? Sie konnte es nicht sagen. Immerhin war er in der Lage, wohl jede gewünschte Form anzunehmen. Jetzt zumindest hing er zwischen den verschiedenen Kugeln, die fast alle unterschiedliche Farben aufwiesen. Sein direkter Körper stellte die Mitte des Netzwerkes dar. Er war langgezogen und farblos. An einem Ende wuchs der Kopf heraus, sie sah verschiedene Ausbuchtungen, an anderen Stellen erblickte Nermina Fortsätze, an deren Enden die bekannten Tentakel zu erkennen waren. Marc war mehr ein seltsames Gebilde als ein wirkliches Lebewesen. Sie wunderte sich selbst über ihre Reaktion.

Kein Anflug von Panik erfaßte sie, ihr Geist nahm die Existenz des andersartigen Lebewesens mit Gelassenheit auf. Zumindest die Geheimniskrämerei hatte nun ein Ende. Sie war froh darüber. Einmal mehr merkte sie, wie sehr ihr die eigene Psyche einen Streich gespielt hatte. Lebewesen waren Lebewesen, egal wie sie aussahen. Gab es nicht auch auf ihrem Planeten Gestalten, die reichlich seltsam anmuteten? War nicht eine Katze anders als ein Vogel, ein Hund anders als ein Insekt, ein Fisch anders als eine Schlange. Sie alle hatte die Natur hervorgebracht. Warum ekelte sich der Mensch zum Teil davor? Sie betrachtete Marc. Wahrscheinlich, weil man vor dem Unbekannten Angst hatte. Zuweilen war dies wohl auch ganz gut so. In ihrem Falle gab es keinen Grund, Angst zu haben. Marc war ihr vertraut. *Nein*, sagte sie sich, *er ist mehr als vertraut.* Sie hatte ihn gern. Sehr gern.

»Guten Morgen«, sagte sie mit einem fröhlichen Grinsen auf den Lippen. Sie erfreute sich an dem Gedanken, ihn *erwischt* zu haben.

Binnen weniger Sekunden zog Marc seine Tentakel aus den Kugeln zurück und verwandelte sich in einen Menschen. War es wirklich so, oder vermutete sie einen Anflug von Röte in seinem Gesicht? Sicher war sie sich nicht.

»Entschuldige«, begann er. »Ich wußte nicht...«

»Keine Sorge, es ist OK. Ich wollte nur fragen, ob du mit frühstücken kommst. Ich habe nämlich Hunger.« Gekonnt überspielte sie das soeben Gesehene. Als ob es keine Rolle spielen würde. Und wenn sie sich selbst ehrlich gegenüber war, es spielte auch keine Rolle mehr.

Marc sah sie ein wenig erstaunt an. Es schien ihm, als sei das ängstliche Mädchen von gestern verschwunden. Sie nahm die ganze Sachlage offensichtlich gut auf. Seltsam, diese schnelle Art von Adaption eines fremden Lebewesens an die doch eher ungewohnte, ja auch gefährliche, Situation hatte er noch nicht erlebt.

»Frühstück?«, er machte einen etwas verständnislosen Eindruck, schien sich dann aber doch zu erinnern. »Ach ja, ich hätte es vollkommen vergessen.« Er streckte sich. »Eine gute Idee.«

»Dann laß uns gehen. Funktioniert die Kantine, der Speisesaal, wie auch immer ihr es nennt, wieder?«

»Ja«, erwiderte er. »Wir können auf die Nahrung zugreifen, kein Problem. Und wenn wir beim Essen sind, erzähle ich dir die Neuigkeiten der letzten Stunden, sie werden dich interessieren.«

Zusammen machten sie sich auf den Weg zur Kantine. Zwischendurch erklärte ihr Marc die Notwendigkeit der Energiebarrieren. Es war, wie sie vermutet hatte, Teile des Schiffes waren noch immer unzugänglich. Zum Frühstück bestellte sich Nermina ein Joghurt mit Nüssen, Früchten und Honig. Dazu einen Malzkaffee. Sie kannte ihn aus ihrer Heimat. Ein kleiner Moment Zuhause konnte nicht schaden. Nach all den außerirdischen Speisen war ihr nicht zumute. Marc gönnte sich etwas ihr völlig Fremdes, es schien ihm jedoch sehr zu schmecken. Auf jeden Fall verspeiste er seine Portion in Windeseile. Sie vermutete, er war die ganze Nacht über beschäftigt gewesen.

»Sag mal«, begann sie, »schläfst du eigentlich nie?«

»Wenn du Ruhephasen meinst, natürlich brauche ich die. Nur nicht in so regelmäßigen Abständen wie du. Die Zeit in der du geschlafen hast, habe ich produktiv genutzt. Es war notwendig, schließlich müssen wir dieses Schiff so schnell wie möglich reparieren. Sonst gibt es keinen Weg zurück. Im Moment fliegen wir nur mit einem Bruchteil der möglichen Geschwindigkeit.«

Die junge Studentin vermutete, es war immer noch ein Vielfaches von dem, was ihre irdischen Techniker zustande brachten. »Bevor du mit deinen Erkenntnissen der letzten Nacht beginnst, laß mich eine Frage stellen. War das vorhin deine wirkliche Gestalt?«

Er zögerte. Verlegen blickte er zur gegenüberliegenden Wand, an der sich die Nahrungssynthesizer befanden. Doch von dort kam keine Antwort. »Nicht ganz«, begann er, »es war eine Verbindung mit all den Kugeln.«

»Das habe ich gesehen.« Sie ließ ihn hängen, wartete auf eine genauere Antwort.

Statt einer Erklärung antwortete er mit einer Gegenfrage. »Welche Erscheinung meiner selbst behagt dir am meisten?«

Sie dachte nach, aber die Antwort war nicht schwer. »Natürlich die des Menschen, das ist doch logisch. Deine jetzige Gestalt ist mir am vertrautesten. Was erwartest du? Ich will wissen, ob das vorhin deine wahre Gestalt war.«

Marc nahm all seinen Mut zusammen, er wußte, wie schwierig dieser Teil der Zusammenkunft mit fremden Lebewesen war. »Nein, ich suchte nur eine Verbindung. Wie du mittlerweile weißt, kann ich meine Gestalt verändern. Eine Sache, die sich auf meinem Planeten über Jahrhunderttausende entwickelt hat. Bei euch gibt es soetwas übrigens auch in Hülle und Fülle. Sieh dir nur einmal eure Insektenwelt an. Tiere, die wie Blätter oder Äste aussehen, das Chamäleon zum Beispiel, eine perfekte Angleichung an die Umgebung.«

Sie nickte nachdenklich.

»Bei uns hat sich diese Eigenschaft schon recht früh in der Evolution herausgebildet und immer weiter fortentwickelt. Bis zu unserem jetzigen Stadium. Wir haben eine ursprüngliche Gestalt, wenn wir auf die Welt kommen. Sie spielt allerdings im Laufe des Lebens immer weniger eine Rolle. Die Bewohner meines Planeten nutzen diese Fähigkeit für das tägliche Dasein. Brauchen wir einen langen Arm, strecken wie ihn. Benötigen wir Kontakt zu den Wasserkugeln, wir bilden Tentakel.«

Jetzt war Nermina doch neugierig. »Kannst du mir deine Gestalt zeigen? Keine Angst, ich werde nicht zurückweichen oder schreiend aus dem Raum laufen. Der Kontakt mit dir hat in den letzten zwei Tagen Wirkung gezeigt. Insbesondere heute morgen.«

»Na gut, wenn du es unbedingt sehen willst.«

»Ja«, entgegnete sie knapp, »ich will«.

Marcs Gestalt veränderte sich binnen weniger Sekunden. Seine Hände verwandelten sich in die bekannten Tentakel, allerdings bildeten sie nur vier *Finger* aus, seine Beine verschmolzen mit dem Körper, kurz darauf wuchsen sie erneut in dreifacher Form aus dem Korpus heraus. Am Ende der unteren Extremitäten besaß er eine Art Saugnapf. Nermina war sich nicht sicher, ob er damit tatsächlich Wände emporlaufen konnte, oder ob es lediglich der Fortbewegung auf dem Boden diente. Am interessantesten war jedoch der Kopf. Seine Haare verschwanden, statt dessen bildete sich eine zusätzliche Schädelschicht um seine obere Kopfhälfte. Der Mund verschmolz mit dem restlichen Fleisch, er war praktisch fast nicht mehr vorhanden. Lediglich ein kleines Loch blieb übrig. Die Augen blieben annähernd bestehen, es wurden auch nicht mehr, sie wurden nur größer. Die Iris der menschlichen Gestalt drängte sich an den Rand der Sehorgane. Nermina war fasziniert. Sie blickte ihm tief in die Schwärze seiner Augen und – sie waren schön. Die menschliche Kleidung war verschwunden, es hatte sich eine Art haftender Nebel um seinen Körper gelegt. Geschlechtsorgane waren nicht zu erkennen, vielleicht waren sie unter dem Nebel verborgen. Sie wußte es nicht, und es brannte in ihrem Kopf, ihn danach zu fragen.

»Ist das alles was dich interessiert?«, vernahm sie seine Stimme leicht launisch in ihrem Kopf.

Sie errötete, mußte aber dann doch lachen. »Hör mal, ich bin eine Frau. Mal angenommen, du gehörst zur männlichen Spezies deiner Zunft, wieso sollte ich mir diese Frage nicht stellen?«

Insgesamt gesehen war seine Erscheinung äußerst harmonisch. Die kleine Öffnung im unteren Teil des Kopfes verzog sich leicht und Nermina fragte sich, ob er nun wieder versuchte, menschliche Verhaltensweisen wie ein Grinsen an den Tag zu legen oder ob es wirklich seine eigene, speziesspezifische Ausdrucksweise war.

»Ja«, hörte sie seine Worte, »ich gehöre zur männlichen Sorte. Falls du dich übrigens wunderst, wir benutzen keine Stimmbänder, die besitzen wir nicht. Unsere Art der Kommunikation hat sich von Anfang an über den Geist entwickelt. Wir *reden* ausschließlich mental miteinander.«

»Kein Problem, solange ich mich nicht umstellen muß und du nicht jeden Gedanken von mir durch deine Mangel drehst. Lies bitte nicht die Gedanken, die hinter meinen Worten liegen. Wenn ich sie dir mitteilen will, erfährst du es früh genug.«

»Versprochen«, erwiderte seine Stimme in ihrem Kopf. »Es bedeutet sowieso eine Anstrengung, die Gedanken eines anderen Lebewesens zu spüren. Wir nehmen normalerweise auch nur auf, was gegeben wird, nicht was dahinter liegt. Du solltest auch wissen, auf meinem Planeten gehört es sich einfach nicht, die Gedanken eines andern auszuforschen.«

»Gut so«, erwiderte sie beruhigt. Nermina war sich unklar, ob er bereits ihre Gefühle für ihn erspürt hatte oder nicht. Wenn nicht, sollte es fürs erste auch so bleiben.

»Wenn es dir recht ist, nehme ich jetzt wieder meine menschliche Gestalt an.«

»Tu dir keinen Zwang an. Wobei«, sie machte eine gedankenschwere Pause, »so gefällst du mir auch gut. Nimm an, was immer du magst.«

Er wußte aus Erfahrung, die Gestalt der Spezies mit der er es zu tun hatte, war immer die am leichtesten zu verarbeitende. Also zogen sich die Tentakel zurück in menschliche Finger, und auch die Kleidung kehrte zurück. Täuschte sie der Eindruck, oder waren seine Haare nun etwas grauer als zuvor? Sie nahm es hin. Immerhin standen ihm die grauen Haare gut.

»Auch nicht schlecht«, bemerkte sie grinsend, als er sich komplett in einen Menschen zurückverwandelt hatte. Er erwiderte ihren Gesichtsausdruck.

»Magst du nun hören, was ich über Nacht herausgefunden habe?« Plötzlich sprach er wieder mit seiner angenehmen, tiefen Stimme. Der Wechsel zwischen Gedanken und gesprochenen Worten war immer noch ungewohnt. Irgendwie erinnerte er sie an ihren Vater. Obwohl seine Erscheinung nicht so alt war. Als Kind hatte sie sich immer gefreut, wenn ihr Papa sie ins Bett gebracht hatte und mit seiner beruhigenden Stimme auf sie einredete. Es gab ihr ein Gefühl von Sicherheit, ja, Geborgenheit. Sie kuschelte sich in ihr Bett, der Vater gab ihr einen Kuß auf die Nase und sang ein kleines Gute-Nacht

Lied. Nie würde sie das vergessen. Nun, Marc war keine Vaterfigur, aber er strahlte die gleiche Vertrautheit aus. Wenn auch auf eine andere Art.

»Ja, erzähl es mir.«, sagte sie.

»Gut, es ist nämlich sehr interessant. Wir werden bald landen. Auf einem Planeten in der Nähe.«

Erstaunt hob sie die Augenbrauen. »Wie das?«

»Ganz einfach, wir fahren die Kufen aus und landen.« Marc lächelte verschmitzt. Sie wußte genau, daß er sie im Moment auf den Arm nahm und warf ihm einen genervt aussehenden Blick zu. Er kannte diesen Gesichtsausdruck.

»Nein, im Ernst, ich habe einen Planeten gefunden, der es uns ermöglichen wird, das Schiff zu reparieren. Wenn es dich interessiert erzähle ich dir wie das funktioniert.«

Nermina begann wieder, sich ihrem Joghurt zuzuwenden. Jetzt erst bemerkte sie, wie sehr ihr Körper nach Nahrung verlangte. Es war immer so am Morgen. Wenn sie in ihrer Küche das morgendliche Ritual abspulte, hatte sie zunächst keinen Hunger. Aber wie sagt man auf der Erde so schön? Der Appetit kommt beim Essen. Jedesmal, wenn der Malzkaffee duftete und die kleine Küche erfüllte, freute sie sich auf das einfache Joghurt. Später, in der Uni, würde sie noch einmal mit ihren Kommilitonen frühstücken, aber kurz nach dem Aufstehen brauchte sie die kleine Mahlzeit. Sie nippte an ihrem Kaffee. »Ja, schieß los, wie du siehst, habe ich heute nichts weiter vor.«

Hatte er da einen Hauch von Bitterkeit in ihrer Stimme gehört? Es war ihr nicht zu verdenken. »Also«, begann er, »ich habe die ganze Nacht damit verbracht, die Umgebung abzusuchen.«

Was Marc unter *Umgebung* verstand, war ihr einigermaßen klar. Mit Sicherheit nicht die Nachbarschaft. Bei ihm ging es sofort um viele Tausend Lichtjahre. »Wie weit konntest du dich denn umschauen? Ich habe neulich einen Artikel überflogen, in dem erklärt wurde, wie wir auf der Erde Exoplaneten suchen. Da geht es immer um jahrelange Suche, und wir haben bisher rund 300 Planeten gefunden, meist zu groß, zu heiß oder zu kalt, um Leben beherbergen zu können. Was hast du gefunden?«

»Einen Planeten, der zumindest eine atembare Atmosphäre und Vegetation besitzt. Am Anfang unserer Reise habe ich dir von den Sonden erzählt, die wir weit ins All schicken, um nach Zivilisationen zu suchen. Nun, in dieser Galaxis haben wir keine Sonden, aber das Schiff verfügt über weitreichende Sensoren, die, wie die Sonden, nicht an die Geschwindigkeit des Lichts gebunden sind, was die Übertragung von Informationen angeht. Der Rest ist Wahrscheinlichkeit, man prüft Sonnen, passen sie in das gewünschte Schema, werden sie genauer untersucht. Findet sich dabei die Wahrscheinlichkeit eines Planeten, geht man ins Detail.«

»Aber hattest du nicht mal gesagt, es würde für ein einzelnes Schiff Jahrhunderte dauern, auch nur einen Bruchteil der Galaxis zu erforschen?« Das Unverständnis der Sache schien ihr buchstäblich ins Gesicht geschrieben.

»Stimmt, aber neben aller Computertechnik kommt auch noch ein wenig Erfahrung dazu. Vergiß nicht, ich bin zwischen den Sternen unterwegs. Ich reise ständig hin und her. Da lernt man sowas.«

Die Worte saßen. Sie trank einen Schluck Malzkaffee und mußte einen Moment nachdenken. Herrgott, sie saß mit einem Wesen an einem Tisch, welches zwischen den Sternen zuhause war. Das war so weit von ihrer Welt entfernt, man konnte es kaum beschreiben. Bei dieser Gelegenheit fiel ihr ein Dialog aus einem Film ein, den sie vor langer Zeit gesehen hatte. Nicht, daß der Film besonders gewesen wäre, aber der eine Dialog war in ihrem Gedächnis hängengeblieben. Es ging um ein Gespräch zwischen einem Raumschiffkapitän aus der Zukunft, der sich mit einer Dame aus den 80er Jahren unterhielt. Sie fragte ihn spöttisch, ob er aus dem Weltraum käme, und er antwortete: »Nein, ich komme aus Iowa, ich arbeite nur im Weltraum.« Genauso war es jetzt. Abgesehen von den derzeitigen Schwierigkeiten, Marcs Arbeitsplatz war der Weltraum, waren fremde Planeten. Das durfte sie nie vergessen. Es war sein Job.

»OK, du hast die Sensoren bemüht. Was haben sie ausgespuckt?«

Marc lehnte sich zurück, nahm eine letzte Gabel des fremden Gerichts auf und steckte sie sich in den Mund. Nachdem er einen Moment gekaut hatte, erwiderte er: »Ganz in der Nähe gibt es eine gelbe Sonne mit einem Planetensystem. Es besitzt auf einer mittleren Bahn einen Himmelskörper, welcher für uns geeignet ist. Wir können dort landen, und ich werde das Schiff reparieren. Vorausgesetzt, du hilfst mir. Ganz alleine geht es nicht.«

Sie schaute ich erstaunt an. »Was meinst du mit helfen? Ich bin keine Technikerin.«

»Mußt du auch nicht sein, ich werde es dir genau erklären, wenn wir da sind. Du sollst mich hauptsächlich überwachen.«

»Gut, damit kann ich leben.« Sie machte zwar nicht gerade den Eindruck totaler Begeisterung, war aber einverstanden. »Wann werden wir da sein?«

»In ein paar Stunden. Bis dahin will ich die benötigten Teile weitestgehend aufgebaut haben. Du erinnerst dich, wir können Teile erzeugen, ähnlich wie wir Nahrung zubereiten.«

»Ja, ich erinnere mich. Kann ich dir helfen?«

»Nein, nicht wirklich. Mir wäre es lieber, wenn du in der Kommandozentrale wärst, falls irgendwelche Unregelmäßigkeiten auftreten.«

Nermina ließ gerade den letzten Löffel ihres Joghurts im Mund zergehen und hätte sich fast verschluckt. »Was meinst du damit? Unregelmäßigkeiten?« Sie klang unsicher.

Marc sah ein, er hatte mit seiner letzten Bemerkung einen Fehler gemacht. Schnell versuchte er ihn zu korrigieren. »Na ja, nicht Gefahr« beschwichtigte er, »nur, falls das Schiff etwas meldet. Ich habe alles programmiert, wir sollten automatisch in einen Orbit um den Planeten einschwenken, ihn ein paarmal umkreisen, Messungen vornehmen und dann landen. Nichts Besonderes.«

»Nichts Besonderes«, bemerkte sie lakonisch. »Hast du vielleicht schon einmal darüber nachgedacht, daß ich als Frau von der Erde, als angehende Philosophin, noch nie ein Raumschiff gelandet habe?«

»Mach dir keine Sorgen.« Er ergriff ihre Hand und drückte sie zuversichtlich. »Das Schiff macht das alles alleine. Ich erwarte keine Schwierigkeiten, nur, wie sagt ihr so schön, Vertrauen ist gut, Kontrolle ist besser.«

Einen Augenblick lang fragte sie sich, wo er das nun wieder aufgeschnappt hatte. Vermutlich in einer Fernsehsendung. Sie nickte langsam. »Ist gut, ich überwache alles. Vorausgesetzt, du erklärst mir, wie ich das machen soll.«

»Ganz simpel. Sei einfach da. Die Kugeln werden es dich wissen lassen, gibt es etwas zu korrigieren. Dann denkst du an mich, und ich werde sofort da sein.« Marc stand auf. Seinen Teller stellte er in die dafür vorgesehene Öffnung in der Wand. Nermina tat es ihm gleich. Die Öffnung schloß sich kurz und beide Teller waren verschwunden. Nermina wäre erstaunt gewesen, hätte sie nachvollziehen können, mit welchen Prozessen das Schiff die Teller und Speisereste wieder zu einer Grundsubstanz verarbeitete. Als sie sich im Gang vor dem Speisesaal verabschiedeten, hielt Marc sie einen Moment fest und nahm sie in den Arm. Er drückte sie lange.

»Es wird alles gut werden, ich verspreche es«, sagte er sanft, aber zuversichtlich.

»Ich hoffe es«, erwiderte sie, ein wenig erstaunt darüber, zu welcher Emotionalität in der Stimme er fähig war. Immerhin war der Körper nicht sein eigener, es war eine herbeigeführte Erscheinung.

Irgend etwas in seinem Inneren sagte ihm, er solle das nicht tun, aber das war ihm egal. Sie sah ihm in die Augen und schien das gleiche Gefühl zu haben wie er. Ihr Gesicht war nur Zentimeter von dem seinen entfernt. Die Luft zwischen ihren Lippen schien zu flirren. Marc spürte das Verlangen nach Nähe zu ihr. Noch nie hatte er eine ähnliche Erfahrung gemacht. Normalerweise beschränkte sich der Kontakt mit fremden Lebewesen auf das rein Geschäftliche. Soll heißen, den Job, den er in der jeweiligen Situation zu erfüllen hatte. Dazu gehörten Gefühle mit Sicherheit nicht.

»Ich weiß nicht, ob ich das tun kann, wenn du deine normale Gestalt hast, aber jetzt...«

»Was tun?«, fragte er.

Sie drückte ihm einen zaghaften Kuß auf die Lippen. »Das hier.«

»Ich...«, begann er.

Sie legte ihm den Zeigefinger auf die Lippen. »Sag nichts.«

Er schwieg.

Nermina nahm sein Gesicht in die Hände und strich zärtlich über die Augen und dann die Wangen hinunter. Seine Haut war zart und weich. Einen endlos erscheinenden Moment sahen sie sich in die Augen. Er war wirklich schön. Die Augen ließen sie in das Universum blicken, mehr als sie es im Augenblick real erfuhr. Sie fragte sich, ob sie weitergehen könnte. Dann schloß sie die Augen und küßte ihn erneut. Als sich seine Lippen öffneten, umkreiste ihre Zunge die seine. Sie lagen sich in den Armen und ihre Gedanken verschmolzen miteinander. Nach einigen Sekunden, die ihr unendlich lang vorkamen, trennten sie sich.

»Geh und mach deinen Job«, sagte sie leise. »Ich möchte irgendwann heim zu meinem See.«

Er war zutiefst erstaunt und erschrocken zugleich. In diese Situation war er noch nie geraten. Durfte es sein? Er wußte es nicht. Doch ihr Kuß hatte etwas in ihm ausgelöst, was er bis zu diesem Zeitpunkt nicht kannte. *Seltsam, diese Menschen*, dachte er. Aber es war OK. Nein, es war mehr als OK. Er hatte es genossen. Eine Art der Zuneigung, die es so auf seinem Planeten nicht gab.

»Du wirst heimkommen, verlaß dich drauf«, sagte er bestimmt. Seine Stimme strahlte unendliche Zuversicht aus. Das gab ihr neues Vertrauen und Ruhe. Langsam löste er sich von ihr, drehte sich herum und ging den Gang entlang, weg von der Kommandozentrale. Sie blickte ihm eine Weile lang hinterher, bis er nach der nächsten Biegung verschwunden war. Mit einem komischen Kribbeln im Bauch holte sie tief Luft und drehte sich herum. Auf dem Weg zur Brücke des Schiffes dachte sie über das eben Geschehene nach. Sie hatte einen Außerirdischen geküßt. War das richtig? *Warum nicht*, fragte sie sich. *Warum verdammt nochmal nicht, was hab ich zu verlieren?*

Bald tauchte die Tür der Zentrale auf. Lautlos wie immer glitten die Tore auseinander, und sie betrat das Herz des Schiffes. Mit Hilfe ihrer Gedanken erzeugte sie eine der Wasserliegen und nahm Platz. Es war kein schlechtes Gefühl, die Kontrolle über ein gewaltiges Schiff, 100 Millionen Lichtjahre von der Erde entfernt, zu besitzen. Langsam wanderte ihr Blick über die verschiedenen Anzeigen, von denen einige für sie sogar Sinn machten. Sie bewegte die Liege etwas näher an die Kontrollen heran. Auf einem der Schirme schien eine Kamera den Weltraum abzubilden. In diesem Bild waren neben den Sternen viele fremdartige Symbole zu erkennen. Sie veränderten sich stetig. Gleich daneben befand sich eine dreidimensionale Ansicht eines Gitternetzes. Einige der Linien leuchteten stärker als der Rest, und es schien ihr, als würde sich das Raumschiff in der Mitte befinden. Die Linien liefen bogenförmig um einen Mittelpunkt herum. Vor dem Schiff liegende Gitterelemente waren stärker gestaucht als die zurückbleibenden. Bei genauerer Betrachtung hatte Nermina das Gefühl, als würde das Schiff auf einer Welle reiten, genau gesagt auf dem Kamm. Entfernt erinnerte sie das Bild an ein Surfbrett auf dem Meer. Nur mit dem Unterschied, daß sie in diesem Raumschiff der Surfer waren und der Weltraum ihre See.

Doch wie konnte man den Raum krümmen? Vor einiger Zeit hatte sie einen Artikel gelesen, der etwas über Raumkrümmung berichtete. Doch so sehr sie sich den Kopf zerbrach, sie konnte sich nicht genau daran erinnern. Übriggeblieben war nur die Information, daß große Massen den Raum und die Zeit krümmen konnten. Doch das Schiff besaß keine große Masse, das war selbst ihr klar. Marc konnte es ihr sicher erklären, und sie beschloß, ihn irgendwann danach zu fragen. Die anderen Monitoren zeigten meist eine Reihe von Symbolen, die ihr gänzlich unbekannt waren. Eine Weile lang betrachtete sie die beiden Bilder mit den Gitternetzlinien und dem Weltraum. Sie veränderten sich kaum. Die Sterne zogen vorbei, und sie hatte nicht den Eindruck, es würde etwas Spannendes passieren. Hätte sie die wissenschaftlichen Hintergründe dieser Technologie gekannt, sie wäre anderer Meinung gewesen. Plötzlich kam ihr eine Idee. Die Kugeln reagierten ja mittlerweile auch auf ihre Gedanken. Sie lächelte und dachte an eine Kugel. Ohne Zeitverzögerung löste sich die gewünschte wasserartige Masse aus der vor ihr liegenden Wand und schwebte auf sie zu. Reglos verharrte sie in Reichweite ihrer Hände, als warte sie auf einen Befehl. Nermina steckte ihren Finger hinein und wunderte sich einmal mehr über das seltsame Gefühl dabei. Es war ihr, als würde sie eine intensive Verbindung mit dieser Kugel eingehen, bis hinunter auf die Zellenebene. Trotz dieser direkten Körperlichkeit blieb nie etwas an ihren Fingern haften, zog sie ihre Gliedmaßen wieder heraus. Sie waren noch nicht einmal naß.

»Erklär mir das«, forderte sie in Gedanken die Kugel auf und blickte auf die beiden Monitoren.

Sie wäre vor Überraschung fast von der Liege gefallen, als sich die ersten Gedanken in ihrem Kopf formten. So direkt hatte sie die Antwort nicht erwartet. Plötzlich begann sie, die Bilder zu verstehen. Der linke Monitor zeigte tatsächlich den vor ihr liegenden Weltraum. Jetzt sah sie es auch, ein bestimmter Stern stand im Mittelpunkt des Geschehens. Sie flogen darauf zu. Noch war er zu weit entfernt, als daß sich an seiner Größe etwas ändern würde, doch er war ihr Ziel. Definitiv. Die anderen Sterne bewegten sich vom Schiff weg, dieser eine nicht. Er stand in der Mitte, fast wie der von der Erde aus zu sehende Polarstern. Auch die Anzeigen begannen auf einmal, Sinn zu machen. Sie verstand die Symbole. Es waren Entfernungsanzeigen in drei Dimensionen, Zahlen, wie sie sie von ihrer eigenen Sprache her kannte. Ob sie sich wohl diese Symbole würde merken können, auch wenn sie ihren Finger wieder aus der Kugel zog? Sie wußte es nicht. Doch einige Augenblicke später verspürte sie eine sanfte Veränderung ihrer Gedanken. In ihrem Kopf setzten sich diese Zeichen fest. Als ob die Kugel ihr den Wunsch erfüllen wollte. Nun begann die ganze Anzeige klarer zu werden. Entfernung zum Ziel, Position im Raum, Entfernung zu vorüberfliegenden Himmelskörpern, alles war verständlich. Sie schwenkte ihren Blick hinüber zu dem rechten Monitor mit dem Gitternetz. Auch hier die gleiche Erfahrung. Sie begann die Anzeige zu begreifen. Das Schiff stellte den Mittelpunkt dar, und der Raum wurde vor ihnen stark gekrümmt. Wie stark, das bestimmte die gewünschte Geschwindigkeit. Je höher der Wert, desto krummer und höher war die Welle. Das Schiff saß in einer Blase direkt auf der Spitze und glitt durch den Raum. Es wurde ihr klar, wenn man zwei Punkte im Raum verbinden wollte, dann geschah dies am einfachsten durch eine direkte gerade Linie. Um die Zeit der Reise zu verkürzen, mußte man nur den Raum krümmen. *Nur*, dachte sie und grinste. Die klügsten Köpfe auf der Erde waren wahrscheinlich meilenweit von der praktischen Umsetzung dieser Idee entfernt. Es war wie bei einem Blatt Papier, auf dem sie daherflogen.

Angenommen, der Startpunkt lag auf der einen Seite, das Ziel auf der anderen. Der Flug würde eine gewisse Zeit benötigen. Klappte man jedoch das Papier an den Enden zusammen und bildete eine Röhre zwischen den Blattenden, konnte man durch diese Röhre schlüpfen und in deutlich weniger Zeit vom Start- zum Zielpunkt gelangen. Eigentlich eine einfache Idee. Es dämmerte ihr allerdings, die Umsetzung war weitaus schwieriger.

Dankbar zog sie den Finger aus der Kugel, welche in ihrer Nähe schweben blieb und ließ für die nächsten Minuten ihre schwarzen Augen zwischen den beiden Anzeigen hin und herschweifen. Dann bemerkte sie die Veränderung. Der Stern im Mittelpunkt des einen Bildschirmes wurde langsam größer, und gleichzeitig flachte sich die Krümmung der vorderen Gitternetzlinie in der anderen Anzeige ab. Das Schiff verlangsamte sich offenbar. Die genauen Werte konnte sie an den Symbolen überprüfen, die nun sehr verständlich waren. Es stimmte, das Ziel kam näher und das Schiff verlor deutlich an Geschwindigkeit. Rund eine halbe Stunde später waren die Linien vor dem Schiff kaum noch dichter als die dahinterliegenden. Gleichzeitig füllte der Zielstern nun klar die Bildmitte des danebenliegenden Schirmes aus. Vereinzelt waren Planeten sichtbar geworden, an denen sie vorbeiflogen. Ein Wahnsinnsanblick, sagte sie sich. Ein paar Minuten vergingen, und der Stern begann aus der Mitte herauszuwandern. Nun begann sich das Bild an einem der Planeten zu orientieren, der rasch an Größe gewann. Sie waren am Ziel, inmitten einer riesigen Galaxis, 100 Millionen Lichtjahre von der Erde entfernt. Ein gewaltiger Gedanke. Noch nie zuvor hatte ein Mensch eine solche Reise unternommen. Sie war die erste Vertreterin ihres Planeten hier draußen. Marc hatte nicht gelogen, es war eine phantastische Reise. Und immer mehr begann sie zu verstehen, was all dies mit Philosophie zu tun hatte. Es ging um die Erkenntnis als solche. Richtige Fragen, richtige Antworten.

Nermina steckte ihren Zeigefinger erneut in die Kugel und bat sie, die Situation auf dem linken Bildschirm in der Mitte der Kommandozentrale dreidimensional darzustellen. Es dauerte ein paar Sekunden, und die Liege drehte sich in die Mitte des Raumes. Das Umgebungslicht verdunkelte sich merklich, und es erschien der Planet. Um ihn herum schwebte das kleine Raumschiff. Auf der gegenüberliegenden Raumseite, die Wand war normalerweise leer, entstand parallel ein Bild der Frontkamera. Neben der dreidimensionalen Darstellung wurden eine Reihe von Telemetriedaten, also technische Angaben, eingeblendet. Sie zog den Finger aus der Kugel, die wie immer neben ihr schweben blieb. Sie verstand die Anzeigen auch so. Die Entfernung zu dem Planeten hatte sich deutlich verringert. Er füllte auf der Wand fast das gesamte Blickfeld aus und erschien ihr riesig. Die junge Frau konzentrierte sich nun mehr auf die Darstellung in der Mitte. Auf der Oberfläche des Planeten waren nun deutlich Meere und Kontinente zu erkennen. Ob da unten jemand lebte? Wie würde es die Spezies aufnehmen, wenn jemand einfach auf ihrem Planeten landete? Sie stellte sich die Situation auf der Erde vor. Wo auch immer ein Raumschiff von einem anderen

Planeten zu landen versuchen würde, es wäre vermutlich mit Waffen empfangen worden. Doch dies hier war nicht die Erde. Marc hätte den Planeten vermutlich nicht ausgesucht, wären Probleme zu befürchten gewesen. Dieser Gedanke traf vielleicht nicht unbedingt zu, er beruhigte sie aber sehr. Auf der anderen Seite dachte sie: *Gibt es Wasser, gibt es auch Leben.* Die Kontinentalbereiche hatten weitläufige rotgrüne Flächen, also lebte dort etwas. Und waren es nur Pflanzen.

Das Raumschiff schwenkte nun in eine Umlaufbahn ein. Der Planet drehte sich sanft unter ihr hinweg. Noch würde es eine Weile dauern, aber dann wäre die Nachtseite des Himmelskörpers erreicht. Sie war gespannt. Würden Städte auftauchen? Dörfer? Überhaupt Anzeichen von Licht? Nermina beobachtete den Planeten. Als die Darstellung dunkler wurde, schob sich die Sonne auf die andere Seite und hinterließ eine gleißende Silhouette rund um die sichtbare Kante. Nichts war zu sehen. *Nun,* dachte sie sich, *vielleicht bin ich zu hoch.* Lichter wie von Kontinentalflügen auf der Erde waren nicht zu erkennen. Eine halbe Stunde später kroch die Sonne über den Horizont, und bald darauf konnte die junge Frau wieder auf die lichtdurchflutete Oberfläche hinabblicken. Alles war, wie Marc es vorhergesagt hatte, das Schiff folgte der von ihm eingegebenen Programmierung. Es umrundete den Planeten und sammelte Daten. Auf der Konsole flammten verschiedene neue Monitoren auf. Obwohl Nermina nur einen Teil verstand, wurde ihr doch klar, die Computer suchten nach einem Landeplatz. Die Minuten verstrichen, und sie ließ die Zeit ruhig vorübergleiten. Sie tat wie ihr geheißen und beobachtete.

Von einem auf den anderen Augenblick erschrak sie deutlich. Die Liege bildete plötzlich eine Art Joystick auf der rechten Seite aus, und die Kugel, die sie die ganze Zeit um Rat gefragt hatte, schwebte deutlich näher an ihre Seite. Was hatte das zu bedeuten? Sie wußte von Flugzeugen, daß diese mit Joysticks gesteuert wurden. Erwartete das Schiff etwa eine manuelle Steuerung von ihr? Das konnte doch nicht wahr sein. Marc hatte ihr versichert, es würde alles automatisch ablaufen. Aufgeregt steckte sie ihren Zeigefinger in die Kugel, und bekam fast augenblicklich eine Antwort auf ihre Fragen. Das Schiff hatte mehrere Landeplätze gefunden, und wollte nun wissen, welchen es nehmen sollte. Jeder hatte seine Vor- und Nachteile. Die junge Studentin war versucht, nach Marc zu rufen, doch es packte sie der Ehrgeiz. War sie nicht Bestandteil dieser Reise? Hatte sie nicht auch ein Recht darauf, Dinge wie diese zu entscheiden? In ihrem Gehirn wirbelten die Gedanken durcheinander. Sie wog die verschiedenen Erkenntnisse gegeneinander ab. Wichtig war vor allen Dingen - eine große Fläche. Marc wollte verschiedene Teile an der Außenhaut reparieren. Also war es notwendig, genügend Platz zu haben. Gebirge schieden aus. Sie blickte auf die einzelnen Monitoren an der Wand. Obwohl dort eine Fülle von Informationen zur Verfügung stand, sagten die Daten ihr insgesamt wenig. Hier war eine ebenso gefühlsmäßige, wie rationale Entscheidung gefordert. Abwechselnd wanderte ihr Blick von der Wand zu der dreidimensionalen Abbildung. Die verschiedenen Landeplätze wurden durch rote Punkte markiert. Nach einigen Minuten wuchs der Joystick neben ihr in die Höhe. So, als ob er einen beherzten Griff forderte. Sie blickte sich um. Nirgendwo schrillten Alarmglocken. Sollte sie Marc rufen? Nein, sie lächelte in sich hinein. Dieses Mal würde sie entscheiden, wohin die Reise ging. Immerhin half ihr der Computer, und das sollte reichen, eine Entscheidung zu treffen. Die Kugel, in der immer noch ihr Finger steckte, wechselte die Farbe. Nun erschien sie Nermina deutlich roter als vorhin. Sie entschied sich für eine sanfte Landschaft, umgeben von leichten Hügeln, in der Nähe eines Flusses. Dies erschien ihr ideal geeignet für eine Reparatur.

In ihrem Kopf formte sich plötzlich der Gedanke, den Joystick bedienen zu müssen. Sie weigerte sich erst, spürte aber sofort, sie müsse das Schiff manuell in die Landesequenz einschwenken. Bei allem Selbstvertrauen, so war das nicht geplant. Marc hatte von einer automatischen Landung gesprochen. Sie zog den Finger aus der Kugel heraus und dachte intensiv an ihren außerirdischen Freund. *Mach, daß du hier raufkommst, ich kann das nicht*, wanderten ihre Gedanken durch den Schiffsrumpf. Sie erhielt keine Antwort, war sich aber sicher, Marc würde auf dem Weg sein. Nur ein paar Sekunden später flammten verschiedene Anzeigen rot auf. Der Joystick neben ihr wuchs erneut in die Höhe. Es war offensichtlich, er forderte ihr Eingreifen. Mit einer Mischung aus Selbstvertrauen und Angst griff sie zu. Sofort spürte sie, die Kontrolle lag nun bei ihr. Es war wie bei den Kugeln, etwas verband sie mit dem Schiff. Es lag in ihrer Hand. Doch sie hatte keine Ahnung, wie man ein Raumschiff in einen Landeanflug brachte. Aus dem Fernsehen wußte sie, es gab gewisse Dinge dabei zu beachten. Doch welche? Die Erinnerungen an Nachrichtensendungen über die Rückkehr von Space Shuttles wurden wach. Es war schon erstaunlich, wie man sich Dinge merkte, auch wenn sie einen nicht wirklich interessierten. Weltraumfahrt hatte sie nie sonderlich gemocht. Es war einfach nicht ihr Ding. Und doch kamen nun Fragmente der wichtigen Dinge tief aus ihrem Kopf wieder hervor. Der Eintrittswinkel war von Bedeutung. War er zu flach, prallte man von der Atmosphäre ab. War er zu steil, verglühte man. Wie um Himmels Willen sollte sie das bewerkstelligen? Wo blieb Marc? Unruhe stieg in ihr auf. Sie steckte einen Finger in die nahe schwebende Kugel und hoffte, sie würde helfen. Sie behielt Recht, sofort wurden die Dinge leichter. Sie verstand.

Vorsichtig zog sie den Steuerknüppel in ihrer Hand zu sich heran, und beobachtete, wie sich das Bild des Planeten auf der Wand veränderte. Nermina bewegte die Liege nun auf die Darstellung der Frontkamera zu, um besser sehen zu können. Das dreidimensionale Bild befand sich hinter ihr, verblaßte und verschwand schließlich ganz. Es wurde nicht mehr benötigt. Vorsichtig kippte sie den Joystick nach links. Langsam bewegte sich der Planet weiter auf den Rand der rechten Bildhälfte zu. Sie bewegte den Hebel nach rechts und der Planet kehrte an die ursprüngliche Stelle zurück. Sie flog nun seitlich zum Himmelskörper. *Um richtig eintauchen zu können muß ich den Planeten unter mir haben*, dachte sie. Aber wie sollte das gehen? Sie zog an dem Stick, die Rundung des Planeten wanderte an die untere Bildhälfte, sie drückte nach vorne und das Bild kehrte in die Ausgangslage zurück. Soweit so gut. Aber immer noch lautete die Frage, wie ließ sich das Schiff drehen? Der Finger ihrer linken Hand steckte nach wie vor in der Kugel. *Wie geht das?*, fragte sie in Gedanken. Plötzlich kam ihr die Erkenntnis. Sie legte den Daumen in den oberen Teil des Joysticks und spürte wie sich dort eine kleine Mulde ausbildete. Mit dem Daumen drückte sie leicht an die rechte Seite der Vertiefung. Das Bild des Planeten wanderte langsam in die untere Bildhälfte. Nermina wartete bis der Vorgang abgeschlossen war und verringerte dann den Daumendruck. Das Schiff lag nun stabil oberhalb des Planeten. Instinktiv schickte sie ein *Danke* an die Kugel und zog den Finger heraus. Sie holte tief Luft. Vorsichtig drückte sie den Hebel nach vorne. Das Schiff schien sich zu neigen, die Atmosphäre kam näher, und füllte langsam die ganze Projektion aus. Sie hatte den Eindruck, als würden sie eintauchen. Die Ränder des Bildes verfärbten sich rötlich, gleichzeitig begann ein Rütteln durch das Schiff zu gehen.

Zu sehr beschäftigt mit sich selbst, vergaß sie alle Gedanken an Marc. Sie würde dieses Schiff landen müssen. Aber warum rüttelte es? Sie wollte die Geschwindigkeit verringern. Erneut richtete sie ihre Gedanken auf die Kugel. Beinahe im gleichen Augenblick wurde ihr klar, sie mußte nur daran denken. Ihr Verstand war mit dem Schiff verbunden, es reagierte auf ihre Wünsche. Also stellte sie sich ein Nachlassen der Antriebskraft vor. Natürlich hatte sie keine Ahnung wie der Antrieb funktionierte, aber das war auch egal. Im Augenwinkel registrierte sie, eine der Anzeigen am unteren Bildrand lief nach unten. Sie beobachtete sie genau, es war offensichtlich die Geschwindigkeitskontrolle. Das Rütteln wurde stärker. Im selben Moment wurde ihr klar, wenn sie die Geschwindigkeit reduzierte sank sie noch stärker. Instinktiv stellte sie sich mehr Geschwindigkeit vor und zog den Hebel zu sich heran. Die rötlichen Ränder verschwanden vom Rand des Bildes. Dafür kehrte der Weltraum am oberen Bildrand zurück. Das Rütteln hörte auf. *Mist*, dachte sie. *Du hast es vermasselt.*

Dann erinnerte sie sich an ganz normale Flüge auf der Erde. Solange man in der Stratosphäre unterwegs war, lag man ruhig in der Luft, begann der Sinkflug, spürte man die unteren Schichten der Atmosphäre, das Flugzeug rüttelte. Es war die Luft, verschiedene Dichten der Moleküle. Nichts Unnormales eigentlich. Luft bot Widerstand, das war alles. Und Luft erzeugte Reibung, das wußte sie noch aus dem Physikunterricht. Also war es OK, wenn es schüttelte. Nur, wie stark durfte es schütteln, bevor es das Schiff zerriß? Mit Grausen kamen ihr die Bilder von der *Columbia* Katastrophe in den Sinn. Damals waren Teile des Hitzeschildes des Space Shuttles abgeplatzt, was letztendlich zur Zerstörung des Raumschiffes und zum Tod der Astronauten führte. Besaß dieses Schiff einen Hitzeschild? Ja, es mußte so sein. Sonst hätte Marc nie eine Landung in Betracht gezogen. Ein so hochentwickeltes Stück Technik würde eine Landung auf einem Planeten überstehen, dessen war sie sich sicher. Die Frage war nur, waren die Systeme beschädigt? Sie sah ein, es hatte keinen Sinn, darüber zu sinnieren. Wenn das

Schiff repariert werden sollte, mußten sie landen. Nermina war entschlossen, es zu versuchen. Vorsichtig drückte sie den Joystick wieder nach vorne. Einige Augenblicke später kehrte das Rütteln zurück, und auch die roten Ecken auf der Darstellung waren wieder da. Sie behielt die Geschwindigkeit bei und bewegte den Steuerungshebel nicht. Das Rütteln wurde stärker, das Rot auf der Wand schob sich nun von den Ecken in die Bildschirmmitte. Wie lange würde das anhalten? Wie dick war die Atmosphäre? Ihre Liege federte die Vibration des Schiffes ab, es war aber trotzdem deutlich wahrzunehmen. Sie hatte auch das Gefühl, sie könne es hören. Waren Lautsprecher in der Zentrale installiert? Mittlerweile hatte sich das rote Glühen in eine Flammenwand verwandelt. Das Bild des Planeten war verschwunden. Das Schiff war starken Vibrationen unterworfen. *Wo war Marc?*, dachte sie kurz, dann aber schob sie den Gedanken von sich. Es war egal, sie hatte sich auf die Landung zu konzentrieren.

Ein wenig zog sie instinktiv den Steuerknüppel zu sich heran. Die Intensität der Feuerwand blieb bestehen, lediglich die Schläge der Luft an den Rumpf des Schiffes nahmen leicht ab. Deutlich hörbar atmete sie aus. Ihr Herz klopfte heftig. Wie lange würde das Schiff diese Tortur aushalten? Sie achtete auf die Anzeigen, keine blinkte, keine war rot, es waren überhaupt keine Anzeichen von technischen Problemen sichtbar. Gut so. Einige Minuten vergingen, oder waren es nur Sekunden? Nermina konnte es nicht abschätzen. Auf jeden Fall bildete sich plötzlich ein Loch in der Feuerwand, und die Oberfläche des Planeten kam rasend schnell näher. Das Rütteln hörte fast schlagartig auf. Die Studentin erschrak und zog instinktiv den Joystick zu sich heran. Sofort hob sich das Schiff und hielt diese Position. Das Schlimmste hatte sie überstanden. Die oberen Atmosphärenschichten waren durchstoßen. In der Mitte der Darstellung zeigte sich nun ein orangefarbener, senkrechter Strich. An seinem oberen Ende war eine grüne Kugel zu erkennen. Es erschien ihr, als wollte das System sie auf den Landeplatz leiten, den sie bestimmt hatte. Langsam drehte sie den Steuerknüppel, und der grüne Punkt wanderte in die Mitte des Bildes. Sie umklammerte den Stick und wartete, ob sich etwas tat. Unter ihr wanderten langsam einige zerklüftete Landmassen hindurch. Dann folgte wieder offene See. Ob dieses Meer wohl auch aus Salzwasser bestand, so wie auf der Erde? Zwischendurch erkannte sie immer wieder kleinere Inseln, sie schienen mit etwas Weißlichem überzogen zu sein. Wahrscheinlich gab es auch hier eine üppige Vegetation. Nur war sie völlig anders als auf der Erde.

Mit einem leichten Druck des Daumens und einer seitlichen Bewegung des Joysticks bewegte sie das Schiff in eine Seitenlage und flog eine langgezogene Kurve. Sie überquerte eine größere Insel, die fast nur aus einem einzigen Felsen bestand. Der kleine grüne Punkt wanderte von der Bildschirmmitte an den linken Rand. Sie drehte das Schiff in die entgegengesetzte Richtung und der Wegweiser kehrte an seinen Ausgangspunkt zurück. Offensichtlich war der Weg wirklich vorherbestimmt und sie mußte sich nur an der Linie und dem Punkt orientieren. Das Fliegen machte ihr Spaß. Noch ein paarmal wiederholte sie die Aktion und bekam langsam ein Gefühl für die Manövrierfähigkeit des Raumschiffes. Als nächstes probierte sie die Geschwindigkeitskontrolle aus. Wenn sie landen wollte, mußte schließlich klar sein, ob sie sanft auf einem Punkt landen konnte wie ein Hubschrauber, oder ob sie eine Art Landebahn benötigte. Nach dem Start auf dem Mond vermutete sie ersteres, aber sicher war sie sich nicht. Lieber einmal mehr etwas probieren, als nachher eine böse Überraschung erleben. Vorsichtig verringerte sie in Gedanken die Geschwindigkeit und hielt dabei den Steuerknüppel fest umklammert. Ihre Gedanken entschweiften zu Marc. Nun war es auch nicht mehr wichtig, ob er raufkam oder nicht. Sie war sich sicher, dieses Schiff auch ohne ihn landen zu können. Sie hoffte nur, bei ihm würde alles in Ordnung sein. Wahrscheinlich war er einfach zu beschäftigt gewesen und hatte ihren ersten Hilferuf nicht wahrgenommen. Sofort nach der Landung würde sie sich auf die Suche nach ihm machen. Jetzt ging das nicht. Die Landung erforderte ihre volle Konzentration. Das Geräusch der Luftreibung an der Außenhaut des Schiffes waberte sanft durch den Raum. Offensichtlich sollte es so sein. Vielleicht machte die Ansprache der verschiedenen Sinne eines Lebewesens die Sache mit der Steuerung einfacher. Das Schiff war mittlerweile deutlich langsamer geworden, hielt aber immer noch die Höhe. Sie ging ein wenig tiefer. Behutsam senkte sich die Schnauze, und die nun unter ihr liegende Landmassse kam näher. Immer weiter reduzierte sie die Geschwindigkeit, behielt dabei die Anzeigen genau im Auge. Nichts deutete auf eine Fehlfunktion hin, alles schien in bester Ordnung. Schließlich blieb das Schiff in der Luft stehen und schwebte in rund fünftausend Metern Höhe über dem Grund. Nun fiel ihr auch auf, der orangefarbene Strich war deutlich kürzer geworden. Das deutete offensichtlich darauf hin, daß sie sich dem Ziel näherten. Sie zog den Stick zu sich heran, das Schiff stieg, sie drückte ihn nach vorne und erwartungsgemäß erfolgte eine Abwärtsbewegung. Intensiv dachte sie an eine rückwärts gewandte Bewegung und – tatsächlich, sie bewegte sich in die gewünschte Richtung. Nachdem sie nun alle Flugmanöver ausprobiert hatte beschleunigte sie wieder und ging tiefer. Vermutlich hatte der Computer einen gehörigen Anteil an der Leichtigkeit, mit der sich das Schiff steuern ließ, aber das kümmerte sie nicht. Hauptsache, es funktionierte. Das Schiff flog sich offensichtlich ähnlich wie ein Hubschrauber. Sie grinste in sich hinein, sie hatte natürlich auch nie einen Helikopter geflogen, sowas kannte sie nur aus dem Fernsehen.

Mit einer mittleren Geschwindigkeit, von ein paar hundert Stundenkilometern, überquerte Nermina einen breiten Canyon und ausgedehnte Waldgebiete. Die Wälder sahen deutlich anders aus als auf ihrem Heimatplaneten. Sie waren wesentlich dichter, fast, als ob alle Baumkronen miteinander verwoben waren. Nur eine einfache Wiese oder eine größere Fläche war nicht zu sehen. Und noch etwas anderes fehlte: Städte oder Dörfer. Sie konnte bisher kein Anzeichen von Leben, zumindest nicht von höher entwickeltem, sehen. Aber vielleicht war das auch gar nicht so schlecht.

Schließlich wollten sie nur das Schiff reparieren und keine ungebetenen Besucher dabei haben. Ein Außerirdischer reichte ihr völlig, auf weitere war sie nicht erpicht. Sie ließ die Gedanken beiseite und konzentrierte sich wieder auf die Anzeigen. Der Strich war nun deutlich kürzer, dafür nahm der grüne Punkt an Größe zu. Sie überflogen eine Wüste von unbekannten Ausmaßen, sie erstreckte sich bis zum Horizont. Ein paar lange Minuten blieb dieses Bild auf der Wand erhalten, und dann sah sie es. Vor ihr erstreckte sich eine ausgedehnte Grünfläche. Sie kam schnell näher, und Nermina verringerte die Geschwindigkeit. Auf dem Schirm war der Strich nun vollständig verschwunden. Statt dessen begann der Punkt zu blinken.

Zu Nerminas Überraschung teilte sich die Anzeige in vier Segmente auf. Im oberen linken Bild erkannte sie das normale Außenbild der Kamera. Daneben war der Blick einer neuen Kamera nach unten gerichtet. Darin war nun ein neuer, rötlicher Punkt zu erkennen. Er wanderte langsam in die Mitte. Nach einem leichten Zug an dem Joystick sackte das Schiff ab. In der unteren Bildhälfte waren zwei Schemazeichnungen zu erkennen. Sie sah das Schiff auf einer Art Gleitpfad, links in der Entfernungs- und Geschwindigkeitsdarstellung, rechts in einer seitlichen Höhenanzeige. Sie hatte die totale optische Kontrolle über das Geschehen. Vorsichtig ließ sie das Schiff weiter sinken und nahm erneut die Geschwindigkeit zurück. Die Wiese unter ihr war nun nur noch wenige hundert Meter entfernt. In der Ferne war ein Wald zu erkennen, auf der rechten Seite der kleine Flußlauf. Sie war erstaunt über die Schönheit des fremden Planeten. Fast wie auf der Erde. Die Sonne glitzerte auf dem Wasser. Alles wirkte sauber und aufgeräumt. Wie auf einer modellierten Landschaft. Jetzt erkannte sie, der Wald war durchsetzt von farbigen Bäumen, sie leuchteten in allen erdenklichen Farben. Nermina wandte den Blick wieder von dem Bild ab, und kontrollierte die Anzeigen. Die Höhe über Grund war mittlerweile auf unter einhundert Meter gesunken. Sie verringerte weiter die Geschwindigkeit und beobachtete genau den kleinen roten Punkt in der oberen rechten Darstellung. Plötzlich wechselte er die Farbe und schimmerte grünlich. Gleichzeitig stellten sich die Striche in den unteren Anzeigen senkrecht unter das Schiff. Sie war am Ziel. Sie nahm die Geschwindigkeit auf Null zurück und ließ das Schiff sinken. Auf einmal fiel ihr siedend heiß etwas ein. Brauchten sie nicht ein Fahrwerk? Kufen? Irgendetwas worauf sie stehen konnten? Sie dachte an eine solche Vorrichtung und kurz darauf ging ein leises Rumpeln durch die Schiffshülle. Nermina vermutete, eine Art Standfuß wäre wohl ausgefahren worden. Hätte sie den Rumpf von außen sehen können, ihr wären die wuchtigen Landekufen nicht entgangen, die sich plötzlich wie von Geisterhand unter dem Schiff gebildet hatten. Einen Augenblick später setzten sie auf. Nermina verspürte einen merklichen Ruck. Das Raumschiff war gelandet. Sie hatte es geschafft. Die Studentin von der Erde war mit einem außerirdischen Raumschiff auf einem fremden Planeten gelandet. *Wow*, dachte sie, *das kannst du niemandem erzählen.* Sie lächelte, *natürlich nicht, es würde dir kein Mensch glauben.* Sie atmete tief durch und ließ sich in die Liege zurücksinken. Erst jetzt wurde ihr bewußt, wie angespannt sie gewesen war. Ihre Glieder schmerzten, und das Herz klopfte wie wild. Sie stieß einen tiefen Seufzer aus und war plötzlich hundemüde. Obwohl der Morgen noch gar nicht so alt war. Die Anstrengung der vergangenen Stunden forderte ihren Tribut.

»Wunderbar«, vernahm sie eine Stimme hinter sich.

Sie fuhr herum.

»Wirklich, ganz wunderbar, ich hätte es nicht besser gekonnt.« Marc stand direkt hinter ihr und grinste von einem Ohr zum anderen.

Sie funkelte ihn entsetzt an. »Wie lange...« Ihre Stimme versagte.

»Seit wir in die Atmosphäre eingetreten sind. Ich wollte sehen, wie du es meisterst. Und ich hatte Recht, auf dich ist Verlaß.« Eine gehörige Portion Stolz auf Nermina lag in seinen Worten.

»Schuft«, sagte sie nur, »verdammter Schuft«, und schloß erschöpft die Augen. Sie würde ihm später den Kopf dafür abreißen. Jetzt fühlte sie sich nur erledigt und kraftlos. Die Liege ließ den Joystick verschwinden, und ihre Hand, die ihn immer noch umklammert hielt, sank auf das weiche, wasserartige Material. Wenige Augenblicke später war sie eingeschlafen. Marc lächelte. Sollte sie sich nur erholen, immerhin hatte sie ein großes Kunststück vollbracht. Es war ihm wichtig gewesen, ihre Belastungsfähigkeit zu testen. Immerhin könnte es sein, daß sie tatsächlich einmal in eine schwierige Situation geraten würden, die es ohne ihn zu meistern galt. Nermina darauf vorzubereiten, war Sinn und Zweck dieser Aktion. Natürlich hatte er ihren ersten gedanklichen Hilferuf vernommen, nur, so war es besser gelaufen. Wenn sie wieder aufwachte, würde sie sich selbst sicher mehr als ein Teil dieser Mission begreifen. Nach der Havarie in der Tiefe des Alls war es keine *Ich zeig dir was* Reise mehr, sie war ein Teil des Ganzen geworden. Obwohl nicht in dieser Form beabsichtigt, es war gar nicht so schlecht. Sie würde erkennen, Wissenschaft, philosophische Gedanken und Realität hingen eng zusammen. Und war das nicht das ursprüngliche Ziel gewesen? Wenngleich er es auch etwas anders vorgehabt hatte.

Marc ließ die Wasserliege in einen anderen Teil der Kommandozentrale schweben und machte sich an der Konsole zu schaffen. Langsam veränderte er seine Form und verband sich mit den verschiedenen Wasserkugeln, die in den letzten Minuten vermehrt aus dem Pult hervorgetreten waren. Wichtig war nun, die Umgebung zu scannen. Einen Planeten aus der Entfernung zu betrachten war etwas anderes, als auf ihm zu stehen. Sie hatte eine gute Wahl getroffen. Der Landeplatz bot genügend Platz, die Reparaturen auszuführen. Er registrierte die verschiedenen Meßwerte und speiste sie in das Gesamtsystem ein.

Die Atmosphäre war nicht ideal geeignet, um das Atmen eines Menschen oder seiner Spezies gut zu ermöglichen, der Sauerstoffanteil war recht gering. Auf der Erde waren es rund einundzwanzig Prozent, auf Marcs Planeten lag der Wert um die fünfundzwanzig und hier waren es nur siebzehn. Dafür gab es einen höheren Methananteil. Offensichtlich verarbeiteten die hier ansässigen Pflanzen das Gas sehr effektiv als Wachstumsmotor. Wie ein

212

Planet beschaffen war, welche Formen von Leben er trug, es war jedesmal unterschiedlich. Man konnte nicht von einem Muster ausgehen. Das Leben im Universum fand fast immer die richtigen Bedingungen vor. Anders gesagt, es gab eigentlich keine falschen Bedingungen. Er erinnerte sich an Gasplaneten, in denen Gaswesen in den Wolken schwebten. Sie waren lebendig, doch nicht im Sinne seines Volkes intelligent. Doch was war schon Intelligenz? Die Fähigkeit komplexe Strukturen zu erzeugen? Nein, selbst Insekten, zum Beispiel auf der Erde, bildeten eine kollektive Intelligenz. Einzeln gesehen waren sie ein Nichts, in der Gesamtheit bauten sie Hügel, die jeden Architekten in den Schatten gestellt hätten. Kühlung des Baus, Verteidigung, Nahrungsbeschaffung, Verteilung der Güter, alles Aufgaben, die hervorragend gelöst wurden. Auf manchen Monden oder Planeten gab es intelligentes Leben in der Nähe von Vulkanen, die eine begrenzte Fläche innerhalb einer gefrorenen Atmosphäre aufheizten und somit verflüssigten. Zwar hatten sich dort keine Städte und Raumhäfen gebildet, man lebte aber im Einklang mit der Natur, die Lebewesen waren sich ihrer bewußt. Sie verstanden es, die begrenzten Ressourcen zu nutzen, ohne sie wirklich zu verbrauchen. Marc hatte schon viele dieser Orte besucht. Manchmal bestand ein Interesse am Eintritt in die interstellare Gemeinschaft, manchmal nicht. Jedesmal hatte er die Entscheidung akzeptiert. Zuweilen zu seinem Bedauern.

Es gab Gesellschaften, die oft um vieles erfolgreicher waren als so manche vermeintlich *intelligente* Spezies. Die Menschen auf der Erde boten dafür ein gutes Beispiel. Sie hielten sich für intelligent und, als Einzelwesen betrachtet, waren sie das auch. Im Kollektivbewußtsein hingegen waren sie wie eine dumpfe Masse, die von einigen wenigen Vertretern gesteuert vor sich hindämmerte. Er hoffte sehr, das sich seine Einschätzung bewahrheitete und sich dies in naher Zukunft ändern würde. Vielleicht konnte Nermina einen Anteil daran haben. In gewisser Weise war die Definition von Intelligenz beinahe eine philosophische Frage. Was war Intelligenz? Die Fähigkeit, sich seiner selbst bewußt zu sein? Ein komplexes Gebilde zu erstellen? Raumschiffe zu bauen? Das Universum zu begreifen? Eine Lebensform, die hauptsächlich im Wasser lebte, würde wohl kaum Funkwellen entwickeln. Sie waren in einem flüssigen Medium nutzlos. Folgerichtig gab es auch keine Kommunikation, die den Planeten verließ. Akustik trat an ihre Stelle. Diese war jedoch nicht geeignet, den luftleeren Raum zu überbrücken. Mit ihnen in Kontakt zu treten, war meist Zufall und selten von Erfolg gekrönt. Sie konnten sich andere Lebewesen nicht vorstellen. Insofern war die Frage nach einer Mitgliedschaft in einer interstellaren Gemeinschaft fast obsolet. Das Resultat der Kontaktaufnahme war meist Angst. Wer nicht das Wissen über das Universum oder zumindest die Vorstellungskraft über eine Welt außerhalb von Wassermassen besaß, der reagierte mit Angst. Marc und seine Kollegen machten sich nicht die Mühe, diese Kulturen zu überzeugen. Was nicht ging, ging nicht. Gravierende kulturelle Unterschiede konnte man nicht überbrücken.

Wie auch immer man es betrachtete, es gab verschieden Formen von Intelligenz in den Weiten des Alls. Sicher war nur eines, CD-Player zu bauen und gleichzeitig den eigenen Planeten zu vergiften, zeugte nicht gerade von intelligentem Verhalten. Er blickte zu ihr hinüber. Sie schlief friedlich auf ihrer Wasserliege. Marc hoffte inständig, sie würde eines Tages dazu beitragen, den Schritt in die wirklich richtige Richtung zu vollziehen. Dies geschah in den meisten Fällen nur durch den Eintritt in die Gemeinschaft. Man half sich gegenseitig. Probleme auf den jeweiligen Planeten wurden gemeinsam gelöst. Es gab nie eine für alle gültige Verfahrensweise, aber man hatte oft eine Schnittmenge der Erfahrungen. Was auf dem einen Planeten funktionierte, mußte nicht zwangsläufig auch auf einem anderen in die richtige Richtung weisen. Jedoch, man tauschte sich aus, so verschieden man auch war. Kommunikation war zuweilen schwierig. Doch auch hierfür hatte man eine Lösung gefunden. Mathematik, die ultimative Sprache der Wissenschaft und damit Kommunikationsmittel fast aller Völker im Universum. Mit Hilfe der Mathematik konnten übergreifend Dinge *besprochen* werden. Sie bot eine Grundlage, wenn ihre Erkenntnisse auch oft verschieden interpretiert wurden. Aber die Gesetze des Universums blieben für alle gleich. Auf dieser Basis konnten gerade neue Völker in die Gemeinschaft aufgenommen werden. Er selbst hatte daran einen nicht geringen Anteil.

Die Fähigkeiten seines Volkes zu Kommunikation waren sehr weit fortgeschritten. Er brauchte nicht immer die Mathematik. Oft konnte er bereits durch Beobachtung des ausgesuchten Planeten eine Sprache erlernen, war daraufhin in der Lage, direkt mit den Lebewesen in angemessener Weise in Kontakt zu treten. Manchmal erwies sich diese Aufgabe jedoch als äußerst schwierig, und der Erstkontakt gelang nur durch die Übermittlung mathematischer Formeln, die jedes individuell intelligentes Lebewesen verstand. Dazu gehörte die Tatsache, daß eins und eins zwei ergab. So einfach diese Aufgabe auch war, sie war meist nur von einem sich selbst bewußten Lebewesen lösbar. Doch auch diese Einschätzung täuschte zuweilen. Manchmal gab es kollektive Lebewesen, die durchaus in der Lage waren, an sie gerichtete Botschaften dieser Art zu verstehen. Das Universum war voll von Leben, es breitete sich auf den Planeten in großem Stil genauso aus wie im Kleinen. Ob sich Leben in einem Ozean an vierhundert Grad heißen Schloten fand oder in den kalten Eiswüsten eines Methanmeeres, es war letztendlich egal. Man mußte es nur finden. Eine andere Frage war die der Kultur. Auch auf der Erde hatten sich, wie auf vielen Planeten, verschiedene Kulturen gebildet. Kultur war letztendlich nichts anderes als der Ausdruck von Kreativität. Doch welcher Art diese Kreativität war, definierte sich auf jedem Planeten auf unterschiedliche Weise. In fast allen Fällen kam eine Art Gottesglaube hinzu. Dieser bildete sich immer dann, wenn die Lebewesen individuell intelligent waren. Der Glaube half ihnen bei einer Vielzahl persönlicher Entscheidungen.

Er produzierte jedoch auch einen erheblichen Nachteil. Lebewesen führten Krieg wegen des Glaubens. Diese Kriege lenkten sie von der Verbundenheit mit dem Universum ab. Wesen, die glaubten, sahen sich oft als Endpunkt einer nur auf sie abgestimmten Entwicklung. Darauf war ihr Glauben ausgerichtet. Leider stimmte diese Sichtweise nicht in einem einzigen Falle. Es gab im Universum keinen Endpunkt einer Entwicklung. Die Natur verfolgte keinen Endpunkt. Kein absolutes Lebewesen. Ziel war immer die Weiterentwicklung, gleichzeitig die Kontinuität. Eines der erfolgreichsten Lebewesen im Universum war die Bakterie. Sie fand sich in unendlicher Zahl auf den verschiedensten Himmelskörpern. Zwar besaß sie keine individuelle Intelligenz, aber das war auch nicht von Bedeutung. Wichtig war einzig die Verbreitung und der langfristige Erfolg der Überlebensstrategie. Auf der anderen Seite war die Natur bestrebt, sich, auch über die Grenzen von einzelnen Himmelskörpern hinweg, auszubreiten. Es gab eine Menge Lebensräume. Natur entwickelte Intelligenz. Niemand konnte zu einem definierten Zeitpunkt sagen, ob dies eine erfolgreiche Strategie war. Allerdings kommunizierten bestimmte Lebensformen im All miteinander. Dies führte zuweilen zu persönlichen Kontakten, überwanden die Kreaturen die gewaltigen kulturellen und entfernungstechnischen Barrieren. Entfernung war nur durch Technik zu überwinden. Die notwendigen Ressourcen entstanden oft, wenn die kriegerischen Auseinandersetzungen auf einem Planeten abebbten. Diese verschwanden, wenn religiöse Momente ausgeschaltet wurden, und die Lebewesen einsahen, Religion war in letzter Konsequenz nichts anderes als Machtausübung. Wer für seine eigene Sippe nicht mehr den Anspruch des Absoluten erhob, der konnte begreifen, worum es wirklich ging. Es war der nächste Schritt der Evolution: Erfolgreich sein. Erfolgreich sein im Sinne des langfristigen Überlebens. Das konnte nur eine Kreatur, die seine eigenen Lebensräume, und sich selbst, nicht permanent vernichtete.

Insofern begegneten sich die meisten Zivilisationen im Universum friedlich. Die meisten. Marc wußte, es gab auch Völker, mit denen sollte ein Kontakt vermieden werden. Ihr Dasein beruhte auf Ausbeutung. Der Gedanke des Miteinanders war ihnen fremd. Auch sie hatten die Technik des Raumfluges entwickelt, es war eine zwingende Notwendigkeit gewesen, nachdem ihr eigener Planet restlos verbraucht war. Sie zogen als Nomaden durch das All, und wann immer sie auf ein lohnendes Objekt stießen, ließen sie nach einiger Zeit nichts als Trümmer zurück. Doch auch das war, bei allem Bedauern für die zerstörten Kulturen, Natur. Sie suchte keinen idealisierten Weg, nur einen gangbaren. Gangbar war alles, was Erfolg versprach. Erfolg, im Sinne des Überlebens. Der Weg der Vernichtung anderer endete jedoch nicht selten in einer Sackgasse. Miteinander verbundene Planeten konnten sich erfolgreich zur Wehr setzen, und die Nomadenvölker starben nach einer Weile aus. Insofern waren sie nicht langfristig erfolgreich. Das Universum strebte nach Gleichförmigkeit. Der Erhaltungsatz der Energie war dafür ein gutes Beispiel. Am Ende aller Existenz würde die vorhandene Energie im Universum gleichmäßig verteilt sein. Es würde keinen Punkt mit mehr oder weniger Energie mehr geben. Die Sonnen wären erloschen, Planeten hörten auf zu kreisen, alles blieb stehen.

Aber das würde noch lange dauern, sehr lange. Bis dahin verbanden sich Völker und Kreaturen zu friedlichen Gemeinschaften. Auch hier war Gleichförmigkeit und Anpassungsfähigkeit gefragt. Dies gelang nur, wenn die eigene Kultur nicht als das Nonplusultra der Natur angesehen wurde.

Einem einzelnen intelligenten Lebewesen war dies leicht beizubringen. Einem Kollektiv dieser Lebewesen selten. Es galt, die eigenen Ängste über Bord zu werfen. Anzuerkennen, daß es eine Vielzahl anders denkender Kreaturen gab. Lebewesen, deren Kultur nicht auf den eigenen Werten beruhte. Die eine grundsätzlich andere Basis besaß. Das galt für Lebewesen auf einem einzelnen Planeten ebenso, wie für die interstellare Gemeinschaft. Schon aus diesem Grund war oft eine Kommunikation schwierig. Hier half die Mathematik oder Physik weiter. Alle Lebewesen im All unterwarfen sich den gleichen Gesetzen, egal, ob sie ihnen bekannt waren oder nicht. Was aus einer solchen Kontaktaufnahme wurde, stand auf einem anderen Blatt. Im Falle der Menschen hatte Marc große Hoffnungen. Zuweilen geschah es im Universum, daß man sich relativ nah war. Trotz aller evolutionären Unterschiede gab es doch größere Schnittmengen. Und diese galt es zu nutzen.

Marc betrachtete Nermina und wandte sich völlig anderen Gedanken zu. Was war das vor einigen Stunden gewesen? Er hatte sie geküßt, eine irdische Form der Zuneigung. Warum? Seine eigene Spezies verwendete andere Methoden, dies zu zeigen. Hatte der menschliche Körper damit zu tun? Er wußte es nicht. Vielleicht war das lange Verweilen in der menschlichen Hülle daran schuld. Tatsache war, er konnte sich den Gefühlen, die er für sie empfand, nicht verschließen. Sie schlief immer noch fest. Der Landevorgang hatte sie mehr mitgenommen als gedacht. Hätte er das gewußt, vielleicht hätte er sie dieser Strapaze nicht ausgesetzt. Aber nun war es geschehen, und es war hervorragend gelaufen. Sie hatte die Aufgabe gemeistert. Marc verzweigte seine Körperform erneut und wandte sich wieder seinen Anzeigen zu. Bevor er einen Ausstieg wagen konnte, mußte er sicher sein, daß keine unmittelbare Gefahr bestand. Ein Planet glich nie einem anderen, dazu ging die Natur zu viele Wege. Was für den eigenen Organismus funktionierte, mußte noch lange nicht auf einem anderen Himmelskörper gelten. Es war eine ständige Gefahr, und er wußte genau um sie. Also war Vorsicht besser als Nachsicht.

»Hat es alles geklappt?«, meldete sich Nermina einige Zeit später aus der Traumwelt zurück. Ihre Liege drehte sich in die Mitte des Raumes, und sie stieg herunter.

Marc zog seinen Körper aus den Kugeln zurück und nahm seine menschliche Gestalt an. »Ja«, sagte er. »Wir sind gut gelandet, und ich untersuche gerade die Umgebung. Das hast du prima gemacht.«

Sie ging auf ihn zu, sah auf alle Kugeln, die in der Kommandozentrale schwebten. »Weißt du was?«, begann sie forsch. »Ich bin wütend auf dich. Warum hast du mir nichts gesagt. Warum mußte ich alles alleine machen?«

»Weil ich wissen wollte, ob du es kannst.«

Ihre Blicke durchbohrten ihn. »Ich kann es, OK. Und was nun?«, entgegnete sie mit scharfer Stimme.

»Nun bist du in der Lage, das Schiff auch ohne mich zu steuern. Das ist wichtig, sollte mir etwas zustoßen.«

»Das hättest du auch anders herausfinden können.« Sie klang immer noch wütend.

»Wie?«, fragte er.

Sie schwieg. Es wurde ihr klar, einen echten Test hätte es nie gegeben, wäre Marc bewußt in ihrer Nähe gewesen. Sie hätte sich zu sehr auf ihn verlassen.

»Außerdem, ich hatte den Eindruck, es machte dir auch ein wenig Spaß.«

Ihre Wut verflog. So richtig böse konnte sie ihm einfach nicht sein. Dazu mochte sie ihn zu sehr. Obwohl ihr klar war, daß dies nicht sein durfte. Sie ging weiter auf ihn zu und boxte ihn spielerisch in die Brust. »Ja, verdammt, es hat Spaß gemacht. Mensch«, sie grinste, ihre Fröhlichkeit kehrte zurück, »nein, nicht Mensch, wie konntest du mir das antun?«

Marc nahm sie in den Arm. »Ich will dich schützen, das ist alles«, sagte er und gab ihr einen Kuß auf die Stirn. Er war sich zwar nicht sicher, ob dies die richtige Reaktion war, aber es schien ihm angemessen. Er ließ sie los.

Sie stand direkt vor ihm und sah ihn lange an. »Marc, was machen wir hier?«

»Wir scannen den Planeten. Was sonst?«

»Das meine ich nicht.«

»Was dann?« Seine Stimme klang seltsam, und so ganz wußte er es nicht einzuordnen.

»Ich meine uns.«

Der Außerirdische dachte einen Moment nach. »Hmm, ich kann es dir nicht sagen. Ich habe keinerlei Erfahrung mit diesen Dingen, ich meine«, er machte eine Pause, »auf meinem Planeten schon, aber nicht mit einer fremdem Spezies.«

»Sollten wir nicht zu verschieden sein für sowas?« Nermina sah ihm tief in die Augen.

»Wir sind verschieden«, antwortete er ausweichend.

»Wie verschieden?«

»Verschieden genug. Deswegen habe ich ja keine Erfahrung damit.« Seine Augen wirkten traurig.

»Ich bin auch kein Experte in Beziehungen zu Außerirdischen.« Sie lächelte ihn verlegen an. »Du darfst also von mir keine Antwort erwarten. Einzig, ich kann sagen, und ich weiß noch nicht mal warum, ich habe dich gern, sehr gern.«

»Ist es der Streß der Situation? Reagiert ihr Menschen auf diese Art und Weise darauf?«

Nermina zuckte mit den Schultern. »Ich weiß es nicht, normalerweise führt Streß nicht zu Emotionen, zumindest kenne ich es nicht so. Nein, es muß etwas anderes sein.«

»Meine menschliche Gestalt?«, fragte er.

»Vielleicht«, murmelte sie und blickte auf ihre Finger.

»Soll ich in meine normale Gestalt übergehen? Würde das die Sache abmildern? Ich möchte dir keine Schwierigkeiten bereiten.«

Die junge Frau dachte an eine Liege, die sich sofort hinter ihr bildete. Sie seufzte und nahm Platz. »Du bereitest mir keine Schwierigkeiten. Nein, ich bin mir auch nicht sicher, ob es alleine deine Gestalt ist. Es ist mehr. Natürlich, ein Kuß in deiner jetzigen Form ist leichter, aber das alleine ist es nicht.«

»Was dann?« Er war verwirrt.

»Weißt du was«, sie blickte ihn an. »nimm es mal als weibliche Eigenschaft eines Wesens des Planeten Erde. Oder wie immer ihr ihn nennen mögt. Frauen wissen oft Dinge nicht, die in ihnen vorgehen. Deswegen machen wir uns aber meist keine Gedanken. Es ist, wie es ist. Lassen wir es eine Weile dabei. Wenn wir beide uns nicht unwohl fühlen, warum sollten wir uns nicht entsprechend verhalten?«

Er nickte. »Ich werde es versuchen. Aber nimm es mir nicht krumm, wenn ich in deinen Augen falsch reagiere.«

Sie horchte auf. »Was meinst du damit?«

Er vernahm sofort die Unsicherheit in ihrer Stimme. Verdammt. Es war so leicht, den falschen Satz zu sagen. »Keine Angst, Nermina. Ich meine damit nicht eine irgendwie geartete körperliche Reaktion meinerseits. Ich meine einzig Worte, Bemerkungen oder Gesten. Wir haben sehr verschiedene Hintergründe. Die Entwicklung meiner Spezies ist grundsätzlich anders verlaufen als die deiner. Du kannst nicht erwarten, daß ich immer richtig reagiere. Meine Rasse hat gelernt, die Reaktionen anderer Völker als gegeben zu akzeptieren, das war ein langer Prozeß. Er führte zu schmerzlichen Veränderungen unserer Gesellschaft. Wir mußten viele Dinge über Bord werfen. Als erstes die Unterschiede unserer eigenen Rasse. Dann kam die Akzeptanz anderer, sehr viel erfolgreicherer Lebensformen auf unserem Planeten. Der Gedanke, wir wären das Ziel der Evolution, es war ein Irrglaube. Das steht euch noch bevor. Weißt du, was das für Veränderungen mit sich bringt?«

Sie dachte nach. »Nein, weiß ich nicht.«

Marc hob die Arme. »Es bedeutet nicht mehr und nicht weniger als die Selbstaufgabe einer als einzigartig angenommenen Kultur. Das ist schwer. Man begreift, daß es nicht wichtig ist, ob man existiert oder nicht. Der Natur ist es schlicht egal. Sie kümmert sich nicht um einzelne Organismen. Die meisten sterben einfach aus. Das war's. Wir haben das gelernt. Dies öffnete uns den Weg zu den Sternen. Wie kann man Kontakt zu anderen herstellen, wenn man nicht bereit ist, deren Lebensart zu akzeptieren? Insofern kann ich Reaktionen deinerseits eher verkraften als umgekehrt. Aber glaube mir, es ist nicht immer leicht.«

Nermina sah ein, der Weg zeigte nicht immer nur in ihre Richtung. Es ging keineswegs nur um Reaktionen, die sie für falsch oder richtig hielt. Wie oft hatte sie ihn wohl schon verletzt, gekränkt oder sich einfach nur seltsam verhalten? Und wie oft hatte er wohl Mühe gehabt, sie zu verstehen?

»Entschuldige«, sagte sie leise.

»Wofür?«, fragte er.

Ihr Blick traf den seinen. Sie schluckte. »Für die vielen Male, in denen ich nur auf mich bezogen gedacht habe. Ohne auf dich Rücksicht zu nehmen.«

Marc lächelte sie an. Es war ein sanftes, verständnisvolles Lächeln. »Mach dir keine Sorgen. Wie gesagt, ich erlebe das nicht zum ersten Mal. Allerdings«, er verzog das Gesicht zu etwas, was wohl ein Grinsen sein sollte, »ich erlebe zum ersten Mal Emotionen in Verbindung zu einer fremden Spezies. Das ist sehr ungewöhnlich für mich. Stell dir vor, du müßtest alle Gefühle zuerst in deine eigene Sprache übersetzen. Nicht die Worte, die Gefühle als solches. So ist das.«

»Wie sehen eure Emotionen aus?«, wollte sie wissen.

Marc war sich nicht sicher, ob er es ihr so erklären konnte. Seine Rasse *fühlte* komplett anders. Alleine auf Basis der Evolution ergaben sich viele Wege, die Fortpflanzung zu organisieren. Zunächst waren es nur Zellteilungen, später kamen Kämpfe um die Vorherrschaft hinzu. Der stärkere gewann. Setzte aktives Bewußtsein ein, änderte sich wieder alles. Man begriff sich als Individuum. Wenn die Spezies das Individuum überhaupt hervorbrachte. Auf seinem Planeten war dies der Fall gewesen. Man vermengte Instinkte mit Wünschen, Vorlieben und Kompatibilität.

»Wie soll ich das sagen? Ich will dich nicht erschrecken«, begann er. »Alleine diese Einleitung könnte dir Angst machen.« Er sah sie durchdringend an, wartete auf eine Reaktion. Außer Neugier war keine zu erkennen.

»Mach weiter«, sagte sie nur.

»Nun, wir reagieren ausnahmslos körperlich.«

»Was heißt das? Fallt ihr übereinander her, wenn ihr euch mögt?«

»In gewissem Sinne.«

Nermina blickte ihn verständnislos an. »Nun laß dir nicht jedes Wort aus der Nase ziehen, wenn du überhaupt eine hast.« Sie schmunzelte.

Er ging nicht weiter auf ihre Bemerkung ein. »Wir berühren uns, wenn wir einander sympathisch finden.«

»Küßt ihr euch? Einfach so auf der Straße?«

»Nein, wir berühren uns. Wenn es beiderseitig ist, spüren wir es, wenn nicht, lassen wir es bei der einen Berührung bewenden.«

»Einfach so?«

»Einfach so.« Mehr wußte er darüber nicht zu sagen.

Sie dachte einen Moment darüber nach. »Wenn mich einer auf der Straße einfach so berühren würde, um festzustellen, ob ich ihn mag, würde er sich eine Ohrfeige einfangen.«

»Spezies sind nun mal unterschiedlich«, bemerkte er.

Sie sah ihn fordernd an. »Paß auf«, sagte sie, »ich möchte etwas von dir. Was auch immer es ergibt, danach machen wir uns an die Erkundung des Planeten. OK?«

»Was?«, antwortete er unsicher.

»Berühr mich so, wie ihr euch berührt.«

Marc zuckte zurück. »Ich weiß nicht, ob das so eine gute Idee ist«, sagte er.

»Warum, tut es weh?«

»Nein, sicher nicht.«

»Hast du Angst?«

»Nein«, er zögerte. »ich weiß nur nicht, ob es gut ist.«

Sie lächelte ihn vertrauensvoll an. »Ich kann es dir nicht sagen. Versuch es. Geküßt haben wir uns schon, das ist auf der Erde etwas Besonderes. Ein klarer Beweis der Zuneigung. Was also kann noch kommen.«

Nermina hatte keine Vorstellung von dem, was sie erwartete.

»Nun gut.« Marc war sich immer noch nicht sicher. Andererseits, was hatte er zu verlieren? In gewisser Weise war er es ihr sogar schuldig. Immerhin hatte er ihre Zuneigungsbekundung auch erwidert. »Ich muß dabei aber deinen Körper berühren, nicht nur die Kleidung.«

»Wo?«, wollte sie wissen und wunderte sich selbst über ihre, nach außen hin, ruhige Reaktion. Hatte er vor... nein, das konnte nicht sein. An ihrer Anatomie war er sicher nicht interessiert.

»Am Rücken wäre gut.«

Fast ein wenig erleichtert atmete sie auf »Ich dachte schon... aber so... klar, es ist OK.«

Er überging ihre ersten Gedanken der Ablehnung und beschloß, nichts dazu zu sagen. Es war nicht verwunderlich, daß sie bei innigen Berührungen seinerseits eine gewisse Scheu verspürte. Statt dessen erwiderte Marc erklärend: »Der Rücken ist ein besonders empfindliches Körperteil.«

»Mach«, sagte sie nur.

Marc nahm sie in den Arm und fuhr mit den Händen unter ihr T-Shirt. Sie spürte, wie sich die menschlichen Hände in Tentakel verwandelten. Was dann kam, hatte sie nicht im mindesten erwartet. Die Tentakel drangen in sie ein. Nicht tief, aber doch genug, um sich mit ihr zu verbinden. Plötzlich fühlte sie unendliche Geborgenheit, sein Geist schien sie zu durchfließen. Nicht so wie bei gedanklichem Kontakt. Er verinnerlichte sie. Sie gab sich ihm hin. Ihre Gedanken konnten mit seiner Berührung nicht Schritt halten. Es war eine intensive, über das rein körperliche hinausgehende Verbindung. Wie, als ob ihre tiefsten Emotionen direkt in seine Tentakel übergingen. Ihr Blick traf den seinen in der unendlichen Weite seiner Augen, es entstand eine geistige Einheit. Doch so schnell, wie es gekommen war, endete es. Marc zog die Tentakel zurück, nahm die Hände von ihrem Rücken und stand lächelnd vor ihr.

»Wow«, entfuhr es ihr. »und dafür kassiert ihr keine Ohrfeige?«

Er sah sie verwundert an.

»Verzeih mir, es war nur ein Scherz. Das war die heftigste Anmache, die ich je erlebt habe.« Sie lächelte ihn mit glasigen Augen an, immer noch ein wenig benommen vom eben Erlebten.

»Wir erspüren einander, das ist bei uns völlig normal. Nichts, weswegen man sich entschuldigen müßte, wenn man merkt, es paßt nicht.« Seine Augen strichen über ihr Gesicht.

»Und was hast du bei mir gespürt?«, fragte sie.

»Du magst mich mehr als andere. Sehr viel mehr.«

»Stimmt«, antwortete sie knapp. Irgendwie fühlte sie sich ertappt.

»Auf unserem Planeten ist diese Form der ersten Kontaktaufnahme weit verbreitet«, sagte er sanft. »Mach dir keine Gedanken über die Intensität, es ist einfach so, wie es ist. Es stellt Dinge klar. Von Anfang an. Und wenn ich etwas hinzufügen darf, es hat zunächst auch keine Bedeutung.«

»Wie bitte?« Sie starrte ihn an. »Du hast eben mein Innerstes zu äußerst gekehrt. Das soll keine Bedeutung haben?«

»Hat es nicht«, versicherte er. »Eine einfache Form der Erkundung der Gefühle des anderen. Mehr nicht.« Irgendwie schien er hilflos. Wie sollte er es anders erklären? Auf seinem Planeten machten es alle so, von Kindheitsbeinen an. Es war eine natürliche Gabe, und niemand stellte sie in Frage.

»Was habe ich von dir gespürt?«

»Ich weiß es nicht«, antwortete er. »Das mußt du wissen.«

»Ich habe keine Tentakel.«

»Nein, aber du hast deine Art mit Gefühlen umzugehen.«

Nermina drehte sich herum, ging ein paar Schritte durch die Kommandozentrale. Dann drehte sie sich wieder zu ihm um. »Verdammt, ich kann nicht in dich eindringen. Ich kann mich nicht mit dir verbinden. Ich bin ein Mensch, nicht geeignet für diese Art der Erkundung der Gefühle.«

»Dafür kannst du es anders. Auf eine Weise, die ich nicht nachvollziehen kann.«

Sie wußte, er hatte Recht. Es war immer schwierig, schon unter Menschen. Wie problematisch war es zwischen Spezies mit völlig unterschiedlicher Entstehungsweise. Für den Augenblick mußte sie es damit bewenden lassen. Sie schwieg, und ihre Gefühle wollten ihr nicht ganz gehorchen.

Du magst mich auch sehr, DAS habe ich gespürt, dachte sie unbewußt.

Ich weiß – und ich will es nicht leugnen, kam es zurück.

»Dann laß uns den Planeten erkunden«, sagte sie lauter, als sie es gewollt hatte. »Ich will das Ding hier repariert sehen.«

Er lächelte sie an und wandte sich wortlos wieder den Konsolen zu.

15.

Joshua Geldermann hatte etwas mehr als eine Stunde geschlafen, als er schließlich in das Arbeitszimmer zurückkehrte. Königshofer saß zusammengesunken in dem großen Sessel hinter dem Schreibtisch. Seine Augen waren geschlossen, und er schlief offensichtlich den Schlaf des Gerechten. Seine Brust hob sich in regelmäßigen Abständen. Die außerirdischen Gegenstände lagen auf dem Tisch, lediglich die Kugel schwebte seltsamerweise ein paar Zentimeter über der Schreibunterlage. Geldermann betrachtete seinen Freund einige Minuten schweigend, ließ den Blick über die Szenerie schweifen. Es war schon merkwürdig. Seine Woche hatte ganz normal angefangen, er wollte seine Studenten unterrichten, die wenige Freizeit, die ihm blieb, genießen und am Abend gut essen. Statt dessen fand er sich inmitten einer Geschichte, die mit dem Besuch eines Außerirdischen in seinem Hörsaal anfing und ihren bisherigen Höhepunkt mit seinem Besuch auf dem Mond hatte. Er schüttelte ungläubig den Kopf, als ob er die Gedanken dadurch loswerden würde. Langsam ging er auf Königshofer zu und berührte ihn am Arm.

»Franz, aufwachen«, flüsterte er sanft, als ob er den Schlafenden eigentlich gar nicht wecken wollte.

Der Geologe zuckte zusammen. Das Licht der Nachmittagssonne fiel durch die halb geschlossenen Läden auf seine Schultern. Er hatte die Jalousien heruntergelassen, bevor er sich in den Sessel gesetzt hatte. Es war immer noch sehr warm draußen. Im Haus selbst herrschte jedoch eine angenehme Kühle. Er schlug die Augen auf.

»Joshua, du bist wach?«

»Wie du siehst«, grinste der Philosophieprofessor.

»Ich dachte«, er schüttelte den Kopf und rieb sich die Augen, »nein, ich dachte, Blödsinn, ich... ach ich weiß nicht.«

»Franz«, Geldermann legte seine Hand auf die Schultern des Freundes. »immer mit der Ruhe, du hast geschlafen. Sammel dich erst einmal.«

Königshofer richtete sich in dem Sessel auf und blickte in den Raum. Nichts hatte sich verändert. Alles befand sich an seinem Platz. Aber auch er wunderte sich über die schwebende Kugel. Bevor Geldermann nach oben gegangen war, um sich auszuruhen, hatten sie alles auf dem Schreibtisch abgelegt. Den Rucksack, die kleine *Fernbedienung* und die Kugel. Letztere hatten sie in der Schachtel plaziert. Nun schwebte sie.

»Joshua, warum schwebt die Kugel?«

Der Angesprochene zuckte mit den Schultern. »Keine Ahnung, vielleicht wartet sie auf neue Experimente.«

»Na ja, dann wollen wir sie mal nicht zu lange auf die Folter spannen«, grinste Königshofer. Das Lächeln gefror jedoch in seinem Gesicht, als ihm klar wurde, welche Art von Äußerung er gerade gemacht hatte.

Geldermann sah die Gesichtszüge seines Freundes und beschwichtigte: »Keine Sorge, Franz, ich will nichts überstürzen. Natürlich müssen wir die

Sache mit dem Mond genauer ergründen, aber zunächst will ich die Kugel über diese Dinge eingehend befragen. Sie scheint mehr zu wissen und zu können, als wir ahnen.«

Der Geologe zuckte mit den Schultern. »Ja, du hast recht, nichts übereilen. Wobei«, er machte eine Gedankenpause, »ich bin schon sehr neugierig.«

»Ich auch«, antwortete Geldermann, »aber alles zu seiner Zeit.«

Plötzlich hörte er die Haustür leise ins Schloß fallen. *Seltsam*, dachte er. Seine Frau kam doch sonst immer erst spät am Nachmittag. Er sah auf die Uhr. Es war erst drei.

»Gisela«, rief er.

Keine Antwort.

»Wer ist da?«, fragte Königshofer.

»Keine Ahnung, es wird Gisela sein, aber warum so früh?«

»Gisela, bist du das?«, rief er etwas lauter in Richtung Tür.

Keine Antwort.

Geldermann ging einige Schritte auf die Tür zu und blieb wie angewurzelt stehen, als er sich dem Sicherheitsbeauftragten der Universität, Bernd Kammerer, gegenüber sah. In seiner Hand hielt dieser eine Waffe, die genau auf Geldermann zielte. Der Professor wich zurück.

»Was zum Teufel...«, begann er ängstlich, bevor Kammerer ihm grinsend das Wort abschnitt.

»Immer mit der Ruhe, Professor«, er deutete mit der Waffe auf den Sessel vor dem Schreibtisch, »hinsetzen.«

Königshofer hatte sich erschrocken aufgerichtet und starrte, unfähig sich zu bewegen, auf die Waffe in Kammerers Hand. Wie um Himmels Willen kam der Sicherheitsbeauftragte der Universität in das Haus? Und warum bedrohte er sie? Sein Blick streifte die Utensilien auf dem Schreibtisch, und es wurde ihm einiges klar.

Geldermann wich vor der Waffe zurück, stolperte über den Teppichrand, machte einen großen Schritt rückwärts und fiel in den Sessel. Er holte tief Luft. »Was wollen Sie? Was soll die Waffe?«

Der Eindringling lehnte sich genüßlich an die Wand und sah die beiden Professoren an. Aus der Tasche holte er ein Päckchen Zigaretten, zog mit den Zähnen eine heraus und fummelte ein Feuerzeug aus der Tasche. Nachdem er einen tiefen Zug genommen hatte, grinste er überheblich. Geldermann wollte gerade seinen Protest ausdrücken, besann sich dann aber eines Besseren.

Kammerer sah ihm den Mißmut an. »Ich vermute, in diesem Haus ist Rauchen nicht erwünscht. Aber, um ehrlich zu sein, es interessiert mich einen Dreck.« Er machte eine bedeutungsvolle Pause, zog an der Zigarette und fuhr fort. »Sie wollen wissen, was ich will? Nun, das ist leicht erklärt. Sie haben mir heute morgen den Jackpot geliefert. Was glauben Sie, wie lange ich auf eine solche Gelegenheit gewartet habe?«

»Ich verstehe nicht«, sagte Geldermann. »Sie sind der Sicherheitsbeauftragte.«

Kammerer lachte verächtlich. »Ja, ja, der Sicherheitsbeauftragte. Die Sicherheit Ihrer schäbigen Uni ist mir völlig egal. Scheißegal, um es klar zu sagen. Aber was glauben Sie, wozu man als Sicherheitsmann Zugriff hat? Ha, ha, auf alles, sage ich Ihnen. Auf einfach alles. Das ist der Grund, warum ich da gearbeitet habe.« Er setzte ein bedauerndes Gesicht auf. »Vermutlich werde ich morgen keine Stelle mehr haben. Zu traurig.«

»Aber was wollen Sie von uns?«, fragte Königshofer.

»Was ich will? Hey, Mann, ich verstehe nicht viel von den Dingen, die ich an der Uni gesehen habe. Wochenlang habe ich nachts die Labore und Computer durchforstet, gesucht nach verkaufbaren Informationen. Ich dachte, so eine Uni müßte doch eine Menge Forschung produzieren, die sich an die Industrie verhökern ließe. Nada, nichts, alles nur uninteressantes Zeug.«

Jetzt war es an Geldermann zu grinsen.

»Was gibt es da zu lachen?« Kammerer trat eine Schritt nach vorne und fuchtelte mit der Waffe vor Geldermann herum.

Der Professor wich instinktiv zurück und antwortete mit leiser Stimme: »Sie haben das, was Sie gefunden haben, nur nicht verstanden. Es gibt viele Ergebnisse, für die Firmen viel Geld bezahlen würden, sehr viel Geld.«

»Bah, egal«, rief Kammerer. »Ich habe *mein* Ding gefunden.« Er deutete auf den Schreibtisch. »Dort liegt es. Was glauben Sie, was dafür bezahlt wird. Das ist Millionen wert.« Er ging auf den Tisch zu und nahm den Rucksack in die Hand. »Zeigen Sie mir, wie das geht.«

Geldermann versuchte, sich dumm zu stellen. Etwas mußte ihm einfallen. Irgendetwas sagte ihm, Kammerer würde ihn und Franz töten, bekäme er, was er wollte. Mit dem Rucksack würde er sich über alle Berge machen, Zeugen des Diebstahls dieser außergewöhnlichen Maschine konnte er vermutlich nicht gebrauchen. Und bis man sie beide fand, war er sicher längst außer Landes. Geldermann brauchte Zeit.

»Was meinen Sie? Wie das geht?«, sagte er vorsichtig.

Kammerer sah ihn wütend an, man merkte deutlich, es fehlte dem Sicherheitsmann an Geduld. »Was soll ich meinen? Ich will wissen, wie Sie das heute morgen gemacht haben. Das mit dem Wasser, mit der Unverwundbarkeit. Wie soll ich jemandem das Ding als Schutzschild verkaufen, wenn ich es noch nicht mal bedienen kann. Also los.«

Königshofer stand langsam auf. Sofort richtete Kammerer seine Waffe auf ihn. »Was soll das alter Mann, schön sitzenbleiben. Wir wollen doch hier nicht den Helden spielen.«

Innerlich zitterte der Geologe am ganzen Leib, er wußte jedoch instinktiv, worauf Geldermann hinauswollte, er mußte ihm Zeit verschaffen, sich etwas auszudenken. »Ich will nicht den Helden spielen, aber sie haben doch heute gesehen, daß ich es war, der den Apparat in Betrieb genommen hat. Wollen Sie es nun wissen oder nicht? Wenn ja, lassen Sie mich helfen.«

Kammerer sah ihn an, dachte einen Moment nach und sagte dann: »Gut, machen Sie hin, ich hab nicht den ganzen Tag Zeit.«

Königshofer seufzte und beugte sich vor. »Darf ich herumkommen und ihn auf Ihrem Rücken anlegen?«

Kammerer winkte mit der Waffe. »Los, aber keine Tricks.«

Während Königshofer um den Schreibtisch herumging, den Rucksack aus Kammerers Hand nahm und ihm das Gerät auf den Rücken schnallte, sah sich Geldermann vorsichtig im Raum um und ging wie beiläufig einen Schritt auf den Schreibtisch zu. Kammerer registrierte es sofort und reagierte gereizt.

»Stehenbleiben, Geldermann.«

»Ich will nur schauen, ob alles OK ist. Schließlich habe ich ihn getragen.« Er beäugte das Werk auf Kammerers Rücken und nickte zufrieden. Der Rucksack war in Position. Man mußte ihn nur einschalten. Doch genau dies hatte Königshofer bisher nicht getan. *Gut so*, dachte Geldermann. *Halt ihn hin.* Des Professors Blick streifte die kleine Fernbedienung auf dem Schreibtisch, und die rettende Idee schoß ihm durch den Kopf. Es war riskant, aber er sah keine andere Möglichkeit. Erstaunt registrierte er, die Kugel war nirgends zu sehen. Schwebte sie doch vor dem Überfall noch über der Tischplatte, schien sie sich nun in Luft aufgelöst zu haben. Egal, darum konnte er sich später kümmern, er brauchte sie zur Zeit nicht. Er wußte genug über die Funktion der Geräte.

»Wie geht es weiter?«, forderte Kammerer barsch.

»Nun, ich muß Ihnen zunächst einige Dinge erklären,« begann Königshofer.

»OK, aber machen Sie schnell«, herrschte der ehemalige Sicherheitsbeauftragte ihn an. »Keine unsinnigen Details. Was kann das Ding, und was muß ich tun?«

Der Geologe begann ärgerlich zu werden. Trotz der Waffe in Kammerers Hand wurde er etwas lauter. »Hören Sie auf, mich anzublaffen. Wir machen ja, was Sie sagen, aber Sie wollen doch das Ding benutzen, also hören Sie endlich mal zu.«

Kammerer schwieg, aber sein Blick sprach wütende Bände.

»Also, zuerst muß man es einschalten. Bevor man dies tut, sollte man einen Helfer organisiert haben, der dies übernimmt. Alleine kommt man schwer an den Knopf. Anschließend...«

Königshofer verlor sich in völlig unsinnigen Erklärungen über die Schutzfunktionen des Rucksacks und die Minuten flossen dahin. Offensichtlich hatte sein ärgerliches Auftreten Eindruck gemacht, denn Kammerer schwieg mit grimmiger Miene. Es zeigte sich das Talent Königshofers, spannende Vorträge aus trockener Materie zu generieren. Geldermann grinste innerlich über seinen Freund und dessen Mut in einer solch bedrohlichen Situation. Unterdessen nutzte er die Zeit und griff vorsichtig nach der Fernbedienung. Ihm war völlig klar, Kammerer würde die Bewegung nicht entgehen. Und er sollte Recht behalten.

»Hey«, rief Kammerer, plötzlich von Königshofer abgewandt. »Finger weg von dem Ding da, Professor.«

Geldermann ließ den Geschichtenfinder auf den Schreibtisch zurückfallen. Unbemerkt von Kammerer hatte er ihn eingeschaltet. Die gelben Anzeigen glommen schwach.

»Her damit, was ist das für ein Ding.« Der Sicherheitsbeauftragte fuchtelte mit der Waffe in Richtung Geldermann, der ihm das kleine Gerät widerstrebend herüberreichte.

»Schon gut, machen sie nur keinen Unsinn. Sie bekommen es ja.«

Kammerer blickte einen Moment auf die Displays und wie erwartet, verstand er nichts. Er machte eine nach hinten gerichtete Bewegung und fragte: »Gehört das dazu? Die Zeichen hier sehen nicht gerade verständlich aus.« Sein Blick schweifte die beiden älteren Herren. »Wenn ihr mich verarschen wollt, kracht's, ist das klar?«

»Niemand will Sie auf den Arm nehmen, am allerwenigsten wir.« Geldermann sah zu Königshofer hinüber. »Stimmt's, Franz?«

»Stimmt«, nickte der Angesprochene.

»Blödsinn«, der drohende Unterton kehrte in Kammerers Stimme zurück. »Raus mit der Sprache, was macht das Ding? Du, da«, er versah den Philosophieprofessor mit einem verächtlichen Blick, »erklär es mir.«

Er fängt an uns zu duzen, das ist nicht gut, dachte Geldermann, *er verliert die Geduld und den Respekt. Langsam wird es gefährlich.* Laut sagte er: »Das ist nicht so leicht, es ist ein Gerät, das einen an jeden beliebigen Ort transferieren kann. In Nullzeit.«

»Was für einen Ort? Wo ich hin will?« Kammerer warf einen flüchtigen Blick auf das kleine Gerät in seiner Hand. »Das ist doch Quatsch. Sowas geht nur in schlechten Science Fiction Filmen.«

»Es ist genauso ein Quatsch wie der Rucksack, den Sie auf dem Rücken haben«, entgegnete Königshofer trocken. So langsam schien er zu ahnen, was sein Freund vorhatte.

Der Mann mit der Waffe wirkte plötzlich nachdenklich. »Zeig es mir, ich will wissen, wie das geht.«

»Das ist nicht so leicht in unserer Situation.« Geldermann sah ihn herausfordernd an. Im Moment hatten sie seine Neugier geweckt und damit für eine Zeitlang die Oberhand gewonnen. Wenn der Mann vor ihm begriff, was er da in den Händen hielt, würde er gierig werden, denn der Wert des Geschichtenfinders in Form einer Fernbedienung übertraf den Rucksack sicher um ein Vielfaches. Gier allerdings war nie gut, sie machte unvorsichtig.

»Warum ist das schwer, zeigt mir, wie das geht, und ich bin weg. Oder was gibt es für ein Problem?«

»Kein Problem, nur wenn ich es bediene, könnte ich mich ja auch hier wegtransportieren«, meinte Geldermann fast beiläufig.

Kammerer lachte ein tiefes, dreckiges Lachen. »Klar, und eine Sekunde später hat dein Franz hier ein schönes rundes Loch in der Stirn. Meinst du Dummkopf, ich würde zögern? Täusch dich nicht.«

Professor Geldermann streckte langsam die Hand aus. »Mach ich nicht, ich wollte nur klären, daß wir beide wissen, was auf dem Spiel steht. Darf ich?«

»Wohin soll es gehen? Das will ich vorher wissen.« Kammerers Waffe zielte auf Königshofers Kopf. Er sah weiterhin Geldermann an.

»Nicht weit, nur in die andere Ecke des Raumes«, entgegnete dieser. Mit einem schnellen Griff schaltete er die Anzeige auf die vorherige Position der Raumecke ein. Dann drehte er das Gerät zu dem Gangster herum und begann mit sehr sinnvoll und einfach klingenden Erklärungen der verschiedenen Anzeigen, die allesamt den Eindruck erweckten, man könne leicht eine gewünschte Position eingeben. Kammerer sollte die Gewißheit haben, es selbst machen zu können.

»So, jetzt haben wir diese Position dort drüben festgelegt. Darf ich drücken?« Er sah ihn fragend an und Kammerer nickte. Plötzlich fiel dem Professor ein, sie hatten es ja nur mit Rucksack auf dem Rücken probiert. Diesen trug aber Kammerer. Würde man einen Transfer auch ohne den sicheren Energieschild überleben? Er zögerte.

»Was ist?«, fragte der ehemalige Sicherheitsbeamte. »Schiß?«

»Nein, nur es ist es kein Handy und wenn ich einen Fehler gemacht habe, ist mein Freund tot. Ich prüfe noch einmal die Eingaben.«

Jetzt oder nie, dachte Geldermann. Es half sowieso nichts. Beherzt berührt er die Transfertaste und fand sich einen Lidschlag später in der anderen Ecke des Raumes wieder.

»Gesehen?«, fragte er Kammerer.

Dieser starrte abwechselnd von der Position vor dem Schreibtisch zu Geldermann hinüber. Konnte das wahr sein? Dieser kleine Kasten würde ihm alle Sorgen nehmen, die er jemals gehabt hat. Mehr noch, er würde ihm eine Menge Spaß bereiten. Ein schmutziges Grinsen überzog sein Gesicht, als er sich die vielen Möglichkeiten vor Augen hielt. Nein, dieses Gerät würde er nicht verkaufen, das war für ihn.

»Her damit, aber pronto«, forderte er und streckte die Hand aus. »Ich will das auch probieren.«

Geldermann berührte kurz das Display, machte einen Schritt auf den Tisch zu und reichte ihm das Gerät. »Unten auf die große, schwach rötlich leuchtende Taste. Sie löst den Transfer aus.«

»Klar, Mann, ich hab's ja gesehen, bin ja nicht blöd.« Kammerer riß ihm das Gerät aus der Hand.

»Joshua«, meldete sich Königshofer zu Wort.

»Ja?«

»Vielleicht sollten wir den Rucksack einschalten, das ist in jedem Falle sicherer. Wenn doch was passiert, das Gerät einen Fehler macht, was weiß ich, dann ist er mit dem Energiefeld geschützt.«

»Cleveres Kerlchen, dein Freund«, grinste Kammerer. »Man weiß ja nie.« Mit barschem Ton gab er das Kommando: »Los, einschalten.«

Königshofer ging um den Schreibtisch herum und trat hinter Kammerer. »Achtung, ich drücke jetzt.« Er betätigte den Schalter und der blaue Energieschimmer hüllte den Gangster ein.

Dieser zuckte kurz zusammen, holte tief Luft und beruhigte sich sofort, als alles in Ordnung schien. »Gut so, jetzt weg da, ich will es ausprobieren.«

Die beiden Professoren entfernten sich ein paar Schritte von Kammerer, ohne ihn aus den Augen zu lassen. Der Mann hielt den Geschichtenfinder vor sich und drückte die Transfertaste.

Im selben Augenblick war er verschwunden.

»Wow«, entfuhr es Königshofer. »Hast du ihn dahin geschickt, wo du vorhin warst?«

Geldermann ließ sich einen Augenblick mit der Antwort Zeit und setzte sich in den Sessel vor dem Schreibtisch. Er rieb sein Gesicht mit beiden Händen und man sah deutlich, wie die Anspannung von ihm abfiel. »Ja, und ich hoffe, er ist auf dem Mond eine Weile beschäftigt. Hoffentlich findet er den Rückholknopf nicht so schnell. Auf jeden Fall sollten wir aber hier verschwinden.«

»Willst du die Polizei holen?«

»Die Polizei?«, Geldermann stand wieder auf und sah sich im Raum um, als suche er etwas. »Was, meinst du, sollte ich denen erzählen? Daß wir ein paar außerirdische Geräte besitzen, die gerade geklaut worden sind und sich jetzt auf dem Mond befinden? Und daß man bitte jetzt mal die Verfolgung aufnehmen sollte, den Gangster verhaften sollte?«

Königshofer nickte, zugegeben, es war eine blöde Frage gewesen. »OK, auf jeden Fall sollten wir die Uni informieren und deiner Frau sagen, sie solle nicht hierher kommen. Ihr könnt bei uns wohnen.«

»Gute Idee, aber eure Wohnung findet er, sollte er zurückkommen, genauso leicht wie dieses Haus. Wir mieten uns alle in einem Hotel unter falschem Namen ein. Ich kenne da ein ganz nettes in der Innenstadt, es hat Appartements und ist nicht teuer.«

»Joshua, was ist, wenn er nicht zurückkommt? Er hat Luft und wird nicht am Vakuum sterben. Aber er wird verdursten oder verhungern.«

Der Professor sah seinen Freund ernst an. »Franz, dieser Mann hat uns gerade beraubt, uns mit der Waffe bedroht, und wahrscheinlich hätte er uns am Ende sogar getötet. Ehrlich gesagt, halte mich jetzt für skrupellos, wenn du willst, aber das ist mir reichlich egal.«

»Kann er dort oben Unsinn anstellen?«

»Nicht, daß ich wüßte. Und wenn schon, uns kann er nichts anhaben.« Geldermann sah sich immer noch im Raum um. »Sag mir lieber, wo die Kugel ist. Seit der Kerl hier reinkam, ist sie weg.«

»Stimmt. Wo ist sie?« Der Geologe begann nun auch seinen Blick schweifen zu lassen. Er ging um den Schreibtisch herum und betrachtete die Umgebung der Oberfläche, über der die Kugel vor dem Überfall schwebte. Plötzlich mußte er lachen. »Joshua, komm mal her.«

Der Freund tat, wie ihm geheißen und kam ebenfalls hinter den Tisch. Dann sah er es. Unter dem Tisch hatte sich eine kleine Wasserpfütze auf dem alten Parkett gebildet. Doch seltsamerweise war sie nicht in den Ritzen versickert, sondern zog sich langsam zusammen. Sie bewegte sich.

»Unglaublich«, Geldermann schüttelte den Kopf. »Ich probiere mal was«, sagte er und dachte intensiv an die Kugel. Er teilte ihr in Gedanken mit, daß die Gefahr vorüber war. Einige Augenblicke später zog sich das Wasser deutlich schneller zusammen und begann wieder eine Kugel auszubilden.

»Ist nicht wahr, echt«, entfuhr es Königshofer. »Offensichtlich ist sie intelligenter, als wir gedacht haben. Sie muß die Gefahr gespürt haben. Du hast sicher gerade daran gedacht, daß alles vorbei ist. Habe ich Recht?«

»Stimmt genau. Eine Frage bleibt jedoch. Lebt die Kugel? Oder ist es nur ein mit erstaunlichen Fähigkeiten ausgestatteter neuraler Computer?«

Mittlerweile hatte sich die Kugel wieder zu einer solchen zusammengezogen und schwebte vom Boden weg, über die Schreibtischkante und blieb in Augenhöhe vor den beiden Professoren hängen. Geldermann griff vorsichtig nach ihr und legte sie in die immer noch offene Schachtel.

»Das werden wir später klären, laß uns jetzt verschwinden.«

»Gut, da bin ich bei dir.«

Die beiden Männer nahmen die Schachtel, ein paar weitere Papiere, das Adreßbuch und den Computer, legten alles in das Auto und fuhren weg. Zurück blieb ein leeres Haus, hinter dem in den kommenden Stunden die Sonne untergehen würde.

Während sie durch die Weinbaugebiete in Richtung der großen Stadt fuhren, waren sie beide sehr nachdenklich. Zuviel war heute passiert. Die Sonne stand bereits ziemlich tief und beleuchtete die grünen Weinpflanzen. Im Herbst würden sie wieder einen hervorragenden Tropfen abgeben. Beide Freunde waren nicht nur Weinliebhaber, sondern auch Weinkenner. Und dem Wein aus ihrer Region war so leicht nichts entgegenzusetzen. Doch in der Welt draußen war er so gut wie nicht bekannt. Kein Wunder, die meisten Flaschen wurden von den Einheimischen konsumiert. Ein paar Touristen kauften den Wein, ansonsten blieb man unter sich. So sollte es auch bleiben. Sie genossen den Blick, der See schimmerte zu ihrer Linken, und in der Ferne sahen sie die Autobahnauffahrt. Sie kamen an den letzten Kreisel, fuhren halb darum herum und waren alsbald auf dem Weg in die Stadt. Nicht mehr lange, und die großen Windräder würden am Horizont auftauchen. Dann kam der Flughafen, und es war nicht mehr weit bis in die Außenbezirke. Die Stadt bot einigermaßen Sicherheit, man konnte sich verstecken.

Geldermann und Königshofer sprachen über das Handy mit ihren Frauen und verabredeten sich für den späteren Abend in besagtem Hotel. Dann sprach Geldermann noch mit der Universität über den Vorfall. Der leitende Direktor, Ritter, war sichtlich bemüht, sich für den morgendlichen Auftritt zu entschuldigen, nachdem er von dem Überfall gehört hatte. Alles in allem sollten sie jetzt eine Weile Ruhe haben und nachdenken können. Plötzlich nahm Königshofer im Augenwinkel eine Bewegung wahr. Er drehte sich herum und sah die kleine Kugel direkt in Augenhöhe neben ihm schweben. Wie, zum Teufel, war sie aus dem Karton gekommen? Aber er hatte sich schon daran gewöhnt, so wenig wie möglich Fragen zu stellen. Immerhin gingen sie hier mit Dingen um, die nicht von dieser Welt stammten, also sollte man auch nicht erwarten, daß sie sich so verhielten.

»Joshua«, begann er. »Dreh dich mal hierher um.«

Geldermann wandte den Kopf kurz nach rechts und sah was sein Freund meinte. »Keine Ahnung, was sie will, aber offensichtlich gibt es etwas, weswegen sie aus dem Karton gekommen ist. Steck mal deinen Finger rein, ich kann jetzt nicht, ich muß fahren.«

Königshofer bewegte langsam den Zeigefinger auf die Kugel zu. Sie flog auf seine Hand zu und umschloß den Finger. Seltsamerweise verspürte der Geologe keine Art von Nässe. Statt dessen begann sich sein Gehirn mit Gedanken zu füllen. Erschrocken hielt er einen Augenblick inne, war nahe daran, sich von der Kugel zu entfernen, als der Gedankenstrom plötzlich nachließ. Sie schien zu spüren, daß sie ihn überforderte. Ja, so war es für ihn angenehmer. Seine Augen weiteten sich. Immer aufgeregter blickte er zum Horizont, als könne er es kaum erwarten, in die Stadt zu kommen. Dann zog er den Finger aus dem wasserartigen Gebilde, welches sich über der Rückbank in Position brachte und dort schwebte.

»Joshua?«

»Ja?«

»Wir werden heute abend nicht im Hotel bleiben.«

Geldermann sah ihn an. »Warum nicht? Was ist los?«

»Wir haben einen Termin, oder besser gesagt ein Ziel.« Königshofer tat sehr geheimnisvoll.

»Raus mit der Sprache, was sollen wir machen? Hat dir das etwa die Kugel mitgeteilt?«

»Ja, und du wirst Augen machen, die Sache ist noch nicht zuende, im Gegenteil, es wird vermutlich eine spannende Nacht.«

Der Professor für Philosophie schwieg und schüttelte den Kopf. Wo sollte das nur hinführen. Sie hatten ein Ziel, nun gut. Er trat ein wenig aufs Gas, er war ungeduldig.

16

100 Millionen Lichtjahre entfernt von den Professoren Geldermann und Königshofer, im Virgo Cluster, auf einem kleinen Planeten, der eine gelbe Sonne umkreiste, saß Nermina und betrachtete über den Panoramabildschirm der Kommandozentrale ihre momentane Außenwelt. Es schien ein friedlicher Planet zu sein, die Sonne schien, der bunte Wald leuchtete in der Ferne, und das Gras der Wiese erschien wunderbar grün. Sie dachte über das Erlebnis mit Marc nach. Es hatte sie mächtig aufgerüttelt. Ihre Gefühle für ihn waren stark, aber warum? Sie konnte sich doch nicht in einen Außerirdischen verlieben. Hatte sie sich in seine äußere Erscheinung als Mensch verliebt? Oder war es sein Wesen? Hatte sie sich überhaupt verliebt? Genervt schüttelte sie den Kopf. Das war alles Blödsinn. Einen Außerirdischen zu lieben, war Blödsinn. Auf der anderen Seite – was konnte sie gegen ihre Gefühle tun? Warum sie existierten, war letztendlich egal, Tatsache war, sie existierten. Würden sie Bestand haben, zeigte er sich nur in seiner eigentlichen Gestalt? Irgendwie war sie sich sicher, ihre Gefühle würden standhalten. Aber warum? Damit war sie wieder am Anfang. Nie hätte sie sich auf diese Reise einlassen dürfen. Es kam ihr in einer gewissen Weise fast so vor, als wäre es ihr Untergang. Egal, ob sie nach Hause kommen würde, oder nicht.

Sie versuchte, sich auf den Bildschirm zu konzentrieren, den Planeten mit ihren Augen zu erkunden. Doch bald wurde ihr klar, es würde nicht ohne einen Erkundungsspaziergang gehen. Marc war erneut im Inneren des Schiffes verschwunden, um die restlichen Teile zu produzieren, die er für die Reparatur des Schiffes benötigte. Sie würde einen Plan schmieden. Immerhin war sie die erste Erdenbewohnerin, die einen fremden Planeten besuchte. Zumindest vermutete sie dies. Da wäre es eine sträfliche Vernachlässigung ihrer, zugegeben neuen, wissenschaftlichen Seele, würde sie nicht wenigstens einmal aussteigen. Doch wie kam sie überhaupt aus dem Schiff heraus. Sicher, sie war hineingekommen, es hatte sich eine Treppe und ein Eingang gebildet, damals, mein Gott, es kam ihr so lang vor, auf dem Mond. Aber ein Ausgang, nein, sie würde ihn nicht finden. Zunächst müßte Marc zurückkommen, ihn würde sie fragen. Sollte sie hinuntergehen? *Nein*, dachte sie. Vermutlich würde sie ihn nur stören. Seine Arbeit war wichtig. Aber sie vermißte ihn. Sie sah ihm gerne zu, wenn er an den Konsolen arbeitete, ihr etwas erklärte, sich in ihrer Nähe befand. Sie kniff die Augen zusammen, schüttelte den Kopf, wie um unangenehme Gedanken loszuwerden. Aber es waren gar keine unangenehmen Gedanken. Ganz im Gegenteil. Nein, das durfte jetzt nicht sein. Ein tiefer Seufzer entfuhr ihr. Sie mußte Geduld haben, auf ihn warten.

Rund eine Stunde später erschien Marc in der Kommandozentrale. Er wirkte entspannt.

»So, ich habe alle Teile beisammen, die wir brauchen, um das Schiff zu reparieren«, sagte er mit einem zufriedenen Unterton.

»Soll das heißen, du steigst jetzt aus?«, wollte sie wissen.

»Ja, genau das heißt es.«

»Ich will mitkommen.«

»Warum? Ich kann das alleine.« Marc blickte sie erstaunt an.

»Na denk mal nach.« Nermina verdrehte die Augen nach oben. »Immerhin bin ich zum ersten Mal auf einem fremden Planeten, da will ich nicht immer nur *fernsehen*. Sprich, auf die Monitoren starren.«

Der Außerirdische dachte nach. In gewisser Weise hatte sie sicher Recht, immerhin hatte er sie auf diese Reise mitgenommen, um ihr genau diese Dinge zu zeigen. Aber einfach so aussteigen, nein, das ging auf keinen Fall. »Nermina, es ist zu gefährlich, außerdem brauche ich dich hier drinnen, du mußt Systeme testen.«

»Papperlapapp«, entgegnete sie, sich nicht sicher, ob er dieses Wort kannte. »Ich will aussteigen, mir diese Welt anschauen. Die Systeme können wir auch später testen, wenn du alles eingebaut hast.« Sie konnte ihre Ungeduld kaum zügeln.

Marc ließ eine der Wasserliegen erscheinen und setzte sich. »Nermina, das habe ich ernst gemeint, es ist zu gefährlich. Dir könnte sonstwas passieren.«

»Was soll mir passieren? Ich will ein wenig spazierengehen, weiter nichts.«

Sie war neugierig, diese Erdenfrau, das mußte man ihr lassen. Zudem hatte sie einen starken Willen. Wenn sie sich etwas in den Kopf gesetzt hatte, dann wollte sie es auch durchziehen. Auf der anderen Seite hatte sie keine Ahnung, welche Gefahren auf einem solchen Himmelskörper lauern konnten.

»Ich mach dir einen Vorschlag«, begann er. »Zunächst erkläre ich dir ein paar grundsätzliche Dinge über fremde Planeten. Das ist immens wichtig. Dann mache ich meine Arbeit, und du hilfst mir. Danach darfst du aussteigen. Ich überwache dich dabei. Ist das fair?«

Sie dachte nach. OK, sie würde ihre Neugierde zügeln. Sicher hatte Marc mehr Ahnung, was fremde Planeten anging, da sollte sie schon zuhören. »Gut, wir machen es so. Nur will ich später keine Ausreden hören, warum es nicht geht. Ich will da raus.«

»Versprochen«, sagte Marc. »Nun hör gut zu.«

»Kommt jetzt die väterliche Nummer?«, wollte sie wissen.

Marc runzelte die Stirn. Offensichtlich konnte er damit nichts anfangen.

»Seid ihr nicht Väter auf eurem Planeten? Erklärt ihr euren Kindern nicht die Welt?«

Der Außerirdische sah sie immer noch mit einem seltsamen Blick an.

»Na ja«, meinte Nermina und verdrehte mal wieder die Augen. Da hatte der Mann soviel Ahnung von anderen Planeten und Völkern, aber manchmal verstand er die einfachsten Dinge nicht. »Ich meine, nach der Geburt müssen die Kinder doch unterrichtet werden, man muß ihnen zeigen wie die Welt funktioniert.«

Marcs Gesicht hellte sich auf, jetzt begriff er, was sie meinte. »Nein, in diesem Sinne sind wir keine Väter. Unsere Kinder müssen nicht erklärt bekommen, wie unsere Welt funktioniert oder was sie ist.«

Jetzt war es an Nermina einen verständnislosen Blick an den Tag zu legen.

Er lachte. »Unsere Nachkommen werden bereits mit diesem Wissen abgetrennt. Wir bringen ihnen lediglich neue Erkenntnisse bei, Wissenschaft, Raumfahrt, neue Sprachen, Erkenntnisse, die erst in jüngerer Zeit gewonnen wurden.«

Sie schüttelte den Kopf. »Abgetrennt?«, fragte sie verwundert.

»Siehst du, wie wichtig es ist, über fremde Planeten etwas zu erfahren? Denk mal philosophisch. Immer nur den eigenen Standpunkt im Blick zu haben, ist falsch. Unsere Gesellschaft hat sich, ebenso wie unsere Biologie, anders entwickelt als eure. Sicher ist bei uns auch nicht alles optimal, wir sind keine perfekte Kultur, aber in einigen Dingen sind wir einfach – nennen wir es erfahrener. Wir bezeichnen den Vorgang der Geburt als Abtrennung, weil das neue Lebewesen bereits fertig ist. Es kann sprechen, sich bewegen, ist voll aufnahmefähig und bereit, in die Gesellschaft integriert zu werden. Selbst soziales Verhalten muß kaum noch trainiert werden.« Marc sah sie mit einem freudigen Blick an, als erinnere er sich an etwas. »Allerdings benötigen sie Unterricht, sie müssen das vorhin Genannte lernen, sich die neuen Umgangsformen aneignen, es gibt noch viel zu tun. Aber das dauert alles nicht so lange wie bei euch. Unsere Lebensspanne wird effektiver genutzt.«

Jetzt wurde Nermina doch neugierig. »Wie groß ist sie denn, eure Lebensspanne?«

»In euren Jahren gemessen, rund 300 Jahre«, antwortete er fast beiläufig.

Sie schluckte.

»Ich weiß, es klingt viel, aber es liegt einfach an unserem Metabolismus. Er hat sich eben so entwickelt. Das hat Vor- und auch Nachteile. Unsere Evolution läuft wesentlich langsamer ab. Mein Planet ist rund zwei Milliarden Jahre älter als deiner, und trotzdem sind wir euch nur, technisch gesehen, ein paar hundert Jahre voraus.«

»Und biologisch?«, wollte sie wissen. In ihrer Stimme schwang Bewunderung für die fremde Kultur mit.

»Biologisch sind wir uns ähnlich, aber in manchen Dingen auch anders, teilweise sogar grundsätzlich. Zum Beispiel funktionieren unsere Körper verschieden.« Er hob seine Stimme, »das bedeutet nicht, wir unterscheiden uns sehr in der Körperchemie, nur eben in der Funktion. Ist das halbwegs verständlich? Die Dinge, in denen wir euch sehr wohl entsprechen, sind übrigens, na ja, wie soll ich es sagen«, er legte den Kopf schief und fügte mit einem sanften Unterton hinzu, »schön.« Er grinste wissend und sie wußte genau, worauf er ansprach.

Schnell kam sie auf die Kinder zurück. Das andere Thema mußte warten, darüber wollte sie sich erst, sozusagen im stillen Kämmerlein, klarwerden. »Hattest du eine Kindheit? Spielt ihr? Bist du ein Vater?« Ihre Ungeduld war deutlich spürbar.

»Wenn du es biologisch siehst, ja, ich bin ein Vater. Ja, ich hatte eine Kindheit. Aber ich bin nicht gebunden, und wo meine Eltern sind, weiß ich auch nicht. Es ist für uns auch nicht wichtig. Gefühle sind wichtig, aber wem wir sie entgegenbringen und wie lange und zu welchem Zweck, das ist völlig anders als bei euch. Wir sind, wie nennt ihr das, nicht monogam. Die lange Lebensspanne auf unserem Planeten behindert ja die Evolution. Kurze Leben begünstigen sie, weil ein schnellerer Austausch der Gene stattfindet.«

Er warf einen kurzen Blick auf den Monitor in der Wand, so als hätte etwas für einen Moment seine Aufmerksamkeit erregt, wandte sich dann aber wieder Nermina zu. »Um die Evolution dennoch nicht zu lange zu behindern, paaren wir uns häufig und ständig mit anderen Gegenstücken. Kommen dabei Kinder auf die Welt, werden sie so lange versorgt, bis sie eigenständig leben, in der Regel ein paar eurer Jahre. Dann trennt man sich und paart sich erneut. Ich weiß auch nicht genau, wieviele Kinder ich habe, aber es dürften schon eine ganze Menge sein.« Er grinste, aber es war nicht anzüglich.

Nermina schwirrte der Kopf. Jetzt hatte sie gerade gedacht, Marc und seine Welt ein wenig zu begreifen und stand doch wieder ganz am Anfang. Einmal mehr erkannte sie, die Welt außerhalb der Erde war doch gänzlich anders, als sie es sich je vorgestellt hatte. Bloß, wann sich diese Erkenntnis in ihrem Kopf wirklich festsetzen würde, das erschien ihr unklar.

»Mit der Einstellung wärst du bei uns falsch«, meinte sie lakonisch.

»Ich weiß«, lächelte er weise zurück. »Aber laß es mich so sagen, ich weiß, ich BIN falsch auf der Erde. Jeder ist zunächst überall falsch. Man kann sich anpassen, aber deswegen bleibt man nicht weniger falsch. Richtig ist man nur, wo man seine emotionalen, kulturellen und biologischen Wurzeln hat.«

Das saß. Nermina dachte an ihren Heimatplaneten, die Erde, und wie sehr man dort versuchte, Ausländer in die eigene Gesellschaft zu integrieren. Es mißlang in den häufigsten Fällen. Vielleicht sollte man sich einfach mal Marcs Erkenntnis zu eigen machen und einsehen, daß es keinen Sinn hatte. Integration bedeutete ein Aufgehen in der fremden Gesellschaft. Und genau dies geschieht nirgends. Weil es nicht geschehen kann. Vielleicht weil es gegen die Regeln der Evolution verstößt.

»Um deine Frage noch zu beantworten, natürlich spielen wir. Vielleicht ein wenig anders als ihr, aber auch bei uns erlernt man Wissen auf spielerische Weise.«

»Womit hast du gespielt als du klein warst?«, wollte sie wissen.

Er sah sie mit einem verschmitzten Lächeln an und wandte den Blick an die Decke der Kommandozentrale. »Das wirst du mir vermutlich nicht glauben. Bei uns hat jeder Haushalt ein Labor und ich habe mit Fusionsreaktoren gespielt. Deren Energie und einen Vorrat an chemischen Elementen habe ich benutzt, die absonderlichsten Werkstoffe herzustellen.«

Das klang ihr nicht gerade nach Spaß. »Reaktoren, Werkstoffe? Was bitte soll das mit einer lustigen und unbeschwerten Kindheit zu tun haben?« Es klang mehr nach Physik und Chemie, nicht gerade ihre stärksten Fächer.

Marc begann die Kontrollen kurz zu überwachen, stand auf, ging von einem Pult zum anderen und steckte zeitweise seine Tentakel in eine der Wasserkugeln, die nun beständig in der Kommandozentrale umher schwirrten. »Was macht ihr denn? Eure Kinder basteln Blasrohre, kauen Papierschnipsel zusammen und schießen damit dem Nachbarn auf den Kopf.
234

Klar weiß der Nachbar, was es war und wer es war. Trotzdem ist es lustig. Wir basteln Reaktoren, erzeugen mit der Energie Werkstoffe und weben einen Tarnmantel, nur ein Beispiel, und erschrecken die Nachbarn. Klar wissen die, wer es war, aber das ist OK. Es macht ebensoviel Spaß wie die Kindheit eurer Kinder.«

Nermina sah ein, daß er Recht hatte. Kindheit mußte ja nicht zwangsläufig so verlaufen wie auf der Erde. Verdammt, wie oft würde sie noch in diese mentale Falle tappen?

»Kommen wir zurück auf deinen Ausstieg. Schau auf den Monitor, was siehst du?«

»Einen friedlichen Planeten, einen bunten Wald, einen Bach und eine Wiese«, sagte sie.

»Was macht dich so sicher, das zu sehen?« Marc schaute ebenfalls auf den Monitor und seine Frage klang fast beiläufig.

Die junge Frau von der Erde wurde unsicher. Was sollte an ihrem Bild von diesem Planeten falsch sein? »Das sehe ich«, sagte sie.

»Aber ist es auch Realität?«, fragte Marc.

Sie schwieg.

»Dann will ich mal etwas weiter ausholen«, meinte Marc und ließ sich wieder auf seiner Wasserliege nieder. Nermina hatte das Gefühl, es käme jetzt ein endloser Monolog über das Leben. Sie wollte fast einen Protest loswerden, als sie in ihrem Gehirn etwas spürte. *Laß es*, lautete die Botschaft, *du wirst es interessant finden.* Ihre Ungeduld spielte ihr wieder einen Streich. Also ließ sie Marc zu Wort kommen.

»Wann ist das Leben entstanden?«, fragte der Außerirdische. Eine simple Frage, die sie aus den vorherigen Gesprächen leicht zu beantworten wußte.

»Vor rund vier Milliarden Jahren«, gab sie zur Antwort.

»Auf der Erde«, bemerkte er trocken.

Sie nickte. Den Zusatz *auf der Erde* hatte sie vergessen. Würde sie seine Sichtweise der Welt je verstehen? Sie war so viel weiter gefächert. Plötzlich mußte sie an Professor Geldermann denken, sie war sicher, würde er jetzt an ihrer Stelle sein, er hätte die klügeren Antworten gegeben. Deswegen war sie eine Studentin und er ein Professor der Philosophie.

»Laß mich eines hinzufügen«, sagte sie. »Mir ist klar, das Leben hat auf anderen Planeten vielleicht früher begonnen.«

»Sehr gut«, bemerkte er. »Doch nicht nur früher, es gibt keinen Ursprung. Nirgends. Wenn überhaupt, ist der Urknall der Beginn. Aber wer sagt uns, daß der Urknall nicht auch eine Wiederholung ist? Das Universum ist voll von organischen Verbindungen, treffen sie auf den richtigen Himmelskörper, entwickeln sie sich zu etwas Lebendigem. Nimm eure Bakterien. Sie beherrschen euren Planeten, ja, sie beherrschen sogar dich. Ohne sie wärst du lebensunfähig. Leben ist immer da, wo es möglich ist, und du würdest dich wundern, wüßtest du, wo es überall stattfindet.«

Sie wußte, er hatte Recht. »Was willst du mir damit sagen?«, fragte sie.

»Ganz einfach. Was du siehst, mag real sein, mag friedlich sein, es mag aber auch überaus gefährlich sein. Einfach so aussteigen geht nicht. In jedem Falle werden wir die Rucksäcke benutzen und uns die schützende Energiehülle zunutze machen. Eines gilt für mich wie für dich, wir beide sind mit diesem Planeten nie in Berührung gekommen. Leider haben wir auch nicht die Zeit, ihn vor dem Aussteigen näher zu erforschen. Wir wissen bereits, die Atmosphäre ist ähnlich aufgebaut wie auf unseren Planeten, vermutlich könnten wir die Luft sogar atmen. Aber was im Boden steckt wissen wir nicht. Vielleicht gibt es Verbindungen, die für uns giftig sind.«

Nermina dachte nach. Sie streckte sich ein wenig auf ihrer Liege. Immer noch steckte die Anstrengung von der Landung in ihr. »Kann der Computer das nicht feststellen?«

Marc sah auf einen der Bildschirme. »Natürlich, und das macht er auch fortwährend. Aber versuch mal in folgende Richtung zu denken. Warum könnte es da draußen für uns ungemütlich werden, obwohl alles so schön aussieht?«

»Na weil unser Körper nicht mit den hier herrschenden Verhältnissen umgehen kann.«

»Genau.« Marc machte eine ausladende Handbewegung. »Auch hier liegt der Grund wieder in der Evolution eines jeden Wesens im Universum. Im Laufe der Entstehung von Leben fügen sich die auf einem Planeten vorhandenen Bausteine immer weiter zusammen. Erinnere dich an den Zusammenhang zwischen Atmung und Sauerstoffgehalt in der Gashülle eines Himmelskörpers. Sauerstoff ist eigentlich giftig, nur haben unsere Körper gelernt ihn zu nutzen. Andere Lebensformen nutzen zum Beispiel Methan, das wäre für uns tödlich. Genauso verhält es sich mit den Dingen, die wir als Nahrung zu uns nehmen. Mit Dingen mit denen wir, also ein beliebiger Organismus, im Laufe unserer Entwicklung nicht in Berührung gekommen sind, und zwar in einer ganz bestimmten, einzigartigen Zusammensetzung, kann unser Metabolismus nicht umgehen. Sie würden uns vergiften. Zum Beispiel auf diesem Planeten, wir würden an einer Frucht sterben, während es sich die Organismen dieses Planeten schmecken ließen.«

Es ging ein kaum merkliches Zittern durch das Schiff. Nermina sah auf. »Was war das?«

Marc war schon an den Monitoren und prüfte die Werte. Es war immer wieder erstaunlich, wie schnell und doch grazil er sich bewegen konnte. Nach einigen Augenblicken kehrte er zu der Liege zurück, setzte sich und sagte: »Keine Ahnung, das Schiff kann nichts feststellen. Aber ich denke, wir sollten bald mit der Reparatur beginnen.«

Die junge Frau von der Erde hatte sich auch aufgesetzt. »Ja, OK, nur eine Frage habe ich noch. Warum kannst du meine Speisen essen und ich deine? Wir müßten doch längst tot sein.«

Ihr Gegenüber legte den Kopf zur Seite. »Eine kluge Beobachtung. Dafür gibt es mehrere Gründe. Erstens, das ist aber nicht der Hauptgrund, wie schon gesagt, wir besitzen ein paar Gemeinsamkeiten. Das kommt selten vor, aber es kommt vor. Wenn ich eure Speisen essen würde, na ja, gehöriges Bauchweh wäre die Folge.«

Sie schüttelte den Kopf. »Aber ich habe doch schon gesehen, daß du...«, begann sie einzuwerfen.

»Bist du sicher?« Er schmunzelte ein wenig.

Sie war sich sicher. Außerdem hatte sie die Kost seines Planeten probiert. »Ich hab es doch gesehen.«

»Trau doch nicht immer deinen Augen. Du hast gesehen, was ich esse. Doch die Zusammensetzung war nicht gleich. Um es kurz zu machen, der Nahrungssynthesizer hier an Bord weiß, wer was bestellt. Er kennt uns beide. Als du an Bord kamst, hat das Schiff dich gescannt, bis hinein in die Zellen. Es weiß, wie du funktionierst. Das gilt natürlich auch für mich. Wenn du Speisen meines Planeten probierst, stellt er die Zusammensetzung so ein, daß du sie verträgst. Es schmeckt wie bei uns, es sieht aus wie bei uns, aber es ist nicht das Gleiche, als würdest du die Früchte von einem unserer Felder ernten und essen. Das würde dir Bauchweh bereiten. Bei mir ist es genauso. Ich habe auf der Erde nie eure Speisen gegessen. Sicher, ich war eine Weile dort, aber ich hatte eine kleine Version eines Synthesizers, dort wo ich lebte. Auch hier an Bord kann ich deine Speisen probieren, aber sie werden auf mich abgestimmt. Ebenso ist es umgekehrt. Beantwortet das deine Frage?«

Sie nickte. Auf diese Idee war sie noch nicht gekommen. Aber es war nur logisch. Womit ein Metabolismus nicht im Laufe von Millionen von Jahren vertraut wurde, damit konnte er ja gar nicht zurechtkommen.

»Warte«, sagte sie. »In einem Punkt kriege ich dich doch.«

»Was meinst du?«, fragte er gespannt.

»Na ja, du hast gesagt, wir würden sterben, wenn wir mit den Dingen auf diesem Planeten näher in Berührung kommen.« Sie sah ihn mit einem gewinnenden Lächeln an. Doch wer sie in diesem Augenblick hätte beobachten können, er hätte gesehen, es war mehr als nur ein kleiner Triumph, der in ihren Augen lag. Es war Zuneigung. »Warum stirbst du nicht auf unserem Planeten? Oder anders gesagt, für uns, insbesondere für mich auf dieser Reise, müßtest du eine wandelnde Biowaffe sein. Warum ist das nicht so? Warum können wir uns nahe sein, uns sogar küssen?«

Marc holte tief Luft. Sie hatte ihn an einem wunden Punkt erwischt, aber schließlich war er selbst dran schuld. Hätte er das Thema nur nie aufgebracht. Eigentlich wollte er ihr die Hintergründe dieser Umstände lieber nicht erklären. Konnte es doch sein, daß sie sich wieder von ihm abwenden würde. War er ehrlich zu sich selbst, nichts täte ihm mehr leid, er mochte diese Erdenfrau sehr. Nervös rückte er sich auf seiner Liege zurecht.

»Schau«, begann er zögernd. »Ich kann das, weil ich so geschaffen wurde. Grundsätzlich sind die Metabolismen unserer Spezies nicht so weit auseinander. Wie schon gesagt, sowas kommt vor. Aber das ist nicht alles. Wir würden ja mit vielen anderen Rassen Probleme bekommen. Natürlich haben wir die auch, dann benutzen wir die Anzüge, aber Wesen wie ich sind noch auf eine andere Art anders.«

»Wie?« Er hatte immer so eine Art, um den Brei herumzureden. Nermina war eher geradeaus. Sie sagte meist, was sie dachte.

»Bevor wir auf eine solche Mission geschickt werden, verändert man uns künstlich.«

»Genetisch?«

»Genau. Die Grundanlagen müssen vorhanden sein, nenn es biologisches Talent. Ab einem gewissen Alter kann man sich testen lassen, wenn man sich für den Beruf interessiert, den ich ausübe. Wobei«, er lächelte sie sanft an, »es ist mehr eine Berufung. Man muß sich schon sehr für die Sterne und andere Wesen interessieren. Wenn die Untersuchungen positiv sind, man also die richtigen Voraussetzungen mitbringt, dann beginnt die Veränderung.«

»Du bist also nicht wie die anderen auf deinem Planeten?« Erstaunt zog sie die Augenbrauen hoch.

»Nein, ich bin anders. Wir alle haben in einem gewissen Maße die Fähigkeit unsere Körper zu verändern, doch bei mir geht es weiter. Ich kann meinen Metabolismus verändern. Meine Zellstruktur anpassen. Deswegen kann ich dir nahe sein, dich berühren und umgekehrt. Das geht jedoch nur in einem gewissen Rahmen und gilt nicht für Nahrung. Die muß ich mir schon so zuführen, wie mein Organismus sie braucht. Wenn andere Biologie zu weit von meiner abweicht, zum Beispiel bei Methanatmern, dann muß ich auch einen Anzug tragen.«

Sie sah ihn lange mit einem prüfenden Blick an. Dann sagte sie mit einem Anflug von Traurigkeit in der Stimme. »Wer bist du wirklich? Wie kann ich dich sehen? Welcher ist der Marc, den ich«, sie machte eine Gedankenpause, »mag?«. Sie kniff die Augen zusammen, wie um eine Träne zu unterdrücken und schluckte.

Er hatte genau dies erwartet. Sie konnte ihn nicht mehr einordnen. Dabei war er gerade froh gewesen, ihr mit seinen Formveränderungen nicht mehr allzu fremd zu erscheinen. Nun erkannte sie, er war bis tief in sein Innerstes im Grunde genommen nie ganz echt.

»Die Antwort klingt blöd, ich weiß, aber du mußt mich so sehen, wie ich in deiner Vorstellung existiere. Was auch immer du denkst, wie ich bin, ich werde es sein, solange ich bei dir bin.«

»Das reicht mir nicht«, entgegnete sie, fast lag ein wenig zu viel Schärfe in ihrer Stimme. »Ich kann nicht damit leben, ständig einem Fake gegenüber zu stehen.«

»Einem was?«, fragte Marc erstaunt.

»Einem Fake. Einer Illusion. Du bist so wie in meiner Vorstellung, aber ich will den wirklichen Marc sehen. Oder den wirklichen – wie auch immer dein Name ist. Wenn ich dich in den Arm nehme, dich küsse, alle anderen Dinge mit dir erlebe, ich will das nicht mit einer Illusion tun. Auch wenn es angenehm ist, ich will die Wirklichkeit. Ich will dich. Das hab ich verdient.«

Marc dachte nach und nickte. Leise und ein wenig zurückhaltend sagte er: »Seh ich ein. Mir ist nur nicht klar, wie ich das machen soll.«

»Zeig mir deine wahre Gestalt.«

»Meine wahre Gestalt? Die hast du bereits gesehen, in der Kommandozentrale.«

»Ist das deine wahre Gestalt? Ist sie das wirklich?« Sie hatte einen zweifelnden Unterton in der Stimme liegen.

»Ja, bis auf ein paar Kleinigkeiten.« Marc lehnte sich zurück. »Ich kann zusätzlich meine innere Zellstruktur verändern. Aber das ist nicht sichtbar. Ich bin kein Fake, wie du es nennst. Ich bin wie ich bin, wie ich lebe, wie alle anderen auf meinem Planeten. Nur kann ich eben mehr. Das ist alles, was ich dir anbieten kann.«

Nermina stiegen die Tränen in die Augen. Sie blickte ihn an und sah Ehrlichkeit in seinem Wesen. »Zeig dich mir, wie du bist«, sagte sie leise.

Marc zögerte einen Augenblick Dann verwandelte sich sein menschlicher Körper langsam in seine originale Gestalt. Nermina erkannte die fließenden Konturen, sein Kopf wurde länger, die Gliedmaßen begannen sich zu verteilen. »Das ist es, zumindest im Grunde«, hörte sie ihn in ihrem Kopf sagen. Erneut erkannte sie, er sprach nicht mit Stimmbändern, seine Sprache entsprang dem Geist.

Sie betrachtete ihn eine Weile. Irgendwie war er schön. Sie neigte den Kopf. Nicht schön im irdischen Sinne, aber sie war Millionen von Lichtjahren von der Erde entfernt. Das veränderte ihre Sichtweise. Sie sah ihn in gewisser Weise kosmisch. Nermina begriff langsam, was es bedeutete, in einem größeren Rahmen zu denken. Und in diesem Rahmen war er schön. Sie lächelte.

»Danke«, sagte sie vorsichtig. »Ich glaube, jetzt kann ich besser mit dir umgehen.« Sie stand auf und ging zu ihm hinüber. Sanft drückte sie ihm einen Kuß auf den fremdartigen Kopf. Seine Haut fühlte sich weich an. Einen Moment lang dachte sie an die Gefahr, in die sie sich begab, die fremden Moleküle.

»Hab keine Angst«, vernahm sie seine überraschte Stimme. »Wie gesagt, ich bin keine Gefahr für dich.« Er hatte nicht erwartet, daß sie ihn küssen würde.

Sie nickte und blieb vor seiner Liege stehen. »Ich hab es begriffen.«

Es war an der Zeit, wieder andere Gedanken aufkommen zu lassen. Marc stand sehr grazil auf und wechselte abrupt das Thema. Kurz nachdem er die Liege verlassen hatte, nahm er seine menschliche Gestalt wieder an. Er überspielte diese Wandlung gekonnt. Noch immer hatte er das Gefühl, sie würde sich in seiner irdischen Gegenwart wohler fühlen. Überzeugt war er nicht.

»Also, denk an all diese Dinge, wenn du aussteigst. Nichts ist so sicher, wie du denkst. Zunächst aber mache ich es, ich will die Teile anbringen.« Er stand auf und ging Richtung Tür. »Ich nehme mir einen der Rucksäcke und werde die Teile nach draußen schaffen. Es sind ein paar große Platten, die bringe ich an der Außenhülle an. Dort werden sie sich mit dem Schiff verbinden. Danach komme ich zurück.«

»Und was mache ich?«, wollte sie wissen.

»Du beobachtest mich.«

»Und? Was mache ich, wenn etwas passiert?«

»Was soll passieren?« Er lehnte sich in den Türrahmen und sah recht entspannt aus.

»Was weiß ich? Keine Ahnung. Du hast von der Gefährlichkeit des Planeten gesprochen.« Nermina war ein wenig unruhig. Mit all den Erklärungen hatte Marc den Planeten in ein neues Licht gestellt. Plötzlich war sie sich nicht mehr so sicher, daß alles so friedlich war wie es den Anschein hatte.

Marc wurde ernst. »Wenn ich mich verletze, kommst du runter, nimmst einen Rucksack und hilfst mir. Es gibt an Bord eine Krankenstation, das Schiff wird dir den Weg weisen. Bring mich dorthin und laß die Kugeln den Rest machen. Sollte etwas Außergewöhnliches passieren und du mir nicht helfen können, starte.«

Sie zuckte zurück und schüttelte den Kopf heftig. »Bist du wahnsinnig? Starten ohne dich?«

Der Außerirdische sah ihr in die Augen. »Ja, wenn es eine Gefahr für dich und das Schiff gibt, starte. Du kannst immer noch zurückkommen und weitersehen, aber erst einmal starte. Ich weiß, du kannst das.«

»Du bist völlig abgedreht«, sagte sie resignierend. Das waren ja rosige Aussichten. Wie sollte sie ohne ihn jemals zurück auf die Erde kommen? Im schlimmsten Falle noch mit einem defekten Schiff. Auf der anderen Seite, er hatte ja Recht. Sie zuckte mit den Schultern, obwohl sie tief im Inneren ihres Herzens wünschte, diese Situation möge niemals eintreten.

»Ist gut, was soll ich anderes machen.« Ihr Blick wirkte resigniert.

Er schaute sie zuversichtlich an. »So klingt das schon besser. Komm schon, beobachte mich genau. Die Außenkameras werden dich jeden Schritt verfolgen lassen. Gib den Kugeln den Befehl, was du sehen willst.« Er drehte sich herum und lief in den Gang.

Einen Moment lang sah sie ihm nach, dann rief sie: »Marc?«

Er blieb stehen und drehte sich herum.

Nermina kam auf ihn zu und gab ihm einen sanften Kuß auf die Lippen. »Paß auf dich auf, hörst du. Ich will dich bald wieder bei mir haben.« Sie strich sanft über seine linke Wange.

Marc war überrascht von den Gefühlen der Erdenfrau. Er sah sie ein wenig erstaunt an. Dann lächelte er. »Ich beeile mich, versprochen. Und ich werde vorsichtig sein.«

Sie sah ihm tief in die Augen, und es durchdrang ein tiefes Gefühl der Zuneigung ihr Wesen. War das seine Art, ihr seine Emotionen zu zeigen? Sie erwiderte diesen Moment, indem sie ganz fest an ihn dachte. Ja, da war eine Verbindung. Sie würde sich noch an vieles gewöhnen müssen.

»Ich geh jetzt«, sagte er leise.

»Ja, geh.« Sie sah ihm nach, wie er den Gang hinunter ging und an der nächsten Ecke verschwand. Sie holte tief Luft und ging in die Kommandozentrale zurück.

17.

Nachdem die Ehepaare Geldermann und Königshofer ihre Hotelzimmer bezogen hatten, trafen sie sich in der Lobby. Das Hotel war mehr eine Ansammlung von Appartements als normales Hotel. Manche Gäste wohnten hier monatelang. Es lag in der Nähe des alten Krankenhauses, das nun zu einer innerstädtischen Erholungsoase umgebaut worden war. Es gab einen Supermarkt ebenso wie viele Geschäfte und Lokale. Jetzt im Sommer hatten alle ihre Tische nach draußen gestellt, und die Gäste fühlten sich wohl. Die Hitze lag auf der Stadt wie ein Teppich, der sich dick und schwer anfühlte.

Auch in der Lobby konnte die Klimaanlage nicht wirklich etwas ausrichten. Frau Geldermann wischte sich den Schweiß von der Stirn. An der Wand lief der Fernseher, einer von diesen modernen Flachbildschirmen. Ihr Mann ging ungeduldig umher.

»Wo bleiben die nur so lange?«, wandte er sich an seine Frau. Neben ihr stand eine Aktentasche.

»Keine Ahnung, ruf doch mal an.« Alicia Geldermann fing an, sich mit einer der herumliegenden Zeitungen Luft zuzufächern.

Gerade als sich der Professor auf den Weg zum Telefon machte, kam Franz Königshofer um die Ecke gebogen.

»Na, alles klar?«, fragte er mit einem aufgeregten Unterton in der Stimme.

»Ja, wo habt ihr gesteckt?« Es war mehr eine rhetorische Frage. Geldermann schaute ihn an. »Wir haben noch eine wichtige Sache zu erledigen.«

»Würde uns vielleicht mal jemand aufklären?« Sabina Königshofer klang ein wenig verärgert. »Erst müssen wir Hals über Kopf unser Zuhause verlassen, ziehen hier ein, und ich möchte wissen, warum. Franz hat es mir nicht gesagt.«

Geldermann ließ seinen Blick durch die Lobby schweifen. Der Hotelangestellte hinter der Rezeption machte einen beschäftigten Eindruck, doch der Professor wußte es besser. Die Lobby war nicht der richtige Ort, die Geschehnisse zu erklären. Er griff nach dem Koffer.

»Laßt uns einen Spaziergang zum Restaurant machen«, schlug er vor. »Dann erklären wir es.«

»Joshua, bist du sicher...«, wandte Königshofer ein.

»Ja«, schnitt ihm sein Freund das Wort ab. Er wollte raus aus dem Hotel.

Während die beiden Ehepaare die Gassen entlang liefen, erläuterten die Männer ihren Frauen vorsichtig die Situation. Die erste Reaktion war verständlich. Sie glaubten kein Wort. Doch nach und nach begriffen sie, es war kein Hirngespinst von ein paar verrückten Uni Professoren. Geldermann und Königshofer erzählten nur das Notwendigste. Den Besuch auf dem Mond verschwiegen sie ebenso wie die Tests in der Unterdruckkammer. Sie wollten die Frauen nicht unnötig beunruhigen. Nach ein paar Minuten waren sie in einer kleinen Gasse angekommen, in der ein Restaurant ein paar Tische vor die Tür gestellt hatte. Glücklicherweise bezahlte gerade eine

Touristengruppe, und sie brauchten nicht lange zu warten. Langsam senkte sich die Sonne, doch es wurde nicht nennenswert kühler in der Stadt. Die großen Häuser alten Baustils speicherten die Wärme. Hin und wieder ging in einer der Wohnungen das Licht an. Die vier Freunde bestellten naturtrübes Bier und herzhaft gebackene Blutwurst mit Bratkartoffeln. Nach einer Weile kam das Essen, und erst jetzt merkte Geldermann, wie hungrig er war. Obwohl sein Teller sicher auch für zwei Personen gereicht hätte, aß er ihn komplett leer. Ein zweites Bier trug wesentlich zu seiner Zufriedenheit bei. Sie unterhielten sich vorsichtig über den weiteren Verlauf des Abends. Obwohl am Nebentisch offensichtlich Ausländer saßen, die in englischer Sprache miteinander redeten, mußten sie auf der Hut sein.

»Hmm, das tat gut«, sagte er.

Königshofer wischte sich den Mund ab und lächelte. »Da gebe ich dir Recht. Wie geht es jetzt weiter?« Seine Stirn legte sich in Falten.

»Ich denke, die Damen sollten ins Hotel zurückkehren, und wir machen uns auf den Weg.«

Seine Frau sah ihn an. »Glaubst du, wir sind im Hotel sicher? Ehrlich gesagt, wäre ich lieber bei dir.«

Joshua nahm ihre Hand und drückte sie vertrauensvoll. »Meine Liebe, das halte ich nicht für eine gute Idee. Der Verbrecher von heute nachmittag ist für eine Weile außer Gefecht, da kannst du sicher sein.« Wie als ob er Bestätigung für seine letzten Worte suchte, sah er Königshofer an. Dieser nickte zuversichtlich, obwohl er sich innerlich fragte, ob Geldermann mit dieser Einschätzung der Situation so richtig lag.

»Ihr geht zurück in das Appartement. Franz und ich erledigen noch einen Besuch.«

Mit einem sorgenvollen Blick in den Augen erwiderte Alicia: »Wohin geht ihr?«

Ihr Mann zuckte mit den Schultern. Es war dunkel geworden. Gedankenverloren schaute an den Wänden der schönen Altbauten hinauf. Er seufzte. »Wenn ich das wüßte.«

»Laß sie, Alicia«, warf Sabina Königshofer ein. »Ich glaube, wir haben für heute genug gehört. Mir ist auch nicht wohl bei all diesen Dingen, aber ich muß zugeben, ich hatte einen harten Tag und bin müde.«

Dankbar warf ihr Geldermann einen Blick zu. »Da hörst du es. Sabina hat Recht. Wir sind auch bestimmt bald wieder da.«

Resigniert schloß seine Frau die Augen. »Wenn ihr meint, von mir aus. Ich werde ja hier eh überstimmt. Nur bitte, setzt euch keinen Gefahren aus.« Sie schaute die beiden Männer abwechselnd an. Mit einem unschuldigen Dackelblick schüttelten beide den Kopf.

»Keine Sorge«, sagten sie wie aus einem Mund.

Jetzt mußten die beiden Frauen doch lachen, so ernst die Situation auch war. Sabina sah erst ihren Mann, dann Professor Geldermann an. »Wißt ihr was? Wir glauben euch kein Wort. Aber laßt es mich so ausdrücken, wir möchten euch wiedersehen. Ist das angekommen?«

Die Männer nickten wortlos. Nach einem Winken kam die Kellnerin und brachte die Rechnung. Sie bezahlten, und kurz darauf gingen die Ehepaare zurück zum Hotel. Beim Abschied war die Sorge in den Augen der beiden Frauen nicht zu übersehen. Sie gaben ihren Männern einen zärtlichen Kuß und verschwanden in der Hotelhalle. Königshofer und Geldermann blieben alleine auf der Straße zurück.

»Was nun?«, wollte der Geologe wissen und holte tief Luft.

Sein Freund hob den Koffer leicht an und sagte: »Wir gehen in die nächste etwas dunkle Gasse und machen ihn auf. Die Kugel wird uns den Weg weisen. Mal sehen, wo es hingeht. Ich will nur nicht mehr Auto fahren. Nach zwei Bier keine gute Idee. Wo auch immer das Ziel liegt, wir nehmen Bus oder Taxi.«

»OK, ich stimme dir zu.« Königshofer drehte sich um und bog an der nächsten Ecke links ab. Er war auf dem Weg zum alten Krankenhaus. Dort gab es bestimmt eine dunkle Ecke, in der sie den Koffer öffnen und die Kugel befragen konnten. Auf offener Straße war dies schlecht möglich.

Nachdem sie durch das große, gebogene Tor geschritten waren, schlugen sie den Weg nach links ein. In der Ferne saßen die Menschen in den Biergärten, lachten, erzählten sich die täglichen Geschichten und genossen die gute, heimische Küche. Die beiden Professoren schritten die Häuserfassade entlang und blieben in der letzten hinteren Ecke stehen. Das alte Krankenhaus war viereckig gebaut und bot einigen Schutz vor zu neugierigen Blicken. Geldermann sah sich kurz um, kniete nieder und öffnete den Koffer. Sofort schwebte die Kugel ein paar Zentimeter heraus, so als ob sie auf ihre Freiheit gewartet hatte. Der Professor steckte seinen Finger hinein und wartete. Nach einer Weile sah er seinen Freund mit weiten Augen an.

»Jetzt weiß ich, was du heute Nachmittag meintest. Es ist unglaublich.« Er machte eine Pause, »Franz, wohin soll das führen? Wir sind doch keine Alien-Jäger.«

Königshofer schüttelte den Kopf. Sein Gesicht war im fahlen Licht der etwas weiter entfernten Laternen schwer zu erkennen. Nur das aus dem Inneren der Kugel scheinende Licht erhellte ein wenig seine Konturen. »Ich weiß es nicht, Joshua. Ich denke nur, wir sollten dem Weg der Kugel folgen. Sie versucht uns etwas mitzuteilen. Etwas Wichtiges vielleicht. Vielleicht hat es mit dem Verschwinden von Nermina zu tun.«

Es kam ein leichter Wind auf, die Bäume raschelten und Geldermann zog seinen Finger aus der Kugel. »Gut, laß uns gehen, wir wissen, wohin die Kugel uns führen will, es ist gar nicht weit.«

»Woher willst du das wissen?«

Der Philosophieprofessor grinste, während er den Koffer zuklappte. »Ganz einfach, ich kenne die Stadt besser als du.« Er bewegte die Kugel mit einer sanften Bewegung in seine Jackentasche. Wie er schon vorher beobachtet hatte, wurde der Stoff nicht naß. Auf diese Weise hatte er jederzeit die Gelegenheit, seinen Finger hinein zu stecken, um vielleicht doch noch den Weg korrigieren zu lassen. Aber er hatte eine ziemlich genaue Vorstellung, wohin es gehen sollte. Gemeinsam verließen die Freunde das alte Krankenhaus und bogen nach rechts ab. Nach rund einhundert Metern kam eine Ampel. Sie wandten sich nach links und überquerten die Straße. Danach drehten sie sich nach rechts, überquerten die Straße an der gegenüberliegenden Ampel erneut. Geldermann ging voraus, vorbei an mehreren Supermärkten, einer Drogerie und einer Bank. An einem Kiosk blieb er kurz stehen, orientierte sich und bog nach links ab. Sie gingen die kleine Gasse hinauf und blieben an der nächsten Ecke stehen.

»Welche Richtung?«, fragte Königshofer.

»Ist mir nicht so ganz klar, ich meine links.«

Geldermann und Königshofer beobachteten die Straße, schauten die Häuser hinauf, verglichen das reale Bild mit dem von der Kugel in ihren Köpfen erzeugten und gingen schließlich die Gasse links hinunter. Vor einem großen Eingangstor blieben sie stehen. Dieses Bild hatte sich in ihren Gedanken manifestiert. Sie waren am Ziel.

»Hier muß es sein«, meinte Geldermann und betrachtete die gut polierten Klingelknöpfe. »Aber woher sollten wir wissen, welche Wohnung die richtige ist? Wenn überhaupt eine der Wohnungen gemeint war.«

»Ich denke schon, es ist eine Wohnung. Als ich heute morgen im Auto Kontakt zu der Kugel hatte, prägten sich mir eine Eingangstür und ein Treppenhaus ein. Doch ich kann nicht sagen, ob es hier liegt.«

Der Philosophieprofessor war gerade im Begriff, seinen Finger in die Jackentasche gleiten zu lassen, als er spürte, wie die Kugel aus seiner Tasche glitt. An der Hand vorbei, schwebte sie auf das Türschloß zu. Die beiden Freunde beobachteten, wie das wasserartige Gel in die Mechanik eindrang. Im Inneren des Schlosses wand es sich um die Stifte, wurde dabei erstaunlich fest, ahmte die einzelnen Zylinder nach und drückte dagegen. Kurz darauf war ein leichtes Klicken zu hören, und die Tür sprang auf.

»Ist das zu fassen«, murmelte Franz Königshofer und drückte gegen die Tür. Sie ließ sich ohne Probleme öffnen. »Es wäre der Traum für jeden Einbrecher.« Die Wasserkugel hatte sich bereits aus dem Schloß zurückgezogen und schwebte nun dicht neben ihnen her.

Das Eingangshaus war gut gepflegt, weiß getüncht, an der Decke mit Stuck versehen und rund fünf Meter hoch. Die beiden Professoren folgten ein paar Stufen auf der rechten Seite und gelangten in ein Treppenhaus.

»Was meinst du?,« fragte Königshofer. »Erkennst du es?«

»Ja, diese Tür dort paßt zu dem Bild in meinem Kopf.«

Wie auf ein Zeichen hin setzte sich die Wasserkugel wieder in Bewegung und öffnete die Tür der einige Stufen tiefer liegenden Wohnung auf die bekannte Art und Weise. Sie gehörte wohl ehemals zum Dienstbotentrakt. Die in den oberen Stockwerken gelegenen Appartements waren den ursprünglichen Besitzern vorbehalten gewesen. Man lebte feudal in den alten Zeiten.

Vorsichtig öffneten Geldermann und Königshofer die alte Holztür. Die Wohnung sah auf den ersten Blick ziemlich normal aus. Der kleine Flur bog nach links ab, auf der rechten Seite befand sich das Schlafzimmer, gegenüber ein Bad, rechts hinten eine Art Wohnzimmer und geradeaus die Küche. Die beiden Männer gingen durch die einzelnen Räume und nahmen sie genau in Augenschein. Alles schien, wie man es erwarten würde, aber doch – etwas war anders. Das war genau der Punkt: alles *schien*, wie es sein sollte. Diese Wohnung war dekoriert. Es war zwar gut gemacht und würde einem oberflächlichen Beobachter kaum auffallen, aber die beiden Professoren waren es gewohnt, auf die Details zu achten. Dinge lagen nicht einfach herum, als wäre jemand frühmorgens in aller Eile aus dem Haus gestürmt. Sie waren sorgfältig drapiert. Die TV-Zeitung auf dem Wohnzimmertisch ebenso wie die Teller und Töpfe in der Abtropfwanne der Küche. Der Geologe war sich sicher, in dieser Küche war noch nie auch nur ein Spiegelei gebraten worden.

»Was denkst du?«, fragte er seinen Freund, während er den Blick weiter schweifen ließ.

»Vermutlich das gleiche wie du, das alles hier ist nicht echt. Es soll nur echt wirken.« Geldermann hob einen Stapel Zeitungen an und blätterte ihn durch. Die Wasserkugel schwebte stets in der Nähe, machte aber keine Anstalten näher zu kommen.

»Ich geh mal ins Bad«, meinte Königshofer und verschwand. Nach ein paar Minuten kam er wieder zu Geldermann zurück, der sich mittlerweile am Küchentisch niedergelassen hatte.

»Und?« Der Philosophieprofessor sah ihn an.

»Nichts, alles wie erwartet. Zahnbürste, ein Haufen Shampoo, Duschgel, Handtuch, Fön, was man eben so hat. Aber das gleiche Bild wie hier, nichts wurde je benutzt.«

»Was soll das? Warum hat uns die Kugel hierher gebracht?«

»Frag sie doch.«

Geldermann stand auf und bewegte sich auf die Kugel zu, die über der Spüle schwebte. Sie wich zurück. Er sah Königshofer erstaunt an.

»Verstehst du das? Erst führt sie uns hierher, und dann kneift sie.«

Sein Freund dachte nach. »Ich glaube, wir sollen es selbst herausfinden. Den springenden Punkt finden. Vielleicht ist es eine Art Prüfung, ob wir auch würdig und intelligent genug sind, das Geheimnis dieser Wohnung zu erfahren.«

»Hmmm«, machte Geldermann. »Dann laß uns anfangen, ganz systematisch. Wir werden beweisen, daß wir es wert sind.«

Die beiden Männer begaben sich in die angrenzenden Räume und begannen zu suchen. Zwar wußten sie nicht genau wonach, aber das würde sich sicher bald herausstellen. Franz Königshofer sah sich im Schlafzimmer um. Links stand ein großer Schrank aus Kiefernholz, rechts ein Bett, davor ein Fernseher, an der Wand über dem Bett hing ein Regal, und dahinter stand ein kleines Sideboard. Auf dem Wäscheständer hinten links im Raum hingen, vermutlich seit vielen Tagen, trockene Kleidungsstücke. An der gegenüber liegenden Wand befanden sich zwei große Fenster. Königshofer öffnete den

Schrank, fand aber außer ein wenig Wäsche nichts Interessantes. Dann durchsuchte er das Möbel, die meisten Schubladen waren leer. Auch das Sideboard gab nichts her. Sein Blick schweifte über das gemachte Bett, es sah nicht gerade nach häufiger Benutzung aus. Der Geologe legte sich hin. Er wollte nachdenken und seine Gedanken sammeln. Doch es geschah etwas Merkwürdiges. Es war ihm, als erlebe er einen seltsamen Wachtraum irgendwo zwischen Schlaf und klarem Bewußtsein.

Der Raum lag vor ihm. Sein Blick schwebte mitten im Raum. Er sah sich selbst an den Schrank treten und ein bestimmtes Muster auf die Tür zeichnen. Er fuhr die Schnitzereien mit den Fingern entlang. Was genau mit der Tür geschah, konnte er nicht erkennen. *Warum nicht*, dachte er noch, *warum kann ich nicht sehen, was mit der Tür passiert?* Dann *wachte* er auf. Es war irgendwie unwirklich und so schnell vorbei, wie es gekommen war. Er schüttelte heftig den Kopf, als ob er etwas loswerden wollte.

»Joshua«, rief er aufgeregt. »Joshua, komm sofort her, vielleicht habe ich gefunden, wonach wir suchen.«

Der Freund eilte aus der Küche in das Schlafzimmer und stellte den Koffer ab.

»Was ist? Was hast du heraus bekommen?«

»Ich kann es nicht genau sagen. Es war sehr seltsam.« Königshofer berichtete von seinem Erlebnis.

»Ja worauf wartest du noch, mach das, was du im Traum gesehen hast, und wir werden sehen, was passiert.« Der Philosophieprofessor wirkte merklich angespannt. Vielleicht würde sich jetzt das Geheimnis der Wohnung offenbaren. Bisher hatten sie ja nichts gefunden, was ihre Anwesenheit rechtfertigen würde. Auf der anderen Seite, die Wasserkugel war stets in ihrer Nähe. Und das hatte ja auch etwas zu bedeuten. Geldermann achtete auf sie. Während Königshofer damit begann, die Zeichen aus seinem Traum nachzumalen, schwebte sie direkt neben ihm. Sanft glitt er mit seinen Fingern die Oberfläche der Tür entlang. Plötzlich vernahmen die beiden Freunde ein kurzes Rumoren im Schrank.

»Was war das?«, wollte Geldermann wissen.

»Keine Ahnung«, erwiderte Königshofer. Vorsichtshalber hatte er die Hände vom Schrank entfernt.

»Hat sich was verändert?« Geldermann klang ungeduldig

»Nein, ich glaube nicht. Aber ich werde den Schrank aufmachen, so zumindest habe ich es in dem Traum gesehen.«

Königshofer griff beherzt nach dem Knauf der rechten Schranktür und öffnete sie. Wo vorher ein paar Schubladen zu sehen waren, tat sich nun eine völlig neue Welt auf. Mit einem leichten Surren fuhren verschiedene Konsolen aus dem Schrank heraus. Die beiden Männer traten etwas erschrocken zurück.

»Mein Gott«, hauchte Geldermann, »hat das mit den Überraschungen denn nie ein Ende? Was soll das nun wieder?«

»Keine Ahnung«, antwortete sein Freund. »Ich vermute, es wird sich alles klären. Auf jeden Fall hat es einen Grund, daß wir hier sind. Wir sollen etwas damit machen.« Er deutete dabei auf den Schrank.

Mittlerweile waren die Monitoren innerhalb der Konsolen aufgeflammt und zeigten verschiedene Bilder. Die beiden Professoren untersuchten die Darstellungen eingehend. Einer der Bildschirme zeigte die Mondoberfläche. Der Blick der Kamera erfaßte einen großen Bereich vor der Station. Auf ihm war ein Mensch zu erkennen, der sich der großen Felswand näherte. Der andere Monitor projizierte eine Sternenkarte mit verschiedenen blinkenden Punkten. Einer davon schimmerte rötlich. Die Schriftzeichen neben den Darstellungen waren für Geldermann und Königshofer nur vage zu deuten. Einige der Symbole erkannten sie wieder, sie glichen denen auf der Anzeige des kleinen Geschichtenfinders.

»Was soll das?«, fragte Geldermann.

Der Freund legte den Kopf schief und betrachtete die Anzeigen. »Ich kann es dir nicht sagen, aber so wie es für mich aussieht, haben wir zwei Probleme gleichzeitig. Eines in der *gewissermaßen* näheren Umgebung, eines sehr, sehr weit weg.«

18

Marc hatte das Schiff verlassen und die großen Teile, die er zur Reparatur des Schiffes benötigte, auf die Wiese gelegt. Mit Hilfe eines kleinen Schwerkraftabsorbers bewegte er sie den Rumpf hinauf, wo sie sich in die richtige Position einpaßten und mit der Hülle verschmolzen. Ein Teil nach dem anderen wanderte an die vorbestimmte Position, und die häßlichen Löcher schlossen sich zusehends. Bald würde das Raumschiff wieder seine volle Reisetüchtigkeit zurückerhalten.

Nermina saß in der Kommandozentrale und blickte auf die Monitoren. Immer wieder ließ sie die Kameraposition wechseln. Marc von dieser Seite, Marc von einer anderen. Nach einer Weile ertappte sie sich dabei, nicht mehr so sehr auf die ihn umgebenden potentiellen Gefahren zu achten, sondern lediglich auf den Außerirdischen selbst. Er verwandelte sich in dem sicheren Bewußtsein, von Nermina beobachtet zu werden nur zuweilen in seine normale Gestalt. Meistens arbeitete er als Mensch. Die junge Erdenfrau liebte seine grazilen Bewegungen. Waren sie antrainiert oder Bestandteil seiner nicht irdischen Herkunft? Sie konnte es nicht genau sagen. In jedem Falle aber verflog die Langeweile mit jeder neuen Platte, die er in Position brachte. Sie dachte an ihr Zuhause. Würde sie dort doch auch einmal einem solchen Mann begegnen. Sicher, er würde nicht das Flair eines Außerirdischen haben, aber vielleicht könnte er die Anmut der Bewegungen besitzen oder einen ähnlichen Körperbau. Sie mußte grinsen. *Nermina, nun spinnst du,* dachte sie. Mit einem Gedanken an die Kugeln schaltete sie eine der Kameras auf die nähere Umgebung des Schiffes. Sie betrachtete den bunten Wald, konzentrierte sich auf die Ränder mit der angrenzenden Wiese. Auf einmal sah sie genauer hin. Täuschte sie sich, oder hatte sich dort etwas verändert? Mit wechselnden Blicken, immerhin mußte sie ja noch Marc überwachen, nahm sie die Monitoren in Augenschein. Irgendwie erschien ihr der Rand des Waldes anders als direkt nach der Landung. Es war ihr, als läge er nun näher am Schiff als vorher. Sie ließ eine der Kugeln neben sich erscheinen und gab ihr einen Befehl. Binnen weniger Sekunden erhellte ein Bild, welches kurz nach der Landung gespeichert worden war, den Monitor. Es stimmte. Der Waldrand sah ähnlich aus, war aber weiter von Schiff entfernt. Sie beschloß, Marc darüber zu unterrichten. Er würde wissen, was zu tun wäre.

Ihre Gedanken formulierten die Worte. Angestrengt blickte sie auf einen der Schirme, nicht sicher, ob der Außerirdische sie verstehen würde.

»Marc, melde dich bei mir, ich habe etwas gesehen und weiß nicht, ob es wichtig ist.«

Beinahe augenblicklich vernahm sie seine Antwort in ihrem Kopf. Es war schon seltsam, auf diese Art zu kommunizieren. »Was ist? Was hast du gesehen?«

Nermina sah auf den Monitor mit dem Waldrand. »Kannst du durch meine Gedanken dieses Bild sehen?«, wollte sie wissen.

»Ja, kann ich, was ist damit?«

Auf dem auf Marc geschalteten Monitor war von der Kommunikation der beiden nichts zu sehen. Der Außerirdische arbeitete ruhig weiter und hob gerade eine neue Platte an den Rand des Rumpfes.

»Der Wald, irgend etwas ist mit ihm. Er ist jetzt näher am Schiff als zum Zeitpunkt unserer Landung. Warte, ich zeige dir den Vergleich.«

Sie steckte den Finger in die neben ihr schwebende Kugel, und augenblicklich wechselte das Bild auf dem Schirm. Sie blickte es angestrengt an, wechselte dann zurück in das Livebild.

»Siehst du was ich meine?«, fragte sie in Gedanken.

Die Antwort kam augenblicklich. »Ja, ich sehe es. Mach dir im Augenblick keine Sorgen. Das kann eine ganz natürliche Erscheinung sein. Denk immer daran, der Wald, den du siehst, mag etwas völlig anderes sein als ein Wald auf der Erde.«

»Na toll«, erwiderte sie. »und wie soll ich nun wissen, ob er eine Gefahr darstellt?«

Auf dem Monitor befestigte Marc gerade eine neue Platte und hatte einige Mühe, sie an die richtige Stelle zu bewegen. »Laß das Schiff eine Messung vornehmen, wie schnell der Waldrand sich auf das Schiff zubewegt. Dann können wir entscheiden, ob er eine Bedrohung ist oder nicht. Behalte es im Auge. Ich werde auch nicht mehr lange brauchen, es sind nur noch ein paar Platten übrig, dann ist der Rumpf wieder intakt.«

Nermina tat, wie ihr geheißen und befahl der Wasserkugel, die Entfernungsmessung in Bezug auf die Zeit seit ihrer Ankunft vorzunehmen. Nach wenigen Augenblicken kam das Ergebnis, und es überraschte Nermina nicht wenig. Der Computer konnte keine Änderung der Entfernung zwischen Waldrand und Schiff feststellen. Wie konnte das sein? Sie ließ die Berechnung ein weiteres Mal durchführen. Das gleiche Ergebnis. Auf den Bildern des Monitors war eindeutig eine Veränderung festzustellen.

»Marc, ich habe hier etwas sehr Seltsames festgestellt«, rief sie ihn in Gedanken.

»Was?«, war die Antwort in ihrem Kopf zu vernehmen. Täuschte sie der Eindruck oder *klang* Marcs Erwiderung wirklich etwas besorgt? Konnte ein Gedanke überhaupt besorgt *klingen*?

Nermina blickte auf den Monitor mit den Ergebnissen der Messung. »Siehst du das? Der Computer erkennt keine Veränderung. Laut ihm gibt es keine Annäherung des Waldes. Die Entfernung zum Schiff bleibt immer gleich.«

Es dauerte einen Moment, bis die Antwort in ihrem Hirn aufblitzte. Auf dem Monitor beobachtete sie Marc, der auf die Außenhülle gestiegen war, um den Wald mit einem Blick in Augenschein zu nehmen. Ihm erschien er ebenfalls näher als vorhin. Aber wie konnte das sein? Seine Gedanken kreisten intensiv um dieses Problem. Dann begann er zu lächeln, eine Idee begann sich zu formen. »Nermina, ich sehe den Wald auch näherkommen. Wenn der Computer es nicht feststellen kann, dann vermutlich deswegen, weil es in Wirklichkeit gar nicht stattfindet.«

Die junge Frau blickte auf den Bildschirm, der Marc zeigte. Ihr Blick verriet totales Unverständnis. »Was meinst du damit? Entweder es findet statt oder nicht. Ich sehe es doch, das Schiff kann es optisch aufzeichnen.«

»Warum das Schiff es aufzeichnen kann und trotzdem nichts mißt, ist mir im Augenblick auch ein Rätsel. Darum kümmern wir uns später. Ich bin allerdings der Meinung, es findet nicht statt. Insofern verlasse ich mich auf die Messung. Trotz allem, ich werde mich beeilen.« Marc machte sich auf den Weg zu einer der letzten Platten.

Was ein Blödsinn, dachte sie und betrachtete erneut den Waldesrand. Die bunten Bäume lagen im strahlenden Sonnenlicht und bewegten sich leicht im Wind. Eigentlich waren sie wunderschön anzusehen. Und doch stellten sie, zumindest in Nerminas Wahrnehmung, eine Bedrohung dar. Es war sichtbar, sie kamen näher, also mußte es auch stattfinden. Sonst würde sie es doch nicht sehen. Da konnte der Computer messen, was er wollte. Ihn jedoch zu fragen, wann der Wald das Schiff erreichen würde, war sinnlos. Er konnte die Annäherung ja noch nicht einmal feststellen. Verflixt, ein Teufelskreis. Sie wandte ihren Blick vom Wald ab und sah wieder Marc zu, wie er die restlichen Platten befestigte. Es dauerte nicht mehr allzu lang, und Marc kehrte an Bord zurück. Auf dem Monitor beobachtete Nermina genau, wie er den Eingang zum Schiff von außen öffnete. Die Treppe fuhr, wie damals auf der Mondstation, heraus und ließ ihn eintreten. Sie merkte sich die Prozedur genau.

Wenige Augenblicke später saß der Außerirdische auf einer der Wasserliegen neben ihr.

»Na, hast du alles genau gesehen?«, wollte er wissen.

»In der Tat, du hast es gut gemacht. Zumindest sieht es so aus. Ist das Schiff jetzt wieder voll funktionstüchtig?« Sie ließ den Blick durch die Kommandozentrale schweifen, als suche sie auf den Bildschirmen die Antwort auf ihre Frage.

»Ja«, erwiderte Marc, »soweit ich den Messungen glauben kann, sind alle Systeme in Ordnung.« Während sie sprachen, steckten seine Tentakel in einer ganzen Reihe von Wasserkugeln, die sich rund um ihn herum in der Luft gebildet hatten. Immer wieder lösten sie sich von seinen Händen und schwebten in die Konsolen zurück. »Der Innenraum wurde durch die bordeigenen Reparaturmechanismen wieder instand gesetzt. Wir sollten also bald starten können.«

Nermina setzte sich senkrecht auf. »Moment, erst will ich noch aussteigen. Schon vergessen, du hast es mir versprochen.« Ihre Augen funkelten ihn mit wilder Entschlossenheit an.

»Nein, meine Liebe, ich habe es nicht vergessen. Doch auch du solltest dich daran erinnern, daß du vor nicht allzu langer Zeit eine Gefahr in unserer Umgebung entdeckt hast. Der Wald nähert sich, zumindest sieht es so aus. Da kann ich dich schlecht rausgehen lassen.«

Die junge Studentin schlug enttäuscht die Augen nieder. Sie hatte es zwar selbst entdeckt, im Eifer des Gefechtes jedoch verdrängt. Zu groß war der

Wunsch, die Oberfläche des fremden Planten selber zu betreten. Doch nun war ihre Neugier übermächtig. Sie sah ihn herausfordernd an. »Zugegeben, ich hab das nicht bedacht. Aber hast du nicht gesagt, dir schwebe eine Lösung vor? Warum kann es der Computer, ebenso wie ich, sehen, aber nicht messen?«

Marc stand auf und begab sich an eine der Konsolen im linken Teil der Zentrale. »Warte, ich will nur schnell meine Theorie überprüfen. Wenn sie stimmt, dann erkläre ich dir alles.«

Sie schwieg und ließ ihn arbeiten. Es dauerte ein paar Minuten und der Außerirdische kam zu seinem Platz zurück. »Ich hatte Recht, es stimmt beides. Sowohl deine Beobachtung als auch die Messung.«

»Aber wie kann...«, begann sie.

Er lächelte. »Ganz einfach. Hast du schon einmal in ein Aquarium geschaut? Oder warst du mal in deinen Ozeanen tauchen?«

Nermina dachte nach, kam aber beim besten Willen nicht auf Marcs Gedanken. »Ja klar, ich kenne Aquarien und Schnorcheln war ich auch. Aber was hat das mit...« Sie brach ab und dachte nach. Eine Idee formte sich in ihrem Hirn. Konnte das möglich sein? Vielleicht, immerhin waren sie 100 Millionen Lichtjahre von der Erde entfernt. Hier draußen konnte alles möglich sein.

Marc sah sie schmunzelnd an. Er hatte ihre Gedanken längst erfaßt. »Ganz genau, die Idee in deinem Kopf ist richtig.«

Nermina bedachte ihn mit einem mißbilligenden Blick. »Du liest meine Gedanken«, grummelte sie mürrisch.

Der Außerirdische strich ihr sanft über die Wange. »Nein, Nermina, ich habe dir versprochen, nicht in die Privatsphäre deines Kopfes einzudringen. Daran halte ich mich. Aber ich merke, wenn du dich öffnest. Deine Idee sprudelt förmlich aus dir heraus. Ehrlich gesagt, dazu braucht man noch nicht mal die Fähigkeit, Gedanken lesen zu können.«

Sie blickte verschämt zu Boden. »Na, wenn ich so ein offenes Buch bin...«

Marc sah sie an, und ihre Augen begegneten den seinen. »Was dagegen?«

»Manchmal«, sagte sie leise.

»Nun gut, wie gesagt, ich nehme nur auf, was du sowieso versprühst. Wie auch immer, du hast Recht. Die Dichte der Atmosphäre dieses Planeten ändert sich mit der Sonneneinstrahlung. Es ist der gleiche Effekt wie unter Wasser. Dort erscheinen die Dinge auch rund 25 Prozent größer, als sie in Wirklichkeit sind. Wir sind es gewohnt, die Dinge, die wir sehen, in Bezug zu einer gelernten Entfernung zu setzen. Du hast das Entfernungsgefühl der Erde. Wenn etwas in einem normalen Licht erscheint, ist es auch normal weit weg. Was du nicht gewohnt bist, ist die Tatsache, daß diese Sichtweise sich schleichend verändert, weil es das bei dir nicht gibt. Bei uns übrigens auch nicht.

So scheint sich der Wald zu nähern, tatsächlich verändert sich nur die Dichte der Atmosphäre. Wir merken das nicht, weil wir die Anzüge anhaben. Der Wald bleibt an Ort und Stelle. Deswegen kann der Computer es optisch aufzeichnen, nicht jedoch messen. Es gibt schlicht nichts zu messen. Es ist wie mit der Sonne auf der Erde. Morgens und abends, wenn sie über dem Horizont steht, sieht sie größer aus als mittags im Zenit.«

»Das heißt, ich kann raus?« Nermina sprang von ihrer Liege auf. Vergessen waren die Sorgen um den Waldrand.

Marc seufzte. »Ja, du kannst raus. Nimm einen der Anzüge, und ich werde dich beobachten. Aber entferne dich nicht zu weit vom Schiff, hörst du.«

Sie war schon durch die Tür, und seine Warnungen hallten entfernt in ihren Ohren. Ja, natürlich würde sie vorsichtig sein. Wie sollte sie ihm sonst beweisen, daß sie kein Dummchen war, sondern eine ernst zu nehmende Frau vom Planeten Erde. Zudem eine, die sich ihrer Verantwortung und Bedeutung als erste Frau auf einem fremden Planeten durchaus bewußt war. Dem mußte sie Rechnung tragen.

Wenige Minuten später hatte sie einen der Schutzanzüge umgeschnallt, den blauen Energieschimmer beobachtet, wie er sich um sie legte und stand nun vor der Treppe, die auf dem Rasen der Wiese endete. Vorsichtig schritt Nermina die Stufen hinunter. Auf der untersten blieb sie stehen. Ihr Atem ging schnell. Erst jetzt wurde ihr die Tragweite dieses letzten Schrittes vollkommen klar. Unwillkürlich mußte sie an Neil Amstrong denken, den ersten Menschen auf dem Mond. Egal, ob er nun tatsächlich dort war oder nicht. Die ganze Welt hatte damals zugeschaut. Er hatte die richtigen Worte für diesen Moment. Verzweifelt suchte sie in ihrem Gehirn nach etwas Passendem. Doch es fiel ihr nichts ein. Auch schaute niemand zu, sie war ganz allein. Schade eigentlich, ein so großartiger Augenblick hätte ein paar mehr Zuschauer verdient gehabt. Auf der anderen Seite, es war kein Druck vorhanden, niemandem mußte sie etwas beweisen. Mit einem langen Blick nahm sie die vor ihr liegende Landschaft in sich auf. Sie war wunderschön. Die bunten Farben leuchteten in Wirklichkeit viel intensiver als auf den Monitoren. Der Waldrand schien tatsächlich näher an das Schiff zu kommen, sie wußte, es war nur eine optische Täuschung. Würden hier Lebewesen existieren, für sie wäre es normal. Auf einmal dachte sie wieder an diese seltsame Eigenschaft des Planeten. Warum gab es keine Tiere? Keine intelligenten Kreaturen, keine Städte, nichts? Dabei bot der Planet doch offensichtlich alle denkbaren Voraussetzungen. Selbst auf der Erde fand Leben noch in der letzten Nische statt. Sie würde versuchen, diesem Geheimnis auf die Spur zu kommen.

Plötzlich entsprang ihrem Hirn doch noch ein bedeutender Satz für diesen wichtigen Moment. *Für mich – und für meinen Stern,* dachte sie, lächelte und setzte den ersten Fuß auf die Oberfläche eines Himmelskörpers, der 100 Millionen Lichtjahre von ihrem Dorf entfernt war.

Der Boden fühlte sich weich an. Sie bückte sich und berührte das Gras. Es war nicht so hart wie das auf der Erde. Eher wie sanftes Haar. Vorsichtig streichelte sie die leicht biegsamen Halme. Ob Marc mit der gleichen Bewunderung auf diesem Planeten gelaufen ist? Vermutlich nicht. Sie nahm an, für den Außerirdischen war das normal. Vorsichtig bewegte sie sich vom

Schiff weg, kam unter dem Rumpf hervor. Vor ihr breitete sich die ganze Schönheit der Landschaft aus. In der Ferne erstreckte sich eine Gebirgskette. Sie war ihr beim Überflug gar nicht aufgefallen. Ebensowenig hatte sie die Berge auf den Monitoren wahrgenommen. Oder war es nur eine erneute optische Täuschung? Waren die Berge ebenso nah gekommen wie der Waldrand? Sie schüttelte den Kopf. Vermutlich hatte sie sie lediglich übersehen. Auf der anderen Seite, ein Gebirge übersehen? Wie konnte ihr das passieren? Dieser Planet barg ein ganz besonderes Geheimnis. Nermina schritt ein paar Meter weiter auf die Wiese hinaus. Der Boden fühlte sich immer noch sehr sanft an. Fast, als ginge man auf der Erde in einem Morast. Die junge Philosophin blickte um sich und dachte nach. Geheimnis, das klingt immer gleich so theatralisch. Wenn sie dem gedanklichen Weg folgte, den ihr Marc auf dieser Reise gewiesen hatte, vielleicht war es gar kein Geheimnis, vielleicht war es für diesen Planeten einfach nur normal. Dinge bildeten sich, wurden sichtbar, verschwanden wieder. In einiger Entfernung gab es ein paar Blumen, die wollte sie näher untersuchen. Langsam und vorsichtig ging sie auf die Stelle zu. Es waren wunderschöne Blüten, voller Farben und, tja, den Duft konnte sie nicht feststellen. Der Anzug aus Energie verhinderte jedes Eindringen eines Moleküls von außen. Sie seufzte. Zu gerne hätte sie an den Blumen gerochen. Aber sie wußte, es war zu gefährlich. Durch die Blumen ging sie weiter auf den Waldrand zu. So neugierig war sie. Der Wald barg etwas Faszinierendes. Erneut durchströmte sie der Gedanke an den Geruch. Auf der Erde hatte der Geruch der Dinge etwas durchaus Bedeutendes.

»Marc«, formulierte sie einen Gedanken an den Außerirdischen, »kann ich den Anzug für einen Moment abschalten? Ich möchte diesen Planeten riechen, seine Luft spüren.«

In der Kommandozentrale des Schiffes glitten Marcs Tentakel über die Konsole, an der er Nermina keine Sekunde aus den Augen ließ. Nach einigen Augenblicken wandten sich seine Gedanken der Erdenfrau zu.

»Ich glaube, es besteht keine Gefahr. Die Zusammensetzung der Gase in der Atmosphäre ist ebenso unbedenklich wie deine momentane Umgebung. Keine gefährlichen Zusammensetzungen der Moleküle. Du kannst den Anzug abschalten. Aber bitte nur für eine kurze Zeit. Wir wollen kein Risiko eingehen.«

»OK, ich will nur die Luft riechen, sonst nichts, dann schalte ich ihn sofort wieder ein.«

Nermina langte mit ihren schlanken Fingern auf den Rücken und betätigte den Schalter, welcher die Rucksackapparatur außer Betrieb setzte. Sie hielt die Luft an. Zum ersten mal würde sie die Luft eines fremden Planeten atmen. Wie weit hatte sie die Aufforderung ihres Professors, ein simples Buch zu lesen, schon gebracht? Dann atmete sie tief durch. Und war zutiefst erstaunt. Sie ging zu den Blumen zurück, brachte ihre Nase nah an eine der Pflanzen und roch daran. Verwirrt erhob sie sich und blickte Richtung Schiff. Es war zu ihrer Überraschung schon erstaunlich weit entfernt.

»Marc«, begann sie. »Marc, es riecht nach nichts. Wie kann das sein? Kann meine Nase die auf diesem Planeten vorkommenden Moleküle nicht wahrnehmen?«

Sofort vernahm sie die Gedanken des Außerirdischen in ihrem Gehirn. »Doch, sie sollten es können. Warum du nichts riechst, ist mir nicht klar, aber du solltest den Anzug wieder einschalten, sicher ist sicher.«

Nermina tat wie verlangt, griff nach hinten, und gleich darauf wurde sie wieder von dem blauen Energieschimmer eingehüllt. Immer noch erstaunt über die eben gemachte Erfahrung wanderte sie erneut auf den Waldrand zu. Nach einer Weile bemerkte sie, daß sie, obwohl sie lief, dem Wald kaum näher kam. Dieser Planet hatte etwas Sonderbares. Dinge kamen näher, entfernten sich, rochen nach nichts, wie paßte das zusammen?

Indes hatte Marc eine Reihe von Untersuchungen an Bord des Schiffes vorgenommen. Mit einem Greifarm an der Unterseite des Rumpfes holte er ein Stück Erde samt Grashalmen in das Innere. Was ihm die Meßdaten sagten, erstaunte ihn. Dieser Planet hatte einige Eigenschaften, aus denen er nicht schlau wurde. Schon viel hatte er gesehen, doch diese Umgebung gab ihm Rätsel auf. Der Planet schien bis in sein Innerstes sehr variabel zu sein. Das untersuchte Gras zum Beispiel war zwar grün, enthielt aber kein Chlorophyll, wie es normalerweise von grünen Pflanzen zur Umsetzung von Kohlendioxyd, Wasser und Licht in Nährstoffe gebraucht wird. Wozu also die Farbe? Zudem veränderten sich die Grashalme rapide. Wären es halbwegs ordinäre Pflanzen, wie sie auf vielen Planeten vorkamen, würden sie welken. Doch dieses Gras zerfiel einfach. Es löste sich in seine Bestandteile auf und bildete eine Art Schleim. Ebenso erging es Marc mit den Proben der Erde, die er sorgfältig vom Gras getrennt hatte. Auch sie enthielten keinerlei Nährstoffe, wie es für einen Boden, wie auch immer er geartet war, normal gewesen wäre. Schon nach wenigen Minuten war kaum noch etwas für die Untersuchung übrig. Er hatte eine Idee. Schnell speicherte er alle gewonnenen Daten ab und entließ dann einen Teil des Schleimes über einen Transportschlauch wieder auf die Planetenoberfläche. Den Rest isolierte er in einem Magnetfeldbehälter, einem sehr sicheren Ort für Proben anderer Planeten.

Das Ergebnis überraschte ihn nicht. Binnen Sekunden ging der Schleim in die unter dem Schiff liegende Wiese auf und verformte sich wieder zu Grashalmen. Marc dachte nach. Was hatte das zu bedeuten? Während er die Teile am Schiff anbrachte, hatte er sich nicht weiter um die Beschaffenheit der Oberfläche gekümmert, sie schien normal. Erst Nermina hatte ihn auf die Besonderheiten aufmerksam gemacht. Warum war das Gras kein Gras?

In einiger Entfernung vom Schiff saß Nermina auf der Wiese. Sie hatte es aufgegeben, dem Wald näher kommen zu wollen. Er blieb unerreichbar. Während sie den Rand der Bäume vom Schiff aus beobachtet hatte, war er ständig näher gekommen, nun entzog er sich ihr. Warum? Sie strich über das Gras. In der Nähe floß ein kleiner Bach. Sie sah zu ihm hinüber. Es verwunderte sie nicht weiter, keine Insekten über der Wasseroberfläche schwirren zu sehen. Sie stand auf. Einen fremden Planeten zu erkunden, hatte sie sich auch irgendwie anders vorgestellt. Es war zwar spannend, aber die Realität paßte mit ihrer Vorstellung nicht zusammen. Sie hatte weniger Rätsel erwartet. Auf der anderen Seite, was hatte sie überhaupt erwartet? Vielleicht traf sie der unplanmäßige Besuch auf diesem Planeten auch völlig überraschend. Vielleicht waren ihre Erwartungen nur eine Illusion. Sie dachte nach. Nein, sie konnte nichts erwartet haben. Rational gesehen, war die Beschaffenheit des Planeten exakt das, was zu erwarten gewesen wäre. Ein großes Rätsel. Kein Planet konnte wie die Erde sein, jeder mußte eine einzigartige Geschichte haben, biologisch wie evolutionär. Als sie den Bach erreichte, kniete sie nieder. Das Wasser floß beständig in seinem Bett. Eine Weile betrachtete sie den kleinen Flußlauf. Erwartungsgemäß gab es keine Fische. Sie streckte die Hand aus und berührte die Wellen. Der Anzug verhinderte, daß sie naß wurde und sie hütete sich ihn abzuschalten. Zu groß war die Gefahr, sich mit irgendwelchen exotischen Bakterien zu infizieren. Doch etwas war trotzdem seltsam. Während des Bades in ihrem See hatte sie das Wasser gespürt. Obwohl der Anzug eingeschaltet gewesen war. Den Widerstand der Wellen, die gegen ihr Gesicht schlugen. Es war nicht wirklich der Druck, das hätte der Anzug verhindert, aber etwas war spürbar. Auf eine gewisse Weise ließ die Energie, die einen umgab, die außerweltlichen Eindrücke durch. Das war vermutlich von den Erbauern so gedacht, sonst könnte man ja eine fremde Oberfläche nur schwer erforschen. Zweck der Anzüge war ja wohl, alles mit den eigenen Sinnen erfassen zu können. Die waren oft genauer, weil intuitiver als Instrumente. Bei dem Griff in das Wasser des Baches spürte sie lediglich ein leichtes Kribbeln. Auf jeden Fall war es kein Wasser, wie sie es kannte. Was war es dann? Konnte eine Welt so unterschiedlich zu ihrer eigenen sein? Anscheinend war das der Fall. Sie war erstaunt. So also präsentierte sich ihre erste Forschungsarbeit. Nie hätte sie gedacht, dies zu erleben, als ihr Professor Geldermann das Buch übergab. Und sie hatte begriffen, was Philosophie mit Wissenschaft zu tun hatte. Es eröffnete den Horizont für neue Ideen. Ideen, die alleine schon in ihrer Welt dringend gebraucht wurden. Das unkonventionelle Denken wurde nicht immer sofort belohnt, letztendlich setzte es sich aber durch. Gerade jetzt, wo die Erde unter einem Klimaproblem litt, waren vielleicht philosophische Gedankengänge vonnöten.

Nermina griff nach einem Stein im Bachbett. Er fühlte sich zumindest wie ein Stein an. Als sie ihn herausholte, stellte sie jedoch eine Besonderheit fest. Er war trocken. Das konnte ihrem Erfahrungsschatz nach nicht sein. Ein Stein, den sie kurz zuvor aus dem Wasser geholt hatte, konnte nicht trocken sein. Er mußte naß sein. Sie betrachtete ihn genau, kein Tröpfchen Wasser war an ihm haften geblieben. Was hatte das alles zu bedeuten? War es einfach normal auf diesem Himmelskörper? Hatte es einen bestimmten Zweck? Andere Welten zu entdecken, war schon seltsam.

Marc saß vor seinen Monitoren und analysierte die Ergebnisse der Untersuchungen. Er hatte viel Erfahrung mit Exoplaneten, aber so etwas war ihm noch nie untergekommen. Es stimmte einfach nicht. Keines der Ergebnisse machte Sinn. Außer einem einzigen. Und dies war nicht besonders beruhigend.

»Nermina, hörst du mich?«, fragte er in Gedanken.

»Ja«, kam sofort die Antwort.

Marc sah auf den Monitor. Nermina war ein gutes Stück vom Schiff weg. Er schätzte die Entfernung auf rund 800 irdische Meter.

»Nermina, etwas stimmt auf diesem Planeten nicht. Ich kann es nicht erfassen, deswegen möchte ich, daß du zum Schiff zurückkehrst.«

»Besteht eine Gefahr?«, wollte sie wissen. Marc konnte beobachten, wie sie sich am Rand des Baches erhob und Richtung Schiff blickte.

»Nicht direkt«, erwiderte er, sich nicht sicher, ob er wirklich die Wahrheit sagte. »Ich möchte dich nur mehr in der Nähe des Schiffes wissen.«

»Kein Problem, ich komme zurück. Ich habe einige erstaunliche Entdeckungen gemacht.«

Der Außerirdische wurde hellhörig. »Was?«, wollte er wissen.

Während Nermina langsam auf das Schiff zuging, antwortete sie: »Ich kann es nicht genau sagen, die Dinge sind nicht so, wie sie sein sollten. Aber das kann auch an meiner mangelnden Erfahrung mit fremden Planeten liegen.«

»Erklär das genauer«, meinte Marc.

»Na ja, Wasser ist nicht Wasser, nichts wird naß, der Wald läßt sich nicht erreichen, und Steine bleiben trocken. Ist das so auf fremden Planeten?«

Marc stützte seinen Kopf auf die Tentakel und betrachtete die junge Frau. Er sah keinen Sinn darin, im Schiff, ohne Nermina in seiner Nähe, eine menschliche Gestalt anzunehmen. »Es gibt oft auf fremden Planeten viele zunächst seltsame Erscheinungen, doch sie machen meistens einen Sinn. Was du erfahren hast und ich gemessen habe, ergibt nur einen einzigen Sinn und deswegen möchte ich, daß du zurückkehrst.«

»Besteht Gefahr?«, fragte sie unruhig.

»Ich weiß es nicht«, erwiderte Marc. Irgendwie hatte Nermina den Eindruck, als ließen sich Sorgen in Gedanken ausdrücken. Sie ging schneller.

Plötzlich spürte Marc ein Zittern durch das Schiff gehen. Zugleich lösten sich eine ganze Reihe von Kugeln aus der Kommandokonsole. Sie umschwärmten ihn. So schnell konnte der Außerirdische nicht reagieren. Aber er wußte, was es bedeutete. Das Schiff startete selbständig den Antrieb. So etwas geschah nur in einem absoluten Notfall. Er steckte seine Tentakel in jede Kugel, die in seiner Reichweite war. Die Erkenntnisse waren erschreckend. Plötzlich erkannte er, was all die seltsamen Erkenntnisse zu bedeuten hatten. Er war auf der richtigen Spur gewesen. Schon einmal hatte der Besuch eines solchen Planeten fast in einer Katastrophe geendet.

»Nermina, lauf. Lauf so schnell du kannst«, formten seine Gedanken die Worte.

Die junge Frau sah in der Ferne das Schiff abheben. Sie wußte nicht warum, begann aber zu rennen.

»Marc, warte auf mich, was ist los?«, schrien ihre Gedanken. »Nicht wegfliegen.«

»Ich kann nichts machen, es ist ein Notfallprogramm«, hallten seine Gedanken in ihrem Kopf wider. »Aber ich komme dir entgegen.«

Auf dem Monitor sah Marc, wie sich hinter Nermina eine Erdspalte auftat. Sie verfolgte die junge Frau – und sie war schneller.

»Lauf, Nermina, lauf, so schnell du kannst«, riefen seine Gedanken. Die mächtigen Antriebsaggregate zündeten mit einem kraftvollen Energieausstoß. Das Schiff kippte mit einer gewissen Eleganz nach vorne und steuerte auf die Frau zu.

Nermina rannte, sah das Schiff auf sich zukommen. Zwar wußte sie nicht, warum die Situation plötzlich so eskalierte, aber sie hatte panische Angst.

Die Erdspalte verfolgte sie. Marc versuchte verzweifelt, das Schiff mit der immer noch offenen Luke über ihr in Stellung zu bringen. Doch es war zu spät. Die Erdspalte hatte sie bereits erreicht. Der Boden tat sich unter ihr auf, und Nermina fiel hinein. Ihr Körper wurde förmlich von dem Planeten verschlungen.

»Marc«, hörte er ihre Stimme in seinem Kopf. »Marc, hilf mir.«

»Ich bin bei dir, keine Angst, niemand kann dir etwas anhaben, solange der Anzug dich schützt.«

Es wurde dunkel um sie herum. Der Riß im Erdreich schloß sich, sobald Nermina darin verschwunden war.

»Nermina, hörst du mich?«, fragte der Außerirdische sorgenvoll.

»Ja, aber irgendetwas geschieht mit mir, ich habe das Gefühl, als werde ich in den Planeten gesogen. Bleib bei mir.« Ihre Gedanken waren wirr, voller Angst.

»Ich rette dich, keine Sorge, der Anzug schützt dich. Hab keine Angst. Hörst du, keine Angst.«

Marc blickte auf die Monitoren. Abrupt hatte das Schiff gebremst und schwebte nun in ein paar Metern Höhe auf der Stelle. Unter ihm hatte sich die Oberfläche wieder in eine friedliche Wiese verwandelt. Nichts von dem eben Geschehenen war sichtbar. Wie sollte er die junge Frau aus den Fängen des Planeten befreien? Längst war ihm klar, was all dies bedeutete. Und es stellte ihn vor ein großes Problem. Er wußte, womit er zu kämpfen hatte.

»Nermina«, rief er ihren Namen, während das Schiff über der Stelle zu kreisen begann, an der sie verschwunden war.

»Nermina?«

Ihre Gedanken antworteten nicht.

19

Geldermann und Königshofer hatten die Anzeigen der Konsolen eine ganze Weile studiert. Wann immer es Probleme mit der Übersetzung gab, war die Kugel behilflich. Nach einer ganzen Weile begriffen sie, welch gewaltiges Instrument sie entdeckt und nun in ihrer Hand hatten. Dieser kleine Holzschrank verband sie gewissermaßen mit dem gesamten Universum. Es war eine Kommunikationszentrale. Die Professoren hüteten sich, nach dem Heimatplaneten des Außerirdischen zu forschen. Wer weiß, was für Konsequenzen das haben konnte. Statt dessen konzentrierten sie sich auf die direkten Aufgaben. Eine bestand darin, den Verbrecher auf dem Mond nicht sterben zu lassen. Zwar hatte er sie bedroht, das rechtfertigte jedoch nicht einen durch sie selbst verursachten Tod.

Geldermann steckte seinen Finger in die Wasserkugel. Was sollten sie tun? Nach wenigen Augenblicken formten sich in seinem Kopf die notwendigen Gedanken. Er erkannte, es gab mehr auf dem Mond zu entdecken als seine reine Oberfläche, auf der ein Mensch umherirrte. Es gab im Inneren der Berge eine Station. Darüber hinaus konnten sie das Verhalten der Mondstation von dieser Wohnung aus steuern.

»Was wollen wir machen?«, fragte Königshofer.

Geldermann zog den Finger aus dem wasserartigen Gel heraus und dachte nach. »Wenn wir nichts unternehmen, verhungert, oder verdurstet er, das können wir nicht verantworten. Mein Vorschlag wäre, ihn in der Mondstation festzusetzen. So lange, bis wir einen Weg finden, ihn dort wieder herauszuholen und ihn der Polizei zu übergeben.«

»Und wie willst du das machen?«

»Keine Ahnung, aber ich kenne jemanden, der uns hilft.« Der Professor grinste, und wie gerufen schwebte die Wasserkugel wieder dicht neben ihm. Sie war wirklich eine erstaunliche Einheit, wohl darauf programmiert, jede nur erdenkliche Hilfestellung zu leisten. Wie mochte sie nur funktionieren? Und warum stand sie einem Erdenmenschen zur Verfügung? Er beschloß, irgendwann den Außerirdischen zu fragen. Er würde ihn wiedersehen, dessen war er sich sicher. Erneut wanderte sein Finger in die Kugel, und er schloß die Augen. Sein Freund beobachtete ihn eine ganze Weile. Es dauerte lange, bis Geldermann wieder bei ihm war. Die Kugel schwebte davon, hielt sich aber offensichtlich bereit, neue Fragen zu beantworten.

»Ich habe die Lösung«, versprach er leise und legte seine Hände auf die Konsole, die sich direkt vor ihm befand. Einige der Symbole leuchteten auf. Königshofer beobachte die Monitoren. Einer davon zeigte plötzlich den Mann auf der Mondoberfläche näher. Er stand in einer gewissen Entfernung zur Felswand, als sich in dieser ein Tor öffnete. Offensichtlich war er gleichzeitig erstaunt und erleichtert darüber. Schnellen Schrittes ging er darauf zu. Die geringe Schwerkraft des Mondes ließ seinen Gang komisch aussehen. Wenige Minuten später hatte er das Tor erreicht und schritt, nach anfänglichem Zögern, hindurch. Sofort zeigte die Kamera den Mann innerhalb der Mondstation. Es war ihm nur ein Weg bestimmt. Wann immer er versuchte, von diesem Pfad abzuweichen, versperrten ihm unsichtbare Energiebarrieren den Weg. Auf diese Weise gelangte er in einen Raum, der sowohl einen Nahrungssynthesizer als auch eine Toilette enthielt. Er war in Sicherheit und doch gefangen.

»Kaum zu glauben«, murmelte Königshofer. »Das hast du alles mal eben so hinbekommen?«

Geldermann lächelte. »Na ja, nicht ohne die Hilfe meiner kleinen Freundin hier.« Er deutete auf die Kugel.

Königshofer streckte sich. »Was nun? Das war nur das eine unserer Probleme. Was ist mit deiner Studentin, Nermina?«

»Ehrlich gesagt - ich weiß es nicht.« Geldermann seufzte und blickte auf den einen Monitor, der die Himmelskarte mit einem rot blinkenden Stern zeigte. »Ich persönlich glaube, sie ist in Gefahr. Zudem ist sie nicht allein, der Außerirdische ist bei ihr.«

»Das würde aber bedeuten, sie ist nicht in Gefahr«, erwiderte Königshofer. »Was auch immer ihn bewogen hat, sie in den Weltraum mitzunehmen, und ich bin schon seit einer Weile überzeugt, sie ist nicht mehr auf der Erde, er weiß, was er tut.«

»Schlag mich, nenn es Intuition, sie steckt in Schwierigkeiten. Nur, wie können wir helfen?«

»Die Kugel?«, fragte Königshofer und deutete mit dem Daumen auf die geleeartige Masse, die in ihrer Umgebung schwebte.

»Nein, laß mal. Ich will es selber probieren. Es kann nicht viel schiefgehen. Schließlich ist es nur ein Kontakt. Entweder er kommt zustande oder nicht. Wie es mir scheint, hat der rot blinkende Stern damit etwas zu tun.«

Königshofer nahm den pulsierenden Punkt in Augenschein. »Meinst du, sie sind dort?« Er legte seinen Zeigefinger auf den Monitor.

»Ja, das glaube ich«, antwortete sein Freund und konzentrierte sich auf die Anzeigen. Nach einigen Augenblicken betätigte er eine der Tasten. Auf dem einen Monitor veränderte sich das Bild. Es begann, den Punkt in eine nähere Umgebung zu setzen.

»Was meinst du, wie weit ist der weg?«, wollte der Geologe wissen.

»Keine Ahnung, aber es wird nicht um die Ecke sein.« Geldermann bediente ein paar weitere Tasten. Vielleicht konnte er auf diese Weise eine Information über die Entfernung bekommen. Plötzlich erschraken die beiden Professoren. Die Jalousien vor den Fenstern fuhren automatisch herunter, schirmten den Raum gegen eventuell vorhandene Beobachter ab. Warum war dies notwendig? Das Licht an der Decke verlosch. Aus der Konsole schoß ein mehrfarbiger Laserstrahl und bildete in der Mitte des Schlafzimmers einen Teil des Universums nach. Geldermann und Königshofer erkannten die Milchstraße, den Andromedanebel sowie einige Sternbilder. In der Mitte der Darstellung, die sich langsam drehte, schien sich die Erde zu befinden. Sie kreiste als winziger blauer Punkt um einen nur wenige Zentimeter entfernten helleren Stern, offensichtlich die Sonne. Der Philosophieprofessor trat an das

Pult und gab einen Befehl ein, der seiner Meinung nach den roten Punkt in Bezug auf die Erde zeigen sollte. Er sollte Recht behalten. Doch auf eine Art und Weise, die er nicht im Mindesten erwartet hatte. Als er sich umdrehte, hatte sich die runde Projektion deutlich im Maßstab verändert. Königshofer war einige Schritte zurückgetreten und stand nun fast an der Wand. Eigentlich war der ganze Raum mit Licht ausgefüllt. Den beiden Männern war klar, sie blickten auf riesige Entfernungen, auch wenn sich keine Kilometeranzeige ausmachen ließ.

»Wow«, entfuhr es Königshofer. »Was hat das zu bedeuten?«

Während er dies sagte, bewegte sich eine schmale Linie von der Erde weg. Sie nahm ihren Weg vorbei an diversen Galaxien, ständig die Perspektive der Darstellung verändernd. Immer weiter entfernte sich die Linie von der des Planeten, auf dem die beiden Professoren zurzeit standen, bis er schließlich aus der Projektion herauswanderte. Im Raum war es totenstill. Gebannt verfolgten die beiden Freunde den Weg der kleinen Linie. Schließlich vergrößerte sich der Maßstab wieder und der Laser steuerte auf einen kleinen Planeten in einer weit entfernten Galaxis zu.

»Joshua, wie weit ist das weg?«, flüsterte Königshofer ergriffen.

Geldermann schüttelte den Kopf. »Ich habe nicht die geringste Ahnung, aber es müssen Lichtjahre sein, sehr, sehr viele Lichtjahre. Denk nur an die vielen Galaxien, die auf dem Weg lagen.«

Franz Königshofer ging langsam um die Projektion herum. »Was sehen wir hier? Den Aufenthaltsort des Außerirdischen und vermutlich, in seiner Begleitung, Nerminas? Oder ist es etwas völlig anderes, und wir machen uns nur einen falschen Reim auf das alles.«

Geldermann schwieg. Er dachte über all die Ereignisse des Tages nach. Sie waren fast getötet worden, na ja, zumindest mit einer Waffe bedroht, die Wasserkugel hatte sie hierher geleitet, und sie sahen Dinge, die Menschen normalerweise nicht zu sehen bekommen sollten. Eine fremdartige Technologie in einer Wohnung, mitten in einer großen Stadt. Für jeden Wichtigtuer eines staatlichen Organs wäre es *die* Gelegenheit gewesen, sich zu profilieren. Am Schluß wäre es zu einer Geheimsache erklärt worden, und die Welt hätte nie etwas davon erfahren. Doch sie standen hier und beobachteten all dies. Was hatte das für einen Sinn?

»Nein«, antwortete er seinem Freund. »Wir machen uns keinen falschen Reim. Das alles hier ist Absicht. Ich weiß nur nicht mit welchem Hintergrund. Wir sollen wissen, es gibt andere Welten. Es gibt eine Station auf dem Mond, vermutlich, um uns zu beobachten. Wir betrachten diese Projektion, damit wir wissen, wo sich der Außerirdische zur Zeit befindet. Nur weiß ich nicht, sollen wir irgendwie helfen? Gibt es eine Gefahr? Oder hat das alles einen anderen Grund, und wir sollen lediglich wissen, was vor sich geht?«

Königshofer rieb sich das Kinn, das tat er oft, wenn er nachdenklich wurde. »Nimm an, es gibt zurzeit nur einen ganz profanen Grund. Wir sollen Kontakt aufnehmen.«

»Wie denn? Wenn diese Projektion stimmt, dann liegen Hunderte von Lichtjahren zwischen uns und dem Außerirdischen. Es würde ebenso viele Jahre dauern ein Funksignal zu senden.« Geldermann konnte nicht wissen, wie sehr er sich verschätzte. Es hätte 100 Millionen Jahre gedauert, ein normales Funksignal ins Ziel zu bringen.

»OK, was dann?«

Geldermann seufzte und blickte hinauf zur Wasserkugel, die hoch oben über dem Bett schwebte. »Da werde ich wohl mal wieder fragen müssen.« Doch die Kugel machte keinerlei Anstalten zu ihm hinunter zu schweben. Nachdem er einige Sekunden lang intensiv an die Kugel gedacht hatte, schwang er resigniert seinen Blick zu der Konsole im Schrank.

»Was soll das jetzt?«, empörte sich Königshofer.

Geldermann lächelte. »Ganz einfach, das ist mal wieder eine von diesen Prüfungen, wie ich es nennen würde. Man will es uns nicht leicht machen. Vermutlich steckt dahinter die Überlegung, das Wesen, welches mit dieser Technologie umgeht, hin und wieder auf seine Eignung zu testen.«

»Eignung? Die Kugel sollte doch wissen, wir sind intelligent.« Der Geologe klang ein wenig ärgerlich.

»Franz, laß es dir mal aus der Sicht meiner Profession erklären. «

Königshofer schaute ihn skeptisch an.

»Sind wir intelligent? Immerhin bekommen wir hier eine Technologie geboten, die der Erde weit überlegen ist. Nimm an, der Datenbestand der Kugel kennt die Verhältnisse auf der Erde. Kann sie dann annehmen, es mit intelligenten Wesen zu tun zu haben? Mitnichten. Sie kann aber die Personen, mit denen sie es zu tun hat, hin und wieder testen. Es besteht ja die Möglichkeit, daß nicht alle Lebewesen auf einer Welt ungebildet sind. Jetzt müssen wir nur noch beweisen, daß wir dieser Erkenntnis würdig sind.«

»Laß mich da nochmal einhaken, was meinst du mit *nicht intelligent*?« Königshofer klang ein wenig erstaunt und verärgert zugleich.

Geldermann wandte den Blick von der Projektion ab und sah seinen Freund an. »Na ja, sieh es doch mal von einer außerirdischen Position. Da ist ein Planet. Du beobachtest Kriege, Umweltzerstörung, Neid, Leiden an jeder Ecke und viel Gleichgültigkeit gegenüber diesen Dingen zur selben Zeit. Was würdest du daraus schließen?«

Königshofer nickte. »Ich sehe, was du meinst, die Spezies, die all dies verursacht, ist nicht gerade intelligent.«

»Genau. Gleichzeitig aber entwickelt sie Technologie, fährt zu den Sternen und schickt sich an, die Gesetze der Welt zu verstehen. Eine eindeutige Diskrepanz für einen außerirdischen Beobachter.« Geldermann ging von der Konsole weg und setzte sich auf das Bett. »Nimm an, die außerirdische Spezies beobachtet auch unsere Tiere. Von Delfinen wissen wir, sie haben komplexe Sozialstrukturen. Sie geben sich sogar Namen für ein ganzes Leben. Sie unterhalten sich über andere Delfine, während diese nicht dabei sind...«

Franz Königshofer unterbrach ihn. »Sag bloß, sie lästern?«

Der Philosophieprofessor grinste ihn an. »Wie sonst würdest du das bezeichnen?«

»Hmm, ich weiß nicht.«

»Genau! Trotz allem haben sich die Delfine nicht sehr in unserem Sinne weiterentwickelt.«

»Da stellt sich doch die Frage, was ist eine erfolgreiche Entwicklung - im naturgeschichtlichen Blickwinkel.«

Geldermann schwang seinen Finger durch die Luft. »Exakt. Erfolgreich ist, wer lange überlebt. Krokodile sind erfolgreich, Kakerlaken und eben auch die Delfine. Sie alle existieren schon Millionen von Jahren. Dies können wir vom Menschen nicht behaupten. Was haben wir schon zu bieten? Ein paar zehntausend Jahre.«

Königshofer erwiderte: »Stimmt wohl, trotz allem haben wir Computer entwickelt, Raumschiffe, Autos und all die anderen Dinge. Das alles macht uns vielleicht in den Augen einer anderen, außerirdischen Spezies wichtig genug, sich mit uns zu beschäftigen, mit uns sogar in Kontakt zu treten. Wir sind eben der erste Versuch einer Gattung mit bewußter Intelligenz und der Möglichkeit, diese zu nutzen.«

Geldermann sah ihn einen Moment lang schweigend an. Dann sagte er: »Und wer sagt, daß der erste Versuch erfolgreich ist?«

Königshofer blickte seinem Freund in die Augen. »Hmmm, da hast du Recht, meistens geht der erste Versuch einer Sache daneben.« Er mußte über die Bedeutung seiner eigenen Worte grinsen. »Insofern - stimmt - ein außerirdischer Besucher hätte Schwierigkeiten festzustellen, ob wir intelligent sind oder nicht.«

»Wie auch immer,« sagte Geldermann, »wir beginnen den selben Weg zu gehen wie die Rasse von unserem Freund. Wohin auch immer er führt, wir sind es offensichtlich wert, einer genaueren Untersuchung unterzogen zu werden. Wer weiß, wie lange man uns schon beobachtet?«

Geldermann erhob sich wieder und schritt auf die Projektion zu, die ruhig in der Luft verharrte. Er sah Königshofer an.

»Keine Ahnung,« erwiderte dieser. »Ich denke, die Kugel tut genau das Richtige. Sie prüft von Zeit zu Zeit, ob und welche Informationen sie uns gibt, beziehungsweise geben soll. Das ist schon richtig. Gleichzeitig hilft sie uns damit, immer einen Schritt voran zu kommen. Ich bin mir sicher, wir sollen all diese Dinge sehen. Wir sollen wissen, wo Nermina und der Außerirdische sich befinden. Wir sollen die Situation kennen.«

»Und dann helfen«, erwiderte Geldermann.

»Ja, vielleicht. Die Frage bleibt nur: Helfen? Wobei?«

Der Philosophieprofessor legte den Kopf schief. »Stimmt eigentlich, darüber habe ich mir in den vergangenen Stunden keine Gedanken gemacht.«

»Joshua, ich will das alles hier nicht schlechtreden, aber wozu ist es gut? Warum sind wir hier? Warum sollen wir diese Projektion sehen? Das muß doch einen Grund haben.«

Geldermann schwieg einige bedeutsame Sekunden. »Weißt du«, begann er langsam, »vielleicht sollen wir gar nicht helfen. Vielleicht dient das alles hier einem ganz anderen Zweck.«

»Und welchem?«, merkte sein Freund etwas lakonisch an.

»Ich weiß es nicht genau, aber nimm einmal an, wie ich schon angedeutet habe, wir sollten dies hier entdecken, damit wir Bescheid wissen.«

Königshofer begann im Raum umher zu wandern. »Was meinst du damit? Bescheid wissen? Worüber?«

Geldermann nickte. »OK, denk mal, dies ist nicht nur eine normale Wohnung, es ist ein Horchposten, eine Beobachtungsstation. Wie die Mondstation. Und wir sollen wissen, daß es sie gibt. Wir sollen erkennen, mit welchen, für irdische Verhältnisse unglaublichen technologischen Möglichkeiten unser Planet von einer außerirdischen Intelligenz überwacht wird. Wahrscheinlich gibt es viele derartige Wohnungen auf der Erde.« Geldermann wandte sich dem Wandschrank zu, in dem viele Anzeigen zu sehen waren, und studierte ihn.

»Gut, ich nehme das mal an. Aber dann stellt sich immer noch die Frage, wozu?«, entgegnete Königshofer.

»Damit wir in eine bestimmte Richtung denken.« Geldermann wandte seinen Blick von dem Schrank ab und setzte sich wieder auf das Bett. »Was sind wir, Franz?«

Der Angesprochene zuckte mit den Schultern. »Ganz normale Universitätsprofessoren, was sonst?«

»Genau, und was machen wir?«

»Wir bringen jungen Menschen was bei.« Plötzlich dämmerte es Königshofer. Er sah seinen Freund an. »...und dabei... ich beginne zu verstehen.«

»Exakt. Wir bringen jungen Menschen etwas bei. Das bedeutet auch, wir vermitteln eine bestimmte Sichtweise der Welt. Wie würde die Bildung aussehen, wenn Du mal einen Exkurs in Exogeologie machen würdest und ich ein Semester lang die Philosophie unter Einbeziehung des Universums unterrichten würde? Stell dir vor, wir beide fangen an, die gewonnenen Erkenntnisse in unserem Unterricht umzusetzen. Was würde das bewirken?«

Königshofer ging auf das Fenster zu und lehnte sich gegen das Fensterbrett. Er sah Geldermann an und winkte ab. »Nein, nein, du willst mir hier erzählen, wir könnten die Welt verändern.«

»Warum nicht?«, fragte sein Kollege.

»Weil uns niemand glauben würde, deshalb.«

»Natürlich, niemand würde uns glauben, aber denk mal nach. Wieviele Studenten schleusen wir jedes Jahr durch, ein paar hundert? Wenn die nun nur die Gedanken mitnehmen, sie in den Gesprächen mit Freunden weiterverbreiten, was wäre dann?«

Nachdenklich betrachtete Königshofer die Projektion des Weltraumes in der Mitte des Schlafzimmers. »Hmm, es würde mehr Menschen geben, die die Existenz anderen Lebens akzeptierten.«

»Vielleicht ist genau dies der Zweck, warum man uns an diesem Wissen teilhaben läßt. Wer, wenn nicht die Lehrenden, sind diejenigen, die Wissen an die heranwachsende Jugend weitergeben? Und wer, wenn nicht die heutige Jugend, kann im Erwachsenenalter die Welt verändern? Es gibt so viele Wunder in der Naturwissenschaft, von denen die meisten Menschen nichts wissen. Vielleicht sollen wir zu denen gehören, die den Blick dafür öffnen. «

»Du magst Recht haben«, sagte der Geologe, in Gedanken versunken. »Was sollen wir jetzt tun? Unser Wissen über eine außerirdische Intelligenz in jeder Vorlesung breittreten? Wir würden doch bald nicht mehr ernst genommen.«

Geldermann winkte ab. »Mitnichten, ich will es doch gar nicht an die große Glocke hängen. Fangen wir doch mal klein an. Ich kann in meinen Vorlesungen leicht diese Gedanken unterbringen, indem ich einfach die Frage nach dem *was ist da draußen noch* stelle. Und du, mein Gott es gibt genug geologische Informationen über Mond und Mars, mit deren Hilfe man das Thema aufbringen kann. Es ist leicht, Franz. Und wer weiß, welche Wirkung es hat.«

Der Geologe nickte. Geldermann hatte den Nagel auf den Kopf getroffen. Man mußte es nur subtil bewerkstelligen. Die Vorbereitung der Menschheit auf den Kontakt mit Wesen aus dem Universum war keine Sache von ein paar Monaten, vielmehr von ein paar Generationen. Noch konnte sich die Weltgemeinschaft ja nicht einmal auf eine gemeinsame Vorgehensweise bei den eigenen globalen Problemen einigen. Er grinste innerlich, ein gutes Beispiel war hier der Klimaschutz. In den Science-Fiction Filmen sah man immer, wenn etwas die Menschheit bedrohte, alle ließen ihre regionalen Probleme und Religionen links liegen, vereinten sich und traten der Gefahr entgegen. Dieses Mal, es war ein wirkliches Horrorszenario, welches am Horizont aufzog, machten alle weiter wie bisher. Profit im eigenen Land ist wichtiger. Schöne Worte und nichts dahinter. Von wegen Gemeinsamkeit. Vermutlich würden die Amerikaner die außerirdischen Besucher als ihr persönliches Eigentum deklarieren, sollten die Fremden zuerst in den USA landen. Ebenso alle anderen Völker der Erde. Nein, die Erde war noch nicht reif für einen Besuch von außerirdischen Intelligenzen. »Und was machen wir jetzt?«, fragte er.

Noch immer schwebten die Kugel und die brillante Projektion mitten im Raum. Geldermann zuckte mit den Schultern. »Ehrlich gesagt, ich weiß es nicht. Wir haben das alles entdeckt, wir wissen, was es mit den Außerirdischen auf sich hat, zumindest im Ansatz, trotzdem sind wir nicht schlauer als vorher.«

Sein Freund schaute ihn, in Gedanken versunken, an. »Was hältst du davon, den Versuch zu starten, mit ihnen Kontakt aufzunehmen?«

»Wie meinst du das? Sie sind wie viele Lichtjahre auch immer entfernt. Wie soll das gehen?«. Er steckte einen Finger in die Projektion. »Hier ist es einfach, bloß die Realität sieht anders aus.«

Der Geologe räusperte sich. »Joshua, wie oft hast du mir in unseren Gesprächen erklärt, was es zwischen Philosophie und Naturwissenschaften für Gemeinsamkeiten gibt. Jetzt willst du aufgrund von ein paar Lichtjahren Entfernung kapitulieren? Wo bleibt dein Entdeckergeist?« Er lächelte. »Denke das Unbekannte. Oder, wenn ich dich auf eine Sache hinweisen darf, die ich zwar nicht verstehe, die aber wohl funktioniert, denk an Verschränkung.«

»Verschränkung?«

»Ja, ich habe neulich mittags zufällig mit einem Kollegen von uns gesprochen. Wir kamen durch Alltäglichkeiten auf sein Forschungsgebiet. Er arbeitet mit verschränkten Teilchen, es ist so eine Einstein Geschichte. Auf diese Weise ist er in der Lage, Botschaften in Nullzeit verschlüsselt zu übermitteln.«

Geldermanns Augen blitzten auf. »Das hab ich schon mal gelesen, stimmt, er arbeitet hier an der Universität. Meinst du im Ernst, diese Kiste hier«, er deutete auf den Schrank, »kann sowas?«

»Einen Versuch ist es wert.«

Geldermann erhob sich vom Bett und schritt auf die Konsole zu. »Soweit ich weiß, Verschränkung von Teilchen bedeutet auch Informationen sicher zu übertragen. Hier auf der Erde erzeugt man ein Photonenpaar, und dieses hat die Eigenschaft, miteinander verbunden zu sein. Einstein nannte das immer *spukhafte Fernwirkung*. Er glaubte nicht daran.«

Königshofer erinnerte sich an sein Zusammentreffen mit dem Kollegen aus dem Bereich Experimentalphysik. Es war wirklich interessant gewesen. Sein Forschungsgebiet lieferte bereits praktische Ergebnisse. In Gedanken versunken spann er den Gedanken weiter. »Laß mich nachdenken. Es ging um ein im Prinzip relativ simples Experiment. Wenngleich auch die Ausführung wirklich High-Tech war. Nimm an, man hat zwei Teilchen. Man kennt den Zustand der beiden Teile nicht. Sie haben irgendeinen Zustand. Aber sie sind miteinander verschränkt. Das bedeutet, so hat der Kollege es zumindest erklärt, sie sind auf eine Art und Weise verbunden, die den Zustand des einen Teilchens offenbart, wenn man das andere mißt.«

»Was meinst du damit?«, fragte Geldermann.

Königshofer kramte in seinen Erinnerungen. »Na ja, stell dir vor, beide Teile haben den Wert Null und Eins. Du weißt aber nicht, welches welchen Wert hat. Du weißt nur, eines hat den einen Wert, das andere den anderen. Nun schickst Du beide auf die Reise. Wohin auch immer. Mißt du am Ankunftsort das eine Teilchen, hast Du automatisch auch den Wert des anderen. In Nullzeit.«

Geldermann grübelte. »Das würde aber Einsteins Gesetze verletzen.«

Sein Freund nickte. »Warte, da war noch etwas anderes. Es gab einen Haken.« Er schnippte mit den Fingern. »Ja, jetzt erinnere ich mich wieder. Die Verschränkung, die der Sendende macht, kann vier verschiedene Zustände einnehmen. Der Empfangende kann die Information nicht gewinnen, weiß er nicht mit welchem Zustand die Information, also die Teilchen, verschränkt wurde. Diese Information kann er nur erhalten und damit die Verschränkung entschlüsseln, indem er den Sendenden fragt. Dies geht eben nur mit Lichtgeschwindigkeit und insofern ist Einstein kein Problem. Das alles hat mit der Quantentheorie zu tun. Ich weiß aber leider nicht mehr darüber, vergiß nicht, ich bin Geologe, kein Physiker.«

Geldermann war tief in Gedanken versunken. Er murmelte: »Macht Sinn. Greift jemand von außen in die Übertragung ein, also durch eine Messung, verändert er durch sein Eingreifen die Übertragung als solche, erhält somit falsche Informationen. Er kennt ja den Ausgangszustand nicht.«

Königshofer grübelte. »Das würde bedeuten, kann jemand diesen Zustand umgehen, kann er Informationen wirklich in Nullzeit übertragen, Einsteins Gesetze umgehen.«

Der Philosophieprofessor blickte nachdenklich auf die Konsole. »Es könnte sein, daß diese Maschine so etwas kann.«

Königshofer nickte nachdenklich. »Ich weiß es nicht. Aber nach all dem, was wir schon in Zusammenhang mit der Geschichte erlebt haben, würde es mich nicht überraschen.«

Geldermann grinste. »Genial. Übertragung in Nullzeit. Das würde uns gestatten, Nermina und ihren außerirdischen Freund gewissermaßen anzufunken.« Er studierte die Anzeigen im Schrank. »Warum nicht, es würde Sinn machen. Wenn er die Beschränkungen der uns bekannten Physik umgehen kann? Vielleicht muß er den Ausgangszustand gar nicht kennen. Wozu muß man die Übertragung selbst prüfen? Eine Antwort wäre Bestätigung genug. Ich denke, wir sollten es versuchen. Was auch immer der Besuch in dieser Wohnung, daß man uns hierher geführt hat, bedeuten soll, ich will wissen, was mit Nermina passiert ist. Wenn sie sich tatsächlich an einem Ort, viele Lichtjahre von uns entfernt, befindet, das wäre unglaublich. Und sollte sie sich in Gefahr befinden, können wir vielleicht wirklich helfen, wer weiß?«

Plötzlich bewegte sich die Kugel wieder auf Geldermann zu. Sie schwebte dicht neben ihm.

»Schau an«, grinste er seinen Freund an. »Offensichtlich habe ich den richtigen Nerv getroffen.«

Er steckte einen Finger in die Kugel und schloß die Augen. Völlig vertieft ließ er die fremden Gedanken auf sich einströmen. Es dauerte eine Weile, bis seine Sinnesorgane erneut das Licht der Umgebung erblickten.

Königshofer sah ihn gespannt an. »Was ist? Hast du die Lösung? Können wir mit ihnen Kontakt aufnehmen?«

Geldermann betätigte ein paar Tasten an der Konsole im Schrank. »Ja, ich denke schon. Laß es uns versuchen.«

Doch er kam nicht mehr dazu, die notwendigen Einstellungen vorzunehmen.

Es klingelte an der Tür, und die beiden Professoren erstarrten. Wer zum Teufel konnte hier klingeln? Wer wußte, daß jemand in dieser Wohnung war?

20

Das Schiff schwebte über der Stelle, an der Nermina verschwunden war. Marc analysierte die vergangenen Minuten und ließ die Ereignisse immer wieder auf den Monitoren erscheinen. Nermina war förmlich verschluckt worden. Der Planet hatte es darauf abgesehen, dessen war Marc sich sicher. Der Himmelskörper selbst war ein Parasit. Seine gesamte Oberfläche war eine Illusion. Er wartete offenbar darauf, fremde Lebensformen auf diese Weise anlocken und sich davon ernähren zu können. Aber woher hatte er gewußt, welche Art von Lebensform sich auf ihm niederlassen würde? Erstaunlich. Erneut ließ Marc einen Scan über die Oberfläche laufen. Nichts. Das Verschwinden von Nermina bereitete ihm große Sorgen. Größere Sorgen, als er sich zugestehen wollte. Es berührte seine Gefühle. Diese Art von Empfindung war neu für ihn. Auf seinem Planeten gab es Zuneigung, die zur Paarung führte, aber sie war nicht von Dauer. Mit Nermina war es anders. Vielleicht war er zu lange in ihrer Nähe gewesen. Er fühlte sich zu ihr hingezogen, mehr als er es jemals in seinem langen Leben zu einer anderen Person erfahren hatte. Marc wischte die Gedanken hinweg, er hatte Wichtigeres zu tun. Er mußte die Frau finden.

Langsam ließ er das Schiff in einem größeren Radius über der Oberfläche kreisen. Wer weiß, wo sie sich befand? Intensiv formten seine Gedanken immer wieder ihren Namen. Doch die Antwort blieb aus. In der Ferne erstreckte sich der Wald, die Wiese lag davor und in aller Stille floß der Bach in seinem Bett. Permanent überwachte der Außerirdische die Oberfläche und den darüber liegenden Raum. Die Sensoren des Schiffes drangen dabei rund 30 Meter in den Boden ein. Doch von Nermina fand er keine Spur. Er war sich sicher, sie lebte noch. Geschützt durch den Energieanzug konnte sie solange überleben, bis sie entweder verhungerte oder verdurstete. Der Durst war bei ihrer Spezies das größere Problem. Menschen dehydrierten recht schnell, er gab ihr einen Tag, vielleicht zwei. Bis dahin mußte er sie gefunden haben. Er drehte sich auf seiner Wasserliege und ließ weitere Kugeln in der Kommandozentrale auftauchen. Immer wieder führte er seine Tentakel in sie ein. Er hatte jetzt vollständig seine normale Gestalt angenommen, es machte keinen Sinn als Mensch aufzutreten. Die Kugeln schwebten hin und wieder zurück in die Konsole und tauchten bald darauf wieder daraus hervor. Die Analysemaschinerie des Schiffes lief auf Hochtouren. Es war in einen Zustand höchster Alarmbereitschaft versetzt worden. Konnte es sein, daß der Planet die Gedanken von ihm und Nermina abschirmte? Anders konnte er sich die derzeitige Funkstille nicht erklären. Normalerweise waren Gedanken durch nichts zu behindern. Hinter diesem Planeten steckte ein weit größeres Geheimnis als nur eine veränderliche Oberfläche. Doch er würde sich später darum kümmern. Warum auch immer dieser Himmelskörper ein Parasit war, wovon er sich genau ernährte, es mußte warten.

Plötzlich schoß das Schiff in die Höhe. Die Stabilisatoren verhinderten zwar, daß Marc aus seiner Liege geschleudert wurde, aber der Ruck war deutlich zu spüren. Die Kameras an der Außenseite richteten sich alle auf einen Punkt aus. Dann sah er es. Der Himmel riß auf. Es war, als ob ein großes Loch in der Luft entstand. Länglich erstreckte sich der Riß über mehrere Kilometer. Marc hatte so etwas auf all seinen Reisen, die ihn zuweilen in die entlegensten Bereiche des Universums führten, noch nie gesehen. Aber wozu waren die Reisen gut, wenn nicht dazu, neue Dinge zu entdecken. Durch den Riß konnte er wenig erkennen. Er war umrahmt von Energie, die hell leuchtete. Dahinter lag Dunkelheit. Doch ganz dunkel war es nicht, keine schwarze Leere. Er konnte Strukturen erkennen, Formen absonderlicher Art, Dinge, die er nicht deuten konnte. Gleichzeitig begannen vermehrt Kugeln im Raum umherzuschwirren. Sie wirkten irgendwie orientierungslos, hefteten sich an seine Tentakel, was normalerweise nie vorkam, und er spürte, sie wollten Antworten. Alles, was er ihnen zu diesem Zeitpunkt geben konnte, war der Befehl, so viel wie möglich von den Geschehnissen aufzuzeichnen.

Aus dem Riß schien sich eine Art Materiestrom zu lösen, es sah aus wie Tinte, die man in Wasser spritzte. Fadenartig bewegte sich die Erscheinung auf die Planetenoberfläche zu. Doch sie schien dies nicht freiwillig zu tun, wenn man es denn überhaupt so nennen konnte. Ab einem gewissen Zeitpunkt schien der Planet die Materie aufzusaugen. Aus dem Riß heraus. Die Materie verschwand in der Oberfläche, einfach so. Zugleich war an der aufnehmenden Stelle der Wald verschwunden und eine Art Steinwüste entstanden. Marc blickte auf die Monitoren, welche die Analysen des Schiffes anzeigten. Sein Blick weitete sich in großem Erstaunen. Solche Werte hatte er noch nie gesehen. Nein, das war falsch, sagte er sich. Er kannte ähnliche Zahlen, nicht allerdings in der Realität, sondern als Berechnungen seiner Kollegen. Diese Werte waren faszinierend. Auf seinem Planeten hatte man, ebenso wie auf der Erde, große Maschinen gebaut, sie zu erzeugen. Doch es war seiner Rasse nur sehr bedingt gelungen. Den Menschen noch gar nicht. Und er beobachtete es jetzt und hier, in der Natur des Weltraumes. Marc war sich sicher, der Riß im Weltraum war ein Tor in eine völlig andere Welt, die Welt der sogenannten *Dunklen Materie*. Seine Beobachtungen würden die Wissenschaft auf seinem Planeten revolutionieren. Instinktiv hoffte er, daß die Sensoren des Schiffes genug Informationen aufzeichnen konnten.

Die dunkle Materie, so wurde sie auf der Erde genannt, hatte erstaunliche Eigenschaften. Im Gegensatz zur *normalen*, leuchtenden Materie war sie überall gleich. Und sie hatte keine Anziehungskraft wie alle Körper der normalen Materie, sie war abstoßend. Sie sorgte dafür, daß das Universum sich immer schneller ausdehnte. Rund 70 Prozent davon bestand aus dunkler Energie, 25 Prozent aus tatsächlicher Materie, der Rest war das Universum, welches Marc kannte. Es war nie zuvor gelungen, sie direkt zu beobachten, wenngleich man auf seinem Planeten eine Menge über sie wußte. Beobachtungen fanden indirekt statt, mit Hilfe großer Sternenexplosionen, sogenannter Supernovae. Man konnte so die Geschwindigkeit messen, mit der sich das Universum ausdehnte, in den frühen Zeiten des Universums und später. Man schaute einfach, welche Geschwindigkeit die von einer Supernova ausgestrahlten Lichtwellen hatten. Daran konnte man ablesen, mit welchem Tempo das All sich ausdehnte. Seit rund sechs Milliarden Jahren stand der Zeiger auf Vollgas. Die Wissenschaftler auf seinem Planeten hatten festgestellt, die dunkle Materie spann ein Netz durch das All, alle rund 500 Millionen Lichtjahre kam ein Haufen aus normaler Materie zusammen. Die Struktur des bekannten Weltraumes wurde von dunkler Materie und dunkler Energie bestimmt. Doch es wußte niemand, woraus sie wirklich bestand, welche Teilchen ihre Grundlage waren, welchen Gesetzen sie folgte und wie man sie erforschen konnte. Nun schien es, als hätte er einen direkten Zugang dazu gefunden.

Marc riß sich von dem beeindruckenden Naturschauspiel los. Er würde, war er einmal auf seiner Heimatwelt zurück, eine Armada von Forschungsschiffen hierher entsenden. Sie würden sich um dieses Tor kümmern und vielleicht die bisherige Sichtweise des Kosmos neu definieren. Er mußte zunächst Nermina finden. Das war seine Hauptaufgabe. Immerhin hatte er ihr versprochen, sie sicher auf die Erde zurückzubringen. Erneut ruckte das Schiff ein wenig. Er blickte auf die Außenmonitoren. Der Riß schloß sich bemerkenswert schnell und der Materiestrom auf die Planetenoberfläche wurde gewissermaßen abgeschnitten. Ein letzter Rest verschwand im Boden des Planeten. Die Steinwüste dehnte sich rapide aus. Von der Wiese und dem Wald waren keine Spuren mehr zu sehen, ebensowenig war der Bach noch vorhanden. Es schien, als hätte nie etwas Derartiges existiert.

»Marc?«, schoß ein hilferufender Gedanke durch seinen Kopf.

Sofort ließ er alle Kameras die Umgebung absuchen. »Nermina, wo steckst du?«

Die Stimme in seinem Kopf sagte »Ich weiß es nicht, alles ist dunkel, ich bin irgendwo im Inneren des Planeten. Wo warst du? Warum hast du mich alleine gelassen? Hol mich hier raus.«

Marc versuchte erneut, alle Scanner auf einen menschlichen Körper auszurichten, doch es gelang ihm nicht, Nerminas Position auszumachen. Immerhin, er hatte wieder mit ihr Kontakt, und das war ein gutes Zeichen. »Ich konnte nicht mit dir in Kontakt treten, der Planet verhinderte dies. Ich versuche mein Möglichstes. Hab keine Angst, meine Liebe.«

Eine Sekunde wunderte er sich über seine eigenen Worte, seine Gefühle, wandte sich aber dann wieder seinen Scannern zu. Sie mußten irgendwann etwas anzeigen. Die Sekunden vergingen. Plötzlich sah er im Augenwinkel eine Veränderung auf einem der Bildschirme. Der Boden tat sich auf, und ein Körper schoß hinaus. Er wurde mehrere hundert Meter in die Luft geschleudert und befand sich wenige Augenblicke später im freien Fall.

»Maaarccc«, hörte er ihre Stimme in seinem Kopf und reagierte instinktiv. Eines seiner Tentakel schoß in die Konsole der Kommandozentrale hinein, und das Schiff bewegte sich in Bruchteilen von Sekunden mit bemerkenswerter Eleganz auf Nermina zu. Unter ihr begann die Luft zu flirren, sie fiel immer tiefer.

»Ich fange dich auf, keine Angst«, entfuhr es seinem Kopf und er beobachtete, wie sich ein Luftkissen unter sie legte. Sie schwebte immer noch in bedrohlicher Höhe. Auf keinen Fall durfte sie erneut auf die Oberfläche gelangen. Unter dem Schiff bildete sich schon wieder eine lange Spalte in der Erde, gleich der, die sie verschluckt hatte.

»Nermina, lieg ganz still. Wenn ich es sage, läßt du dich auf die Tür des Schiffes zugleiten.«

»Was immer du willst, nur rette mich«, kam es zurück.

Das Schiff bewegte sich langsam auf den Teppich aus verdichteter Luft zu. Marc wußte, er mußte sich beeilen, er konnte nicht wissen, wie lange Luft auf diesem Planeten überhaupt noch existieren würde. Er öffnete die untere Luke und kippte das Schiff leicht seitlich an. Vorsichtig bewegte er sich auf Nermina zu. Die Frau, im Gegenzug, bewegte ihren Körper durch eine Art Schwimmbewegung auf das Schiff zu. Schließlich hatte sie die Luke erreicht und zog sich hinein. In dem Augenblick schloß Marc den Einstieg. Keine Sekunde zu früh. Das Schiff, immer noch in Alarmzustand, schoß automatisch in die Höhe und hatte binnen Sekunden einen erstaunlichen Abstand zu dem parasitären Planeten. Man konnte auf den Außenmonitoren erkennen, wie sich die Atmosphäre zusammenzog und im Inneren des Himmelskörpers verschwand.

Einige Minuten später saß Nermina auf einer der Wasserliegen neben Marc in der Kommandozentrale. Der Planet schwebte in sicherer Entfernung unter ihnen. Sie wirkte sichtlich erschöpft.

»Marc, wie konnte das passieren?«, fragte sie.

Der Außerirdische, der zur Sicherheit wieder seine menschliche Gestalt angenommen hatte, zuckte mit den Schultern. »Ich weiß es nicht. Fremde Planeten haben oft seltsame Eigenschaften, aber so etwas habe ich noch nie erlebt. Ein ganzer Planet als Parasit, ich weiß nicht, was sich sagen soll. Nur so viel, es tut mir unendlich leid, dich in eine solche Gefahr gebracht zu haben.«

Er stand auf, ging zu ihr hinüber und gab ihr einen Kuß. »Nermina, ich kann es nicht so ganz erklären, aber ich bin sehr froh dich wieder bei mir zu haben. Mehr als froh. Es ist mehr als nur die Gewißheit, dich heil nach Hause zu bringen.«

Sie lächelte ihn an. Die Kugeln hatten sich weitestgehend in die Konsole am anderen Ende des Raumes zurückgezogen. Fast so, als wollten sie die Situation nicht stören. »Ich weiß mein Liebster, ich weiß.« Sie strich ihm über die Wange. »Danke«, hauchte sie, und sie gaben sich einen langen intensiven Kuß. Er spürte ihre weichen Lippen, sog ihre Zärtlichkeit in sich auf. Nie zuvor hatte er derartige Gefühle erlebt, und tief in seinem Inneren war er erstaunt darüber, sie überhaupt zuzulassen. Aber es war in Ordnung, diese Frau von der Erde gab ihm etwas ganz Besonderes. Sie lösten sich voneinander.

»Nermina, all das war so nicht beabsichtigt, ich wollte...«

Sie legte ihren Zeigefinger auf seine Lippen. »Ich weiß. Ich weiß es doch ganz genau. Glaubst du, mir geht es anders? Manchmal kann man sich seine Gefühle eben nicht aussuchen.«

»Aber wir haben doch solche Gefühle auf unserem Planeten gar nicht«, erwiderte er fast ein wenig hilflos.

Sie küßte seine Augen. »Bist du nicht hier draußen, um neue Dinge kennenzulernen? Nimm es, wie es ist, eine neue Erfahrung.«

Er seufzte. »Vielleicht hast du Recht.«

»Ich möchte heim«, sagte sie, wohlwissend, daß dies auch das Ende dieser erstaunlichen Reise sein würde. Aber vorher wollte sie noch soviel wie möglich über all die wundersamen Dinge erfahren, die Marc ihr zu bieten hatte.

Er sah sie an, mit traurigen aber auch funkelnden Augen. »Wie du möchtest. Wir werden uns auf den Rückweg machen. Es wird eine Weile dauern und ich denke nicht, wir werden vor unserem Abflug wieder auf der Erde sein. Du wirst deinen Leuten einiges erklären müssen. Die zeitliche Verschiebung ist nur in gewissen Parametern möglich, und durch unseren Unfall sind diese nicht mehr gegeben.«

Sie lächelte. »Mach dir deswegen keine Sorgen. Aber versprich mir eines: Erklär mir während unserer Reise noch viele Dinge. Ich bin neugierig geworden. Das Erlebnis auf dem Planeten hat meine Denkweise grundsätzlich verändert.«

»Versprochen«, sagte Marc. »Und ich werde noch mehr tun.«

Die junge Studentin sah ihn erstaunt an.

»Alles zu seiner Zeit«, lächelte er vielversprechend. Dann stand er von ihrer Liege auf und begab sich an die Konsole.

»Ich will dir zunächst etwas über den Planeten erklären. OK?«

Nermina lauschte gespannt. Verflogen waren ihre Vorbehalte gegen die Naturwissenschaften. Sie hatte den Zusammenhang mit der Philosophie verstanden und sah ein, je mehr sie über all diese Dinge wußte, desto erstaunlicher würde der Blick werden, der sich ihr eröffnete. »Schieß los«, sagte sie und setzte sich auf.

In den folgenden Stunden erklärte Marc, was er über den Planeten herausgefunden hatte. Das Schiff hatte einen sehr hohen Orbit eingenommen, weit genug weg, um nicht irgendwelchen Gefahren ausgesetzt zu sein. Permanent machte es Aufzeichnungen. Die Oberfläche hatte sich mittlerweile komplett in eine Felswüste verwandelt, und von dem ursprünglichen Grün war nichts mehr geblieben. Offensichtlich war dies die normale Gestalt des Himmelskörpers, alles andere war eine Illusion gewesen, einzig dazu erzeugt, das Schiff und seine Insassen anzulocken. Aber warum dieser gigantische Energieaufwand? Marc wußte aus seiner eigenen Erfahrung, was es bedeutete, die Gestalt zu wechseln. Er konnte diesen Umstand zum gegenwärtigen Zeitpunkt nicht erklären. Es machte keinen Sinn. Wenn der Planet ein in sich lebendes Geschöpf war, vielleicht hatte es gedacht, reiche Beute zu machen, die Insassen gewissermaßen fressen zu können. Bei ihm und Nermina war ihm dies wegen der Energieanzüge zum Glück nicht gelungen. Aber woher hatte das Planetenwesen vorausahnen können, welche Art von Organismen in dem nahenden Raumschiff unterwegs waren. Immerhin hatten die Scanner des Schiffes seine Oberfläche erkundet, lange bevor sie dort eintrafen. Fragen über Fragen, deren Antworten er Nermina schuldig blieb. Er würde zu gegebener Zeit seinen Heimatplaneten kontaktieren und man würde eine Forschungsexpedition koordinieren. Am interessantesten war in diesem Zusammenhang zweifellos die Verbindung zur dunklen Materie. Dieses Tor, das der Planet vermutlich zu öffnen vermochte, war der Hauptgrund für weitere Forschungen.

Zwischenzeitlich holten sie sich aus der Bordküche etwas zu essen. Nermina genoß diesmal wieder die fremdartigen Speisen und beruhigte sich zusehends. Sie hörte aufmerksam zu, malte sich in Gedanken aus, wie die Schiffe von Marcs Heimatwelt in diesem System kreisen und vermutlich eine Antwort auf all die offenen Fragen finden würden.

»Ich würde gerne dabeisein wenn ihr diesen Planeten erforscht«, sagte sie.

Marc hatte seine normale Gestalt angenommen, und seine Tentakel berührten sie während der gesamten Berichterstattung. »Warum nicht, bist du denn dazu bereit?«

Die Erdenfrau rückte ein wenig unsicher auf ihrer Wasserliege herum. »Ich weiß es nicht. Einerseits ein klares JA, andererseits, ich kann nicht die ganze Zeit durch den Weltraum schwirren, ich muß ja auch mein Leben leben. Und das findet definitiv auf der Erde statt.«

Marc hatte das Licht in der Kommandozentrale heruntergedimmt, die Monitoren zeigten den Weltraum, die Sonne, den fremden Planeten. »Nermina, ich habe dich kontaktiert, WEIL dein Leben auf der Erde stattfinden wird. Allerdings«, er machte eine bedeutungsvolle Pause »wer sagt, daß es komplett auf der Erde verlaufen muß?«

Sie hob den Kopf und sah ihn an. Ein erstaunter Blick lag auf ihrem Gesicht. »Was meinst du damit?«

»Ich kann dir das nicht genau sagen, es liegt nicht in meiner Macht. Aber deine Bestimmung ist sicherlich nicht, dein Leben an der Kasse eines Supermarktes zu verbringen.«

Nermina mußte lachen. Sie sprang von ihrer Liege auf, entzog sich seinen Berührungen und begann in der Kommandozentrale umherzuwandern. Ein paar der Kugeln folgte ihren Schritten. Sie hielten sich immer in ihrer Nähe. Sie zeigte auf sie und sah Marc an.

»Was machen die? Was willst du mit deinen Worten sagen? Bin ich eine angehende Wissenschaftlerin im Dienste eines fremden Planeten, deines Planeten?«

Marc blieb in der Nähe der Liege und legte seinen langen Kopf schief, offensichtlich eine Geste, die er von den Menschen gelernt hatte. »Um deine erste Frage zu beantworten, sie haben dich als Bestandteil des Schiffes akzeptiert, sie folgen dir, weil sie Befehle oder Fragen erwarten. Dies ist so, seit du dieses Schiff sicher gelandet hast. Der zweite Teil der Antwort liegt bei dir. Ich denke, es ist eine Kombination aus deiner zukünftigen Arbeit auf der Erde, den Dingen, die du anderen vermittelst, und deiner Arbeit für uns, wenn du das willst. Du hast dich als sehr offen für alle möglichen Fragen gezeigt, offener als ich es zunächst erwartet hatte. Manchmal darf ich dieses Angebot machen, es liegt in meiner Entscheidungsbefugnis. Ich mache dir dieses Angebot. Du entscheidest, ob du es annimmst. Für uns ist es immer gut, mit Wesen fremder Welten zusammenzuarbeiten. Es eröffnet neue Sichtweisen, auf die wir alleine nicht kommen.«

Nermina war tief gerührt. Ihr Leben nahm gerade eine Wendung, die sie sich nie zuvor hätte träumen lassen. Sie, die Philosophiestudentin aus einem am See liegenden Dorf auf der Erde, sollte die Möglichkeit erhalten, die Sterne zu erforschen. Das war ein wenig zu viel für den Moment.

»Darf ich das später entscheiden?«, sagte sie. »Nach den Erlebnissen auf dem Planeten bin ich noch nicht so weit, endgültige Entscheidungen in dieser Richtung über mein Leben zu treffen.«

»Natürlich«, erwiderte er, sich unsicher, ob er sie einmal mehr überfordert hatte.

Diesmal sah sie ihn wissend an. Seine Gedanken waren spürbar. Langsam ging sie zu ihm hinüber, legte die Hände um seinen Kopf und küßte ihn. »Du hast mich nicht überfordert, Marc. Es ist nur ein bißchen viel für den Augenblick. Ich muß darüber nachdenken, und es wird vermutlich nicht in einem Stück stattfinden. Es wird keine *Schwarz/Weiß* Antwort geben. Ich bin, nach den Verhältnissen meines Planeten, jung. Ich habe viele Pläne für mein Leben und soeben ist eine gewaltige Option dazugekommen. Das wird Jahre dauern. Aber ich verspreche dir eines, ich werde mich des Angebotes würdig erweisen.«

Er nickte. Zwischen ihnen war ein Band geknüpft. Er war sich nicht darüber klar, was es für die Zukunft bedeuten würde, aber es war da. Er spürte es und wußte, es beruhte auf Gegenseitigkeit. Er legte seine Tentakel um sie herum.

»Nermina...«, begann er.

Sie legte ihm die Hand auf den Kopf. Die Kommunikation zwischen ihnen war nicht akustischer Natur. Insofern gab es keinen Mund, den sie zuhalten konnte. »Warte, aber zieh dich nicht zurück.«

Marc verharrte in seiner Position.

Nermina sah ihn einige lange Augenblicke an. »Bei uns auf der Erde ist das ein solcher Moment, an dem man Farbe bekennen muß, oder will, je nachdem, wie man es sieht. Ich spüre, was du mir zeigen möchtest, und ich bin bereit. Ich weiß nicht, wie es je dazu kommen konnte, aber ich habe mich in einen Außerirdischen verliebt. Ja, Marc, komm zu mir.«

Sie gab ihm einen Kuß, nicht sicher welche Stelle sie nun wirklich berührte. Aber es war auch egal, jeden Punkt seines Körpers empfand sie als schön. Sanft strich sie über seinen Kopf. »Ich weiß nicht, was auf mich zukommt, aber ich möchte die Vereinigung mit dir erleben. Zeig mir, was du mir zeigen möchtest. Und zeig es mir nicht in einer menschlichen Gestalt. Schalte dieses Schiff auf irgendeine Art von Automatik, und ich warte in der Kuppel. Gib mir ein paar Minuten.« Sie entzog sich seinen Tentakeln und verschwand mit einem vielsagenden Lächeln zur Tür der Kommandozentrale hinaus.

Während Marc das Schiff darauf programmierte, das System weiter unter die Lupe zu nehmen, schaute Nermina kurz in ihrer Kabine vorbei und nahm eine Decke mit. Danach suchte sie den Raum mit den Nahrungssynthesizern auf. Dort gab sie den Kugeln einen außergewöhnlichen Befehl und nahm das Ergebnis mit in den großen Kuppelsaal. Nach der Reparatur des Schiffes war er wieder voll funktionstüchtig. Sie ließ alle Deckenplatten transparent werden bis der gewaltige Virgo Cluster hell über ihr erstrahlte. Sie bewunderte die Milliarden Sterne, die ihr Licht sanft schimmernd in der Kuppel verteilen. Eine perfekte Kulisse für das Liebesspiel zwischen Marc und ihr. Nermina ließ eine besonders große Wasserliege in der Mitte des Raumes entstehen, bereitete den Raum vor und schlüpfte unter die Decke. Sie atmete tief durch und war bereit für das wahrscheinlich beeindruckendste Erlebnis ihres Lebens.

Es dauerte nicht lange, und Marc ließ die Tür beiseite gleiten. Er hatte seine normale Gestalt beibehalten und kam hinein. Im Inneren erwartete ihn ein Meer voller Kerzen, die Nermina entzündet hatte. Sie selbst lag unter der Bettdecke und sah ihn an.

»Magst du es?«

Er schwieg und betrachte lange die Umgebung. Das Licht der Sterne, in Kombination mit dem Feuer der Kerzen, faszinierte ihn. Schon oft hatte er das All in seiner ganzen Schönheit gesehen, doch diesmal war es anders.

»Diese Atmosphäre lieben wir auf der Erde, wir nennen es romantisch.«

Marc sah sich immer noch um und sog die Momente in sich auf. Es gefiel ihm, wobei er nicht genau wußte, wie er es einzuordnen hatte. »Wozu sind diese Feuer gut?«, fragte er.

Nermina lächelte. »Sie schaffen eine schöne Umgebung. Du wirst mir etwas von dir geben, ich gebe dir etwas von mir. Ich habe sie von den Synthesizern herstellen lassen, wenngleich es auch ein wenig Überzeugungsarbeit gekostet hat, weil sie mit meiner Beschreibung nichts anzufangen wußten. Aber wie du siehst, hat es geklappt.«

Der Außerirdische kam langsam an die Wasserliege heran und blieb davor stehen. Auf seiner Welt war es einfach, die Vereinigung diente der Fortpflanzung, und es wurde nicht sehr viel Aufhebens darum gemacht. Keine rituellen Spiele, keine Besonderheiten. Hier mußte er einen anderen Weg gehen. Dieses Mal würde es nicht um Vermehrung gehen, es war etwas anderes, was ihn und sie erwartete. Er mußte auch auf sie eingehen. Noch nie hatte er sich zu einem Wesen eines anderen Planeten so sehr hingezogen gefühlt.

Irgendwie hatte sie das Gefühl, er war wie die Männer auf ihrer Welt: Unsicher. »Komm her«, sagte sie, und er nahm auf der Bettkante Platz.

»Nein, nicht setzen, komm zu mir her«, spürte er ihre Gedanken in seinem Kopf, als sie ihre Bettdecke hob. Sie war nackt, er sah es deutlich im Schein der Kerzen. Insofern unterschied sie sich nicht von ihm. Er hatte sich nie Gedanken darüber gemacht. Er war eigentlich immer nackt, in ihrem Sinne, zumindest wenn er sich in seiner normalen Gestalt zeigte. Die Wesen auf seinem Planeten brauchten keine Kleider, sie konnten sich weitestgehend in jede Gestalt verwandeln, die sie annehmen wollten. Es gab auch keine klimatischen Probleme wie auf der Erde, sein Planet hatte auf allen Landflächen mehr oder weniger die gleiche Temperatur. Das lag daran, daß seine Heimatwelt um ihre Sonne taumelte, alle Seiten waren zeitweise gleichermaßen der Sonne zugewandt. Er kroch unter die Bettdecke. Sofort schmiegte sie sich an ihn. Sie wollte kuscheln. Ihre Küsse begannen seinen Körper zu liebkosen. Noch nie zuvor hatte er Derartiges erlebt. Es gefiel ihm, und er machte keine Anstalten diesen Vorgang zu unterbrechen.

»Marc, ich weiß nicht, wie ich es anders ausdrücken soll, aber auf der Erde nennen wir so etwas Liebe. Ich liebe dich.«

Er war verwirrt. Eigentlich hatte er ihr zeigen wollen, wie eine Vereinigung auf seinem Planeten funktionierte, und nun konfrontierte sie ihn mit ihrer Art. Seine Tentakel umflossen ihren wohlgeformten Körper. Er vermied es, ihre Geschlechtsorgane zu berühren. Statt dessen berührte er sie an allen anderen Stellen, streichelte sie und beobachtete, wie sehr sie es genoß. Nermina hielt die Augen geschlossen. Voller Hingabe lag sie still da, und ihre Sinne erspürten die seinen.

»Ich dich auch«, vernahm sie in ihrem Kopf. Und dann etwas sanfter »Nicht erschrecken.«

Seine Tentakel drangen vorsichtig in sie ein. So wie sie es schon einmal gespürt hatte, nur wesentlich intensiver. Er verschmolz mit ihrem Körper, jede Zelle wurde von ihm berührt. Auf einmal befand er sich in ihr. Es war nicht wie bei einem normalen Kontakt zwischen Mann und Frau, es war als würde er ihr Innerstes komplett ausfüllen. Immer weiter spürte sie seine Gegenwart in ihr. Sie öffnete sich ihm. Der Kontakt machte die menschlichen Geschlechtsorgane fast überflüssig. Vielmehr fühlte sie eine innere Verbindung, die immer stärker wurde. Wie Fäden durchzog sein Körper den ihren. Sie bäumte sich auf. Sie hatte das Gefühl, ihr Geist würde platzen.

»Marc«, stöhnte sie, »paß auf.« Das war alles, wozu sie fähig war. Doch Marc drang sanft immer tiefer in sie ein. Sie fühlte seine Gestalt in ihrem Körper, er spielte mit ihren Nerven, streichelte sie von innen. Nermina verkrampfte ihre Muskeln, er entspannte sie. Sie floß in einem Meer von Raum und Zeit. Ihr Körper verschmolz vollständig mit dem seinen. Sie fühlte seine Liebe, seine Hingabe, sie gab ihm die ihre. Nach einer Weile konnte sie ihm ihre Gefühle geben, sie erbebte, nahm ihn mit, gegenseitig schenkten sie sich die Vereinigung. Es war kein Sex im irdischen Sinne, es war, im wahrsten Sinne des Wortes außerirdisch. Nermina genoß jede Sekunde, kostete es aus, nahm ihn in sich auf. Marc umspielte ihre Sinne, gab sich ihr hin, vereinigte ihren Geist mit dem seinen. Es war eine gegenseitige Explosion von

Gefühlen. Sie spürte ihn mit jeder Faser ihres Körpers. Nein, er hatte ihr nicht zuviel versprochen. Immer weiter trieb er sie, sie konnte ihre Gefühle nicht mehr unter Kontrolle halten. Sie schrie auf, zerfloß in seinen Berührungen, ihre Nerven schienen der Belastung nicht mehr standhalten zu können. Und plötzlich hatte sie das Gefühl, ganz eins mit ihm zu sein. Das Universum schloß sich um sie, sie erlebte eine grenzenlose Vereinigung. Über ihnen ergoß sich ein Meer aus Sternen. Nermina fühlte, es erging ihm ebenso. Sie schwebten irgendwo zwischen den Zeiten.

»Marc«, hauchte sie.

Ganz langsam entzog er sich ihrem Körper. Seine Tentakel begannen wieder ihre Haut zu streicheln. Sie lag völlig erschöpft auf ihrem Bett. So eine intensive Liebeserfahrung hatte sie noch nie gemacht. Sie drehte den Kopf in seine Richtung, unfähig, einen vernünftigen Gedanken zu formulieren. Er blickte sie an und sagte nichts. Ihre Augen schlossen sich.

»Was war das?, formte sich die Frage in ihrem Kopf.

»Nenn es Liebe in deinem Sinne und auf meine Art«, antwortete er.

»Wow«, lächelte sie und öffnete die Augen wieder, »macht ihr das immer so?«

»Nein«, vernahm sie seine Stimme. »Bei uns ist es weniger intensiv. Dein Teil hat zu diesem Erlebnis beigetragen. Und ich muß sagen, ich bin sehr froh, es mit dir geteilt zu haben.«

Noch während er das sagte, war sie eingeschlafen, die Gefühle hatten sie zu sehr überwältigt. Im Schlaf zog sie ihn zu sich heran, schmiegte ihren Körper an den seinen. Er wehrte sich nicht. Vorsichtig rankten seine Tentakel sich um sie herum, er wollte ihr ein Maximum an Geborgenheit geben. So fremd ihm diese Situation war, so sehr genoß er sie. Seine Art von Entspannung konnte man nicht wirklich Schlaf nennen, aber er blieb die ganze Nacht bei ihr.

Als sie viele Stunden später die ersten Regungen machte, streichelte er sie, schlüpfte vorsichtig aus dem Bett und verschwand aus der Kuppel. Tief in seinem Inneren wußte er, was sie sich nun wünschte. Schnell machte er sich auf den Weg zu den Nahrungssynthesizern. Er ließ reines Joghurt herstellen, versah es mit ein wenig Honig, einer sehr beliebten Süßspeise auf Nerminas Heimatplaneten, fügte ein paar Früchte hinzu und schloß die Komposition mit Getreideprodukten ab. All dies brachte er an das Bett. Geduldig wartete er, bis sie aufgewacht war.

Ein wenig später schlug sie die Augen auf und betrachtete ihn, wie er ihr ein Frühstück entgegenhielt. Sie lächelte. »Du bist süß«, sagte sie verschlafen und griff nach dem Löffel und der Schüssel.

Marc beobachtete, wie Nermina das Yoghurt verschlang. Sie schien großen Hunger zu haben. Immerhin hatte sie seit langer Zeit nichts gegessen.

»Hast du keinen Hunger?«, erkundigte sie sich.

»Schon, aber ich mache das später«, antwortete er. »Weißt du«, er machte eine Pause, »das heute Nacht war außergewöhnlich.« Vorsichtig streichelte er ihren Arm.

»Außergewöhnlich?« Sie sah ihn verwundert an. »Es war...« sie lächelte verträumt »...gewissermaßen außerirdisch. Nein, im Ernst, es war nicht von dieser Welt. Es war unglaublich, es war so phantastisch.« Sie streichelte ihn. »Marc«, ihre Augen berührten die seinen, »danke.«

Er wußte nicht was er erwidern sollte.

»Marc«, ihre Stimme schien zu versagen. »Ich möchte das wieder erleben. Es soll nicht unser letztes Mal gewesen sein.«

Sanft strich er ihr über das Gesicht. »Nermina«, seine Tentakel berührten ihre Lippen. »Ich werde viel unterwegs sein, aber, wenn du möchtest, werden wir einen Weg finden. Nur sei dir bewußt, für unserer beider Spezies gibt es nur eine begrenzte Zukunft.«

»Ich weiß«, sagte sie und sah ihn traurig an. »Laß uns noch eine Weile hierbleiben, und dann machen wir uns auf den Heimweg.« Irgendwie wollte sie diesen Augenblick nicht enden lassen.

Sie lagen eine Weile schweigend auf der Wasserliege und betrachteten die großartige Kulisse über ihnen.

»Weißt du«, begann er nach einer Weile, »ich möchte dir noch etwas erzählen.«

»Was?«, fragte sie neugierig.

»Erinnerst du dich an unser Gespräch über Gott?«

Sie nickte.

»Das war nur die halbe Wahrheit. Im Universum gibt es oft mehr als nur eine Antwort.«

»Was meinst du damit?« Die junge Studentin setzte sich auf und sah ihn gespannt an.

Marc sammelte seine Gedanken. Es war ihm nicht klar wo genau er anfangen sollte. »Ich möchte dir zwei Dinge erzählen. Einerseits wird es deine Sicht der Dinge erweitern, andererseits dir vielleicht eine Antwort auf eine der bedeutendsten Fragen deiner Spezies liefern, der Frage nach dem "Was kommt danach? Wo gehe ich hin"«

Nermina lauschte seinen Worten. »Möchtest du das jetzt und hier erklären oder wollen wir derweil fliegen? Versteh mich nicht falsch, ich bin sehr gespannt, aber ich möchte auch nach Hause. Der Weg ist weit, ich weiß das.«

Marc erhob sich ein wenig von der Liege. So sehr er die Situation mit ihr genoß, er sah ein, sie hatte Recht. »Wir müssen dazu nicht in die Kommandozentrale.«, sagte er. »Ich kann das von hier aus erledigen. Dann genießen wir den Blick, und ich erzähle dir, was du wissen solltest.«

Er ließ einige der Kugeln in der Kuppel erscheinen, sie spiegelten das Sternenlicht wider. Gezielt steckte er seine Tentakel hinein, und wenige Augenblicke später drehte das Raumschiff. Sie verließen den Orbit des seltsamen Planeten, und der Virgo Cluster verschwand langsam aus ihrem Blickfeld. Ein weites Feld leeren Weltraumes öffnete sich vor ihnen. Sie waren auf dem Weg zum nächsten Galaxienhaufen. Das Raumschiff flog mit hoher, jedoch nicht mit Höchstgeschwindigkeit. Marc wollte für ihr

Zusammensein eine eindrucksvolle Kulisse schaffen, und welcher Anblick konnte großartiger sein als das Universum selbst?

»Was ist mit meinem Heimatplaneten?«, fragte er. »Möchtest du ihn noch sehen?«

Sie rieb sich die Augen, legte sich zurück und antwortete: »Ich weiß, ich hatte den Wunsch, ihn zu sehen, aber wenn ich ehrlich bin, werde ich das lieber verschieben. Alle diese Eindrücke sind überwältigend genug.« Sie lächelte über ihre eigenen Worte, als ob es eine völlige Selbstverständlichkeit war, mit ihm durch den Raum zu fliegen.

Ebenso selbstverständlich antwortete er: »Natürlich, es ist jetzt nicht notwendig. Wir können das nachholen.«

Sie seufzte. »Das hatte ich gehofft.«

Marc hatte die Programmierung des Rückfluges abgeschlossen, und das Raumschiff jagte mit für Menschen unvorstellbarer Geschwindigkeit der Mondstation entgegen.

»Also«, begann er, »wir hatten darüber gesprochen, ob die Welt, die wir kennen, nur existiert, weil jemand zuschaut. Gewissermaßen, als ob jemand die Welt existieren läßt. Das ist aus *einer* Sichtweise heraus richtig. Es gibt aber noch eine andere.«

Nermina sah ihn erstaunt an. »Ist Gott denn nicht notwendig? Du hattest gesagt, er sei derjenige, der zuschaut.«

Marc erhob sich und begann in der Kuppel umherzuwandern. Über ihm flogen die zwischen den Galaxien liegenden Sterne vorbei. »Ganz so hatte ich es nicht ausgedrückt. Ich hatte dir die Antwort überlassen. Die Frage ist weniger, ob Gott notwendig ist, vielmehr, was er ist. Um es vorweg zu nehmen, in meiner persönlichen Sicht existiert er. Nur völlig anders als die Religionen auf eurem Planeten es den Menschen weismachen wollen.«

Sie lächelte. Religionen, katholisch, evangelisch, oder welche auch immer, hatten auf sie stets ein wenig abstoßend gewirkt. Sie glaubte nicht an die Kirchenweisheiten. »Da sind wir einer Meinung.«

Der Außerirdische blickte ihr in die Augen. »Du erinnerst dich an unsere Reise auf den Mond. An die Zeit an deinem Strand. Gewissermaßen hat es damit zu tun. Ich möchte auf die Geschichten zurückgreifen, die das Universum bereitstellt. Die Tatsache, daß es nicht nur eine Version der Geschichte gibt. Dahinter verbirgt sich weit mehr, als du dir vorstellen kannst. Und es hat sehr viel mit einer Gottessicht zu tun. Wovon ich spreche, sind Multiversen.«

»Multiversen?«, fragte sie verwundert. »Ich kenne Universen. Aber Multiversen? Meinst du die verschiedenen Geschichten, die stattfinden können?«

»Genau die. Hör zu, und du wirst erstaunliche Antworten finden.« Marc kam zu ihr zurück, setzte sich auf die Wasserliege und gab ihr einen Kuß.

21

Professor Geldermann sah seinen Kollegen an. Sie beide hatten keine Ahnung, wer an der Tür klingelte. Doch nach dem zweiten Klingeln blieb ihnen keine andere Wahl, als eine Entscheidung zu treffen.

»Sollen wir aufmachen?«, fragte Professor Königshofer.

»Hmmm«, brummte Geldermann. »Wer kann wissen, daß wir hier sind?«

»Ich weiß nicht.« Königshofer sah sich im Raum um. »Laß diese Projektion verschwinden. Dann sieht es wenigstens nicht so merkwürdig aus. Wenngleich eh schon seltsam genug. Schließlich gehört uns die Wohnung nicht.« Im Geiste legte er sich eine passende Erklärung zurecht, sollte es die Gendarmerie sein. Er mußte sich jedoch schnell eingestehen, besonders glaubwürdig wäre sie wohl nicht.

Sein Freund nickte und trat an die Konsole heran. Mit ein paar Tastenkombinationen verschwand die Darstellung des Weltraumes im Wandschrank und das Zimmer sah wieder völlig normal aus. Die Wasserkugel hatte sich in einen unteren Winkel des Zimmers zurückgezogen und bildete dort eine Pfütze. Geldermann schloß den Schrank und ging hinaus auf den Flur. Schemenhaft zeichnete sich eine Person vor der Haustür ab. Ihm war klar, er selbst konnte ebensogut gesehen werden. Königshofer gesellte sich zu ihm, nickte kurz und trat an die Tür. Mit beherztem Druck betätigte er die Klinke. Die Tür öffnete sich, und die beiden Professoren sahen sich erstaunt an. Vor der Tür stand Josef Ritter, der Leiter der Universität.

»Guten Abend, die Herren«, grinste er.

Die beiden Freunde waren perplex. Was hatte Ritter hier zu suchen? Woher wußte er überhaupt, daß sie hier waren? Sie rührten sich nicht von der Stelle.

»Darf ich eintreten?«, sagte er. »Was wir zu besprechen haben, eignet sich schlecht für den Hausflur.«

»Natürlich, natürlich«, erwiderte Geldermann verwirrt und gab den Weg frei. Er suchte nach Worten, konnte sich aber keinen Reim auf die Situation machen. Am besten war es, einfach abzuwarten. Ritter betrat die Wohnung und begab sich sofort ins Schlafzimmer. Offensichtlich kannte er die Räumlichkeiten. Er setzte sich auf das Bett und sah sich um.

»Was machen Sie hier«, wollte er wissen.

Königshofer räusperte sich. »Wir wollten einen Freund besuchen.«

Ritter gab sich amüsiert. »Lassen sie mich raten, er ist nicht da.«

Die beiden Professoren schwiegen betreten.

»Natürlich haben Sie einen Schlüssel.«

Erneutes Schweigen.

»Das nennt sich Einbruch, schon mal davon gehört?« Er blickte Geldermann an.

Der Angesprochene dachte kurz nach und begann dann die Flucht nach vorne anzutreten. Er hatte eine Idee. »Was auch immer wir hier machen, was machen Sie hier? Woher wußten Sie, wo sie uns finden würden? Und warum sind Sie nachts unterwegs, um Ihre Angestellten in einer fremden Wohnung aufzusuchen?«

Ritter schmunzelte. »Meine Herren, Sie wissen, warum Sie hier sind«, er machte eine bedeutungsvolle Pause, »und ich weiß es auch.«

Geldermann und Königshofer wechselten einen unsicheren Blick. Was wußte Ritter? Was konnten sie ihm erzählen? Sie beschlossen, es zunächst darauf ankommen zu lassen. Der Philosophieprofessor sah ihn herausfordernd an. »Was meinen Sie denn, warum wir hier sind?«, fragte er den Universitätsleiter.

Ritter stand auf, ging ein paar Schritte zu dem Wandschrank hinüber und legte seine Hand auf die Tür. Königshofer folgte ihm mit besorgtem Blick. »Mir ist seit unserem Zusammentreffen in Ihrem Labor klar, was gespielt wird. Verzeihen Sie bitte die Unannehmlichkeiten, die sich durch das Verhör ergaben. Es war leider notwendig, weil ich kein Risiko eingehen durfte. Insbesondere gegenüber Herrn Kammerer, dem Sicherheitsbeamten. Er ist neu an der Universität und sehr gewissenhaft, manchmal zu gewissenhaft. Hat er Sie noch einmal belästigt?«

Geldermann musterte Ritter und war noch immer nicht überzeugt, ihn ins Vertrauen ziehen zu dürfen. »Herr Kammerer hat uns bedroht, mit einer Waffe. Es ist zum Glück nicht zum Äußersten gekommen.«

Der Chef der Universität wirkte erstaunt und verlegen zugleich. »Was ist passiert? Ich kenne ihn nicht sehr gut.« Seine Worte klangen ehrlich besorgt.

Geldermann schilderte mit kurzen Worten, welche Ereignisse sich seit dem Besuch im Labor zugetragen hatten, vermied es aber, ins Detail zu gehen. Ebensowenig erwähnte er die außerirdischen Hintergründe. Er schloß mit den Worten: »Im Augenblick stellt er für uns keine Gefahr mehr dar.« Stille legte sich über den Raum.

»Er heißt Marc«, sagte Ritter plötzlich und unvermittelt, ließ seine Worte auf die beiden Professoren wirken. Nachdem von diesen keine Reaktion erfolgte, sprach er weiter. »Mir ist diese komplette Situation bekannt. Deswegen konnte ich mir auch denken, wo ich Sie finden würde. Es war eine Frage der Zeit, bis Sie hier auftauchen würden.« Ritter sah sich um. »Insgesamt ging es jedoch schneller, als ich erwartet hatte.« In der Ecke entdeckte er die Pfütze und schloß kurz die Augen. Die Wasserkugel sammelte sich und schwebt in die Mitte des Raumes.

Sowohl Königshofer als auch Geldermann sahen ihr erstaunt nach. Offensichtlich hatte Ritter nicht gelogen, er war bestens im Bilde. Der Universitätsleiter öffnete den Schrank mit einem geübten Gleiten seiner Finger über die eingeschnitzten Ornamente. Die Konsolen kamen zum Vorschein, und Ritter ließ durch den Druck auf ein paar Tasten die Projektion erscheinen. Der kleine Punkt, der den Standpunkt des Raumschiffes darstellte, hatte sich von seiner ursprünglichen Position geringfügig fortbewegt. Staunend verfolgten Geldermann und Königshofer die Prozedur.

»Überzeugt?«, fragte der Universitätsleiter.

Geldermann holte tief Luft und antwortete leise: »Überzeugt.«

»Wir können offen sprechen«, fuhr Ritter fort.

»Wie lange?«, wollte Königshofer wissen.

Ritter lächelte. »Oh, nicht so sehr lange, vielleicht ein paar Monate, ehrlich gesagt, ich weiß es nicht mehr genau.«

»Aber Sie sind ein Mensch?« Geldermann sah ihn prüfend an.

Ritter lachte. »Ja, Professor Geldermann, ich bin ein Mensch. Ich weiß nur ein wenig mehr als andere Menschen.« Er sah die beiden an. »Genauso wie Sie beide.« Er setzte sich wieder auf das Bett und betrachtete die Projektion. Die Sternbilder hatten sich leicht verschoben und hielten den kleinen Punkt immer in der Mitte.

Der Geologe ging langsam um die Projektion herum. Die Wasserkugel schwebte immer noch in der Mitte des Raumes. Keiner von ihnen berührte sie. »Können Sie uns erklären worum es hier geht?«

Ritter nickte. »Zunächst eine Zwischenfrage, wie verhält es sich mit Kammerer? Sie sagten, er hätte Sie bedroht. Das konnte ich nicht voraussehen. Was ist mit ihm passiert?«

Geldermann lächelte. Er war sich immer noch unsicher, wieviel Ritter wirklich wußte. »Er ist an einem sicheren Ort, an dem er im Augenblick keine Gefahr mehr darstellt.« Wie als ob er seinen Chef testen wollte, fügte er hinzu. »Ich weiß allerdings auch nicht, wie wir ihn dort wieder wegbekommen.«

Der Universitätsleiter nickte erneut nachdenklich und wissend. »Klingt, als ob Sie ihn auf die Mondstation verfrachtet hätten, wenngleich mir etwas unklar ist, wie Sie das hinbekommen haben. Aber – es stimmt, dort ist er sicher. Wir werden Marc fragen, wie wir das lösen.«

Nach diesen Sätzen waren Geldermann und Königshofer vollständig davon überzeugt, in Ritter einen Verbündeten zu haben. Jedoch war ihnen noch nicht klar, welchem Zweck das alles diente.

Ritter stand auf und ging in die Küche. Dort öffnete er den Kühlschrank und entnahm ihm eine Dose Bier. Seine beiden Angestellten folgten ihm.

»Möchten Sie auch eines?«, fragte er und reichte, ohne auf die Antwort zu warten, jedem eine Dose.

Sie konnten ein Bier gut gebrauchen. Zur Sicherheit schaute Königshofer unauffällig auf das Ablaufdatum an der Unterseite des Getränks. Es entging Ritter nicht. Er setzte sich an den Küchentisch und bemerkte trocken: »Keine Angst, alle Lebensmittel hier sind frisch.«

Es war schon seltsam, ihren Chef derartig entspannt in einer solchen Situation zu sehen. Die beiden Professoren setzten sich ebenfalls.

»Ich begegnete ihm, wie gesagt, vor einigen Monaten«, begann Ritter. »Es war kurz nach dem Winter. Marc kam in mein Büro, nachdem er offiziell um einen Termin gebeten hatte. Es begann mit allgemeinen Fragen nach meiner Tätigkeit. Er gab vor, ein Journalist zu sein und an einem Artikel über Universitäten zu arbeiten. Na ja, wie das so ist, wir sprachen über die Universität, die Budgetkürzungen, die Studenten, die Lehraufträge und so weiter. Allgemeines Geplänkel, nichts Wichtiges. Er kam ein paarmal. Bei jedem Besuch wurden seine Fragen präziser.« Ritter nahm einen Schluck Bier aus seiner Dose. »Es ging ihm hauptsächlich um die Forschungen in den Bereichen der Physik und Kosmologie. Ich sagte ihm, diese Bereiche würden gut bedient, allerdings nicht bevorzugt. Bei einem seiner Besuche machte er mir einen Vorschlag. Wenn ich zusätzliche Mittel bereitstellen würde, hätte er Ideen, woran wir forschen könnten. Er stellte mir einige vor. Sie waren überaus faszinierend, wobei er, sehr zu meiner Verwunderung, die Antworten gleich mitlieferte.«

Geldermann legte den Kopf schief. »Wurden Sie nicht mißtrauisch?«

Ritter nickte. »In gewissem Sinne. Aber, ich bin Verwaltungsangestellter, kein Experte in Physik, Kosmologie oder Astronomie. Ich besprach mich vorsichtig mit meinen Kollegen aus den Abteilungen. Als ich mitbekam, wie überschwenglich sie reagierten, schenkte ich Marcs Vorschlägen mehr Bedeutung. Ich stellte tatsächlich außerordentliche Mittel bereit. Es gibt da immer Wege. Die Forschungen liefen an und präsentierten nach einiger Zeit die gewünschten Ergebnisse. Es ist leicht Forschung zu betreiben, wenn man den Weg kennt.

Die Arbeiten beeindruckten auch das Kultus- und Forschungsministerium. Wir müssen ja, wie sie wissen, in gewissen Zeitabständen einen Bericht über unsere Resultate abgeben. Es dauerte nicht lange, und der Staat stellte weitere Mittel zur Verfügung. Die Resultate waren überaus befriedigend.«

Die beiden Professoren lauschten gespannt seinen Ausführungen, nippten hin und wieder an ihrem Bier.

Der Universitätsleiter fuhr fort. Irgendwie schien er froh zu sein, seine Geschichte jemandem erzählen zu können. »Eines Tages fragte ich Marc, bei einem weiteren Gespräch in meinem Büro, warum er uns diesen Weg ebnete und woher er all die Dinge wußte, die uns einzigartige Forschungsergebnisse bescherten. Er lächelte nur und lud mich hierher ein.«

Ritter räusperte sich, als ob er der Situation noch mehr Spannung geben wollte. Geldermann und Königshofer hingen förmlich an seinen Lippen.

»Er hatte mich nun schon seit einigen Wochen beobachtet und meine Fragen nach der Herkunft der Ergebnisse wurden immer bohrender. Wir bestätigten in unseren Abteilungen lediglich Vorhersagen, was ich natürlich nie so aussehen ließ. Eines Abends eröffnete er mir die Wahrheit hinter seinen Erkenntnissen. Natürlich glaubte ich ihm kein Wort.«

Ritter nahm einen Schluck von seinem Bier. In Gedanken rief er sich jenen Abend zurück in die Erinnerung. »Er erklärte mir, es sei für sein Volk von großer Bedeutung, im Weltraum Rassen zu finden, die für eine Zusammenarbeit mit anderen Völkern bereit waren, ohne gleich militärischen Nutzen daraus zu ziehen. Tatsächlich waren die Erkenntnisse, die wir gewannen, in keiner Weise militärisch nutzbar. Sie dienten rein der Grundlagenforschung. Allerdings konnten wir auf diversen Kongressen damit enorme Aufmerksamkeit erzielen.«

»Wie aber soll es weitergehen? Warum bekommen wir von einer außerirdischen Zivilisation Forschungsergebnisse geliefert?«, wollte Professor

Königshofer wissen. »Warum nicht einfach ein ganz normaler *Erster Kontakt?*«

Sein Chef sah ihn verwundert an. »Lieber Kollege, das ist doch einfach. Stellen Sie sich vor, Marc hätte sich mit all seinen Erkenntnissen an die EU oder, noch abwegiger, an die Amerikaner gewandt. Was wäre passiert? Sie hätten ihn in die Mangel genommen, wie man es sich nicht schlimmer hätte vorstellen können. Wenn eine außerirdische Rasse an die Menschheit herantritt, kann das nur über den Weg der Wissenschaft geschehen, nie über den Weg der Politik. Dort gibt es viel zu viele profilierungssüchtige Personen.«

Königshofer nickte. Er sah er ein, Ritter hatte Recht. Es wäre zu einem Wettlauf der Wichtigkeiten gekommen. *Mir gehören die Außerirdischen, nicht dir.* Ganze Kontinente hätten sich um die Vorherrschaft gestritten. Vielleicht hätte es sogar Krieg gegeben. Nein, ein Kontakt mit einer außerirdischen Lebensform kann nur ganz subtil erfolgen. Ein anderes Problem wären die Religionen. Für die Christen war der Mensch die Krone der Schöpfung. Nicht auszudenken, was es für diese Religion bedeuten würde, präsentierte man ihnen eine höherstehende Lebensform. Es wäre der völlige Zusammenbruch ganzer Sozialsysteme auf der Erde. Wer würde die Heilsarmee noch ernst nehmen, wüßte man, Gott sieht den Menschen nicht als sein finales Werk? Was wären der Papst und seine Aussagen noch wert? Ein solcher Schritt wollte von langer Hand vorbereitet sein. Jede außerirdische Rasse würde das wissen.

»Was geschah dann? Was ist der Sinn?«, wollte Geldermann wissen.

Ritter hob die Arme. »Marc erklärte mir, alles ziele darauf ab, den ersten Kontakt vorzubereiten. Wann dies geschehen würde, ließ er offen. Er sagte, es gäbe Menschen auf diesem Planeten, die sich nicht um Wichtigkeit scherten.« Er lächelte. »Zum Glück schätzte er uns so ein. Er zeigte mir diese Wohnung und nahm mich mit auf den Mond. Ich war völlig fasziniert und stolz zugleich.«

»Und Nermina? Warum sie?« Geldermann war noch immer voller Fragen.

Der Universitätsleiter zuckte mit den Schultern. »Ehrlich, ich weiß es nicht. Etwas muß an ihr dran sein, das wir nicht kennen. Mir war auch nichts darüber bekannt, daß er mit ihr diese Reise unternehmen würde. Vielleicht hatte es etwas mit ihrem Unterrichtsfach zu tun. Vielleicht spielt sich auch etwas in ihrer Zukunft ab, was von Bedeutung ist. Wir sollten ihn fragen, wenn er wieder da ist. Vielleicht bekommen wir eine Antwort. Wobei«, er sah die beiden Männer an, »ich glaube nicht daran. Vermutlich kennt nicht einmal Nermina die Antwort. Wenn Marc die Zukunft kennt, er wird sich hüten, sie vor uns auszubreiten. Das könnte unabsehbare Folgen haben.«

Das war für Professor Geldermann das Stichwort. »Wann wird er wieder da sein?«

Ritter stand auf. »Das können wir auf der Projektion verfolgen. Lassen Sie uns in das Schlafzimmer gehen, dort sehen wir es.«

Die drei Männer standen auf und begaben sich zurück in das Zimmer, in dem immer noch die Projektion schwebte. Sie erkannten sofort, Nermina und

Marc waren auf der Rückreise. Sie hatten den Virgo Cluster hinter sich gelassen und rasten durch den großen Galaxienhaufen.

»Wie weit ist das weg?«, wollte Geldermann wissen.

Ritter drehte sich um und studierte die Anzeigen in der Wandschrankkonsole. »Zur Zeit schätze ich die Entfernung auf rund 90 Millionen Lichtjahre.«

Königshofer pfiff durch die Zähne. »Wie ist das möglich? Hatte es nicht mal geheißen, man könne nicht schneller als das Licht reisen?«

Der Universitätsleiter zuckte mit den Schultern. Irgendwie sah auch er, angesichts der Frage, ziemlich ratlos aus. »Ich weiß es nicht. Marc hat mir zwar das Raumschiff gezeigt und mir seinen Verwendungszweck erklärt, über den Antrieb hat er sich aber nicht ausgelassen. Auf jeden Fall scheint es zu funktionieren. Sonst würden wir dies hier«, er zeigte auf die Projektion, »jetzt nicht sehen. Ich tippe darauf, daß wir uns nicht in den gleichen Dimensionen bewegen. Genau kann ich es natürlich nicht sagen. Mag sein, er erklärt es uns, wenn wir uns sehen.«

Geldermann dachte nach. Stillschweigend hatte er sich wieder einmal auf das Bett gesetzt. »Was meinen Sie, sollten wir uns mit ihnen in Verbindung setzen?«

»Nein, wozu sollte das gut sein? Hallo sagen? Er wird seine Gründe haben, diese Reise mit Nermina zu unternehmen. Dabei sollten wir nicht stören«, meinte Ritter. »Ich schlage vor, wir warten es einfach ab. Er wird hierher zurückkommen. Schließlich muß er Nermina wieder abliefern. Und so, wie ich ihn kennengelernt habe, wird er keine Fragen offen lassen, soweit er sie beantworten darf.«

Geldermann wechselte das Thema. Gemächlich trank er einen Schluck aus seiner Bierdose. »Was konnten Sie sonst über seine Rasse erfahren?«

Sein Chef zog sich den einzigen Stuhl heran, der in der Ecke des Raumes stand, und setzte sich. »Im Laufe der Wochen erzählte er mir immer wieder Kleinigkeiten. Fest steht, sie leben auf einem Planeten, der nicht allzuweit entfernt ist. Lediglich ein paar Lichtjahre. Wir haben ihn jedoch noch nicht entdeckt. Und ich werde mich hüten, einer Regierung etwas über seine Position zu verraten. Wenn wir wieder in der Universität sind, zeige ich Ihnen gerne die Region. Natürlich nur, wenn Sie versprechen, nichts zu verraten.«

Die beiden Professoren nickten. In einer Zeit, in der immer mehr Exoplaneten entdeckt wurden, konnte es sein, daß die Astronomen Marcs Planeten tatsächlich fanden. Sie mußten nur wissen, wonach sie zu suchen hatten. Diese Entscheidung, mit den Menschen Kontakt aufzunehmen, würden sie getrost Marcs Volk überlassen.

Ritter fuhr fort: »Sie sind uns deutlich voraus, wie Sie sich sicher denken können. Allerdings sind sie keine Übermenschen. Sie haben ihre Gesellschaftsform und forschen. Wie es mir scheint, haben sie jedoch das Thema Krieg hinter sich gelassen. Das würde erklären, warum sie so enorme Mittel in die Weltraumfahrt investieren konnten. Wir wissen alle, es ist eine verdammt teure Angelegenheit.«

Der Geologe, der als einziger noch stand, warf ein: »Kann es nicht sein, daß all dies nur ein großer Vorwand ist, die Erde mit all ihren Schätzen zu übernehmen und auszuplündern?«

»Sie meinen, Marc kundschaftet uns zu diesem Zweck aus?« Ritter schüttelte den Kopf und trank von seinem Bier. »Unwahrscheinlich. Erstens, sie hätten es längst gekonnt. Was könnten wir einer Rasse entgegensetzen, die in der Lage, ist solche technologischen Wunder zu vollbringen? Glauben Sie im Ernst an diese Geschichten aus den Hollywood Filmen? Solidarität an allen Orten, über persönliche und religiöse Interessen hinweg?« Er lachte. »Nein, nein meine Herren. Wir kriegen doch noch nicht mal eine hausgemachte Klimakatastrophe gemeinsam in den Griff. Zweitens, seine gesamte Art und wie er die Sache angeht, deutet in keiner Weise darauf hin. Wenn Sie mich fragen, das macht Sinn. Eine Rasse besinnt sich darauf, das Militär abzuschaffen, vermutlich die Religionen gleich mit, und entwickelt hochstehende Technologie. Sie begibt sich auf die Reise zu den Sternen und sucht nach gleichgesinnten Zivilisationen.«

»Zu schön, um wahr zu sein«, warf Geldermann ein. »Frieden aller Orten und die Welt ist schön.« Etwas ungläubig schüttelte er den Kopf.

»Joshua«, ließ sich Königshofer vernehmen. »Sei nicht so pessimistisch. Du selbst hast mir immer wieder erklärt, wir sollten über unseren Tellerrand hinausdenken. Neue Ideen einfach mal für möglich halten. Hier haben wir es nun mit einer neuen Grundhaltung zu tun. Wir sollten es nicht abtun, sondern als Chance begreifen. Vielleicht werden unsere Enkel einst genauso denken wie Marc. Wir haben den Schlüssel dazu in der Hand, indem wir junge Menschen entsprechend ausbilden.«

Der Nachthimmel hatte sich über der großen Stadt ausgebreitet, und irgendwo in dem geschäftigen Treiben der Menschen saßen drei Professoren in einer Wohnung vor einer Laserprojektion, die ihnen das größte Abenteuer bescherte, das ein Mensch erleben kann. Über neue Gesellschaftssysteme und Weltordnungen diskutierend beobachteten sie einen kleinen Punkt, der sich seinen Weg durch die Galaxien des Universums bahnte.

22

Schweigend betrachteten Nermina und Marc den über ihren Köpfen hinwegziehenden Weltraum. Immer wieder schoben sich neue Galaxien in ihr Blickfeld. Aneinandergekuschelt lagen sie auf der Wasserliege. In der Kuppel war es angenehm warm, und Nermina hatte sich nicht die Mühe gemacht, sich etwas zum Anziehen zu holen. Sie konnte sich an dem Anblick, der sich über ihr bot, einfach nicht satt sehen. Lediglich die leichte Decke hatte sie über ihre beiden Körper gezogen. Dies geschah mehr aus Gründen der Gemütlichkeit als aufgrund der Temperatur. Eine nach der anderen waren die Kerzen verloschen, bis es schließlich vollständig dunkel war. Nur das Licht der Sterne erhellte die Kuppel.

»Du wolltest mir etwas über Multiversen erzählen«, flüsterte sie nach einer ganzen Weile. »Reicht nicht dieses eine?« Sie schmiegte sich eng an ihn und lauschte seinen Gedanken.

Marc ließ seinen Gedanken freien Lauf. »Es gibt so vieles, was ich dir noch über das Universum und damit auch über eine Vorstellung von Gott, wie auch immer er geartet sein mag, erzählen könnte. Aber, Nermina, ich will dich nicht überfordern. Laß uns bei ein paar einfachen Beispielen bleiben. Anhand derer kann ich dir näher bringen, das Universum in einem neuen Licht zu sehen. Vielleicht wirst du in den nächsten Monaten genauer darüber nachdenken, dir ein wenig Literatur zu den Themen besorgen und dein Studium abschließen. Du wirst aus diesen Erfahrungen als eine andere Person hervorgehen und alles in einem größeren Zusammenhang sehen. Das ist es, was ich mit dieser Reise bezwecken wollte. Schau über uns, es ist phantastisch – aber – es ist nur die Spitze des Eisberges. Hinter all diesen wunderbaren Anblicken liegt eine tiefere Wahrheit, und ich möchte dir wenigstens einen Teil davon mit auf deinen Lebensweg geben. Das ist mir wichtig für dich, für deine Rasse und letztendlich damit auch für mein Volk.«

Nermina räkelte sich auf der Wasserliege. »Was meinst du mit *für mein Volk*? Was habe ich damit zu tun?«

»Nun«, begann Marc, und es lag eine gewisse Vorsicht in seiner Stimme. »Ich darf es dir nicht genau erklären, und wie ich dir schon gesagt habe, ich kann es auch gar nicht wirklich. Aber er gibt Wendungen in deinem Leben, die mit uns zu tun haben. Wobei du nicht die Einzige bist. Auf deinem Planeten gibt es mehrere Personen, die über mich, das Programm meines Volkes und die daraus resultierenden Zusammenhänge wissen.«

»Werde ich sie kennenlernen?« wollte die junge Studentin wissen.

Marc berührte eine der Wasserkugeln, die über ihnen schwebte, und das Schiff schwenkte in einen neuen Kurs ein. Die Sternenkonstellation über ihnen veränderte sich. »Ja, ich denke schon. Einige kennst du bereits.« Ein Lächeln erschien auf seinem tropfenartigen Kopf.

Es war für Nermina immer noch seltsam, eine humanoide Regung auf einem außerirdischen Kopf zu sehen. Marc hatte zur Zeit ja keinen menschlichen Mund. Trotz allem war der Ausdruck unverkennbar.

»Wen?«, fragte sie.

»Warte es ab, bis wir wieder zurück sind. Laß mich dir nun einen Gedankengang geben, über den du nachdenken kannst.«

Sie schwieg und lauschte.

»Ich hatte dir von der Art und Weise erzählt, wie man durch Messungen Quantenzustände Realität werden lassen kann.«

Sie nickte. »Das war die Geschichte mit der Gottessicht. Nur wenn jemand eine Messung vornimmt, werden Dinge real. Und da alle Dinge nicht gleichzeitig von Menschen oder anderen Rassen gemessen oder beobachtet werden können, muß es jemanden geben, der immer zuschaut. Dieser Jemand könnte Gott sein.«

»Genau«, warf Marc ein. »Doch es gibt noch andere Versionen, das Bild zu sehen. Stell dir vor, es ist vielleicht gar nicht wichtig, daß jemand zuschaut.«

»Du meinst, es wäre gar kein Schöpfer notwendig?« Obwohl sie keineswegs gottesfürchtig war, klangen ihre Gedanken ein wenig enttäuscht.

»Wie man es nimmt. Die Idee hinter dem neuen Gedanken ist die der Multiversen. Wir experimentieren auf unserem Planeten schon eine ganze Weile mit diesem Phänomen. Denk an den Geschichtenfinder und was ich dir dazu erklärt habe. Er ist ein Resultat dieser Forschungen. Wir haben herausgefunden, es gibt nicht nur ein Universum. Es gibt unendlich viele. Zudem gibt es mehr als nur drei Dimensionen.« Er ließ diese Worte auf sie wirken.

»Wo sind die anderen?«, fragte sie und richtete ihren Blick einmal mehr auf das vorbeischwebende Weltall.

»Sie sind allgegenwärtig«, antwortete Marc. »Sie entstehen jeden Augenblick neu. Wir können sie nur nicht direkt beobachten, weil unsere Körper dazu nicht geschaffen sind. Die Evolution auf vielen Planeten hat dazu geführt, daß die meisten Lebewesen nur die uns bekannten drei Dimensionen erkennen können. So ist es zumindest bei allen Wesen, die wir kennen. Vielleicht gibt es andere, in anderen Dimensionen, doch die kennen wir nicht. Und doch wirken eine vierte und fünfte und zuweilen noch drei oder vier andere auf unsere Existenz. Drei räumliche Dimensionen sind für uns notwendig, weitere machen in der Entwicklung einer Lebensform unseres Verständnisses wenig Sinn. Zeit könnte man als eine weitere Dimension betrachten, dafür haben wir aber kein direktes Sinnesorgan, sie ergibt sich für uns aus den Umgebungswahrnehmungen. Die anderen lassen sich errechnen und sind nützlich, wenn man mit ihnen umgehen kann. Stell dir folgendes vor.«

Marc streichelte sie einfühlsam, bevor er weitersprach. »Du bist ein Fisch in einem sehr flachen Wasser. Du kannst vorwärts und rückwärts schwimmen, nach links und nach rechts. Aber es gibt kein Oben und Unten.«

»Also zweidimensional«, merkte sie an.

Seine Tentakel stupsten sie an der Nase. »Genau. Nun wissen wir aber, es gibt eine dritte Dimension. In ihr gibt es Wind, und dieser Wind kräuselt das Wasser. Auf dem Boden des Teiches werden Schatten des Lichts, welches über dem Fisch scheint, sichtbar. Nimm an, der Fisch kann wissenschaftlich denken.«

»Ein Wissenschaftsfisch?«, lachte sie und erhob sich ein wenig von der Liege. Sie stützte sich auf ihre Arme und wartete auf eine Antwort.

»Nenn es so. Dieser Fisch würde darüber nachdenken, warum es diese Licht- und Schattenwirkungen auf dem Boden des Teiches gibt. Er würde darauf schließen, daß es eine weitere Dimension geben muß, die dieses Kräuseln der Oberfläche und die Lichterscheinungen hervorruft. Genauso ergeht es uns. Wir wissen, es gibt Erscheinungen, die sich nur durch mindestens eine weitere Dimension erklären lassen. Ebenso wissen wir, es gibt weitere Universen.«

Nermina schüttelte den Kopf. Die Sache mit dem Fisch war ihr ja klar, aber wie sie sich selbst eine weitere Dimension oder andere Universen vorstellen sollte, blieb ihr verschlossen.

Marc zog sie ein wenig näher zu sich heran. »Mach dir keine Sorgen, niemand kann sich das wirklich vorstellen. Tatsache ist, es gibt sie. Denk an den Anfang des Universums.«

»Den Urknall?«, sagte sie fragend.

»Den Urknall«, bestätigte er. »Was war der Ursprung?«

»Ich weiß es nicht mehr genau. Eine Singu...«

»...larität«, setzte der Außerirdische den Satz fort. »Richtig. Was befindet sich im Inneren eines schwarzen Loches?«

Nermina zuckte mit den Schultern und beobachtete die verloschenen Kerzen. Sollte sie neue holen? Sie entschied sich dagegen. Vielmehr wollte sie Marc zuhören. Vielleicht war es ja wichtig für ihre Zukunft.

»Ebenfalls eine Singularität. Was unterscheidet nun die eine von der anderen?«

Erneut blickte Nermina ihn fragend an. »Nichts. Wenn ich dich richtig verstanden habe, ist eine Singularität eine Singularität.«

Marc machte eine ausladende Bewegung. »Richtig. Theoretisch entsteht in jedem schwarzen Loch ein neues Universum. Mit all seinen Bestandteilen.«

Nermina schluckte. Konnte das wahr sein? Sie wußte, es gab Milliarden Galaxien mit Milliarden schwarzen Löchern in ihrer Mitte. Gab es Milliarden Universen? »Sind sie alle wie unser Universum?«

Marc hatte sie auf die richtige Spur gebracht. »Nein«, sagte er. »Sie unterscheiden sich geringfügig. Doch sie haben ein Mutteruniversum, unseres. Wobei wir nicht wissen, ob unser Universum nicht auch ein weiteres Mutteruniversum besitzt. Tatsache ist, wir können uns, wobei ich damit meine Rasse meine, diese Universen zunutze machen. Die Naturgesetze in den einzelnen Universen unterscheiden sich voneinander. In dem einen geht dieses, im anderen jenes. Je nach dem, was wir machen wollen, nutzen wir das jeweilige Universum. Ein äußerst praktisches Vorgehen.«

Der jungen Studentin dämmerte etwas. Sie hatte das Gefühl, Marc führte sie auf seine Art an die Antwort heran, die sie schon lange suchte. »Kann es sein, daß eines dieser, ich nenne es mal Subuniversen, die Grenze der Lichtgeschwindigkeit nicht kennt?«

Sie hatte den Eindruck, als schmunzle er, als er antwortete. »Ganz genau. Davon gibt es viele. Ihr werdet sie sicher noch entdecken. Eure Wissenschaftler sind auf dem besten Weg dazu. Dafür würden diese Universen nie Leben hervorbringen, ihre Grundeigenschaften eignen sich nicht dazu.«

»OK, das hab ich gefressen«, gab sie mit einem frechen Unterton in ihren Gedanken zurück. Sie hoffte inständig, daß Gedanken auch Stimmungen übertragen konnten. »Aber wie kannst du darauf zugreifen?«

Marcs Körper legte sich auf der Liege lang. Er schien in das Universum über ihm zu blicken. Es dauerte einen Moment ehe er antwortete. »Ich merke durchaus, mit welchen Stimmungen du denkst«, lächelte er in seinem Kopf. »Wir greifen zum Beispiel mit dem Geschichtenfinder darauf zu. Er erlaubt uns, ein Universum auszusuchen und es zu nutzen, ganz wie es unseren Vorstellungen und Anforderungen entspricht. Da wir ständig neue entdecken, erweitern sich auch die Möglichkeiten. Über die erwähnten anderen Dimensionen laß mich folgendes sagen. Es gibt etwas, was eure Wissenschaftler auch schon entdeckt haben, die Stringtheorie.«

Sie sah ihn fragend an.

Marc fuhr fort: »Sie besagt, daß ein Teilchen nicht einfach nur ein fester Körper oder ein Stück Energie ist, sondern eine Auswirkung einer Schwingung. Ähnlich einer Gitarrensaite, die einen Ton erzeugt. Der Ton ist das Teilchen, das unsere Welt ausmacht. Die Saite schwingt in einer weiteren Dimension. Sie durchzieht das Universum. Wir sehen nur die Teilchen. Diese Schwingungen liegen auf einer Art Membran, ihr nennt sie treffenderweise auch "Branen". Sie besitzen eine weitere Dimension. Zwischen diesen Branen ist durch die Naturgesetze zudem, in der Theorie, ein Kontakt möglich. Die Schwerkraft ist eines davon. Das jetzt im Einzelnen zu erklären, würde zu weit führen, nimm es einfach mal so hin.«

Sie nickte gespannt. Ihr eröffneten sich völlig neue Sichtweisen. Über ihr breitete sich eine Sternenwelt aus, die sie nun in einem neuen Licht sah. Zwar konnte sie mit all diesen Erkenntnissen noch nicht sehr viel anfangen, aber es begann sich der Gedanke durchzusetzen, daß es weit mehr zu wissen gab, als sie bisher durch ihr Studium angenommen hatte. Und es eröffneten sich gänzlich neue Möglichkeiten, darüber zu philosophieren.

Marc machte eine Pause, um ihr die Gelegenheit zu geben, ihre Gedankenwelt zu ordnen. »Also, auf den Branen liegen verschiedene Universen. Jedes von ihnen dehnt sich in den gewohnten drei Dimensionen aus. Wenn sich Branen natürlicherweise berühren, was alle paar Billionen Jahre vorkommt, gibt es einen erneuten Urknall. Wir haben es geschafft, uns die Eigenschaften der Branen zunutze zu machen. Da wir auf verschiedene Universen zugreifen, greifen wir indirekt auf die dazugehörigen Branen zu. Wir nutzen sie, um mit Geschwindigkeiten zu fliegen, die euch noch verschlossen sind. Wir verwenden die Kontaktmöglichkeit zwischen den

Universen zur Kommunikation mit anderen, zum Beispiel mit unseren Sonden. So können wir das Universum besiedeln und es uns nutzbar machen.«

Nermina war tief beeindruckt. Immer wieder hatte sie auf der Erde von Plänen gelesen, das Universum zu besiedeln. Man redete in den Artikeln jedoch stets von Jahrhunderten, die *Generationsschiffe* benötigen würden, um die Entfernungen zu überbrücken. Nun schien alles so einfach zu sein. Tief in ihren Gedanken wußte sie jedoch, es steckte eine gewaltige Forschungsarbeit in all diesen Erkenntnissen. Wenn sie die Zeit, die Marcs Volk bereits an diesen Dingen forschte, dazu in Bezug setzte, mußte sein Volk den Menschen auf unglaubliche Art voraus sein. Schließlich forschte ihre Rasse intensiv gerade mal ein paar Jahrhunderte an diesen Dingen, und was hatte man nicht schon alles entdeckt. Das Wesen neben ihr konnte auf jahrtausendealte Forschung zurückgreifen.

»Wer steckt dahinter?«, wollte sie wissen.

Marc ließ seine Tentakel in den Raum schweben. »Auch wir kennen nicht alle Zusammenhänge. Ich kann dir nicht sagen, ob ein, wie du es nennen würdest, Gott dahinter steckt. Es gibt viele Überlegungen. Eine besagt, daß wir alle ein Experiment sind. Aber«, er machte eine Gedankenpause, »es ist auch egal. Tatsache ist, wir entdecken das Universum, wir stellen Fragen, wir beantworten sie, wir existieren.«

Nermina sah ihn an und berührte seinen Kopf. »Marc, ich danke dir für all diese wunderbaren Erklärungen. Sie haben meinen Horizont gehörig erweitert. Aber eine Frage schwirrt mir die ganze Zeit im Kopf herum. Vielleicht hast du auch darauf eine Antwort. Wenn all dieses so phantastisch ist, wozu ist es gut? Wer steckt dahinter? Was passiert mit uns, wenn unsere denkenden Gehirne eines Tages aufhören zu funktionieren? Ich weiß, das ist eine alte Frage, aber es ist eine, die uns Menschen seit ewiger Zeit beschäftigt.«

Marc nahm sie in den Arm und liebkoste sie eine Zeitlang. Über ihnen projizierte die Kuppel ständig neue Galaxien, an denen sie vorbeiflogen. Nermina überlegte kurz, wie sie zur Zeit auf verschiedenen Branen, in unterschiedlichen Universen und diversen Dimensionen herumflogen. Was mußte das für ein Computer sein, der dieses Schiff steuerte. Ein wahres Wunderwerk für sie, ein Arbeitswerkzeug für Marc. Wer hätte auf ihrer Welt vor einigen Jahrhunderten an Computer gedacht? Geschweige denn an die Möglichkeiten, die sie boten. Man wußte nicht, was Strom ist, konnte sich demzufolge Elektronik nicht vorstellen und schon gar keine PCs. Eine einfache Folge von Ereignissen, die eine Vision verhinderten. Das gleiche geschah auf ihrer Welt mit dem Internet. Seine Auswirkungen überforderten heute noch viele Regierungen, man litt unter mangelnder Vorstellungskraft. Eine andere Sache, die sie kürzlich gelesen hatte, waren Flughäfen. Da sich vor rund zehn Jahren niemand ein Flugzeug mit Platz für mehr als 500 Passagiere hatte vorstellen können, plante man falsch. Nun gab es diesen Riesenflieger, und ganze Gebäudekomplexe waren plötzlich unzureichend konzipiert. Die Reihe ließ sich endlos fortsetzen. Es wäre schlicht Unsinn, alles, angesichts der technischen Leistungen, die sie gerade erlebte, als Hexerei abzutun. Die Zeiten der irdischen Hexenverfolgung waren glücklicherweise lange vorbei. Wer weiß, was die Menschheit in ein paar Jahrhunderten würde vollbringen können. Vielleicht waren Marc und sein Volk den Menschen dabei sogar behilflich. Sie lächelte angesichts dieses Gedankens.

Marc wartete geduldig, bis Nermina ihre Gedanken beendet hatte. Dann antwortete er: »Nun, diese Frage ist wirklich sehr alt, und jedes an einen Gott glaubende Wesen beantwortet sie für sich ganz persönlich anders. Die Frage nach dem *was geschieht mit meiner Seele, wenn ich einmal nicht mehr bin?* Das gibt Raum für Religion und Philosophie. Es gibt allerdings auch eine wissenschaftliche Erklärung, und die finde ich persönlich sehr gut. Sie hängt mit einigen Entdeckungen im Bereich der Grundlagenforschung zusammen und wurde auf meinem Planeten vor langer Zeit gemacht. Seitdem ist der Einfluß der Religion bei uns immer weiter gesunken, bis er schließlich zum Erliegen kam.«

Verwundert sah Nermina ihn an. »Bei euch gibt es keine Religion mehr?«

»Nein«, antwortete er. »Natürlich gibt es etwas, was du mit Philosophie bezeichnen würdest, aber das ist nicht das Gleiche. Der alte Kampf, wessen Gott nun der bessere ist, den gibt es nicht mehr. Das ist auch ganz gut so, denn diese Haltung eröffnete uns ganz neue Möglichkeiten. Enorme Reserven an Geistesinhalten wurden plötzlich auf neue Art verfügbar. All dies kann auch euch passieren, denn diese Erkenntnisse sind auch auf der Erde gemacht worden.«

Sie setzte sich vollends auf. »Du machst Witze. Religionen abschaffen? Bei uns? Das glaube ich nicht.« Sofort bereute sie ihren letzten Gedanken. Was hätte sie nicht alles nicht geglaubt, hätte er es ihr nur erzählt und nicht gezeigt. »Verzeih, ich kann es mir nur schwer vorstellen.«

Marc hatte sich ebenfalls aufgesetzt und strich ihr über das volle schwarze Haar. »Es wird Jahrhunderte dauern, aber wenn ihr die Bildung eurer jungen Generation vorantreibt, wird es schließlich dazu kommen. Laß es mich dir erklären, es ist gar nicht so schwer.«

Verflogen waren Nerminas Vorbehalte gegen seine wissenschaftlichen Ausführungen, die sie noch vor nicht allzu langer Zeit hegte. *Komm, treib mir die Religion aus*, dachte sie neckisch.

»Ich denke, du hast gar keine«, kamen seine Gedanken erstaunt zurück.

Sie lachte und warf ihn zurück auf die Wasserliege, bedeckte seinen Kopf mit Küssen und legte sich zurück. »Hab ich auch nicht. Kleiner Scherz. Weißt du Marc, ich bin einfach nur glücklich. Glücklich, mit dir diese Reise gemacht zu haben. Glücklich, diese erstaunlichen Erfahrungen in Sachen Sex gemacht zu haben. Immens glücklich«, fügte sie leise hinzu. »Glücklich darüber, daß du mir den Horizont geöffnet hast. Komm, laß mich wissen, worum es geht. Was passiert mit meiner Seele?« Der letzte Satz war, trotz der Emotionen, sehr nachdenklich.

Noch immer konnte Marc mit den plötzlichen Gefühlsausbrüchen dieser jungen Erdenfrau nicht gut umgehen. Sie waren nicht vorauszusehen. Hier mußte er sich selbst eingestehen, er hatte noch etwas zu lernen.

»Ich habe dir schon von der Quantentheorie erzählt«.

Sie nickte.

»Wir wollen uns zusätzlich noch eine andere Sache ansehen, die von immenser Wichtigkeit ist, die Information. Sie beruht meist auf Wissen, auf Dingen, die wir erfahren, lernen und die aus Experimenten hervorgeht. Vor allem aber beruht Information auf bekannten Annahmen und Erfahrungen oder Bedeutungen. Diese wiederum haben ihre Grundlage auf Voraussetzungen. Du verstehst, warum die Sonne untergeht, weil du voraussetzt, daß sie da ist. Obwohl du das zum Zeitpunkt des Betrachtens noch nicht einmal sagen kannst. Das Licht ist acht Minuten alt und die Sonne könnte in Wirklichkeit längst explodiert sein.« Er wartete, bis sich diese Erkenntnis in ihrem Geist gesetzt hatte. »Laß uns diese beiden Bereiche zu einer Quantentheorie der Information zusammenführen.«

Nermina stützte ihren Kopf auf eine Hand und lauschte gespannt seinen Gedanken.

»Normalerweise denken wir, je kleiner die Dinge sind, desto einfacher werden sie auch. So hat man es auf eurem Planeten seit jeher gehalten und euch beigebracht. Vieles eurer Kultur beruht auf diesem Gedanken. Doch ganz so ist es nicht. Je tiefer wir durch unsere Forschungen in die Materie eindringen, desto mehr gehen die Dinge verloren, die den Eigenschaften der Materie zugeordnet werden. Merkwürdigerweise werden die Dinge ab einer gewissen Grenze dadurch komplizierter. Das hat mit der Quantenwelt zu tun. Nimm Atome, sie sind im Wesentlichen leerer Raum. Fast ihre gesamte Masse wird in ihrem winzigen Kern konzentriert.«

»Ein Elektron ist 2000 mal leichter als ein Proton«, warf sie ein. Das hatte sie einmal gelernt.

»Genau. Wenn wir noch tiefer gehen, zu den Quarks, den Bausteinen der Nukleonen, also den Atombausteinen, dann sehen wir, sie liefern zusammen nur rund zwei Prozent der Masse dieser Bausteine. Der Rest kann als Energie, du erinnerst dich an euren großen Einstein, also $e=mc^2$, in Form von Bewegung verstanden werden. Bitte sag mir, wenn es dir zuviel wird.«

Sie schloß einen Moment die Augen, um das Gesagte auf sich wirken zu lassen. »Noch geht es, erzähl weiter. Der Hauptbestandteil der Atombausteine ist Energie im Sinne der Bewegung. Nicht feste Materie.« Sie war fest davon überzeugt, eine der wichtigsten Erkenntnisse ihres jungen Lebens sozusagen auf dem Silbertablett serviert zu bekommen.

»Richtig. Wir können also festhalten, der überwiegende Teil der Atombausteine, und damit auch der Atome, also der Materie, ist Bewegungsenergie. Eine Energie der Information. Information darüber, wie sich der Atombaustein darstellt. Wie er sich wann wohin bewegt. Wenn Materie gleich Energie mal Lichtgeschwindigkeit zum Quadrat ist, dann besteht im umgekehrten Sinne die Grundsubstanz des gesamten Universums weitestgehend aus Information. Kannst du mir folgen?«

Es war nicht leicht. Zuviele Zusammenhänge strömten auf sie ein. »Na ja, ich versuche es. Meinst du, weil die Information über die Bewegung als Energie verstanden werden kann, ist diese Information gleichzeitig Materie?«

Marc lächelte. »Ganz genau, eine sogenannte Quanteninformation. Information kann demzufolge als gestalterische Grundlage der Materie verstanden werden. Das geht allerdings nur, wenn man die Information abseits der Bedeutung betrachtet. Bedeutung benötigt einen Rahmen und je nachdem, wie der aussieht, ändert sich die Information.«

Die junge Studentin schüttelte den Kopf. »Sorry, das ist mir jetzt zu hoch. Gib mir ein Beispiel.«

Der Außerirdische dachte nach. Dann blickte er nach oben an die Kuppel. »Schau«, er deutete auf die Sterne, »du kannst mit diesem Bild, der Information etwas anfangen. Stimmt's?«

Sie nickte. »Sterne im Weltall.«

»Richtig. Du weißt, es gibt ein All, darin befinden sich Sterne und sie leuchten, weil sie Sonnen sind, die das Licht zu dir senden. Nimm mal die Bedeutung weg. Du weißt nichts über einen Weltraum, über Sterne, was sie sind oder warum sie leuchten. Du kennst ihre Bedeutung nicht. Übrig bleibt die reine Information. Du siehst leuchtende Punkte, eine einfache Information, ohne wirkliche Bedeutung. So wie es zum Beispiel die alten Ägypter auf eurem Planeten sahen. Sie wußten nichts von Kosmologie.«

»OK?«, flogen ihre Gedanken fragend in seine Richtung.

»Ändere den Rahmen. Du weißt nun etwas von Branen, anderen Dimensionen, du fragst dich, ob das Licht, welches du siehst, wirklich nur Licht ist, wie du es kennst. Schon ändert sich die Bedeutung des Lichtes. Du könntest dich fragen, ob das Licht wirklich das ist wofür du es hältst. Du siehst es in einem anderen Zusammenhang, und plötzlich ist es mehr als nur Licht, mehr als nur ein paar Sterne. Es trägt gewissermaßen eine Botschaft in sich über die wirkliche Welt. Richtig?« Marc ließ ihr Zeit für ihre Antwort. Es war ein ziemlich kompliziertes Unterfangen, Information von Bedeutung abzukoppeln. Er wußte dies.

Langsam nickte Nermina. »Weißt du, ich habe gerade das Gefühl, als würdest du meinen Kopf sprengen. Aber ich versuche dir zu folgen. Ja, ich sehe ein, je nachdem, wie man die Dinge betrachtet, ändert sich ihr Informationsgehalt. Das kenne ich aus vielen Bereichen.«

»Ändert sich deswegen die Materie?«, wollte er wissen.

Sie dachte kurz nach. »Eigentlich nicht.«

»Genau, es bleiben Sterne. Ob du über die Hintergründe weißt oder nicht, es bleiben Sterne.«

Sie nickte.

»Wir halten fest. Reine Information, also ohne den Rahmen der Bedeutung, ist gleich Materie.« Marc sah sie an. »Diese reine Information nennt man Qubit. Ein Quantenbit der Information.«

Nermina schluckte. Das waren bedeutungsvolle Fakten. Auf diese Weise hatte sie noch nie gedacht. War das noch Philosophie oder schon Wissenschaft? Oder beides? Hier kam wieder der alte Gedanke durch, die richtigen Fragen zu stellen. Sie hatte noch viel zu lernen. Aber – sie wußte, sie war auf dem richtigen Weg. Eines Tages würde sie solche Gedanken auch von selbst anstellen können. *Sprich weiter*, dachte sie, während sie sich wieder zurücklegte und die Galaxien beobachtete. Das Schiff raste ihrem Heimatsystem entgegen.

Marc formte seinen Gedanken weiter. »Einem Qubit kann sich eine Form, eine Gestalt oder eine Bedeutung zuordnen lassen. Es ist eine, wenn du so willst, singuläre Einheit, die Grundsubstanz von allem. Wenn dem so ist, dann kann man durch die Quantentheorie der Information unseren Gedanken die gleiche Realität zubilligen wie den Atomen in unserem Kopf. Es besteht also zwischen dem Körper und dem Geist kein unüberwindbarer Graben mehr. Vielmehr sind diese beiden Dinge ein und dasselbe.«

»Meinst du damit, meine Gedanken sind nicht flüchtig, sondern ebenso Bestandteil dieser Welt wie mein Körper, dieses Schiff, die Sterne und all die Dinge, die wir sehen?« Sie begann den gewaltigen Gedanken hinter dieser Überlegung zu begreifen.

Marc lächelte sie an. »Genau das meine ich. Doch es geht noch weiter. Hör zu. Zunächst wurden nach dem Urknall Qubits in Gestalt umgesetzt, in Form. Atome entstanden, schwarze Löcher bildeten die Grundlage der Galaxien. Daraus entstanden, auf Basis dieser reinen Information, irgendwann auch Lebewesen, die Informationen im Sinne der Bedeutung umsetzen konnten und mußten. Als Einzeller bezog sich dies sicherlich auf das reine Überleben, als bewußt denkendes Lebewesen, wie wir es sind, reflektieren wir diese erste, ursprüngliche Grundinformation, das Qubit. Es erhält eine Bedeutung. Quanteninformation ermöglicht Leben im Kosmos.«

Nermina dachte nach. »Laß mich diesen Gedanken weiterspinnen. Wenn das Wesen der Information das Erkennen von Informationen ist, beispielsweise durch uns als Lebewesen, dann würde ja die Evolution geradezu auf Systeme zielen, die zur Erkenntnis des Ganzen fähig sind. Könnte man es so sagen?« Sie war sich ein wenig unsicher, ob ihre Sichtweise stimmte.

Marc nickte ihr zu. Sein langgezogener Kopf wiegte sich im Licht der Sterne. »Ja, so kann man es sagen. Jetzt zähle das alles mal zusammen. Wenn eine reine Information, ein Qubit, als Grundlage aller im Kosmos existierenden Dinge verstanden werden kann, also auch der Gedanken, Materie und Gedanken das Gleiche sind, dann beginnt etwas ganz anderes zu greifen.«

»Was?«, wollte sie wissen.

»Schon mal vom Erhaltungssatz der Energie gehört?«

»Ja, man kann Energie weder erzeugen noch vernichten, immer nur von einem in den anderen Zustand wandeln.« Diese Grunderkenntnis war ihr noch aus der Schule bekannt.

Marc spürte, er hatte sie an einen Punkt geführt, an dem sie einen der großen Zusammenhänge des Universums begreifen würde. »Richtig. Du kannst aus Materie Energie machen und umgekehrt. E=mc², die alte, einfache Formel. Wenn nun das Qubit als Grundsubstanz aller Energie, aller Materie, aller Gestalten und Formen und ebenso aller Gedanken, im Sinne der Information, angesehen werden kann, ist es allen seinen Erscheinungsformen äquivalent, also gleich. Damit fällt es unter den Erhaltungssatz der Energie. Was bedeutet dies?«

Nermina brauchte einen Moment, um das Gewicht dieses Gedankens zu verarbeiten. Sie holte tief Luft. »Es bedeutet, meine Seele kann nicht verloren gehen. Meine Gedanken, alles was mich ausmacht, mein Ich, es bleibt bestehen. Selbst wenn ich physisch einmal aufhöre zu existieren.«

Marc gab ihr einen Kuß. »Macht eigentlich Sinn, oder? Ich gebe zu, es war ein weiter Exkurs, aber hat er sich nicht gelohnt? Wenn das Universum über sich selbst reflektierende Lebewesen hervorbringt und alles Materielle nur einer Wandlung unterliegt, warum sollten ausgerechnet Gedanken dieser materiellen Lebewesen aus diesem Grundprinzip ausscheren und vernichtet werden können? Es wäre widersinnig. Seit einiger Zeit kann man dies auch auf der Erde beweisen. Deine Seele wird auch bestehen bleiben, wenn du nicht an eine Religion glaubst. Es geht gar nicht anders. Ist das nicht ein außerordentlich befriedigender Gedanke?«

Eine Träne floß ihr über die Wange. Schnell wischte sie sie weg. Zu tief saß diese Erkenntnis, als daß sie nicht eine gewaltige Emotion in ihrem Inneren auslöste.

»Danke«, hauchte sie nur und zog ihn an sich heran. Mit ihrem ganzen Körper schmiegte sie sich an ihn und schwieg. Gemeinsam betrachteten sie die Andromeda Galaxie, an deren Rand sie nun vorbeischwebten. Es war ihr klar, ihre Reise würde bald enden. Sie war überwältigt von der Schönheit des Alls. All die Gedanken dieser Reise würden Monate brauchen, sich in ihrem Kopf zu verfestigen. Aber es hatte ihr Leben verändert, weit mehr, als ein Buch ihres Professors es hätte tun können.

Marc ließ das Schiff ein wenig langsamer fliegen, um ihr Gelegenheit zu geben, den Rest der Reise einfach nur zu genießen. Sie hatte es verdient. Er hoffte nur, es würde schließlich das gewünschte Ergebnis erzielen.

Als sie in das Sonnensystem einschwenkten, fragte sie mit einem schelmischen Unterton: »Sag mal, können wir uns einen kleinen Abstecher erlauben?«

Erstaunt hob er den Kopf. »Was meinst du?«

Nermina erhob sich. »Ich würde gerne eine Zwischenstation auf dem Mars einlegen.« Schnell hatte sie ihm erklärt, was sie tun wollte.

»Nun, ganz konform mit meinen Regeln für solche Reisen ist es nicht, aber wenn wir vorsichtig sind, was spricht dagegen? Laß uns in die Kommandozentrale gehen. Ich muß den Anflug von dort durchführen.«

»Gerne«, sagte sie, schnappte sich ihre Kleidung und war schon auf dem Weg zur Tür. Marc ließ die Wasserliege verschwinden, und das Dach der Kuppel wurde undurchsichtig. Dann folgte er ihr.

Kurze Zeit später befanden sie sich wieder in dem großen Saal mit der Konsole an der einen Seite. Sie lagen auf Wasserliegen und betrachteten die verschiedenen Monitoren. Langsam kam der Mars näher.

Der Außerirdische sah sie an. »Möchtest du?«, fragte er einladend. »Immerhin hast du das Schiff auch schon erfolgreich auf dem fremden Planeten gelandet. Zudem als es noch beschädigt war.«

Sie grinste und dachte an die Situation, die zwar erst ein paar Tage hinter ihr lag, ihr jedoch wie eine Ewigkeit erschien. »Gerne«, antwortete sie. »Du mußt mir nur erklären worauf ich zu achten habe. Kann man uns von der Erde aus sehen?«

Marc nickte. »Allerdings. Ihr habt eine Menge Sonden in die Umlaufbahn dieses Planeten geschossen. Wir müssen vorsichtig sein. Ich lege dir die Positionen der Raumsonden in die Mitte des Raumes, und wir fragen deren momentanen Blickwinkel ab. Alles, was du zu tun hast, halte dich von diesen Winkeln fern.«

»OK«, sagte sie und ließ an ihrer Liege mit Hilfe ihrer Gedanken den Steuerknüppel entstehen. Einen Augenblick später griff sie danach und ließ das Schiff ein paar Kurven fliegen, um sich erneut an seine Reaktion zu gewöhnen. Es war leichter als gedacht.

In der Mitte der Kommandozentrale erschien eine dreidimensionale Projektion des Mars. Deutlich konnte sie die Position der Raumsonden von der Erde erkennen. Ein hellgelber, breit gefächerter Lichtstrahl schien auf die Oberfläche des Planeten gerichtet und markierte den Blickwinkel der Sonden. In ihren Bereich durfte sie auf keinen Fall gelangen, wollte sie nicht als UFO auf einigen Fotos erscheinen. Ihr eigenes Schiff erschien als silberfarbener Tropfen. Geschickt manövrierte sie um die hellgelben Bereiche herum und suchte nach einer Position in der Nähe des Äquators.

Marc sah ihr gespannt zu. *Sie hat ein Talent für diese Dinge*, dachte er.

»Danke«, spiegelte sich ein erfreuter Gedanke in seinem Kopf wider.

Er grinste. Mittlerweile hatte sie Übung in gedanklicher Kommunikation. »Gern geschehen. Sag mir eines. Warum möchtest du das tun?«

Sie drehte das Schiff und ließ eine der Wasserkugeln in ihre Nähe schweben. Mit einem Finger gab sie ihr einen Befehl und bald darauf erschienen zwei kleine rote Punkte auf der Oberfläche des Mars. Sie befanden sich an gegenüberliegenden Stellen des Planeten.

»Weißt du, es fiel mir ein, als wir in unser Sonnensystem kamen. Unsere Ingenieure haben mit den beiden Marssonden, Spirit und Opportunity eine ganz gewaltige Leistung vollbracht.« Sie lächelte verschmitzt. »Wie du bemerkt haben dürftest, vor unserer Reise war ich nicht gerade interessiert an Wissenschaft. Aber ich verfolge die Nachrichten. Na ja, die beiden Roboter waren für drei Monate konzipiert, und mittlerweile funktionieren sie mehr als drei Jahre. Allerdings haben sie Ermüdungserscheinungen. Irgendwie funktionieren ihre Räder nicht mehr richtig, die Sonnenkollektoren sind voller Staub und die Gesteinsbohrer sind stumpf. Da hab ich mir gedacht, vielleicht können wir unseren Wissenschaftlern ein wenig unter die Arme greifen. Wir sind sozusagen in der Nähe.« Ihr Lächeln sagte mehr als 1000 Worte. Es machte ihr Spaß.

Marc dachte nach. »Hmm. Sie dürfen uns aber auf keinen Fall sehen. Das Schiff muß unentdeckt bleiben. Wir setzen sie vorübergehend komplett außer Gefecht. Man wird das registrieren, es aber für einen Ausfall der Systeme halten. So etwas ist nicht ungewöhnlich, wenn Sonden so alt sind. Dann überprüfen wir alle Teile, replizieren die fehlerhaften und setzen die Rover instand. Einverstanden?«

Sie nickte, immer bedacht, das Schiff außerhalb der Reichweite der orbitalen Sonden zu halten. Langsam senkten sie sich hinab auf die Oberfläche. Wenige Minuten später kam Spirit in Sicht. Der Rover befand sich in einem Gebirgszug, den Columbia Hills, im Gusev Krater. Marc steckte ein Tentakel in eine der Kugeln und sagte: »So, jetzt dürften sie auf der Erde in ein paar Minuten ein Problem erkennen. Wir sollten uns in jedem Falle beeilen, nicht daß uns noch eine Sonde aus dem Orbit erspäht. Paß auf die gelben Bereiche auf.«

Sie tat, wie ihr geheißen, wartete geduldig, bis der orbitale Späher am Horizont verschwunden war und setzte dann das Schiff sanft in der Nähe von "Spirit" auf. In wenigen Stunden würde die Sonde über ihnen wieder in den gefährlichen Bereich kommen. Bis dahin mußten sie den Rover an Bord haben, ihn reparieren und wieder aussetzen.

»Wieso haben wir nicht eigentlich auch die Systeme der Sonden über uns lahmgelegt, dann wäre es doch viel einfacher«, erkundigte sie sich.

»Denk nach, Nermina«, antwortete Marc. »Das würde mehr Aufmerksamkeit rund um den Globus verursachen, als uns lieb sein kann. Der Rover ist gemäß meinen Aufzeichnungen schon einmal für mehrere Tage ausgefallen, das ist also nicht weiter verwunderlich. Fallen alle Sonden und zugleich die Rover aus, das wäre seltsam. Was wir hier machen, dürfte sowieso nicht geschehen. Also sollten wir es so unauffällig wie möglich machen. Die Menschen im Kontrollzentrum werden sich in jedem Falle sehr wundern. Bleibt es aber bei diesen einfachen Ausfällen mit anschließender Verbesserung der Performance der Rover, wird man es schließlich als willkommene Anomalie der Technik zu den Akten legen.«

Das sah sie ein. Sie begaben sich in das untere Deck und legten ihre Rucksäcke an. Nach einem Druck auf den Knopf am Rücken legte sich der bekannte Energieschimmer um sie. Die Luke öffnete sich, und sie sahen auf die Marsoberfläche hinaus. Erneut schluckte Nermina. Es war trotz der Reise zu den Sternen noch keine Selbstverständlichkeit für sie, einfach den Fuß auf einen fremden Planeten zu setzen. Wieder einmal würde sie der erste Mensch sein, der diese Welt betrat. Auch wenn es nie jemand erfahren würde. Der Mars war so orangefarben und staubig, wie sie es von den Bildern aus dem Fernsehen kannte. Vorsichtig setzte sie einen Fuß vor den anderen und stand wenige Augenblicke später auf der Oberfläche. Sie fühlte sich weich und sanft an. Da fiel ihr etwas ein.

»Wie beseitigen wir unsere Fußspuren?«, wollte sie wissen. »Immerhin kann man das später auf Fotos sehen.«

»Gute Frage«, sagte Marc und trat neben sie. »Ich mache mir darüber Gedanken. Laß uns nun den Rover holen und ihn analysieren. Mal sehen, was ihm alles nach den Jahren so fehlt.«

Insgeheim freute sie sich diebisch. Es machte ihr Spaß, diesen Schritt zu unternehmen, der Menschheit bei einem wissenschaftlichen Abenteuer zu helfen und gleichzeitig unentdeckt bleiben zu können. Sie freute sich schon auf die Schlagzeilen, die es sicher in nächster Zeit geben würde. Sie gingen ein paar Meter hinüber zu Spirit und nahmen ihn in Augenschein. Er sah wirklich schon sehr gebraucht aus. Das linke Vorderrad hatte sich festgefressen, das Lager war nicht mehr zu gebrauchen. Seit geraumer Zeit schon hatten die Steuerungsexperten der NASA es mitgeschleift. Das behinderte natürlich die Fahrt des Rovers erheblich. Die Solarpanels waren voller Marsstaub und gaben sicherlich nur noch einen Teil der ursprünglichen Energie ab. Marc betrachtete den Gesteinsbohrer, der für Analysen sehr wichtig war.

»Der ist hin«, bemerkte er. »Laß uns das ganze Ding ins Schiff bringen, dort kann ich ihn reparieren.«

»Gut, was muß ich tun, fragte Nermina.

Der Außerirdische hatte vier kleine, tellerartige Gegenstände mitgebracht. Er reichte ihr zwei davon.

»Befestige sie an den vorderen Ecken unter dem Gefährt«, sagte er. Die verbliebenen beiden Geräte klebte er unter die hinteren Enden in der Nähe der Räder. Plötzlich hob sich der Rover aus dem Marssand und schwebte in der dünnen Atmosphäre des Planeten. Vorsichtig bewegte Marc ihn mit einem seiner Tentakel auf die Luke im Schiff zu. Sie schoben den Rover hinein und brachten ihn in eine Art Lagerraum, wo sie ihn absetzten. An der Wand befanden sich eine Konsole, ähnlich der im Speisesaal, sowie mehrere Öffnungen. Die Luke hatte sich automatisch hinter ihnen geschlossen. Marc und Nermina legten ihre Rucksäcke ab und betrachteten das vier Jahre alte Marsgefährt. Ein erstaunliches Stück Ingenieurskunst.

»Ist das der Raum, in dem du Ersatzteile machst?« Sie war neugierig.

»Ja, hier kann ich so ziemlich alles herstellen, was ich möchte, solange es nicht nach exotischer Materie verlangt.« Er ließ eine der Wasserkugeln erscheinen, sie schwebte plötzlich aus der Konsole heraus. Einige der Monitoren wurden hell. Marc gab ihr einen Befehl und die Kugel bewegte sich langsam über den Rover. Gleichzeitig wurden auf den Bildschirmen die inneren Strukturen von Spirit sichtbar. Grün waren alle Details, die noch in Ordnung waren und in nächster Zeit keine Schwierigkeiten bereiten würden. Rot und Orange zeichneten sich die kritischen Bereiche ab.

»Wir werden alle sechs Räder ersetzen müssen. Sie haben erheblichen Verschleiß erfahren«, bemerkte Marc als er die Ergebnisse des Scans betrachtete. »Zudem wurden einige der Kabel durch die auf dem Mars viel stärkere kosmische Höhenstrahlung in Mitleidenschaft gezogen. Außerdem ersetzen wir den Bohrer und säubern die Solarpanels. Am Schluß überziehen wir sie mit einer schmutzabweisenden Schicht. Dann kann ihnen der Staub nicht mehr so viel anhaben.«

Nermina betrachtete der Rover voller Ehrfurcht. Das hier war ein Stück Heimat, es stammte von der Erde, war von ihrer Rasse gebaut und auf diesen Planeten gebracht worden.

»Was kann ich tun?«, fragte sie. Etwas kleinlaut fügte sie hinzu, »ich bin kein Techniker.«

»Gar nichts, wir lassen es die Reparatureinheiten des Schiffes erledigen, sie sind viel genauer, als wir es je sein könnten.«

»Wie du meinst.« Sie wischte mit ihrem Finger über eines der Solarpanels und betrachtete den Staub gedankenverloren. Er fühlte sich recht normal an. »Hast du den Stein für Professor Geldermann auch von hier geholt?«, wollte sie wissen.

»Ja, es war hier in der Nähe. Schließlich mußte ich etwas haben, von dem ich annehmen konnte, er würde es begreifen und nutzen. Wir werden es sehen, wenn wir auf die Erde zurückkommen.«

Einige weitere Kugeln lösten sich aus der Konsole und verformten sich zu Werkzeugen. Einmal mehr war die junge Studentin von den enormen Fähigkeiten dieser kleinen Dinger überrascht. Es gab wohl nichts, was sie nicht konnten.

»Als wir begannen unsere Technik zu vervollkommnen, brauchten wir etwas, was die verschiedensten Erfordernisse bedienen konnte. Es hat lange gedauert, aber wir sind mit den Kugeln recht zufrieden«, verspürte sie seine Gedanken in ihrem Kopf.

»Sie sind erstaunlich«, schüttelte sie den Kopf voller Bewunderung.

Die Werkzeuge begannen mit ihrer Arbeit und schraubten mit gewohnter Präzision die Räder ab, entfernten Kabel und lösten den Gesteinsbohrer aus seiner Verankerung. Gleichzeitig machte sich Marc an der Konsole zu schaffen. Bald darauf erschienen in den Öffnungen neue Teile. Die Werkzeuge schwebten herbei und befestigten sie am Rover. Binnen einer Stunde stand das Gefährt völlig sauber und in fast neuem Zustand vor ihnen.

»Zufrieden?«, fragte Marc.

Nermina holte tief Luft, ging zu ihm hinüber und nahm ihn in den Arm. Voller Hingabe küßte sie ihn. »Danke! Ich sage das nicht einfach so. Ich sage es im Namen meiner Rasse und ich meine es aus tiefstem Herzen.«

Marc blickte sie überrascht an. So sehr viel hatte er in seinen Augen gar nicht getan. Aber offensichtlich war es für sie von großer Bedeutung. »Gern geschehen. Nun laß ihn uns rausbringen.«

Sie legten ihre Rucksäcke wieder an und hoben den Rover in die Luft. Schweigend bewegten sie ihn durch die Gänge des Schiffes, bis sie an die große Luke kamen. Marc öffnete sie und sie traten hinaus auf die Oberfläche. Mit vorsichtigen Bewegungen manövrierte er Spirit an seine ursprüngliche

Stelle zurück und setzte ihn ab. Nermina und er entfernten die kleinen Schwebehilfen und traten zurück.

»Es wird nicht mehr lange dauern, und wir geraten in das Sichtfenster der orbitalen Sonden. Laß uns gehen.«

»Die Fußspuren«, sagte sie. »Vergiß das nicht.«

»Stimmt.« Marc bewegte eines seiner Tentakel auf den Marsboden zu und strich ihn mit aller Sorgfalt glatt. »Geh zurück zum Schiff und bereite den Start vor, ich mache das hier.«

Sie stand noch einen Moment in der Luke und sah ihm zu, wie er alle ihre Spuren auf der Oberfläche des Mars beseitigte. *Schade eigentlich*, überlegte sie und dachte daran, daß nie ein Mensch von ihrer Anwesenheit erfahren würde. Dann verschwand sie im Schiff und begab sich in die Kommandozentrale. Nach einer Weile gesellte Marc sich zu ihr, und Nermina ließ das Schiff vorsichtig abheben. In der Mitte des Raumes war immer noch die holografische Projektion sichtbar. Außerhalb der gelben Bereiche, die den Blickwinkel der Sonden über ihnen markierten, bewegten sie sich schnell auf die andere Seite des Planeten und schwebten eine Weile über dem Victoria Krater, in dessen Mitte sich Spirits Schwesterrover Opportunity befand. Sie warteten ab, bis sie auf keinen Fotos mehr auftauchen konnten und setzten dann neben Opportunity auf. Die schon bei Spirit durchgeführte Prozedur wiederholte sich. Es dauerte nicht lange, und auch dieses Raumfahrzeug stand in hervorragendem Zustand auf der Marsoberfläche. Sie hatten ganze Arbeit geleistet als das Schiff wieder abhob und über der Meridiani Region schwebte.

Marc lag neben Nermina in einer Liege und scannte das Terrain. »Ein Problem werden sie haben«, sagte er.

»Welches? Wir haben doch alles getan«, antwortete sie.

Marc ließ seinen Blick über die Monitoren wandern. »Es muß deinen Wissenschaftlern klar gewesen sein, als sie den Rover in den Krater hineinmanövrierten. Sie würden ihn dort nicht wieder hinausbekommen. Der Untergrund ist zu weich und die Wände zu steil. Aus eigener Kraft schafft er das nicht.«

Enttäuscht sah Nermina ihn an. »Können wir da was tun? Sollen wir ihn außerhalb des Kraters absetzen?«

»In keinem Falle«, erwiderte er. »Das würde viel zuviele Fragen aufwerfen. Schließlich kann der Rover nicht fliegen. Außerdem geschah dies wohl aus einem bestimmten Grund. Sie wollen den Krater erforschen. Lassen wir es dabei. Das einzige, was ich tun kann, ist einen Ausgang schaffen.«

»Wie willst du das machen?«, fragte sie neugierig.

»Wir könnten an einer Stelle die Kraterseite leicht abflachen und verfestigen. Das kann sehr subtil geschehen und doch so deutlich, daß die orbitalen Sonden es erfassen würden. Den Rest müssen deine Artgenossen schon selbst herausfinden.« Er grinste. »Aber ich habe keinen Zweifel, sie schaffen das.«

Sie sah ihn begeistert an. »Ja, mach das. Die Wissenschaftler sollen eine Möglichkeit haben, den Rover noch an weitere Stellen zu bringen, wenn sie mit dem Krater fertig sind. Immerhin ist er jetzt fast wie neu.«

Marc überflog die Region langsam und ließ die Systeme des Rovers wieder anspringen. Sorgsam achtete er darauf in welche Richtung die Kameras von Opportunity blickten. Aus der Unterseite des Schiffes löste sich ein grellblauer Strahl. Die dem Marsfahrzeug abgewandte Seite des Kraters brach in sich zusammen und schuf einen langen, sanft ansteigenden Weg zurück an die Oberfläche. Langsam bestrich der Strahl den neuen Ausgang und ließ ihn zu festem Untergrund werden. Opportunity würde kein Problem haben, auf diesem Weg den Krater zu verlassen.

»Sie werden denken, es hat sich ein Marsbeben ereignet«, sagte Marc. »Das erklärt gleichzeitig die Systemausfälle. Auf diese Weise erregen wir weniger Verdacht.«

Nermina war zufrieden. Langsam ließ sie das Schiff in den Marsorbit zurückkehren und betrachtete noch eine Weile den wunderbaren Planeten unter ihr. Schon bald würde sie ihn nur noch als kleinen Punkt von ihrem Strand aus beobachten können. Aber sie war hier gewesen. Niemand würde ihr dieses Erlebnis je wieder nehmen können.

Auf der Erde wunderten sich bereits einige Techniker der NASA Nachtschicht über den Zustand der Rover. Nach einem unerklärlichen Systemausfall standen sie besser da als je zuvor in den vergangenen Jahren. Das Kopfschütteln würde noch einige Tage anhalten.

»Zurück?«, fragte sie.

Marc nickte und ihr war es, als verspüre sie auch bei ihm eine gewisse Traurigkeit. »Ja, laß uns die Mondstation ansteuern. Unsere Reise hat ein Ende.«

Nermina machte es immer noch Spaß, das große Schiff zu steuern. Gewissenhaft betrachtete sie die Anzeigen in der Konsole und ließ in der Holographie das Sonnensystem erscheinen. In einiger Entfernung zeigte sich die Erde und der um sie kreisende Mond. Sie bewegte den Steuerknüppel nach vorne, und das Schiff schoß in Richtung des Trabanten davon. Es dauerte nur wenige Minuten, und sie schwenkten in den Orbit um den Mond ein.

»Wie komme ich jetzt in die Station?«, wollte sie wissen.

Marc betrachtete konzentriert die Anzeigen. Normalerweise hätte das Schiff automatisch landen sollen, sobald es in die Nähe des Mondes kommt. »Gar nicht«, hallten seine Gedanken in ihrem Kopf wider.

Erstaunt blickte sie zu ihm hinüber. »Was ist los?« Ein Anflug von Angst machte sich in ihr breit. Sollte es am Schluß der Reise erneut Schwierigkeiten geben? Das Schiff schwenkte sanft in einen stabilen Orbit um den Trabanten ein.

»Ich weiß es noch nicht, laß mich die Lage prüfen«, antwortete er. »Zur Zeit verhindert das Schiff selbst die Landung. Etwas stimmt nicht. Keine Sorge, es ist kein technischer Fehler, vielmehr eine Sicherheitsmaßnahme.«

»Sicherheitsmaßnahme?« Sie schüttelte den Kopf, schwieg aber und ließ ihn die Anzeigen studieren.

Nach einer Weile sagte er: »Wir haben Besuch. Und er scheint uns nicht gerade wohlgesonnen zu sein. Das müssen wir berücksichtigen, wenn wir landen. Die Station hat ihn festgesetzt, das hat seinen Grund. Laß mich die Steuerung übernehmen.«

Der Steuerknüppel verschwand von Nerminas Liege und erschien im gleichen Augenblick an der seinen. Er berührte eine der neben ihm schwebenden Kugeln, überbrückte damit die Sicherheitsmaßnahmen, und das Schiff senkte sich langsam auf den Mond hinunter. Das Hallendach in der Mondoberfläche öffnete sich und langsam glitt das Schiff hinein. Die drei Standfüße fuhren heraus, und mit einem ganz leichten Ruck kam das gewaltige Raumfahrzeug zum Stehen. Erstmals seit Beginn ihrer Reise registrierte Nermina das Verstummen der Motoren, wenn man das Antriebsaggregat überhaupt so nennen konnte. Verbindungen wurden getrennt, Energieflüsse unterbrochen, das Schiff war zuhause.

23.

Marc rief noch eine Weile über die Bordsysteme des Schiffes die aktuellen Daten der Station ab. Nach und nach wurde ihm klar, wer in der Sektion ein paar Gänge weiter saß, und es schien ihm als bekäme er eine Ahnung, warum dem so war. Der Mann dort war bewaffnet, wobei das keine Schwierigkeit darstellte. Waffen, gleich welcher Art, funktionierten an Bord der Station nicht. Insofern hatten sie nichts zu befürchten. Keine automatischen Sicherheitssysteme gab es jedoch gegen körperliche Gewalt. Sie mußten vorsichtig sein.

»Wir werden jetzt hinübergehen und sehen, was uns dieser Mann zu sagen hat«, sagte er zu Nermina. »Zur Vorsicht lassen wir alle Energiebarrieren bestehen, bis wir wissen was er will.«

Die junge Frau nickte, wirkte jedoch ein wenig ängstlich. Marc spürte es sofort.

»Keine Angst, er kann uns nichts anhaben. Zur Not müssen wir ihn in einen künstlichen Schlaf versetzen.«

»Woher kommt er?«, wollte sie wissen.

»Das kann ich nicht sagen, aber wir werden es erfahren. In jedem Falle ist er ein Mensch, und ich vermute, er stammt aus deiner Stadt.«

Marc fuhr die Systeme des Schiffes endgültig herunter und öffnete die untere Luke. Sie begaben sich zum Ausgang und standen wenige Minuten später wieder in der großen Halle. Einmal mehr bewunderte Nermina die geschwungene Form des Raumfahrzeuges. Es war nicht nur voller erstaunlicher Technik, es war auch einfach schön.

»Schade«, sagte sie, mehr zu sich selbst, »schade, daß es schon vorbei ist.«

Er sah sie an und gab ihr einen innigen Kuß. »Vielleicht ist es das nicht für immer«, erwiderte er vorsichtig.

Ihr Blick erhellte sich für einen Augenblick, sie sagte aber nichts. Es hatte keinen Sinn, Eventualitäten vorzugreifen. Zunächst mußte sie auf die Erde zurückkehren, und das war noch ein langer Weg. Ihre Eltern würden sich sicherlich schon Sorgen machen. Immerhin war sie nun schon mehrere Tage weg. Zwar kam es hin und wieder vor, daß sie einige Zeit nicht zuhause erschien, aber dann rief sie wenigstens daheim an. Diesmal wäre das schwierig geworden. Sie schritten den Gang von der großen Halle zu der Sektion entlang, in der der Fremde festgesetzt war. In Gedanken versunken folgte sie Marc. Er hatte mittlerweile wieder seine menschliche Gestalt angenommen. Außer Nermina hatte ihn noch kein Mensch in seiner natürlichen Form gesehen. Und das sollte auch so bleiben.

»Marc, was erzähle ich meinen Eltern?«, sagte sie und setzte einen grüblerischen Blick auf.

Er zögerte einen Augenblick. »Weißt du was, erzähl ihnen, was du willst.«

Verwundert drehte sie den Kopf zu ihm herum. »Die Wahrheit? Alles über unsere Reise? Das kannst du nicht ernst meinen.«

»Doch, das meine ich ernst. Sei vorsichtig, was du anderen erzählst, sie würden dich vermutlich für verrückt erklären, bei deinen Eltern ist das wahrscheinlich anders. Sie werden dir glauben. Du mußt ihnen nur klarmachen, sie sollten es aus besagten Gründen für sich behalten. Glauben sie dir nicht, ist es auch egal, was du ihnen berichtest. So oder so spielt es keine Rolle.«

Sie sah ein, wieder einmal hatte er Recht. Ihre Geschichte war zu phantastisch, als das es ihr irgend jemand abnehmen würde. Also würde sie sie ihren Eltern erzählen, ansonsten den Mund halten und irgendeine Geschichte erfinden, die ihre Abwesenheit erklärte. Sie bogen um eine Ecke und standen vor einer Tür. Marc berührte eine Fläche in der Wand, und die Tür öffnete sich.

Bernd Kammerer fuhr herum und riß seine Waffe aus dem Halfter. »Keinen Schritt weiter«, schrie er, auf Marc und Nermina zielend. Seinen Rucksack hatte er abgelegt und in eine Ecke des Raumes geworfen.

Unwillkürlich wich sie zurück. Marc rührte sich nicht von der Stelle und legte ihr die Hand auf die Schulter. »Keine Angst, seine Waffe funktioniert nicht«, sagte er.

»Sicher?«, fragte sie ängstlich. Sie war es nicht gewohnt, in den Lauf einer Waffe zu blicken.

»Sicher«, antwortete Marc.

Kammerer drückte ab. Es klickte. Immer wieder zog der ehemalige Sicherheitsbeamte den Abzug durch, doch außer einem Klicken tat sich nichts. Nermina entspannte sich sichtlich. Plötzlich schleuderte Kammerer die Waffe in ihre Richtung. Instinktiv duckte sich die Frau, während die Waffe von einer unsichtbaren Barriere abprallte und auf den Boden fiel.

»Was ist das für eine...«, entfuhr es dem Verbrecher. Mit einem wütenden Blick stand er rund zwei Meter vor ihnen.

Marc sah ihn ruhig an und hob dann die Hand. »Wenn Sie sich beruhigen könnten...« Er kam nicht weiter.

Kammerers Nerven schienen am Rande des Kollapses zu sein. Seine Stimme klang schrill. »Ich mich beruhigen? Seid ihr wahnsinnig? Diese zwei Spinner von der Uni haben mich mit einem Trick hierher gebracht. Sie wollen mich glauben machen, ich wäre auf dem Mond. Durch irgendeine blöde Projektion sieht es hier so aus, und ich bin in diese Räume gelangt. Jetzt komme ich hier nicht weg.«

Marc grinste. »Nur um hier ein Mißverständnis aufzuklären, Sie sind auf dem Mond.«

»Blödsinn«, knurrte Kammerer.

»Ich kann Sie gerne ohne den Rucksack auf die Oberfläche entlassen. Sie können dann gehen, wohin Sie wollen. Vermutlich würden Sie jedoch keine zwei Schritte weit kommen ohne zu platzen.« Marc schien dieses Spiel Spaß zu machen.

Ohne Vorwarnung trat Kammerer einen Stuhl um. Nermina erschrak. »Ihr wollt mich doch alle verarschen. Wenn ich euch in die Finger kriege.« Er machte eine drohende Handbewegung in Richtung von Marc und der jungen Studentin. »Laßt mich hier raus.«

Die Stimme des Außerirdischen wurde ernst. »Ich glaube nicht, wir sollten das tun. Sie machen auf uns einen gefährlichen Eindruck, und wir möchten ungern mit ihren fehlenden Manieren Kontakt aufnehmen.«

Jetzt konnte sich Nermina ein Schmunzeln nicht verkneifen. Marcs Worte klangen recht überzogen, verfehlten aber ihre Wirkung nicht. Kammerer wurde unsicher. Er blickte sie verächtlich an, hob den Stuhl auf und setzte sich.

»Besser so?«, brummte er ärgerlich.

Marc nickte. »Schon besser, aber es ändert nichts an der Grundsituation. Um es noch einmal zu sagen, Sie sind auf dem Mond, Ihrem Mond, dem Mond der Erde. Diese Station gehört mir, oder besser gesagt, meinem Volk.«

Kammerer schluckte, sein Ärger und seine Aggression waren jedoch nicht verflogen. »Na, das wird eine Schlagzeile geben, wenn ich wieder zuhause bin«, erwiderte er verächtlich.

»Dazu wird es nicht kommen«, bemerkte Marc trocken und ließ eine der Wasserkugeln in dem Raum erscheinen.

»Marc, du kannst doch nicht...«, begann Nermina erschrocken.

Er sah sie an. »Doch Nermina, ich kann und ich muß. Wir können diesen Mann weder aus der Energiebarriere entlassen, noch ihn mit all seinem Wissen auf die Erde schicken.«

Der ehemalige Sicherheitsmann bekam nun sichtlich Angst. »Sehen Sie, Ihre Freundin hat Recht, Sie dürfen mich nicht töten. Man würde Sie verhaften, man wirft Sie ins Gefängnis, man...«

»Halten sie den Mund«, schnitt Marc ihm ärgerlich das Wort ab. Er hatte genug von dem Gerede. Kammerer schwieg augenblicklich. Sein Blick verriet Panik.

In Gedanken wandte sich Marc an Nermina. »Keine Angst, du glaubst doch nicht im Ernst, ich würde ihm etwas zuleide tun.«

Sie sah ihn an und senkte den Blick. Eine Träne bildete sich in ihrem Augenwinkel. Sie war zutiefst enttäuscht über sich selbst. »Entschuldige bitte, wie konnte ich nur annehmen...« Sie brachte den Gedanken nicht zuende. Marc war eines der gütigsten Wesen, die sie je kennengelernt hatte. Niemand war soweit von einer Gewalttat entfernt wie er. Aber die vergangenen Minuten hatten sehr an ihren Nerven gezehrt. Auf der Reise durch das Universum war sie allen irdischen Gedanken entkoppelt gewesen, nun hatte sie die menschliche Art schneller eingeholt als ihr lieb war.

»Was willst du tun?«

»Wir haben für solche Fälle unsere Methoden. Ich werde ihn schlafen lassen und die Erinnerung an alle Ereignisse, die mit uns, der Station und den Ereignissen auf der Erde, soweit sie mein Hiersein betreffen, zu tun haben aus seinem Gedächnis tilgen. Er wird sich an nichts erinnern und irgendwo aufwachen. Geh in den Nebenraum und hole eine der Liegen, die dort schweben.«

Nermina lächelte erleichtert und verschwand durch die Tür. Marc wandte sich Kammerer zu. »Sie haben den Rucksack gestohlen, ebenso den Geschichtenfinder. Das kann ich nicht zulassen.«

»Gar nichts habe ich. Das Zeug gehört mir.« Kammerer klang immer noch aggressiv, jedoch nicht so zuversichtlich wie vorher. Aus den Augenwinkeln heraus beobachtete er Marc.

Der Außerirdische steckte seinen Finger in die neben ihm schwebende Kugel. Es dauerte einen Moment, und der Raum um Kammerer füllte sich mit einem seltsamen Licht. Es schien von allen Seiten der Wände zu kommen. Nermina bog mit einer Liege um die Ecke und sah gerade noch, wie der Verbrecher in sich zusammensackte. Sanft schlafend hing er auf dem Stuhl.

»Nun kann er uns nicht mehr gefährlich werden«, sagte Marc. Er ließ die Energiebarriere verschwinden. Gemeinsam hoben sie ihn auf die Liege. Nermina wunderte sich über Marcs außergewöhnliche Kraft. Es schien für ihn eine Leichtigkeit zu sein, den schweren Körper zu bewegen.

»Wir müssen ihn auf die medizinische Station schaffen. Er wird schlafen bis wir ihn wecken, hab keine Angst.«

Verwundert blickte sie ihn an. »Ihr habt eine Krankenstation hier? Wozu?«

»Meinst du, wir können nicht krank werden? Können uns keine Verletzungen zufügen? Dieser Mond ist ein Himmelskörper wie jeder andere. Er hat seine Tücken und Gefahren. Keine Beobachtungsstation kommt ohne eine medizinische Abteilung aus. Wenngleich ich auch kein Experte in diesen Dingen bin. Aber diese Kleinigkeit werde ich hinkriegen.«

Vorsichtig bewegten sie den schlafenden Bernd Kammerer aus dem Raum heraus. Ein paar Gänge weiter glitten die Türen der Krankenstation vor ihnen auseinander. Nermina blickte sich um. Von der Decke hing eine gewaltige Glaskuppel, und an den Seiten des Raumes befanden sich mehrere Liegen. Neben ihnen schwebte eine ganze Reihe der wasserartigen Kugeln. An der gegenüberliegenden Seite flammten Monitoren auf, als sie den Raum betraten. Sofort zeigten sie Kammerers Vitalfunktionen an. Sie erkannte den Herzschlag, die Lungenfunktion und verschiedene andere Werte.

»Und nun?«, wollte sie wissen.

Marc schob die Liege an eines der festmontierten Betten heran und steckte seinen Finger in eine der daneben schwebenden Kugeln. Dann wartete er. Kammerers Körper hob sich von der Liege und bewegte sich auf das Bett. Dort blieb er ruhig liegen. Kurz darauf setzte sich die große Glaskuppel in Bewegung und senkte sich über den Menschen. Marc ging hinüber zu der zentralen Konsole und seine Hände verwandelten sich wieder in Tentakel. Nermina beobachtete den Vorgang neugierig.

»Was passiert jetzt? Spann mich doch nicht so auf die Folter.«

»Ich werde sein Gedächtnis löschen, so wie ich es vorhin gesagt habe«, vernahm sie seine Gedanken in ihrem Kopf. Er hatte von der verbalen wieder auf die mentale Kommunikation umgeschaltet. Das erschien ihm passender, hatten sie doch die akustische Verständigung schon lange nicht mehr nötig.

»Ich verstehe«, gab sie zurück. »Aber warum habt ihr diese Vorrichtungen hier auf der Station? Müßt ihr eure eigenen Gehirne löschen?«

»Von Zeit zu Zeit hat dies Vorteile. Nimm an, jemand hat einen Unfall. In seinem Gedächnis hat sich etwas festgesetzt, was ihr *traumatisches Erlebnis* nennen würdet. Es belastet ihn. Ihr bringt deine Artgenossen zu einem Arzt...«

»...einem Psychiater«, warf sie ein.

»Richtig. Was macht der?«

»Er versucht seinem Patienten die...« Sie unterbrach sich selbst. »Ich verstehe.«

»Eine praktische Einrichtung, die schon oft gute Dienste geleistet hat. Natürlich werden wir sie ein wenig zweckentfremden, aber es bleibt uns nur diese Möglichkeit. Danach transferieren wir uns zurück auf die Erde und legen ihn in einem Park ab. Dort wird er aufwachen und keine Ahnung haben, was er je mit dieser Geschichte zu tun hatte.«

Marc drehte sich wieder zu der Konsole um und begann seine Arbeit. Die Glaskuppel über Kammerer begann grünlich zu schimmern, und es legte sich eine Art Laserstrahl um seinen Kopf. Langsam bestrich das Licht ihn, wobei es mehrmals leicht die Farbe wechselte. Nach einer Weile verschwand es, und die Kuppel hob sich von dem Mann ab. Sie bewegte sich zurück in die Mitte des Raumes.

»Fertig«, sagte Marc zufrieden. Er betrachtete noch eine Weile die Anzeigen und drehte sich dann um. »Wir können nun gehen«, sagte er. »Hilf mir, ihm einen der Rucksäcke umzulegen.«

»Kein Problem«, erwiderte Nermina und verschwand. Sie holte den Rucksack aus dem Raum, in dem sie Kammerer gefunden hatten. Bevor sie durch die Tür zurück auf den Gang schritt, griff sie noch nach dem Geschichtenfinder, den er auf dem Tisch hatte liegenlassen. Kurz darauf fand sie sich wieder in der medizinischen Sektion ein. Zusammen setzten sie Kammerer auf und legten ihm den Rucksack um. Ein Druck auf den Knopf am Rücken hüllte ihn in einen Energieschimmer.

»Jetzt wir«, sagte Marc und reichte ihr einen der Rucksäcke, die er in der Zwischenzeit geholt hatte. Sie nahm ihn an, legte ihn um und gegenseitig betätigten sie die Einschalter. Schließlich reichte sie ihm den Geschichtenfinder.

»Mach du das, ich weiß nicht, ob ich die richtige Position treffe.« Eine gewisse Traurigkeit lag wieder in ihren Augen. Solange sie durch ein Abenteuer abgelenkt war, hatte sie keine Zeit für Gefühle, doch jetzt kam es wieder durch. Der Abschied war nah.

Marc nahm das kleine Gerät aus ihren Händen und justierte es. »Es ist früher Morgen bei euch auf der Erde. Ich werde uns in einen kleinen Park bringen. Er liegt ganz in der Nähe meines Standpunktes auf der Erde.«

»Deines Standpunktes?«

»Ja«, er lächelte. »Meinst du, ich bewerkstellige alle meine Aufgaben von hier aus?«

Sie war verwirrt. Davon hatte er ihr noch nichts erzählt.

»Ich habe das, was ihr eine Wohnung nennt.«

»Nein«, brachte sie erstaunt hervor.

»Doch«, grinste er. »Es muß doch auch noch Dinge geben, mit denen ich dich überraschen kann. Bereit?«

Sie schüttelte verwundert den Kopf. Er hatte sie einmal mehr kalt erwischt. »Bereit«, sagte sie ein wenig frustriert.

Marc drückte einen Knopf auf dem Geschichtenfinder, und sie verschwanden in einem Schimmer aus blauer Energie.

Zurück blieb die Mondstation, die nun langsam die eigenen Lebenserhaltungssysteme auf ein Minimum herunterfuhr.

24

Sie materialisierten ganz in der Nähe des alten Krankenhauses. Der Park war verlassen. Marc hatte Kammerer unter den Arm genommen, und es sah aus, als stützte er einen völlig betrunkenen Freund. Sie liefen ein paar Schritte unter den Bäumen entlang und achteten darauf, keinem Menschen zu begegnen. Es war niemand zu sehen. Nermina war sich sicher, ihr Freund hatte eine Geschichte des Universums ausgewählt, in der zu diesem Zeitpunkt niemand im Park unterwegs war. Sie sagte aber nichts. Gemeinsam setzten sie Kammerer auf eine Bank und entfernten sich langsam. Marc steckte den Geschichtenfinder in seine Tasche. Es dämmerte leicht und die Luft war warm.

»Er wird in ein paar Stunden aufwachen und sich an nichts erinnern«, sagte Marc. »Trotzdem denke ich, es ist sicherer, wenn euer Universitätsleiter ihn aus den Diensten der Fakultät entläßt. So einen Mann kann man nicht gebrauchen. Seine grundsätzliche Geisteshaltung ist nicht zu ändern. Er wird wieder versuchen, jemanden zu betrügen.«

Nermina runzelte die Stirn. »Wie willst du das anstellen, du kannst schlecht in das Büro des Direktors hineinspazieren, ihm die Geschichte erzählen und Kammerers Entlassung fordern?«

»Kann ich nicht?«, grinste er.

»Nein, kannst du nicht, so geht das nicht hier.«

Verschmitzt antwortete er: »Laß das mal meine Sorge sein. Fakt wird sein, er kann zu keinem Zeitpunkt mehr in eurem Weg stehen.«

»Eurem?«, fragte sie verwundert. »Meinem.«

Marc nahm sie in den Arm und sie gingen auf den Ausgang des Parks zu. »Nein, eurem. Komm, wir gehen erst mal in meine Wohnung. Dort erkläre ich dir alles weitere.«

»Wie du meinst«, sagte sie und legte den Arm um seine Hüfte. Sie fühlte sich sehr wohl in seinen Armen. Erneut spürte sie wieder diese Geborgenheit. Sanft zog sie ihn zu sich heran und gab ihm einen Kuß. Schweigend spazierten sie auf die Straße hinaus.

Die Stadt begann zu erwachen. An der nahen Straßenbahnhaltestelle standen die ersten Menschen, bereit ihren Arbeitstag anzutreten. *Wenn ihr wüßtet*, dachte sie und ließ das gerade erlebte Abenteuer in ihrem Geiste Revue passieren. Da draußen wartete eine Welt, viel großartiger als man es sich je zu träumen erhofft hatte. Man mußte nur hinschauen, sie lag praktisch vor einem. Die beiden liefen die kleine Gasse entlang und bogen, den Straßenbahnschienen folgend, in eine größere Straße ein. Nachdem sie eine Kreuzung überquert hatten, hielt Marc an einer Haustür an. Es war eines von diesen alten Herrschaftshäusern, die Nermina schon oft gesehen hatte. Er drückte auf einen der Klingelknöpfe.

»Warum klingelst du?«, wollte sie wissen. »Sagtest du nicht, es sei deine Wohnung? Da hat man normalerweise einen Schlüssel.«

Er blickte sie kurz an. »Wenn alles so ist, wie ich es vermute, werden wir erwartet. Ich möchte nur niemanden erschrecken.«

»Erwartet? Wie kann das sein?«

Der Außerirdische stupste sie an der Nase an. »Sei doch nicht immer so neugierig. Warte es einfach ab.«

Ein wenig überzogen schnippisch antwortete sie: »Na, wer war es denn, der mir gesagt hat, ich solle neugierig sein?« Sie hoffte, er würde ihre Art verstehen.

»OK, OK«, gab er zurück, »ich gebe mich geschlagen.« Just mit diesen Worten summte der Öffner, und Marc drückte gegen die schwere Tür. Sie durchschritten einen weißgetünchten Gang und stiegen die rechts liegende Treppe hinauf. Nach einer Windung kamen sie in das Treppenhaus und bogen links ab. Ein paar Stufen führten nach unten, und sie standen vor einer Wohnungstür. Nermina hatte sich das Domizil eines Außerirdischen auch anders vorgestellt, eher so wie die Mondstation, versteckt, geheim, voller High-Tech. Zumindest was Letzteres anging sollte sie bald eines Besseren belehrt werden.

Josef Ritter öffnete die Tür. »Schön Sie zu sehen, Marc«, begrüßte er den Außerirdischen, als würden sich die beiden schon eine Ewigkeit kennen. Nermina verschlug es die Sprache. Mit offenem Mund verfolgte sie, wie die beiden Männer sich die Hand schüttelten.

Als Marc an Ritter vorbeigegangen war, begrüßte der Universitätsleiter auch sie, und es klang ebenso selbstverständlich. »Nermina, kommen Sie herein. Es freut mich, Sie kennen zu lernen.«

»Danke, ebenso«, war alles, was sie leise hervorbrachte, während sie die Türschwelle überquerte. Diesen Empfang hatte sie beileibe nicht erwartet. Was ging hier vor sich? Wußten alle von Marcs Besuch auf der Erde? Waren die Menschen schon komplett von Wesen aus dem All unterwandert? Ihre Überraschung stieg weiter an, als sie im Flur ihrem Professor, Joshua Geldermann, begegnete.

»Nermina, wie schön, Sie wieder zurück auf der Erde zu sehen«, begrüßte er sie.

»Professor? Was....« Weiter kam sie nicht. Zu überwältigt war sie von dem Anblick, der sich ihr bot. Franz Königshofer registrierte sie nur am Rande. Auch er schüttelte ihr die Hand. Sie suchte Marcs Nähe und stellte sich dicht neben ihn. Irgendwie war ihr die Situation unheimlich. Der Außerirdische spürte ihre Verwirrung und legte den Arm um sie.

»Keine Angst«, vernahm sie seine Gedanken in ihrem Kopf. »Ich erkläre gleich alles.«

Sie war sich nicht sicher, ob die anderen diese Gedanken ebenfalls hören konnten. Vorsichtig blickte Nermina in ihre Gesichter, und als sie dort keine Reaktion ablesen konnte, entspannte sie sich ein wenig.

»OK«, dachte sie in Marcs Richtung.

»Meine Herren, ich hatte sie hier erwartet.« Er wandte sich an den Philosophiegelehrten. »Besonders freut mich, daß Sie, Professor Geldermann, meinen Hinweis mit dem Stein richtig gedeutet haben. Willkommen. Auch Sie, Professor Königshofer, willkommen in unserem kleinen Kreise.«

Die Angesprochenen nickten Marc zu, sagten aber nichts. Obwohl sie wohl grundsätzlich mit diesem Zusammentreffen gerechnet hatten, waren sie überwältigt. Sie standen einem Wesen von einem anderen Planeten gegenüber.

»Kommen Sie alle«, sagte Marc und versuchte die Situation etwas zu entspannen. Er ging in die Küche, öffnete den Kühlschrank und entnahm ihm mehrere Dosen Bier, die er auf dem Holztisch verteilte. Beherzt griffen alle, außer ihm selbst zu, und sie setzten sich um den Tisch herum.

»Tut mir leid, wenn ich nicht mittrinke, aber Alkohol ist eines der wenigen Nahrungsmittel dieses Planeten, die ich nicht vertrage.« Er griff nach einem Glas und füllte es mit Leitungswasser.

Josef Ritter ergriff das Wort. »Marc, ich habe meinen Mitarbeitern bereits die Situation erklärt und Sie können sicher sein, wir werden Ihr Geheimnis wahren. Können Sie mir sagen, was mit unserem Sicherheitsbeamten Kammerer geschehen ist?«

»Er schläft zur Zeit in dem kleinen Park nicht weit von hier«, schmunzelte Marc. »Es wäre sinnvoll, wenn Sie ihn aus ihren Diensten entlassen würden. Man kann ihm nicht trauen. Er wird sich an nichts erinnern, aber sicher ist sicher.«

Ritter nickte. »Ich werde das morgen veranlassen. Es dürfte keine Schwierigkeiten geben.«

»Gut, das hatte ich gehofft«, sagte Marc.

Geldermann brannte eine Frage auf den Lippen. »Nermina, ich hoffe, Sie sind mir nicht böse...«

Erstaunt hob sie den Kopf und sah ihn an. »Böse? Weswegen?«

»Na ja, immerhin habe ich Ihnen dieses Buch gegeben und Sie damit indirekt in diese Situation gebracht. Ich konnte ja nicht wissen...«

»Professor«, unterbrach sie ihn. »Im Gegenteil, ich bin Ihnen überaus dankbar. Wenn Sie wüßten, was ich alles erlebt habe. Allerdings... ich habe Ihr Buch nicht fertig gelesen.«

Geldermann lächelte gütig. Mit einem Blick auf Marc sagte er: »Vermutlich ist das auch nicht mehr notwendig. Sie haben wohl begriffen, wie sehr Naturwissenschaft und Philosophie zusammenhängen.«

Marc lachte. »Professor, Nermina wird Ihnen sicher alles noch im Detail erzählen.« Er nickte ihr aufmunternd zu. »Ich bin überzeugt, Sie beide werden in Zukunft sehr gut zusammenarbeiten. Nicht nur als Lehrer und Schülerin, vielleicht auch als Botschafter einer neuen Vision.«

Die junge Studentin schluckte. Hatte Marc sie gerade mit Geldermann, Ritter und Königshofer auf eine Stufe gestellt?

Der Professor dachte nach. »Nermina, daß wir uns nicht falsch verstehen, ich kann Ihnen nicht einfach einen Abschluß unterschreiben.«

»Ist mir klar«, nickte sie.

»Aber was ich kann«, er blickte zu Ritter hinüber, »ich kann Ihnen eine Assistentenstelle anbieten.«

Der Universitätsleiter nickte.

Geldermann fuhr fort: »Sie haben weit mehr erlebt als wir alle zusammen. Sie wissen nach ihrer Reise mehr über das Universum und dessen Zusammenhänge, und ich denke wir, können viel voneinander lernen. Möchten Sie das?«

Nermina blickte ihn erfreut an. Dieses Angebot war eine weitere Sache, die sie nicht erwartet hatte. »Gerne, Professor, ich freue mich, und ich werde Sie nicht enttäuschen.«

Der Professor lächelte. »Unter uns, mein Name ist Joshua.« Er hielt ihr die Hand entgegen.

Sie schlug ein. »Danke«, sagte sie ergriffen.

Marc blickte zu ihr hinüber. Seine Gedanken sagten: »Ich hab es dir doch gesagt, ich kann dir helfen.«

Sie lächelte ihn an, erwiderte aber nichts. Ihm war klar, was sie dachte.

Dann wurde Marc wieder ernst. »Meine Herren, Nermina, wir haben in den vergangenen Tagen und Wochen viel voneinander gelernt. Sie haben eine Aufgabe. Nehmen Sie sie wahr... bitte. Es ist von immenser Wichtigkeit für Ihre Rasse und mein Volk. Für Sie persönlich hat sich dieser Kontakt ausgezahlt. Sie haben eine der größten Fragen der Menschheit beantwortet bekommen. Machen Sie etwas daraus. Ich zähle auf Sie. Diese Wohnung wird bald geräumt sein, nichts von meinen Sachen wird hierblieben. Meine Aufgabe liegt in weiteren Reisen zu den Sternen. Vielleicht werden wir uns eines Tages wiedersehen, vielleicht nicht. Auf jeden Fall können Sie sicher sein, es wird kein Ende der Menschheit geben, wie Sie es so oft auf ihrem Planeten zu hören bekommen. Dafür werden Sie sorgen. Auf die eine oder andere Weise. Der Kontakt zu meinem Volk wird durch Nermina aufrecht erhalten bleiben.«

Sie schluckte. Was erzählte er da? Sie als Botschafterin zu einem außerirdischen Volk? »Marc?«

Er sah sie an. »Was dagegen?« Sein Lächeln sagte mehr als alle Worte dieser Welt.

Sie erschauderte, sich der plötzlichen Verantwortung bewußt. »Nein, nur... ich... na ja, es kommt überraschend.«

Die Männer um den Tisch herum sahen sie an. Josef Ritter sagte: »Nermina, machen Sie sich keine Sorgen. Wir unterstützen Sie, wo immer wir können. Professor Geldermann wird Ihnen helfen, Ihr Studium zu beenden und dann, na ja, wir alle haben eine Mission zu erfüllen, oder?« Er sah in die Runde. Die anderen nickten.

Königshofer versuchte die Situation zu entspannen. Er wandte sich an Nermina. »Ich bin zwar kein Philosoph, aber wenn Sie mal was über Steine wissen möchten....«

Die Anwesenden, inklusive der jungen Studentin, mußten lachen. Geldermann sah sie an. »Na siehst du, bei ihm hast du sozusagen schon einen Stein im Brett.«

Nermina sah sich am Tisch um. »Danke«, sagte sie leise mit tiefer Ergriffenheit in der Stimme. »Ich weiß es zu würdigen, und ich hoffe, ich kann der Aufgabe gerecht werden.«

Die aufgehende Sonne begann den Innenhof des Hauses zu erleuchten. Eine Weile noch setzte sich die Unterhaltung fort. Marc und Nermina berichteten von ihrer Reise, lediglich die Details ihrer gemeinsamen Nacht ließen sie aus. Trotzdem war für die Professoren nicht zu übersehen, zwischen den beiden existierte ein starkes Band. Dann begann Marc einige generelle Aufgaben an die Professoren und Nermina zu verteilen. Es waren mehr grundsätzliche Überlegungen, wie sie mit ihrem neu erworbenen Wissen in der Zukunft umzugehen hatten, nichts klang wie ein Befehl oder eine direkte Anweisung. Der Außerirdische wußte, dies durfte er nicht, es würde zu sehr in die Entwicklung eines Planeten eingreifen. Jede Welt mußte ihren eigenen Weg gehen, er war nur der Begleiter dieses Weges, steuerte hier und da ein wenig. Geldermann und Königshofer hatten ihre Frauen am Handy angerufen, sie sollten sich keine Sorgen machen.

Am Vormittag begann Marc damit, die in der Wohnung vorhandene Technik auf die Mondstation zu transferieren. Nichts blieb zurück. Lediglich zwei Rucksäcke, die Wasserkugel und einen weiteren Geschichtenfinder behielt er bei sich. Er steckte sie, unbeobachtet von den Professoren, in einen kleinen Leinensack. Dann war es Zeit, Abschied zu nehmen.

Er reichte Geldermann die Hand. »Es war mir eine Ehre, Herr Professor. Ich bin überzeugt, Sie werden Ihrer Rasse einen guten Dienst erweisen.« Er schüttelte den anderen die Hand. »Sie alle haben sich als wertvolle Mitglieder einer größeren Ordnung erwiesen, machen Sie etwas daraus.«

Königshofer sprach aus, was alle dachten. »Marc, wir haben zu danken. Niemals in meinem Leben hätte ich gedacht, einmal eine solche Chance der Erkenntnis zu erhalten. Haben Sie keine Sorge, wann auch immer es geschieht, irgendwann wird die Menschheit bereit sein für einen echten Kontakt mit Ihrem Volk. Wir werden nach Kräften daran arbeiten.«

»Ich weiß«, sagte Marc, »und wir werden Sie dann in unsere Gemeinschaft aufnehmen. Hier endet nun unser Weg. Mit Nermina möchte ich noch eine Weile hierbleiben, wir haben noch einige Dinge zu besprechen. Danach werde ich zu den Sternen zurückkehren.«

Die Professoren nickten und verließen die Wohnung. Es war ihnen allen schwer ums Herz. Als Marc und Nermina alleine waren, sah er sie an. »Mach nicht so ein trauriges Gesicht.«

Sie zog eine Grimasse. »Na was glaubst du denn, wie es mir geht. Meinst du, ich freue mich, wenn du von mir gehst?«

»Ich weiß, meine liebe Erdenfrau.« Er streichelte ihr Gesicht. »Meinst du, mir geht es anders?«

»Ich weiß nicht.«

»Doch, du kannst meine Gefühle spüren, und du weißt es ganz genau.«

Marc hatte Recht. Sie fühlte tief in seinem Inneren eine fest verankerte Traurigkeit, die weit über das Maß eines normalen Abschieds hinausging. Sie küßte ihn. »Ja, Marc, verzeih, ich weiß es.«

Er nahm sie in den Arm. »Wir wollen hier nicht den ganzen Tag mit traurigen Worten verbringen...«

Nermina wischte sich eine Träne aus den Augen. »Marc, verzeih mir, ich bin aber nicht in der Stimmung für eine erneute innige Vereinigung mit Dir. Es hätte den Charakter von...«, ihre Stimme brach, »...dazu war es zu großartig.«

Erstaunt hob er ihren Kopf an. »Meinst du, das wüßte ich nicht? Nein, ich dachte daran, daß du mir etwas mehr von deiner persönlichen Welt zeigst. Etwas, was ich mitnehmen kann. Laß uns an deinen See fahren, und wir verbringen den Tag miteinander. Ein paar Stunden spielen für mich keine Rolle. Heute abend kehre ich zurück auf den Mond.«

Sie lächelte traurig. »Wie du willst.«

Eine Weile später saßen sie in ihrem Auto und waren auf dem Weg zu ihrem See. Sie gingen am Ufer spazieren, sie zeigte ihm die Vogelschutzgebiete, besonders schöne Ausblicke auf das ruhig daliegende Wasser, und sie gingen in ihrer Bucht schwimmen. Dort war es einsam, und sie waren von allen anderen abgeschirmt. Sie lachten und neckten sich, spielten im Wasser, küßten einander und waren für einige Stunden einfach glücklich. Als sich die Sonne langsam in einer gewaltigen Feuersäule dem See entgegenneigte, saßen sie schweigend auf einer Holzbank und betrachteten Arm in Arm das beispiellose Naturschauspiel bis es dunkel war. Ein leichter Wind ging, und die Sterne begannen zu leuchten.

»Nermina«, begann er nach einer Weile, »es wird Zeit. Wir müssen uns verabschieden.«

Ohne ihn anzusehen erwiderte sie: »Ich weiß, und es tut mir so weh.«

Er nahm sie in den Arm und sie spürte, wie sich seine Arme unter ihrem T-Shirt den Rücken hinauf schoben. Langsam verwandelten sich die Hände in Tentakel, die mit ihrer Haut verschmolzen, während er sie fest an sich preßte. Nermina genoß diese Berührungen zutiefst. Sie gaben ihr das Gefühl wohliger Wärme, etwas, was sie nicht mehr missen wollte. Ihr war klar, sie würde lange auf eine erneute Berührung von Marc warten müssen, vielleicht sehr lange, vielleicht würde sie auch nie wieder stattfinden.

»Denk immer daran«, sagte er leise. »Wann immer du zu den Sternen hinaufsiehst, ich bin dort oben, ich wache über dich. Jeden Tag.«

»Ich weiß«, hauchte sie. »Ich werde auch immer an dich denken, jeden Tag meines Lebens.«

»Wenn du mich sehen möchtest, ich werde nicht immer kommen können.« Seine Gedanken klangen traurig.

»Keine Angst, ich werde dich nicht bei deiner Arbeit stören. Aber ich kann dir nicht versprechen, daß ich nicht eines Tages, wie soll ich sagen, *anrufe*.« Sie lächelte schüchtern und es schien, als wollte sie den Abschiedsmoment durch einen Scherz weniger schmerzhaft machen.

Er griff in den kleinen Sack, den er den ganzen Tag mit sich herumgetragen hatte. Für sich selbst nahm er einen Rucksack und einen Geschichtenfinder heraus. Den Rest reichte er ihr.

»Hier, da hast du die Kugel, den Rucksack und einen Geschichtenfinder. Alles was du tun mußt, um mich zu erreichen, kannst du vom Mond aus erledigen. Von der Erde aus ist es eventuell zu gefährlich. Es könnte doch jemand deine Aktivitäten bemerken. Wer weiß, was dein Volk noch alles entwickelt, um fremde Signale aufzuspüren. Geh in die Station und setze die Maschinen in Gang.« Marc sprach eindringlich, und seine Stimme verriet, es gab nur diese Möglichkeit. Leise plätscherte das Wasser des Sees an den Strand. Hier hatte alles begonnen, hier würde es enden. Sie hatten ein großartiges Abenteuer erlebt, sie waren an ihre Grenzen gegangen. Vor allen Dingen aber war Marcs Mission erfüllt. Für sie und für ihn. Nermina hatte die Philosophie mit Hilfe der Naturwissenschaften neu entdeckt und würde sicherlich zukünftig anders über ihr Studium denken. Anders auch über die Welt. Sie würde dies ihren Kindern vermitteln – das war das Entscheidende.

»Ich muß also auf den Mond.«

»Ja«, sagte er, »du mußt auf den Mond.« Er küßte sie lange und innig. Nermina hatte das Gefühl, als drehte sich die Welt um sie herum. Wie konnte sie jemals diesen Moment vergessen. Plötzlich hatte sie eine Idee.

»Läßt du mich einen Moment alleine«, sagte sie.

»Natürlich«, entgegnete er ein wenig verwirrt.

Sie ging ein Stück von ihm weg, bis sie außer Sichtweite war. Dann schaltete sie den Geschichtenfinder ein. Eine Weile betrachtete sie die Anzeigen, die sie mittlerweile verstand. Mit geübten Fingern bediente sie das Gerät. Als sie fertig war, kehrte sie zu Marc zurück.

Der Außerirdische stand immer noch an der gleichen Stelle.

»Was hast du gemacht?«, wollte er wissen.

Sie lächelte vielsagend. »Nicht viel, ich wollte nur einen Moment alleine verbringen. Sag mal«, fragte sie zögerlich, »was wird in meinem Leben passieren, weswegen du mich ausgesucht hast?«

Marc sah in den Himmel. »Ich wollte es dir eigentlich erst viel später sagen, aber wenn du mich nun so fragst, was soll´s.«

»Du weißt es also?«

Er sah sie an, und gab ihr einen zärtlichen Kuß. »Ja, ich weiß es. Aber es hängt auch von dir ab. Ich habe dir ein Angebot zu machen.«

Nermina blickte ihm in die Augen und wartete.

»Wenn du dein Studium beendet hast, dein Wissen vervollständigt hast, würdest du mit mir auf eine Reise kommen? Für eine längere Zeit?«

Sie spürte, wie ihr Herz vor Glück einen Sprung machte. »Wie lange?«

Marc streichelte ihre Wange. »So lange du willst.«

»Mein ganzes Leben?«

Er nickte langsam.

Leise sagte sie: »Du machst mich damit zum glücklichsten Menschen der Welt, weißt du das?«

»Ja«, sagte er. »Ich biete dir ein Leben zwischen den Sternen.«

Sie nahm ihn in die Arme. »Nein, du bietest mir ein Leben mit dir.«

Marc sah sie stumm an. Dann küßte er sie.

Als sie sich lösten, sagte sie: »Ich bin dabei. Ich möchte dich nie wieder in meinem Leben missen. Nur eines – kann ich ab und zu meine Familie sehen?«

Der Außerirdische streichelte sanft ihren Arm. »Selbstverständlich, immer wenn wir in der Nähe sind. Du solltest es deinen direkten Angehörigen nur zum richtigen Zeitpunkt erklären. Geldermann, Königshofer und Ritter sollten es auch wissen. Sie werden alle verstehen.«

Nermina sah ihn an. »Wann?«, fragte sie.

»In einem Jahr. Bis dahin mußt du alles geschafft haben, dann bist du bereit mit mir zu reisen und große Aufgaben zu erfüllen.«

Sie lächelte ihn an. »Ich werde bereit sein. Verlaß dich drauf.«

Marc sah sie an. »Dann werde ich hier sein, an diesem Strand. In einem Jahr.«

Sie küßte ihn. »In einem Jahr, mein Liebster.«

Sie drehte sich aus seinen Armen. »Dann geh jetzt. Du mußt jetzt deinen Weg gehen, ich meinen.« Eine Träne floß ihre Wange hinunter, schnell wischte sie sie weg. Marc sollte, trotz all ihres Glücks, ihre momentane Traurigkeit nicht sehen.

Der Außerirdische streichelte sie, stand auf und ging ein paar Schritte den Strand entlang. Er drehte sich zu ihr um. »Denk daran, du mußt nur bis zum Mond.« Dann schaltete er den Rucksack ein, betätigte er eine Taste an seinem Geschichtenfinder, und Nermina sah das bekannte blaue Leuchten um ihn herum. Einen Moment später war sie alleine. Die Wellen des Sees schlugen an den Strand. Sie blickte hinauf zum Himmel, an dem ein großer leuchtender Vollmond stand. Einen Augenblick lang war es ihr, als löste sich von dem Himmelskörper ein kleiner Punkt, der schnell in den Tiefen des Weltalls verschwand.

»Ja...«, sagte sie zu sich selbst und ihre Augen wurden erneut feucht, »...bis zum Mond.« Sie blickte auf den Geschichtenfinder in ihrer Hand und lächelte. Dann drehte sie sich um und machte sich auf den Heimweg.

Danksagung

Mein Dank gilt allen, die einen Beitrag zu diesem Buch geleistet haben, vor allem aber meinen Eltern. Mein Vater hat dieses Buch lektoriert, meine Mutter inhaltliche Kritik geübt. Beides war für mich enorm wichtig. Beim Schreiben achtet man selten auf Rechtschreibung, setzt inhaltliche Kenntnisse voraus. Hier geschah eine immense Überarbeitung des Buches. Ich habe die verschiedensten Passagen geändert, deutlicher gemacht. Es macht mich stolz, meine Eltern mit "im Boot" gehabt zu haben. Nicht zuletzt danke ich Karin Brugger von Brain Design für die gelungene Gestaltung des Covers. Weiterhin gilt mein Dank einer Lektorin, die ebenfalls einen großen Beitrag zu diesem Buch geleistet hat. Ich respektiere ihren Wunsch, nicht namentlich genannt zu werden.

Ferner danke ich den vielen Wissenschaftlern und Philosophen, die mit ihren Ideen zum Entstehen dieses Buches beigetragen haben.

Lutz Dieckmann
Juli 2009

Quellen

Ich habe mich seit meinem 13. Lebensjahr mit vielen Büchern, Magazinen, Artikeln und TV-Beiträgen intensiv beschäftigt. Zudem hatte ich zuweilen Gelegenheit, mit Fachleuten zu diskutieren. Sie alle einzeln zu nennen ist mir an dieser Stelle leider nicht möglich, deswegen hier nur ein Auszug der wichtigsten Quellen.

Die Werke von Hoimar von Ditfurth.
"Die ersten drei Minuten" von Steven Weinberg.
Die Werke von Stephen Hawking.
"Sofies Welt" von Jostein Gaarder".
"A Short History of Nearly Everything" von Bill Bryson.
Wissenschaftliche Beiträge verschiedenster Art aus der "Frankfurter Allgemeinen Zeitung".
Wissenschaftliche Beiträge aus "Telepolis".
"Schrödingers Kätzchen" von John Gribbin
"Alpha Centauri" mit Prof. Dr. Harald Lesch im Bayerischen Fernsehen.

Mir war es wichtig, daß der Leser, der ebenso wie ich Laie ist, die Zusammenhänge leicht versteht. All diese Dinge zu erfahren, eröffnete mir völlig neue Sichtweisen der Welt. Hoffentlich regt dieses Buch zum Nachdenken an. Vielleicht gewinnt auch der Leser neue Einblicke in sein Weltverständnis. Es wäre schön.

Der Autor

Lutz Dieckmann ist seit mehr als 25 Jahren im Filmgeschäft als Drehbuchautor und Regisseur tätig. Mit diesem Buch verwirklicht er den langgehegten Wunsch, die Naturwissenschaft und die Philosophie dem interessierten Leser auf einfache Art nahezubringen. Im Alter von 13 Jahren begeisterte ihn "Am Anfang war der Wasserstoff" von Hoimar von Ditfurth. Seit diesem "Anfang" führte ihn der Weg durch viele naturwissenschaftliche und philosophische Bücher bis hin zu "Ein Universum in der Nußschale" von Stephen Hawking oder Bill Brysons "A Short History of Nearly Everything".
Im Fernsehen verfolgte er in den 70er Jahren "Querschnitte", später diverse Wissenschaftssendungen auf allen Sendern und seit 2001 intensiv "alpha-Centauri" im Bayerischen Fernsehen. Es ist möglich, Naturwissenschaft einfach zu erklären.
Im philosophischen Bereich beschäftigte ihn besonders "Sofies Welt" von Jostein Gaarder. Dieses Buch führte zu vielen Gesprächen mit Philosophen, Geistlichen und Privatpersonen. Seine Erkenntnisse hat Dieckmann nun in "Das Licht der Sterne" zusammengefaßt.
Durch seinen Beruf hat Dieckmann gelernt, das Staunen nie aufzugeben. Dinge aus einem anderen Blickwinkel zu sehen, ist seine tagtägliche Aufgabe. Dieckmann lebt und arbeitet im Rhein-Main Gebiet.